U0263223

燕山期中国陆缘岩浆成矿作用及其深部过程

王晓霞　欧阳荷根　刘　军　柯昌辉 等　著

科学出版社

北　京

内 容 简 介

本书以板块构造理论为指导，以燕山期古太平洋、蒙古-鄂霍次克洋和中特提斯（班公湖-怒江）洋三大板块向欧亚大陆俯冲汇聚的视角，研究了古太平洋俯冲增生陆缘带、蒙古-鄂霍次克洋俯冲-碰撞造山带和班公湖-怒江俯冲-碰撞带关键地区岩浆与成矿作用的期次、空间分布规律、物质来源及其深部物质组成特征。在此基础上，结合前人的研究成果和资料，编制了中国燕山期陆缘岩浆成矿图，首次系统对比分析了不同演化阶段陆缘岩浆成矿作用的规律、异同及其与深部物质组成的关系。本研究为进一步深入探索和认识东亚燕山期多板块汇聚与中国大陆成矿大爆发等重大科学问题奠定了新的基础，提供了新的视角，也有益于该时期深部与浅部岩浆成矿作用关系的深入研究。

本书适合从事矿床研究、地质调查和勘探等高等院校、科研院所的研究人员和师生参考借鉴。

审图号：GS 京(2023)2229 号

图书在版编目(CIP)数据

燕山期中国陆缘岩浆成矿作用及其深部过程／王晓霞等著．—北京：科学出版社，2023. 10

ISBN 978-7-03-073760-1

Ⅰ. ①燕… Ⅱ. ①王… Ⅲ. ①燕山期-大陆边缘-岩浆活动-成矿作用-研究-中国 Ⅳ. ①P611

中国版本图书馆 CIP 数据核字（2022）第 214426 号

责任编辑：周 杰／责任校对：樊雅琼
责任印制：徐晓晨／封面设计：无极书装

科学出版社 出版
北京东黄城根北街 16 号
邮政编码：100717
http://www.sciencep.com
北京建宏印刷有限公司 印刷
科学出版社发行 各地新华书店经销
*
2023 年 10 月第 一 版 开本：787×1092 1/16
2023 年 10 月第一次印刷 印张：15 1/2 插页：1
字数：370 000

定价：200. 00 元

（如有印装质量问题，我社负责调换）

前 言

燕山期是中国大陆岩浆和成矿作用最强烈的时期，特别是在东部古太平洋板块、北部蒙古–鄂霍次克洋板块和西南部中特提斯洋板块，发生强烈俯冲增生和俯冲–碰撞，所形成的三个巨型汇聚带，历来为地质学界所关注。进入二十一世纪以来，众多国内地质勘探单位、科研院所和高等院校的地质工作者通过大量科研和调查项目的实施，从不同视角对三大汇聚带开展了卓有成效的研究，积累了丰富的资料，取得了丰硕的研究成果。研究显示，三个汇聚带的发育过程、深部物质组成和动力学背景是不同的，它们代表了不同地球动力学背景下板块汇聚的不同发育阶段。如何通过对比研究，系统总结汇聚带不同演化阶段的成岩成矿时空分布规律和成矿特征及其与深部物质组成及过程的关系，是一个新的科学问题。对这方面进行深入研究探索，将进一步提升我们对燕山期中国大陆强烈的岩浆和成矿作用的认识。

本书以板块构造理论为指导，以燕山期东亚多板块汇聚过程为背景，聚焦古太平洋俯冲增生陆缘带、蒙古–鄂霍次克洋俯冲–碰撞造山带、班公湖–怒江俯冲–碰撞带，这三个板块汇聚边界的重要区段，以岩浆作用和典型斑岩型铜–金–钼多金属矿床为研究对象，在收集、吸纳和总结前人研究成果的基础上，通过岩石学、矿物学、矿床学、地球化学、同位素地质学和地质年代学等多学科交叉融合，利用“岩石探针”和“矿床探针”，分析研究不同汇聚陆缘岩浆成矿作用过程和特点，厘定不同演化阶段陆缘岩浆与成矿作用的期次和空间分布特征，揭示其成矿规律和深部物质组成，对比分析不同汇聚陆缘的深部物质组成对浅部成矿的制约作用，以及深部过程与成矿的耦合关系。

本书是在国家重点研发项目“多板块汇聚与晚中生代成矿大爆发的深部过程”课题3“燕山期陆缘岩浆成矿作用及其深部过程”（2017YFC0601403）科技报告的基础上提炼而成，是课题全体参加人员共同研究的成果。本书各部分的执笔者如下：前言、第1章绪论和第7章，王晓霞；第2章，柯昌辉、田永飞、王晓霞和刘鹏；第3章，欧阳荷根；第4章，刘军、高阳、何军成、王晓彤；第5章，欧阳荷根和孙嘉；第6章，欧阳荷根、刘军、柯昌辉、王晓霞、叶寿会和周振华。全书由王晓霞统稿。

衷心感谢在研究及野外工作期间给予我们指导、帮组和鼓励的院士、专家和同仁，也衷心感谢为我们提供分析测试的实验室，以及给予各项服务的管理部门。

本书参考了大量前人资料，是在前人研究的基础上取得了一些新的进展和认识。限于作者学识和篇幅，无法对前人工作予以一一列举，谨此表示谢忱和歉意。书中或存在一些疏漏之处，也还有不少需要进一步研究和探索的新问题，竭诚欢迎所有阅读本书的专家、同仁提出批评和建议。

笔　者

2023年2月

目　录

第1章　绪　论

东亚大陆在燕山期（侏罗纪—白垩纪）经历了三个大洋板块（东部古太平洋板块、北部蒙古-鄂霍次克洋板块、西南部中特提斯洋板块）准同时向中国大陆俯冲-碰撞，形成了三个巨型陆缘带、俯冲-碰撞汇聚带（图1-1）（Li S Z et al.，2019；张岳桥和董树文，2019；董树文等，2019）。该汇聚过程导致了大陆边缘增生和碰撞造山，诱发了强烈的岩浆和成矿作用，形成了重要的多金属成矿区带。因此，从多板块汇聚视野，深入研究燕山期岩浆作用与深部过程，是理解和认识中国大陆燕山期岩浆-成矿大爆发的重要途径，对深入认识燕山期成矿规律和矿产资源的勘查，具有重要意义。

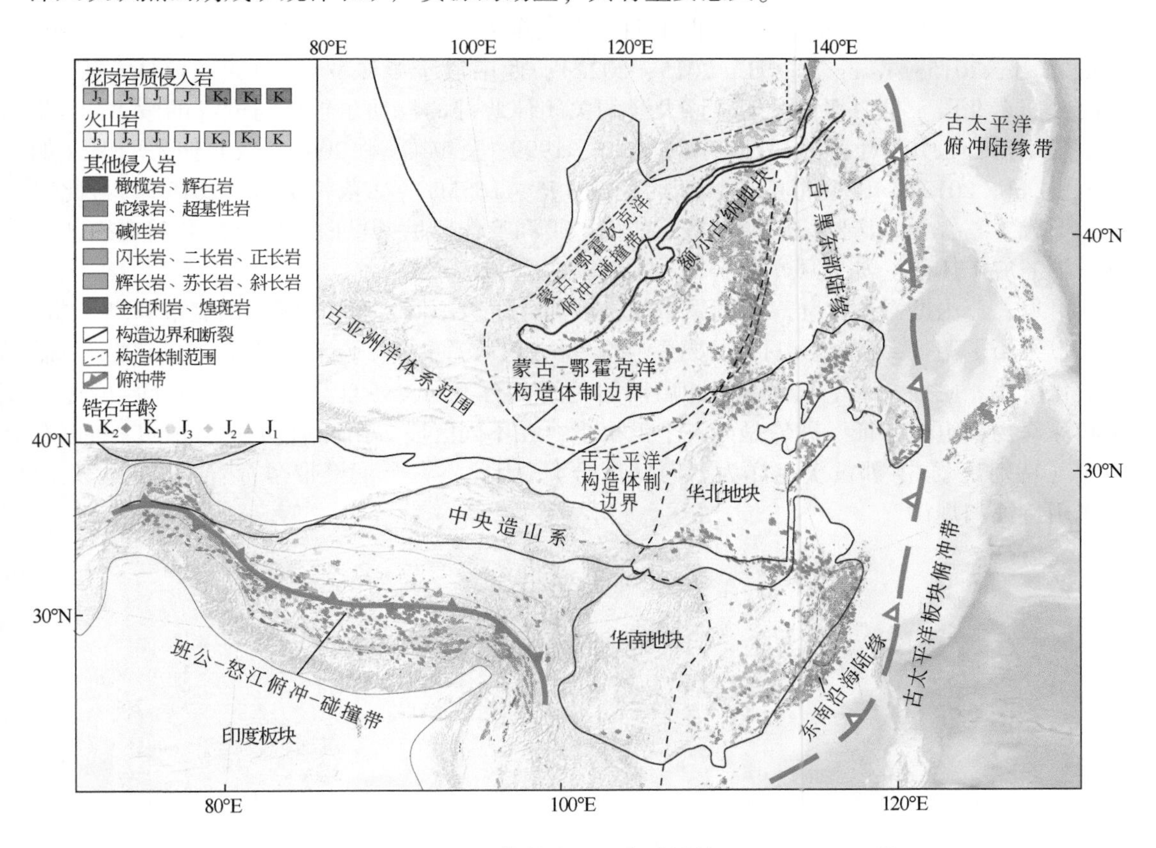

图1-1　蒙古-鄂霍次克洋构造体制边界（张岳桥等，2019；Wang等，2023）

在中国东部，燕山期早期（即侏罗纪）古太平洋板块俯冲形成了中国东部陆缘俯冲增生构造带，如佳木斯东缘的那丹哈达增生杂岩带（张庆龙等，1989；Zhou et al.，2014）和日本增生杂岩带（Zhou et al.，2014；Sun et al.，2015；Zhou and Li，2017）。在华南东部陆缘也发育了晚侏罗世—早白垩世与俯冲增生有关的陆缘造山事件（张岳桥和董树文，2019），形成了中侏罗世—晚侏罗世与俯冲有关的斑岩-夕卡岩-热液脉型铜、钨-锡成矿体系（Mao et al.，2021a）。在白垩纪（大约135Ma），古太平洋板块开始回撤（Wu et al.，2005；Zhu et al.，2015；李三忠等，2018；Mao et al.，2021b），形成了白垩纪斑岩-浅成低温热液型铜-金-钼、钨-锡、金成矿体系（Mao et al.，2021b）。

在中国西南部，燕山期中特提斯洋的俯冲-碰撞，在青藏高原上形成了长约2000km的班公湖-怒江俯冲-碰撞带，但其俯冲消减历史、俯冲极性以及陆块之间的拼合碰撞过程等，尚不清楚，一些研究揭示向南俯冲（如朱弟成等，2006；Qiu et al.，2007），也有研究显示向北俯冲（如Kapp et al.，2003；Ding and Lai，2003；张玉修等，2007；刘通等，2013；Zhang et al.，2014）。一般认为，碰撞作用发生于中—晚侏罗世（如Ma et al.，2017）。该俯冲碰撞带发育斑岩型铜-金多金属矿，其次为夕卡岩型铁矿（宋扬等，2014；唐菊兴等，2017）。

在中国北方，蒙古-鄂霍次克洋经历了石炭纪—二叠纪的俯冲，持续到晚三叠世—早侏罗世初期，在晚侏罗世—早白垩世由西南向北东方向呈剪刀状消减关闭（Zorin，1999；Yang et al.，2015；Wang T et al.，2015，2022），西南段于早侏罗世（182～174Ma前后）关闭，而东北段于早白垩世关闭。该大洋的关闭使北部的贝加尔地体与南部的蒙古-华北地块最终拼合，并发生强烈碰撞造山（Zorin，1999；莫申国等，2005）及其伸展垮塌（如Wang et al.，2012），碰撞带变质峰期时间为175～165Ma（如董树文等，2019）。与此对应，形成了三叠纪—侏罗纪俯冲环境下的成矿带和晚侏罗世—早白垩世碰撞及后碰撞伸展背景下的成矿体系（如聂凤军等，2014；吕斌等，2017）。

可见，燕山期中国大陆三个汇聚带的发展演化阶段不同。蒙古-鄂霍次克带和班公湖-怒江带经历了俯冲-碰撞（包括后碰撞）的演化过程，而古太平洋带仅经历了俯冲-回撤的演化阶段。此外，每个汇聚带俯冲启动的时间也有不同，各自具有不同的俯冲-碰撞演化和深部物质组成特征。即使是同一个汇聚带，在不同区段，俯冲启动和关闭的时间也有差异（特别是蒙古-鄂霍次克洋为剪刀状闭合）。因此，三个汇聚带孕育着不同的岩浆成矿作用特征和规律。

第 2 章　燕山期东南沿海陆缘岩浆成矿作用

我国的东南沿海地区位于华南陆块的东部边缘，是环太平洋构造成矿域的重要组成部分（徐晓春等，1993），记录了燕山期古太平洋板块的俯冲增生过程，发育了大规模岩浆与成矿作用（李三忠等，2017；董树文等，2019；张岳桥和董树文，2019）。我们在前人研究基础上，选取了东南沿海的闽粤东部地区作为重点解剖区，并在详细的野外地质调查基础上，通过岩相学、年代学、元素和同位素地球化学，以及同位素填图等手段和方法，对闽粤东部地区的燕山期岩浆与成矿作用开展研究，揭示东南沿海燕山期岩浆与成矿作用的时空格架、物质来源和深部过程，为深入认识和理解多板块汇聚与燕山期成矿大爆发的深部过程提供新的信息。

2.1　地质背景

2.1.1　区域构造演化简史

华南陆块由扬子地块和华夏地块组成，新元古代之前，华夏地块和扬子地块具有相对独立的演化历史。新元古代时期（1.1～0.9Ga），华夏地块与扬子地块沿萍乡-江山-绍兴断裂带/缝合带碰撞拼合，形成江南造山带，并基本奠定了华南陆块的现今构造格局（Li et al.，2003）。扬子地块发育不同太古宙基底岩石（夏炎，2015）。华夏地块的基底主要是新元古代的变质岩，由黑云母片麻岩、石榴石云母片岩和斜长变粒岩组成（Liu et al.，2008；Yu et al.，2008，2009），出露于浙江西南和福建西北地区（Xia et al.，2012；夏炎，2015；刘磊，2015）。

早古生代，华南陆块在江绍断裂带发生陆内俯冲，造成南华裂谷闭合（Charvet，2013），缺失志留纪地层，上泥盆统砾岩角度不整合于前期地层之上。由于泥盆系发生强烈变形，致使大规模的岩浆侵入，形成加里东期褶皱造山带（Li et al.，2010）。该时期华南陆块的岩浆活动以 S 型花岗岩为主。火山岩和镁铁质岩岩浆活动不强烈。然而，Yao 等（2012）和巫建华等（2012）在粤北地区发现了志留纪的玄武岩、安山岩和碎斑熔岩，证实了早古生代火山岩的存在（夏炎，2015）。另外，在粤西和粤东地区相继发现了苏长辉长岩和辉长岩（Wang Y J et al.，2013；彭松柏等，2006），表明华夏地块在早古生代也存在幔源岩浆活动。

晚古生代，华南陆块发生大规模海侵，在扬子地块形成大规模海相碳酸盐岩建造。同时期的华夏地块则经历了从晚石炭世的挤压造山到早二叠世的地壳伸展作用，并在古大陆边缘的沉降区域发育海相沉积。二叠纪，华南陆块的东南边缘开始发生抬升（Li Z X et al., 2007)。

早—中三叠世，受强烈的挤压作用影响，华南陆块开始抬升，沉积环境由海相转为陆相，同时，基底发生韧性剪切变形，盖层发生褶皱。晚三叠世，华南陆块处于伸展环境，以发育大量A型花岗岩为特征（周新民，2003；李万友等，2012；Tong and Yin，2002；Wang et al., 2005）。晚中生代，华南陆块的构造体制由早—中生代的特提斯构造域转换为古太平洋板块俯冲的构造体制（贺振宇等，2008；刘潜等，2011；邱检生等，2008；毛景文等，2007，2008；Zhou and Li，2000；Zhou et al., 2006）。从中侏罗世开始，华南陆块开始发生大规模的伸展作用，岩浆活动强烈，以形成双峰式火山岩、I型和A型花岗岩及少量碱性岩为特征。晚侏罗世—早白垩世，强烈的伸展作用导致断陷盆地和穹隆构造大规模形成，呈NE—NNE向展布，并发育大量A型和I型花岗岩、流纹岩及少量玄武岩，构成一个北东向的火山-侵入岩带（Zhou et al., 2006；Chen et al., 2008b）。

2.1.2 区域地层

粤东地区的地层主要由上三叠统小坪组，侏罗系金鸡组、漳坪组和高基坪组，下白垩统官草湖组及第四系组成。受中生代构造-岩浆事件的影响，三叠系和侏罗系均发生不同程度的变质作用。上三叠统小坪组主要分布在惠东、紫金、惠来和澄海等地，为一套浅海相、滨海相或近海三角洲沉积建造。地层岩性单一，由含砾砂岩、石英细砂岩、石英砂岩、粉砂岩和砂页岩组成，以砂岩为主，厚度较大（860～2907m）。下侏罗统金鸡组在粤东地区分布广泛，为一套海陆交互相碎屑沉积建造，由长石石英砂岩、石英砂岩、粉砂岩和页岩组成，并夹含炭质泥岩薄层。中侏罗统漳坪组仅出露在紫金县一带，为一套海陆交互相建造，与下覆地层为整合接触。上侏罗统高基坪组在粤东地区的出露面积约占总面积的20%，为一套内陆湖泊相中-酸性火山熔岩和火山碎屑岩建造。下白垩统官草湖组主要分布在河源、丰顺和澄海地区，为一套火山-碎屑沉积建造，由凝灰质砾岩和凝灰质砂砾岩组成，夹有粗砂岩和粉砂岩，厚度达1030m。第四系主要分布在粤东地区的南部沿海地带以及中东部的河谷阶地，为一套冲积相、坡积洪积相、三角洲相、泻湖湘、海积相和风积相沉积建造，由砾石、粗砂、细砂和砂质黏土组成。

闽东地区的地层单位自下而上可划分为：三叠系文宾山组，侏罗系梨山组、长林组、鹅宅组、赤水组和小溪组，白垩系黄坑组、寨下组和石牛山组及第四系。文宾山组为一套陆相含煤沉积，零星地分布在闽西南和闽东地区，岩性为灰白色石英砂岩、含砾砂岩和粉砂岩并夹炭质粉砂岩和煤层，局部夹有中-酸性火山岩。梨山组分布在南平-明溪-连城-武平一线北部的闽西北和闽西地区，为一套内陆盆地沉积。鹅宅组为一套巨厚的中-酸性火山岩，下段为深灰-灰黑色安山岩、英安岩、英安质凝灰熔岩和凝灰岩，与下伏长林组呈喷发不整合接触，上段为浅灰-浅灰绿色流纹质晶屑和岩屑凝灰熔岩，并夹有火山碎屑岩、流纹岩和沉积岩。赤水组为一套巨厚的中-酸性和酸性火山岩，下段为深灰-灰色英安岩、流纹英安质凝灰熔岩和熔结凝灰岩，并夹少量砂页岩薄层，与下伏鹅宅组呈喷发不整合接触，上段为灰白-紫灰色流纹质晶屑凝灰岩、凝灰熔岩、流纹岩和熔结凝灰岩，偶夹砂页岩。小溪组为一套陆相火山-沉积岩系，分布较局限，仅出露于火山喷发带。黄坑组为一套巨厚的紫红色碎屑沉积-中酸性火山岩建造，分布在永泰云山、福州五虎山、平和灵通山及福鼎碘厂等地的火山喷发盆地边缘。寨下组为一套巨厚的紫红色碎屑沉积-酸偏碱性火山岩建造，分布在闽东地区的东部，西部则零星出露。石牛山组仅见于德化石牛山和永泰坵演等地，为一套紫红色沉积-酸性火山岩建造。第四系为一套冲积相、坡积洪积相、三角洲相、泻湖湘、海积相和风积相建造，由砾石、粗砂、细砂和砂质黏土组成。

2.1.3 区域构造

闽粤地区的区域性深大断裂主要包括萍乡-玉山-江山-绍兴断裂、政和-大埔断裂和长乐-南澳断裂（图 2-1）。这些断裂切割深度较大，制约着区域内古生代、中生代和新生代地质体的分布、规模与产状。

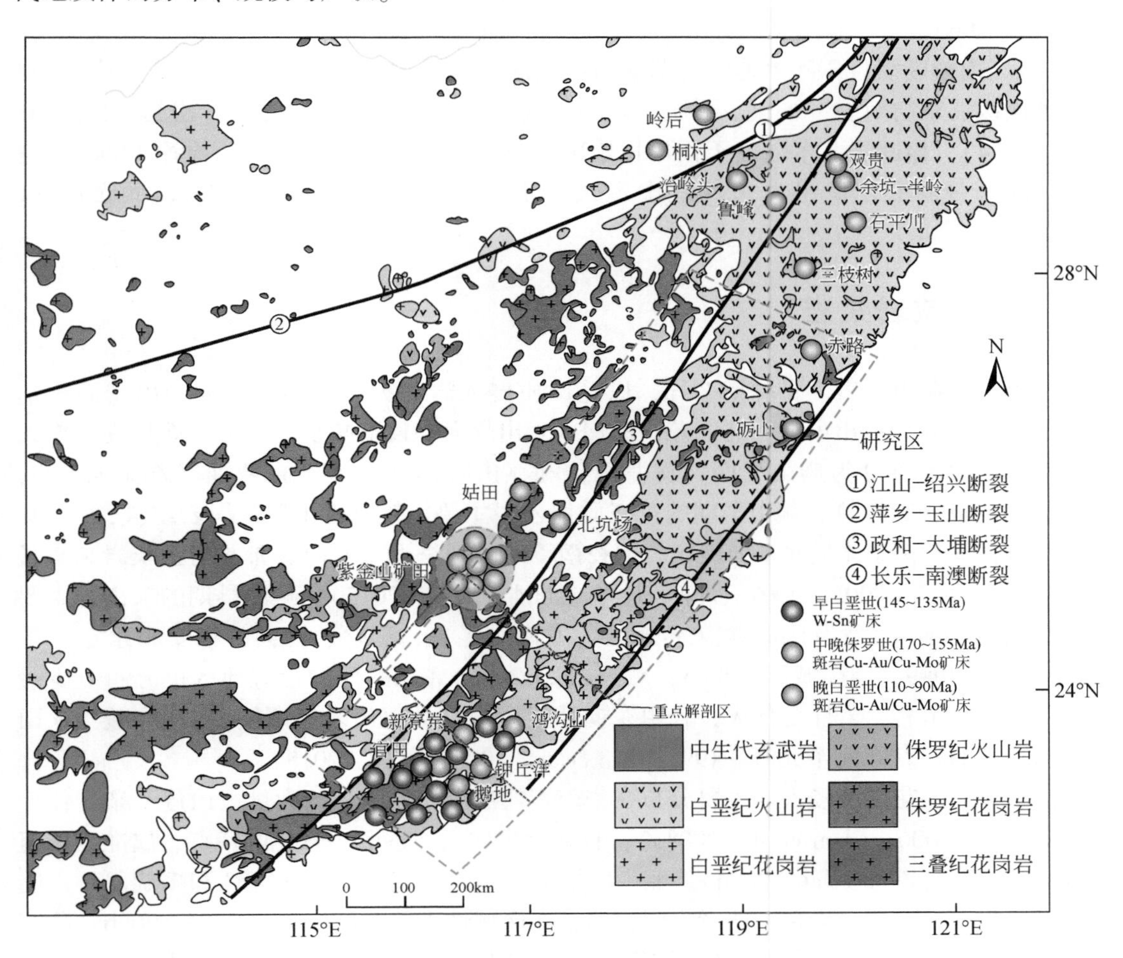

图 2-1 东南沿海燕山期斑岩-夕卡岩型铜矿及岩浆热液型锡钨矿床分布
（据 Zhou et al.，2006 和 Liu P et al.，2018 修改）

萍乡-玉山-江山-绍兴断裂西起杭州湾外大陆架，途经江西的东乡、新余、宜春和萍乡，东至浙江的绍兴、诸暨、金华和江山。断裂带宽3～6km，属挤压性断裂。沿断裂带两侧分布着一系列新元古代地层及同期的铁镁-超铁镁质和中-酸性岩石。该断裂被认为是扬子地块与华夏地块在新元古代碰撞拼贴的缝合带（郭令智等，1980；舒良树等，1993；胡开明，2001；Li et al.，2007；Zhang S B et al.，2012；夏炎，2015），同时还是晚白垩世—古近纪赣杭断陷盆地的主控断裂（刘亮，2014）。

政和-大埔断裂南起广东大埔，途经福建大团和尤溪，北至政和，长约380km，宽5～15km。该断裂将华夏地块划分为内陆华夏地块和沿海华夏地块两个单元（Mao et al.，2021）。断裂带西侧为加里东期褶皱带，主要包括前寒武纪变质岩，以及变形的早古生代花岗质岩石和沉积岩。断裂带东侧在燕山期发生了强烈的岩浆活动，形成了大面积的钙碱性火山-侵入杂岩（福建省地质矿产局，1985；高天钧等，1991；聂童春和朱根灵，2004；舒良树，2006）。

长乐-南澳断裂位于闽粤地区的东南沿海边缘，由平潭-南澳、三山-诏安和长乐-建设三条次级北东向断裂带组成，形成于晚中生代，属左旋走滑型断裂（石建基等，2010；刘亮，2014）。该断裂北东端位于福建长乐市，南西端位于广东南澳岛，长约400km，宽38～58km，控制着东南沿海边缘晚中生代岩浆的分布（李武显等，2003；邢光福等，2010）。

2.1.4 区域岩浆岩

华南板块燕山期岩浆岩类型多样，以花岗质侵入岩和火山岩最为普遍，出露面积达13.5万km^2，并显示出由南而北，花岗质侵入岩出露面积逐渐减小，火山岩面积逐渐增大的特点，期次上可分为燕山早期（侏罗纪）和燕山晚期（白垩纪）两期（Zhou and Li，2000；Li et al.，2007a）。燕山早期的花岗质侵入岩主要由钙碱性I型花岗岩组成，S型和A型花岗岩量少，总体呈北东向展布，但在南岭地区则呈近东西向展布并与正长岩和辉长岩伴生（Li et al.，2003，2007a；陈培荣等，2004；刘磊，2015）。燕山早期的火山岩主要分布在湘南宁远-宜章及闽粤赣交界地区的龙南、寻乌、蕉岭、梅县、华安和永定一带（陈培荣等，1999；周金城等，2005；Xie et al.，2006）。东南部的沿海地区也分布有少量的燕山早期火山岩，岩性变化大，且由东向西显示出基性火山岩逐渐增多，中-酸性火山岩逐渐减少的特点（陶奎元等，1998；Xie et al.，2006；夏炎，2015）。

燕山晚期的花岗质侵入岩主要分布在华南板块的沿海地区，与大量火山侵入杂岩伴生（Zhou et al.，2006；Chen et al.，2008a），且显示出向大洋逐渐年轻化的特点，属准铝质至弱过铝质岩石（Zhou et al.，2006）。燕山晚期的火山岩厚度大，多阶段性和多旋回特点明显，可分为上、下两个岩系，两者之间普遍存在区域性不整合面（陶奎元等，2000；陈荣等，2007）。其中，下岩系主要是流纹质和英安质火山岩组成，安山岩和玄武岩少量；上岩系发育流纹岩，玄武岩少量，显示出明显的双峰式火山岩组合（谢家莹，1996；Lapierre et al.，1997；俞云文等，1999；Chen et al.，2008a；刘磊，2015）。

2.1.5 区域矿产

华南板块是我国乃至全球最重要的金属成矿带之一，以中生代成矿大爆发为特点（华仁民等，1999；毛景文等，1999，2008），形成了大量锡、铜、钨、铅、锌、银和金矿等，以及相关的Rb、In和Cs等稀散元素矿床（图2-1）。矿床类型主要有两种，分别为夕卡岩型和石英脉型钨锡多金属矿以及斑岩型-夕卡岩型铜金钼矿和铅锌矿。前者主要发育于南岭及其邻区，后者主要分布在华夏地块沿海地带的南部和西北部。已有研究揭示，华南板块的燕山期成矿作用集中发生在中—晚侏罗世（170～150Ma）和白垩纪（134～80Ma）两个时期（Hu and Zhou，2012；毛景文等，2007，2008，2009；Mao et al.，2011，2013）。其中，中—晚侏罗世成矿作用可进一步划分为：165～150Ma的钨锡多金属成矿作用以及171～153Ma的斑岩型-夕卡岩型铜金钼成矿作用（Mao et al.，2011）。白垩纪成矿作用以斑岩型-浅成低温热液型铜金钼为主，矿床的形成和分布明显受断陷盆地、断陷隆起或变质核杂岩控制（Mao et al.，2013）。

2.2 陆缘岩浆岩时空分布与岩石组合

自20世纪90年代以来，大量涌现的高精度定年数据（SHRIMP、LA-ICP-MS、TIMS），为进一步厘定我国东南沿海燕山期岩浆作用的时空格架奠定了基础。本研究实测了东南沿海28件锆石U-Pb年龄，并系统收集了公开发表的263件锆石年龄数据（侵入岩198件，火山岩93件）。利用这些高精度年代学数据，我们进一步完善了我国东南沿海燕山期陆缘岩浆作用年代学格架，并将其划分为四期：早侏罗世岩浆岩（195～185Ma）、中侏罗世岩浆岩[175～153Ma（峰期170～154Ma）]、晚侏罗世—早白垩世岩浆岩[153～125Ma（峰期150～130Ma）]和白垩纪中晚期岩浆岩[120～80Ma（峰期115～85Ma）]（图2-2）。

1）第一期早侏罗世岩浆岩（195～185Ma），在研究区零星分布，具可靠年龄的有温公花岗岩（193～191Ma）（Zhu et al.，2010）、与田东钨锡多金属矿床有关的花岗质岩石（192～188Ma）（刘鹏等，2015a；Zhou et al.，2018）、锦城弱变形的眼球状花岗岩（187±1Ma）（刘潜等，2011）以及五湖村流纹岩（184±2Ma）（许中杰，2019）。这些花岗质岩石多呈岩株、岩枝或透镜状产出，岩石类型主要为二长花岗岩。

2）第二期中侏罗世岩浆岩（175～153Ma），主要分布在长乐-南澳断裂以西的粤东地区，可进一步划分为：175～165Ma和165～153Ma两期。第一期代表性岩体有：葫芦田岩体的中粗粒黑云母花岗岩（170±1Ma）、桃子窝矿区的隐伏花岗岩（170±1Ma）（刘鹏等，2015b）、馒头山岩体的黑云母正长花岗岩（166±2Ma）（Zhou Z M et al.，2016）、大光岩体的细粒石英闪长岩（175±1Ma），以及紫金山复式岩体南部的迳美中粗粒花岗岩（165±1Ma）（梁清玲，2013）等。第二期代表性岩体有：新寮岽矿区的石英闪长岩（161±1Ma）（王小雨，2016）、姑田铜钼矿区的花岗闪长斑岩（161～158Ma）（Li B et al.，2016；田永飞，2020；Tian et al.，2021）、莲花山岩体的花岗闪长岩（154±2Ma）（Zhang et al.，2015）、闽浙交界的铜盆庵花岗斑岩（154～153Ma）（李亚楠等，2015），以及鸿沟山矿区

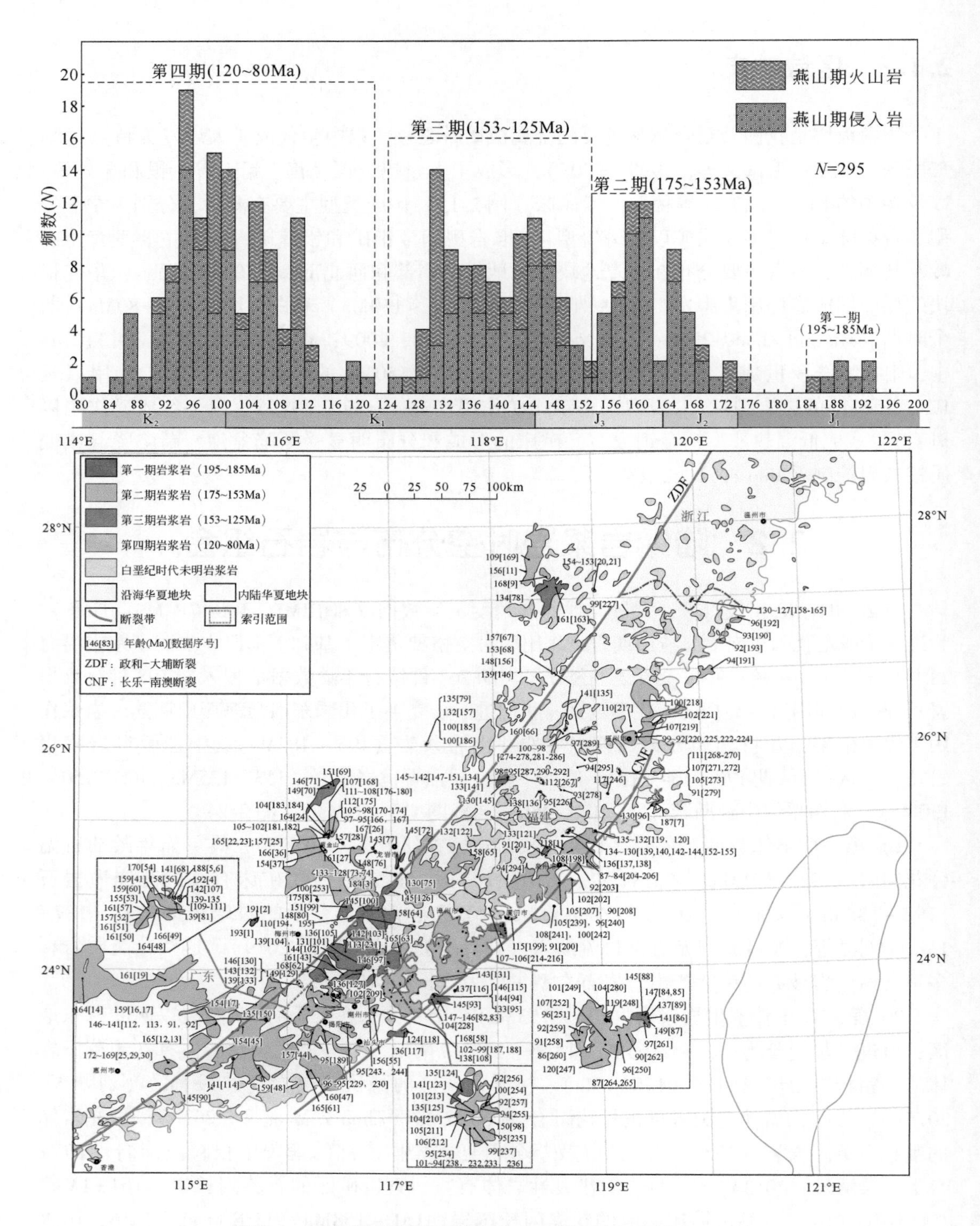

图 2-2 东南沿海岩浆岩时空分布（数据来源见附表 1-1）

的花岗闪长斑岩（156±2Ma）（高凤颖等，2018）。中侏罗世火山岩主要分布在政和–大埔断裂以东地区，代表性火山岩有：桃子窝矿区的次花岗斑岩和晶屑凝灰岩（172±1Ma）（刘鹏等，2015b）、丰顺地区的英安岩（168～158Ma）（Guo et al.，2012）、钟丘洋流纹质凝灰岩（165±1Ma）（贾丽辉，2018），以及福建北部常林地区的凝灰岩（160～153Ma）（Liu L et al.，2016）。

3）第三期晚侏罗世—早白垩世岩浆岩（153～125Ma），在研究区广泛分布。该期岩浆活动的侵入岩主要分布在长乐–南澳断裂以西的粤东地区，以及政和–大埔断裂东西两侧，火山岩在整个研究区均有分布，以闽东地区的规模最大。代表性侵入体有：漳浦复式岩体的花岗闪长岩、眼球状花岗岩和正长花岗岩（年龄分别为 149～145Ma、147±2Ma 和 137±1Ma）（石建基，2011；Liu Q et al.，2012），大埔岩体的斑状黑云母花岗岩（145～136Ma）（赵希林等，2012；邸文等，2017）和细粒黑云母花岗岩（131±1Ma），东山岛岩体的片麻状花岗岩（147～146Ma）（Liu Q et al.，2012），飞鹅山矿区的黑云母花岗（斑）岩（139～135Ma）（Liu P et al.，2017；刘鹏，2018），凤凰岩体的中粗粒黑云母花岗岩（146±1Ma），葫芦田岩体的黑云母正长花岗岩（139±2Ma）（Zhou Z M et al.，2016），秀篆岩体的斑状黑云母花岗岩和花岗斑岩（年龄分别为 141±1Ma 和135±1Ma），以及武平复式岩体的斑状中细粒黑云母花岗岩（151±1Ma）。晚侏罗世—早白垩世火山岩在研究区广泛分布，代表性火山岩有：粤东丰顺地区的流纹岩和英安岩（149～139Ma）（Guo et al.，2012），寨岗上火山岩盆地的岩屑晶屑凝灰岩（148±1Ma），虎作池地区流纹质岩屑晶屑凝灰岩（136±1Ma），福建北部南园地区的英安岩、流纹岩和凝灰岩等（145～130Ma）（Guo et al.，2012；Liu L et al.，2016），下都地区凝灰岩（135～132Ma）（Liu L et al.，2016），以及小溪地区的流纹岩和凝灰岩（130～127Ma）（Liu L et al.，2016）等。

4）第四期白垩纪中晚期岩浆岩（120～80Ma），在研究区广泛分布。侵入岩主要分布在长乐–南澳断裂以西的粤东地区及政和–大埔断裂东西两侧，火山岩在整个研究区均有分布，以闽东地区的规模最大。代表性侵入岩有：上营岩体的斑状黑云母花岗岩和花岗闪长岩（99～94Ma）（Chen et al.，2014），官陂岩体的花岗闪长岩和石英闪长岩（99～94Ma）（Chen et al.，2014），莲塘岩体的黑云母花岗岩和石英闪长岩（96～95Ma），厦门岩体的二长花岗岩（115±2Ma）（Yang et al.，2018），乌山岩体的正长花岗岩和花岗斑岩（100～92Ma）（Zhao et al.，2015），武平复式岩体的含斑花岗岩（100±1Ma），灶山岩体的二长花岗岩（90～87Ma）（Chen et al.，2014），秀才堂岩体的晶洞花岗岩（95±3Ma）（邓中林等，2017），以及魁岐岩体的晶洞碱性花岗岩（102～92Ma）（林清茶等，2011；李良林等，2013；单强等，2014）。代表性火山岩有：白崖山凝灰岩（100～98Ma）（Liu L et al.，2016），石猫山地区的英安岩、流纹岩和凝灰岩（112～91Ma）（Guo et al.，2012；Liu L et al.，2016），温屋流纹斑岩（104±1Ma）（梁清玲，2013），悦洋流纹质凝灰熔岩和流纹岩（105～102Ma）（梁清玲，2013），以及紫金山地区的英安质晶屑凝灰岩和凝灰岩（111～108Ma）（梁清玲，2013）。该期岩浆作用还伴有中基性脉岩的产出：厦门岩体中的中基性脉岩（91±2Ma）（Yang et al.，2018），张坂岩体的中基性脉岩（87～84Ma）（Yang et al.，2018），以及上营岩体的辉绿岩脉（101±1Ma）。

2.3 陆缘岩浆岩地球化学特征

2.3.1 第一期（195～185Ma）岩浆岩

在内陆华夏地块，该期岩石 SiO_2 = 70.56wt.%～77.51wt.%，Na_2O+K_2O = 3.86wt.%～8.72wt.%，Na_2O/K_2O 比值变化较大，为0.08～1.09，均值为0.83，属高钾钙碱性系列岩石（图2-3）。火山岩的铝饱和指数 A/CNK 均值大于1.1，属过铝质岩石，侵入岩的 A/CNK = 0.93～1.08，为准铝质-弱过铝质岩石（图2-4）。该期岩浆岩具有较高的稀土总量和较低的轻重稀土比值（ΣREE = 198.10～468.39ppm①，LREE/HREE = 4.58～8.23）（图2-5），轻重稀土分异程度［$(La/Yb)_N$ = 4.56～10.25］较大，Eu 负异常明显（Eu^* = 0.10～0.87）（图2-6）。岩石亏损 Ba、Sr、Nb、P 和 Ti，富集 Rb、Th、U、Zr、Hf 和轻稀土元素（图2-6）。

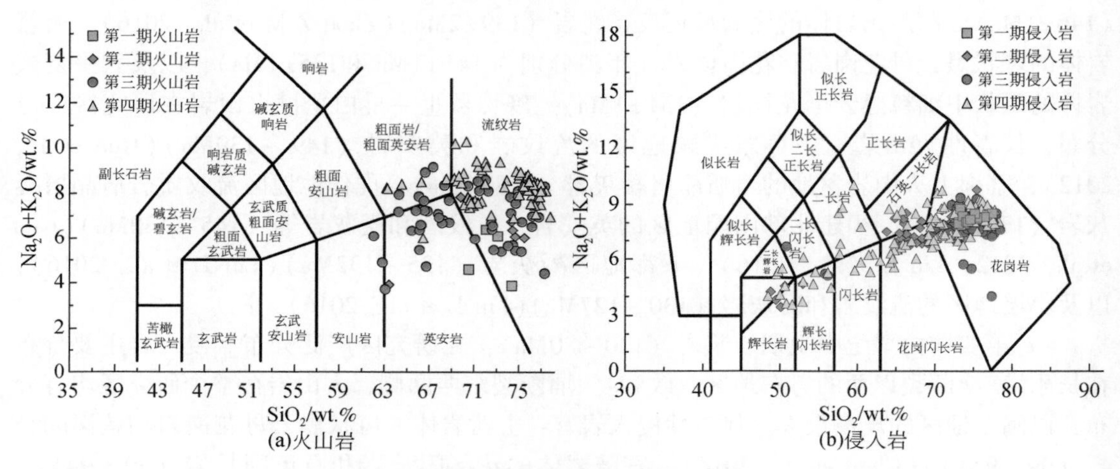

图2-3 东南沿海燕山期火山岩和侵入岩 TAS 图解

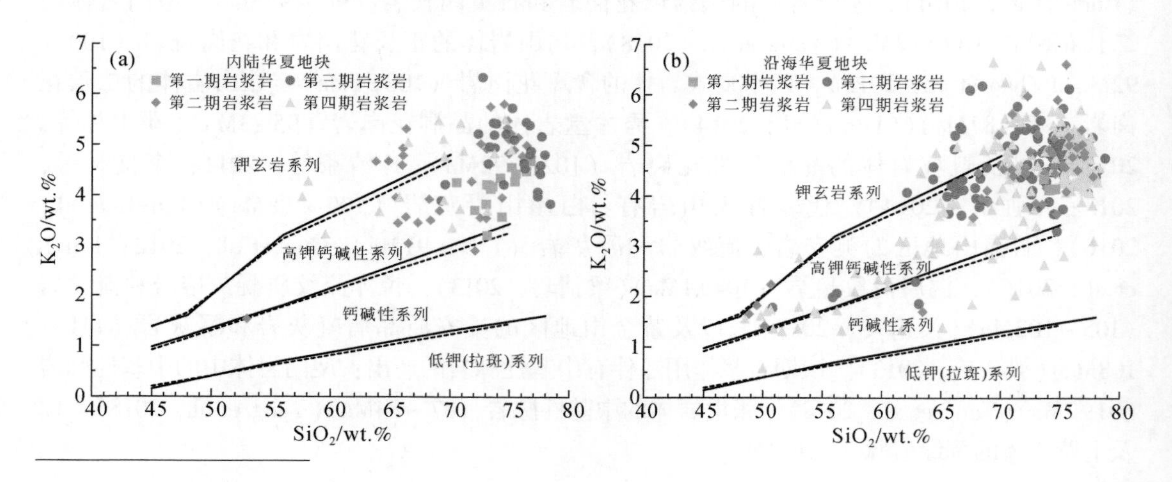

① 1ppm = 1×10^{-6}。

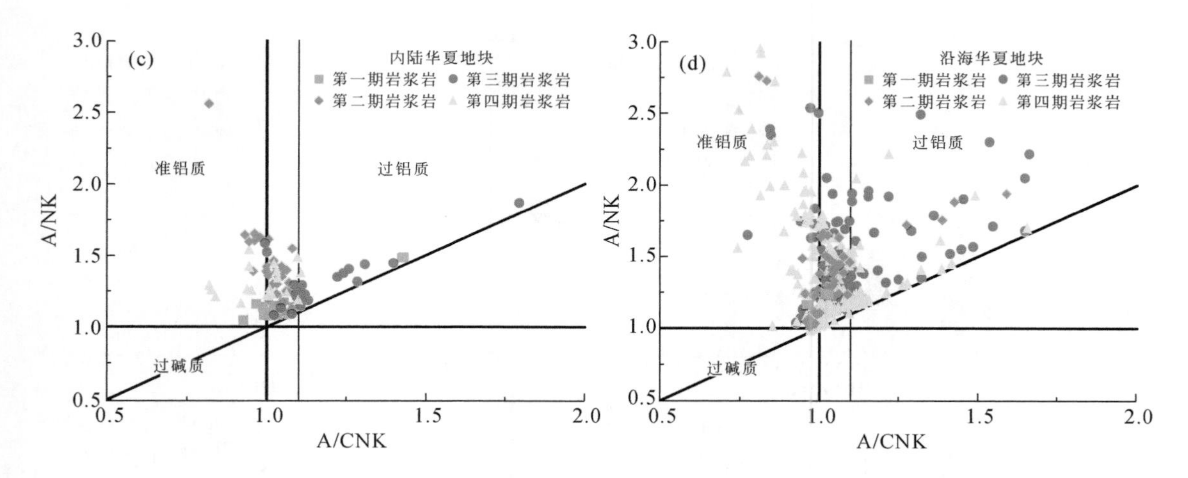

图 2-4 东南沿海燕山期岩浆岩主量元素判别图解

在沿海华夏地块，该期岩石 SiO_2 = 73.64wt. %~74.10wt. %，Na_2O+K_2O = 8.01wt. %~8.33wt. %，Na_2O/K_2O = 0.91~0.96，属高钾钙碱性系列岩石，A/CNK = 0.97~1.03，为弱过铝质岩石（图 2-3，图 2-4）。相比内陆华夏地块，沿海华夏地块中的该期岩石，其稀土总量低（ΣREE = 117.00~147.15ppm），轻重稀土分馏程度高［LREE/HREE = 6.86~8.48，$(La/Yb)_N$ = 6.45~8.43］(图 2-5)，Ba、Sr、Nb、Ta、P 和 Ti 的亏损程度低，Rb、Th、U、Zr、Hf 和轻稀土元素的富集程度低（图 2-6）。

2.3.2 第二期（175~153Ma）岩浆岩

在内陆华夏地块，该期岩石 SiO_2 = 63.81wt. %~76.94wt. %，Na_2O+K_2O = 6.82wt. %~9.15wt. %，Na_2O/K_2O = 0.44~1.89，属高钾钙碱性-钾玄岩系列岩石，A/CNK 小于 1.1，为准铝质-弱过铝质岩石（图 2-3，图 2-4）。稀土元素总量偏低（ΣREE = 81.51~352.71ppm），轻重稀土分馏程度差异较大（LREE/HREE = 3.24~28.47）(图 2-5)，具有轻稀土相对富集、重稀土相对亏损的特征，且重稀土亏损程度差异较大［$(La/Yb)_N$ = 2.66~55.18］(图 2-6)，并显示出 Eu 负异常为主的特征（Eu^* = 0.10~0.87）。在微量元素蛛网图（图 2-6）中，岩石亏损 Ba、Sr、Nb、Ta、P 和 Ti，富集 Rb、Th、U、Zr、Hf 和轻稀土元素。

在沿海华夏地块，该期岩石 SiO_2 = 63.44wt. %~77.76wt. %，Na_2O+K_2O = 3.91wt. %~9.73wt. %，Na_2O/K_2O = 0.23~1.29，属高钾钙碱性-钾玄岩系列（图 2-3），A/CNK = 0.95~1.59，大多数为准铝质-弱过铝质岩石（图 2-4）。稀土元素总量 ΣREE = 87.85~385.00ppm，与内陆华夏地块同期岩石相近，轻重稀土分馏程度低（LREE/HREE = 1.06~14.08）(图 2-5)，$(La/Yb)_N$ = 0.57~21.29，并以 Eu 负异常为主（Eu^* = 0.01~1.03）(图 2-6)。岩石亏损 Ba、Sr、Nb、Ta、P 和 Ti，富集 Rb、Th、U、Zr 和 Hf（图 2-6）。

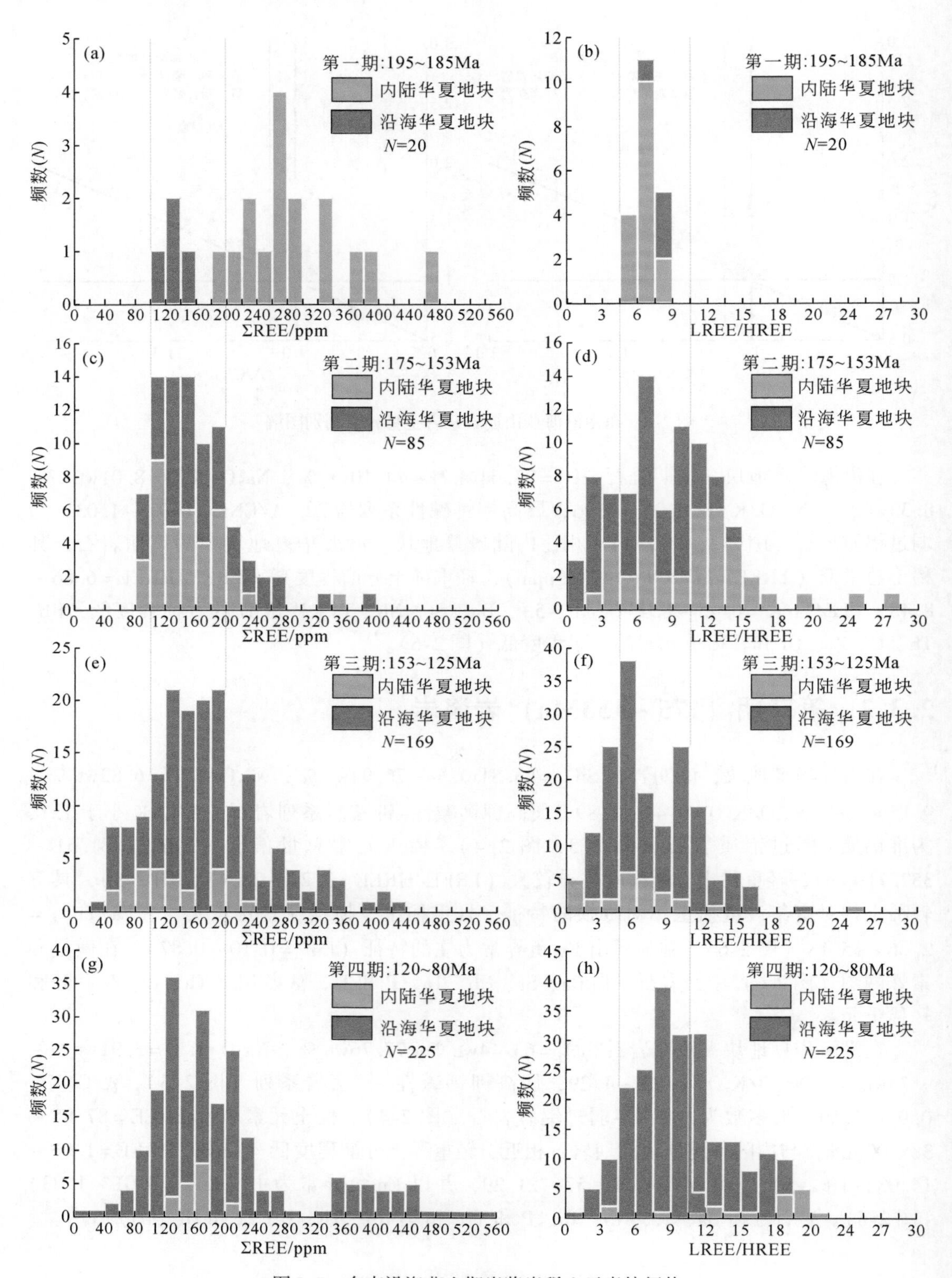

图 2-5　东南沿海燕山期岩浆岩稀土元素特征值

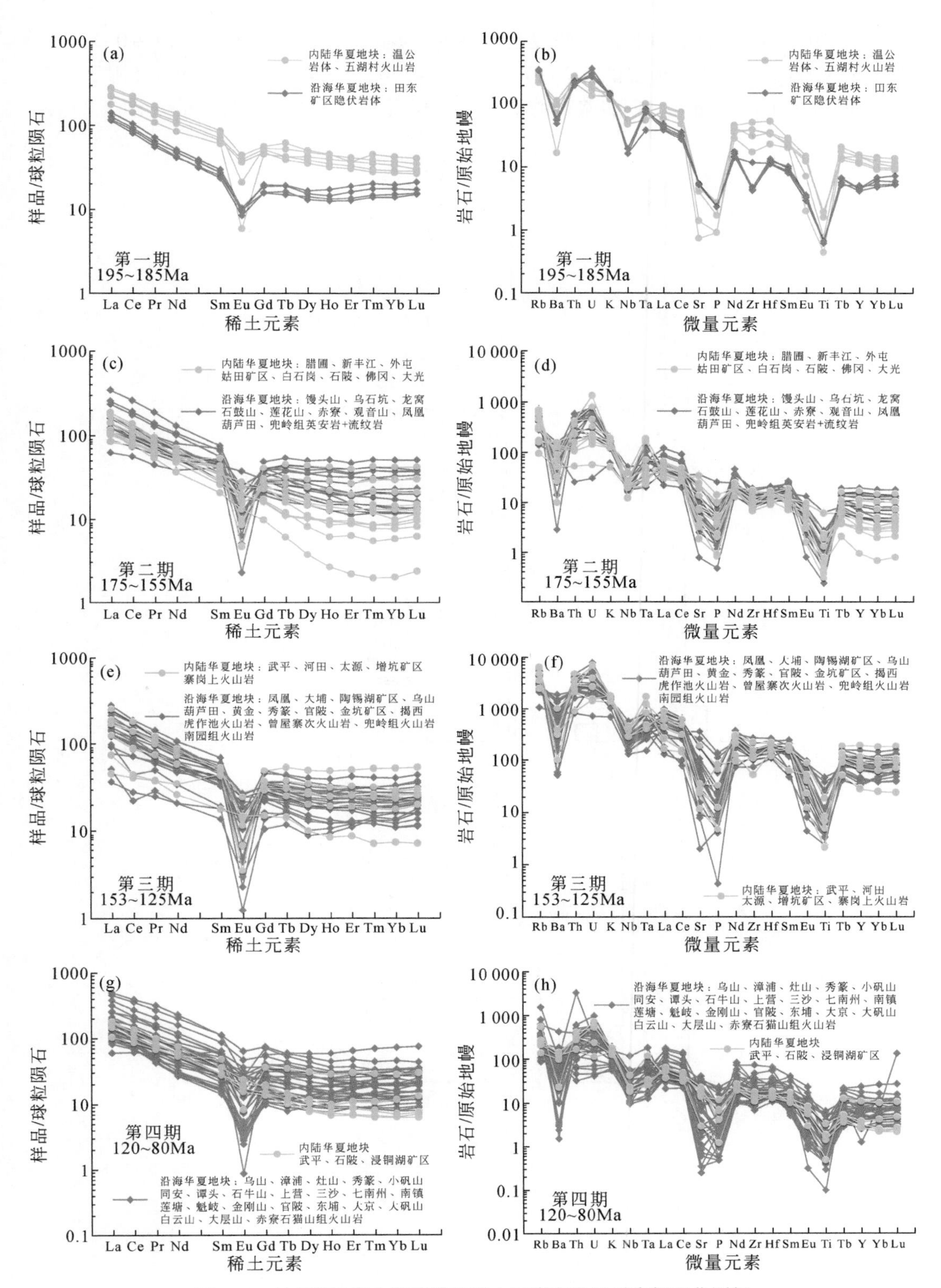

图 2-6 东南沿海燕山期岩浆岩稀土元素和微量元素标准化图解

锆石 Hf 同位素组成方面,内陆华夏地块该期岩浆岩的锆石 $\varepsilon_{Hf}(t)=-2.1\sim0.2$，$T_{DM}=1.21\sim1.35$Ga。沿海华夏地块的 $\varepsilon_{Hf}(t)=-8.7\sim-1.6$，$T_{DM}=1.21\sim1.76$Ga（附表 1-2）。锆石 O 同位素组成方面，该期岩浆岩的锆石 O 同位素值为 5.99‰～7.39‰（图 2-7）。

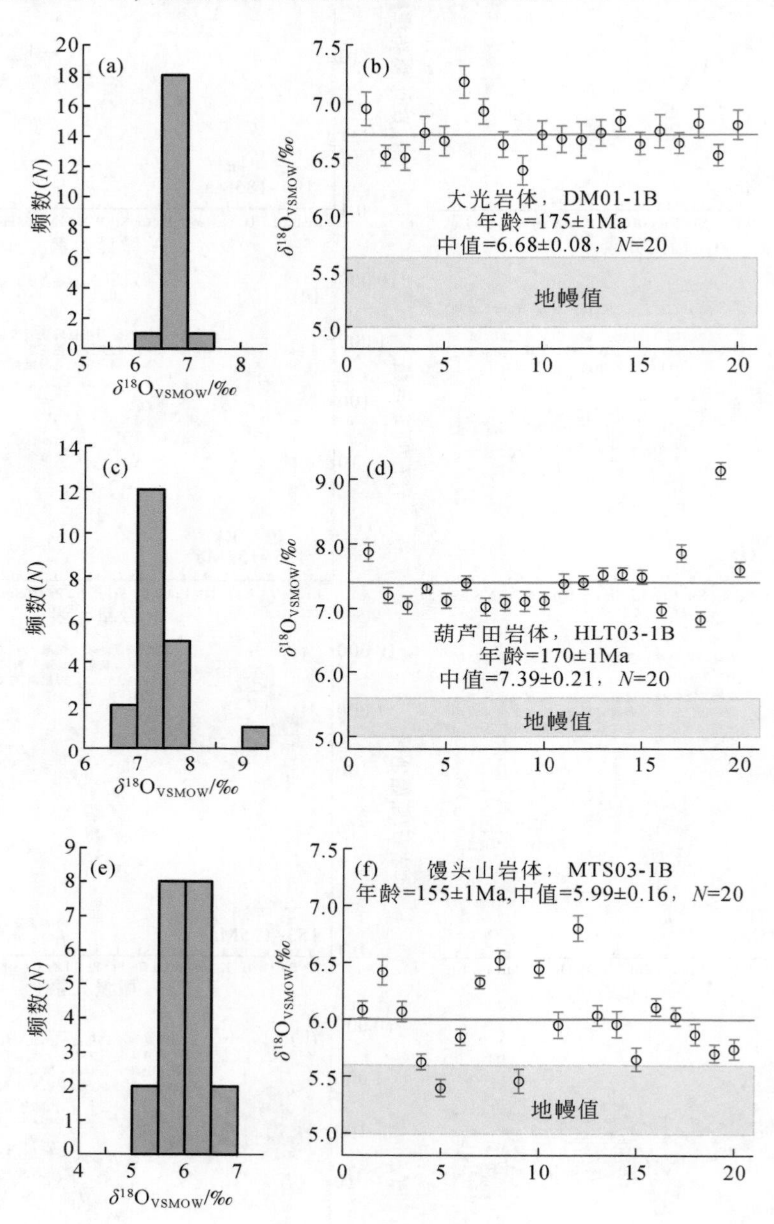

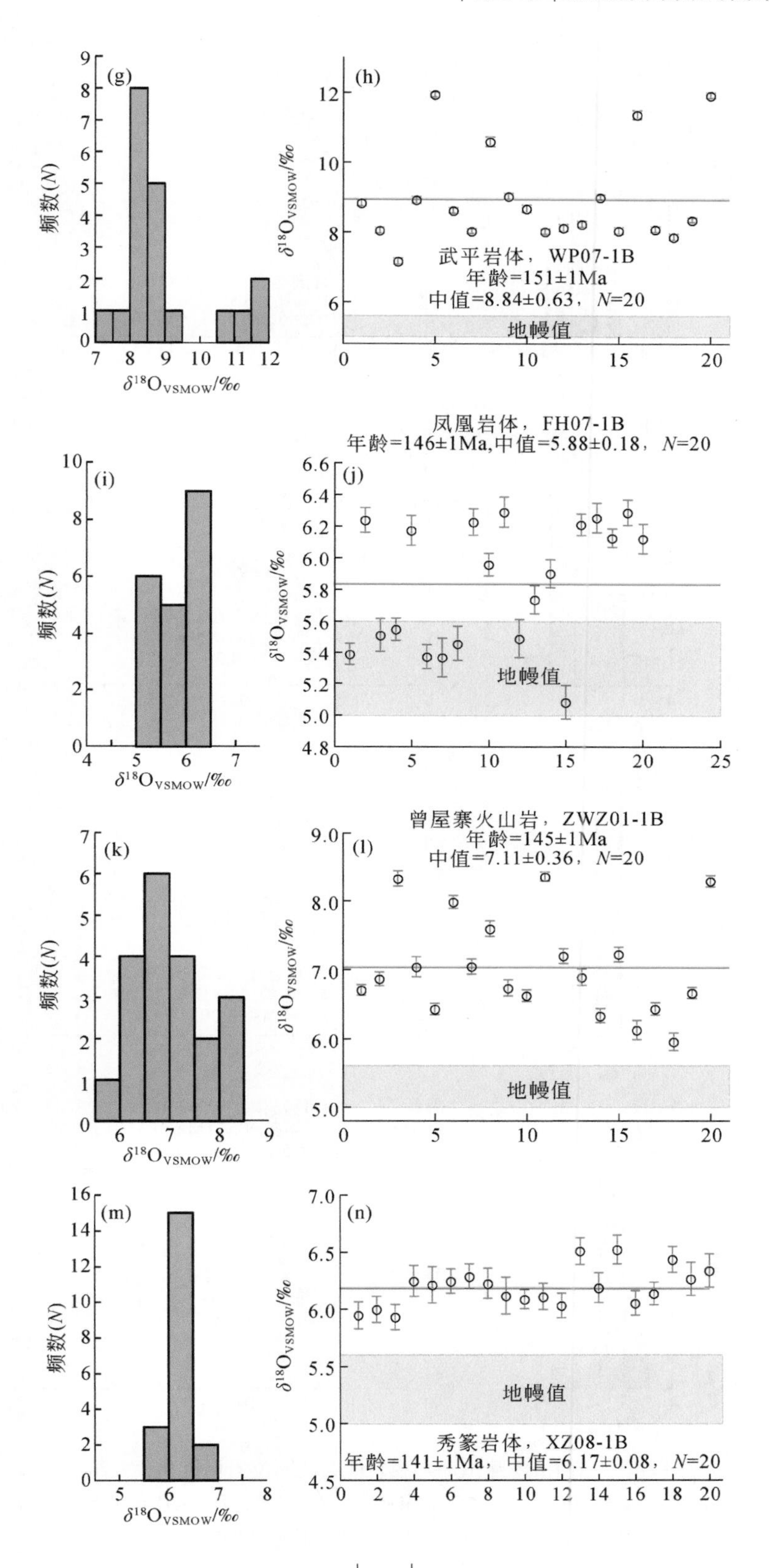
(g)
频数(N)
$\delta^{18}O_{VSMOW}$/‰
(h)
武平岩体，WP07-1B
年龄=151±1Ma
中值=8.84±0.63，N=20
地幔值
(i)
(j)
凤凰岩体，FH07-1B
年龄=146±1Ma,中值=5.88±0.18，N=20
(k)
(l)
曾屋寨火山岩，ZWZ01-1B
年龄=145±1Ma
中值=7.11±0.36，N=20
(m)
(n)
秀篆岩体，XZ08-1B
年龄=141±1Ma，中值=6.17±0.08，N=20

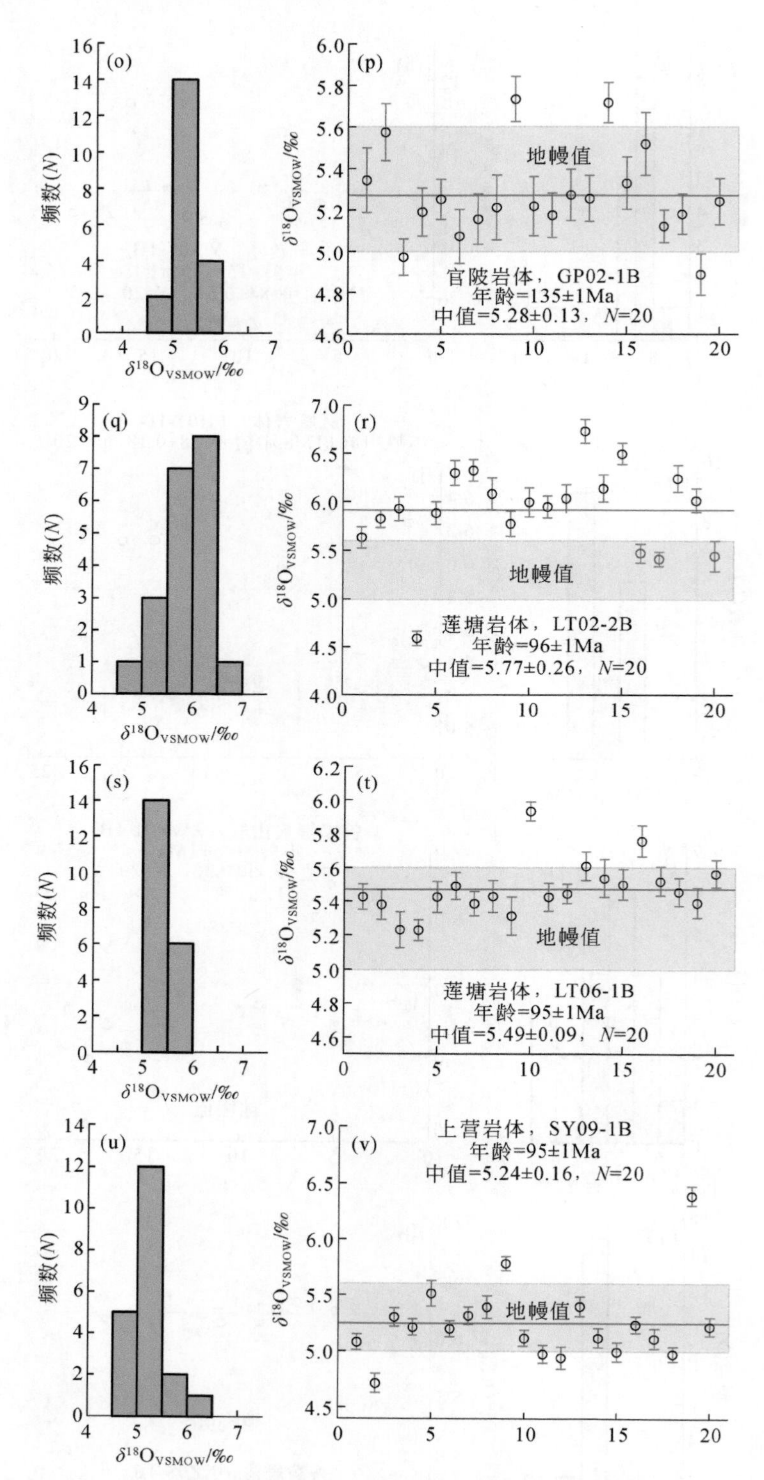

图 2-7　东南沿海燕山期岩浆岩锆石氧同位素均值和直方图

打光、葫芦田和馒头山岩体为第二期（175～155Ma）；武平、凤凰、秀篆岩体和曾屋寨火山岩为第三期（155～125Ma）；莲塘、上营岩体为第四期（120～180Ma）

2.3.3 第三期（153～125Ma）岩浆岩

在内陆华夏地块，该期岩石 SiO_2=69.29wt.%～78.49wt.%，Na_2O+K_2O=4.01wt.%～8.89wt.%，Na_2O/K_2O=0.02～0.99，大部分属高钾钙碱性系列岩石，A/CNK=1.0～3.0，为弱过铝质–过铝质岩石（图 2-3，图 2-4）。稀土元素总量 ΣREE=40.54～299.61ppm，轻重稀土分馏程度差异较大（LREE/HREE=1.14～25.37）（图 2-5），$(La/Yb)_N$=0.76～43.7（图 2-6），并显示出以 Eu 负异常为主的特征（Eu^* 平均值为 0.47）。岩石亏损 Ba、Sr、Nb、Ta、P 和 Ti，富集 Rb、Th、U、Zr、Hf 和轻稀土元素（图 2-6）。

在沿海华夏地块，该期岩石 SiO_2=62.11wt.%～78.78wt.%，Na_2O+K_2O=3.71wt.%～9.32wt.%，Na_2O/K_2O=0.02～2.74，属高钾钙碱性–钾玄岩系列岩石。侵入岩的 A/CNK=0.78～1.12，为准铝质–弱过铝质岩石，火山岩的 A/CNK=0.97～2.92，为弱过铝质–过铝质岩石（图 2-4）。稀土元素总量 ΣREE=29.02～428.29ppm（图 2-5），LREE/HREE=1.78～20.28，$(La/Yb)_N$=1.46～29.94，并显示出以 Eu 负异常为主的特征（Eu^*=0.03～0.99）（图 2-6）。岩石亏损 Ba、Sr、Nb、Ta、P 和 Ti，富集 Rb、Th、U、Zr 和 Hf（图 2-6）。

锆石 Hf 同位素组成方面，内陆华夏地块该期岩浆岩的锆石 $\varepsilon_{Hf}(t)$=−11.9～−5.5，T_{DM}=1.55～1.96Ga。沿海华夏地块的该期岩浆岩，除火山岩样品的 $\varepsilon_{Hf}(t)$ 值负值较大外 [$\varepsilon_{Hf}(t)$=−11.2～−3.3，T_{DM}=1.40～1.91Ga]，侵入岩样品的 $\varepsilon_{Hf}(t)$=−7.4～+0.6，T_{DM}=1.15～1.67Ga（附表 1-2）。锆石 O 同位素组成方面，该期岩浆岩除武平岩体具有较高 O 同位素组成外（$\delta^{18}O$=8.84‰±0.63‰），其他岩体为 5.28‰～7.11‰（图 2-7）。

2.3.4 第四期（120～80Ma）岩浆岩

在内陆华夏地块，该期岩石 SiO_2=57.59wt.%～75.16wt.%，变化范围大，Na_2O+K_2O=6.71wt.%～10.01wt.%，Na_2O/K_2O=0.52～2.13，属高钾钙碱性–钾玄岩系列岩石（图 2-3）。岩石的 A/CNK=0.82～1.11，为准铝质–弱过铝质岩石（图 2-4）。该期岩石的稀土总量 ΣREE=123.55～211.94ppm（图 2-5），LREE/HREE=3.74～21.76，$(La/Yb)_N$=3.52～36.1（图 2-6），以 Eu 负异常为主（Eu^* 均值为 0.75）。岩石亏损 Ba、Sr、Nb、Ta、P 和 Ti，富集 Rb、Th、U、Zr、Hf 和 LREE（图 2-6）。

在沿海华夏地块，该期岩石 SiO_2=48.46wt.%～78.30wt.%，Na_2O+K_2O=3.57wt.%～10.28wt.%，Na_2O/K_2O=0.31～6.05，属高钾钙碱性–钾玄岩系列岩石（图 2-3）。其中，侵入岩的 A/CNK=0.71～1.49，为准铝质–弱过铝质岩石；火山岩的 A/CNK=0.74～1.66，主要为过铝质岩石，少数为准铝质–弱过铝质岩石（图 2-4）。该期岩石的稀土总量 ΣREE=13.72～793.26ppm（图 2-5），LREE/HREE=1.39～19.17，$(La/Yb)_N$=0.69～33.93，以 Eu 负异常为主（Eu^* 均值为 0.47）（图 2-6）。岩石亏损 Ba、Sr、Nb、Ta、P 和 Ti，富集 Rb、Th、U、Zr 和 Hf（图 2-6）。

锆石 Hf 同位素组成方面，沿海华夏地块该期岩浆岩的锆石 $\varepsilon_{Hf}(t)$=−6.5～4.5，T_{DM}=0.87～1.58Ga（附表 1-2）。该期岩浆岩的锆石 O 同位素组成方面，除莲塘岩体的略高于地幔锆石 O 同位素值外，其余均与地幔锆石锆石 O 同位素组成一致（图 2-7）。

2.4 陆缘岩浆岩成因与物源演化

2.4.1 第一期（195～185Ma）岩浆岩成因

该期花岗岩的 SiO_2 = 70.56wt.%～77.51wt.%，P_2O_5 ≤ 0.07wt.%，SiO_2 与 P_2O_5 呈负相关（图 2-8）。该期花岗岩明显显示出 I 型花岗岩的演化趋势，部分具有 A 型花岗岩的特点（图 2-9）。锆饱和温度 T_{Zr} = 623～855℃［图 2-10（a）］，A/CNK = 0.93～1.08，均为准铝质-弱过铝质岩石［图 2-10（b）］。因此，该期花岗质岩石主要为 I 型或 I-A 过渡型，部分具有 A 型花岗岩的特点。

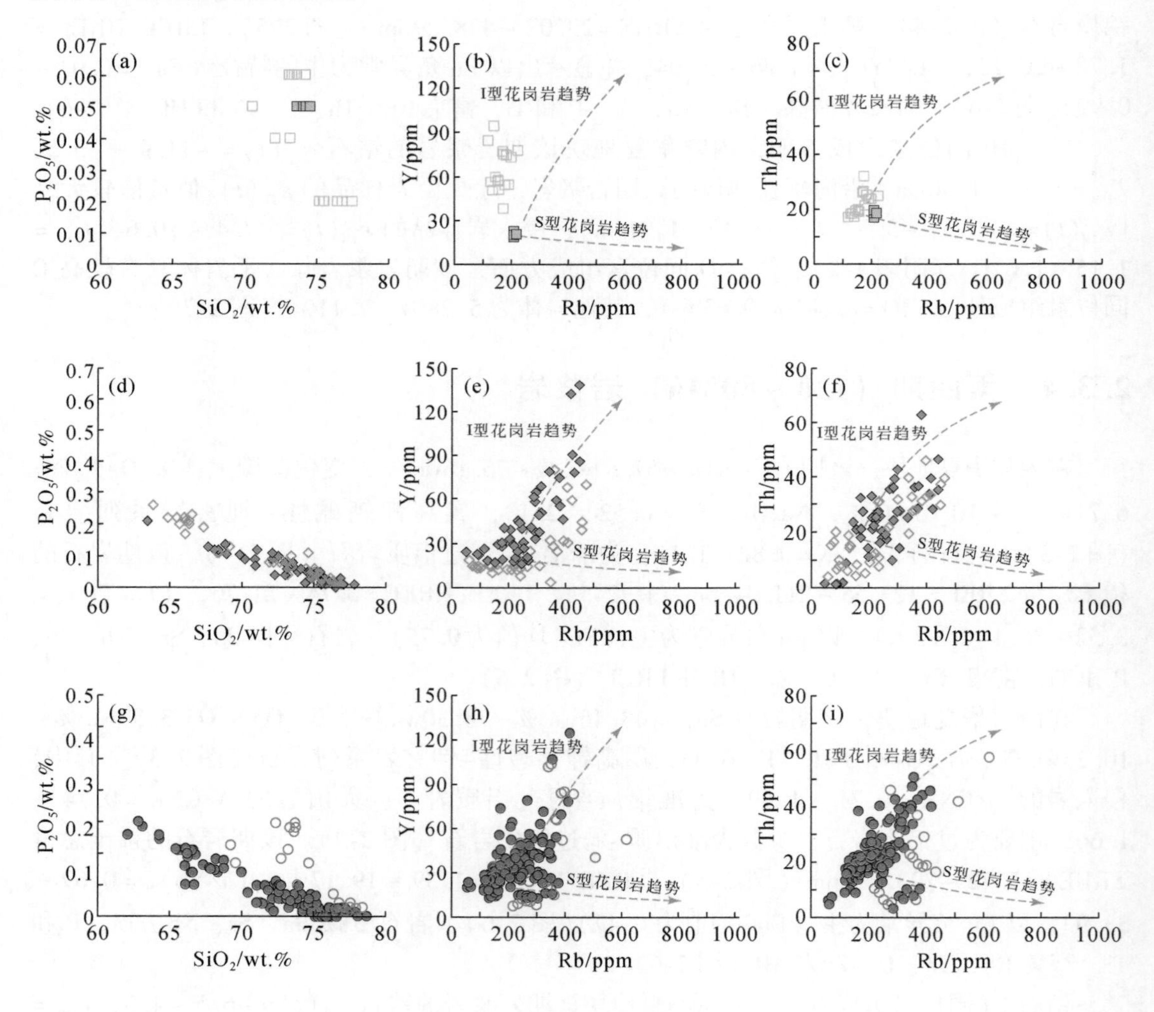

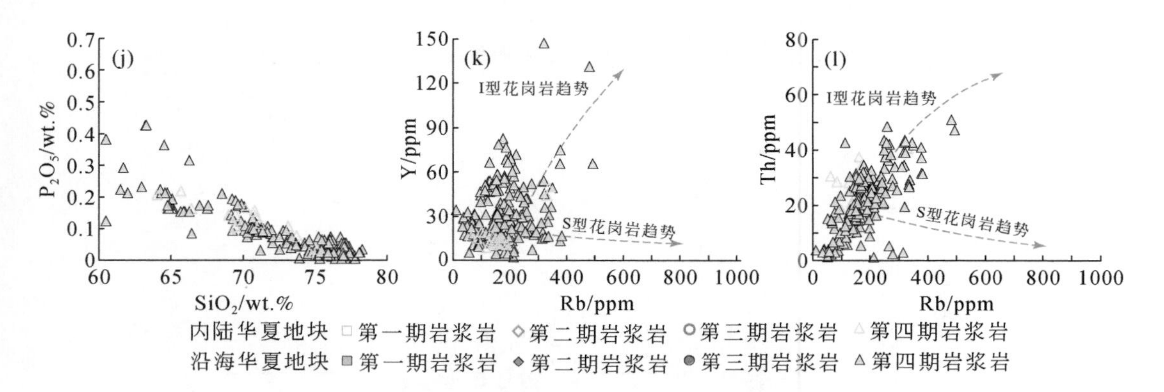

图 2-8 东南沿海燕山期花岗岩 P_2O_5-SiO_2、Y-Rb 和 Th-Rb 图解

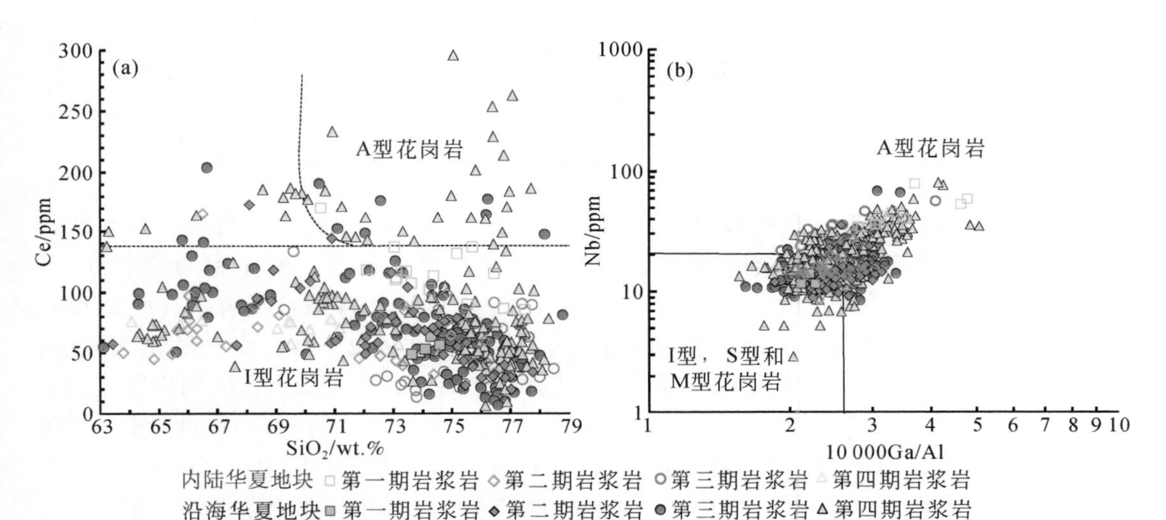

图 2-9 东南沿海燕山期岩浆岩 Ce-SiO_2 和 Nb-10 000Ga/Al 图解

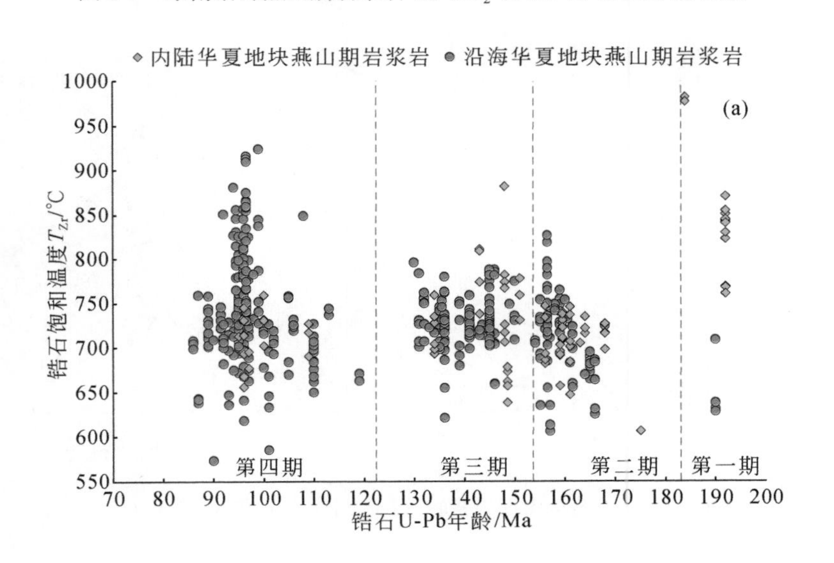

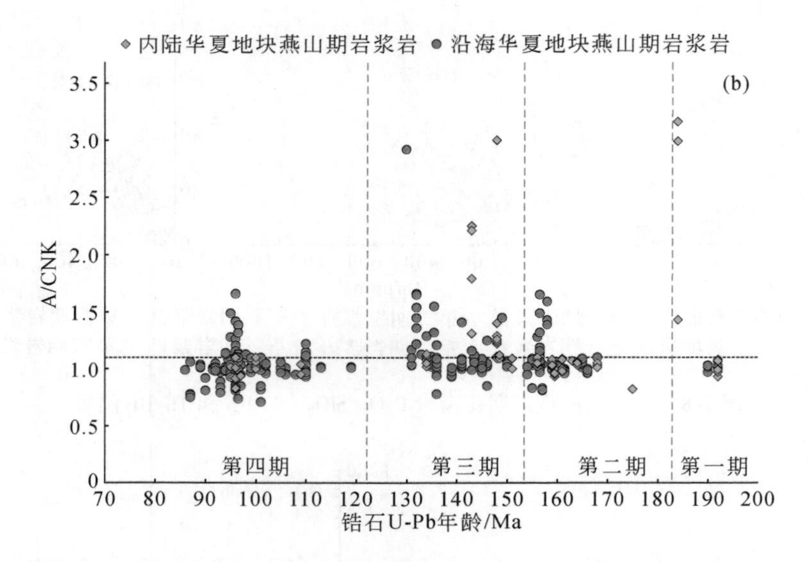

图 2-10 东南沿海燕山期岩浆岩锆饱和温度和 A/CNK 值随年龄变化图解

该期岩浆岩都落于经典的弧岩浆岩区域，明显不具有埃达克岩的特征，且与北美 Cordilleran 中生代岩浆弧花岗岩区域比较一致，但不同于澳大利亚 Lachlan 褶皱带中的 I 型花岗岩（图 2-11）。在 Ta-Yb、Rb-（Y+Nb）和（Rb/10）-Hf-（3×Ta）图解中（图 2-12），该期岩浆岩样品点主要位于火山弧花岗岩与板内花岗岩过渡区域。以上特征表明，该期岩浆岩部分具有火山弧花岗岩的地球化学特征。锆石 Hf 同位素组成显示，该期岩浆岩以正的锆石 $\varepsilon_{\mathrm{Hf}}(t)$ 值为主 [$\varepsilon_{\mathrm{Hf}}(t)$= +2.2 ~ +13.3]，并具有相对年轻的锆石 Hf 同位素地壳模式年龄（T_{DM}=1.09 ~ 0.35Ga）。前人研究显示，华夏地块西北缘在 1000 ~ 825Ma 曾发育有陆缘弧和弧后岩浆活动（夏炎，2016），在华夏地块东南缘尚未见弧岩浆活动的报道。可见，该期具有弧地球化学特征的岩浆岩，不太可能是继承花岗岩源区的地球化学特征。

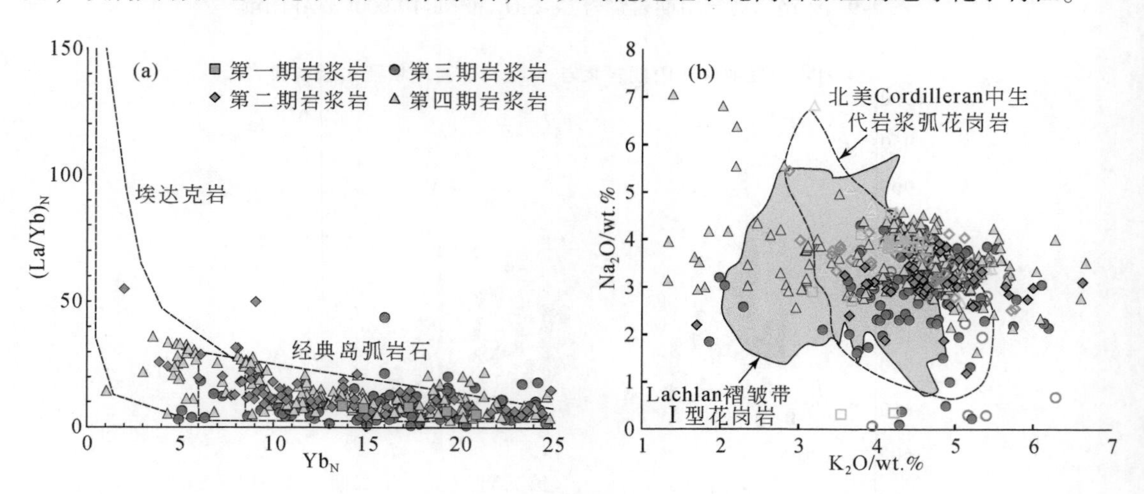

图 2-11 东南沿海燕山期岩浆岩（La/Yb）$_{\mathrm{N}}$-Yb$_{\mathrm{N}}$ 和 Na_2O-K_2O 图解

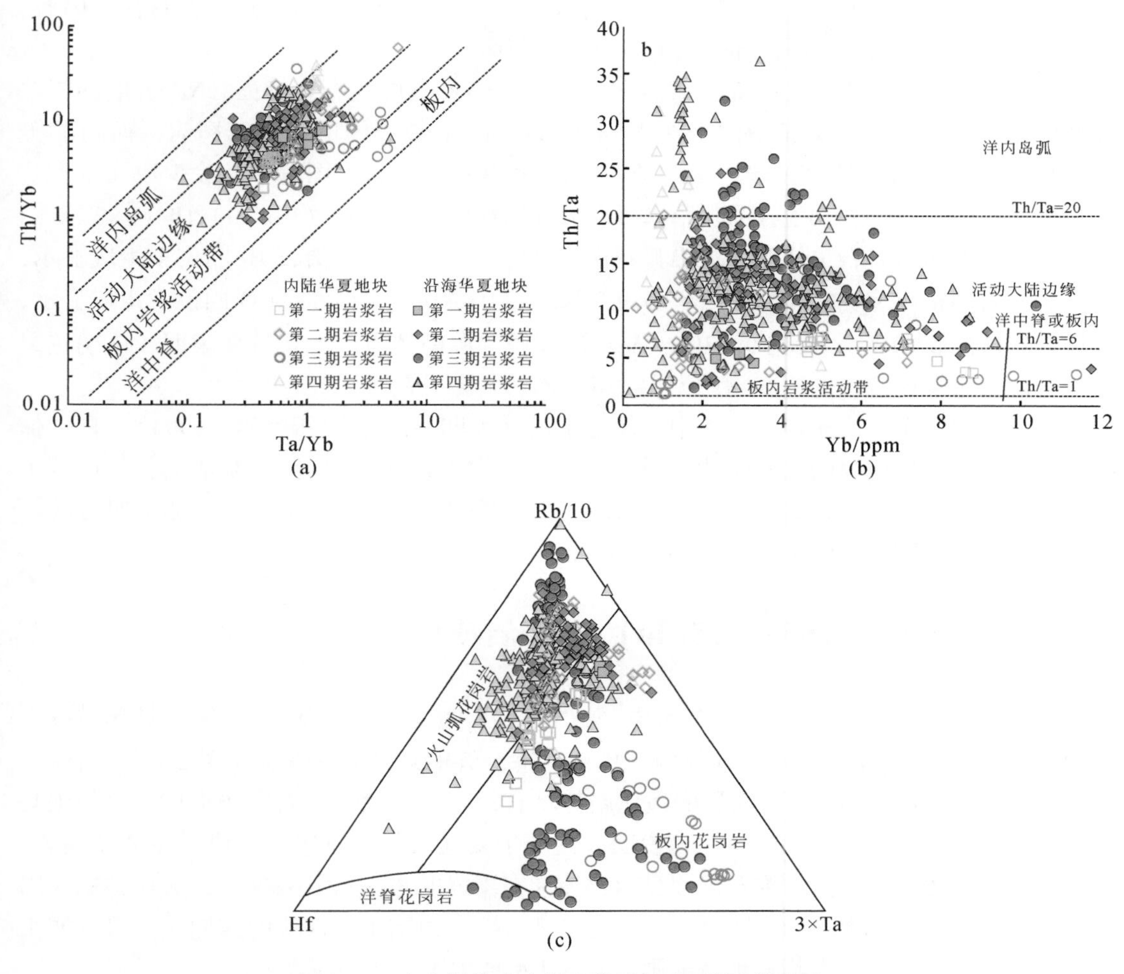

图 2-12　东南沿海燕山期岩浆岩构造环境判别图解

已有研究显示，在华南地块的南岭北带，曾发育有早侏罗世玄武岩（谢昕等，2005）。近年来，在东南沿海地区也陆续报告有早侏罗世的 I 型花岗岩和火山岩（Zhu et al., 2010；刘潜等，2011；刘鹏等，2015a；Zhou et al., 2018；许中杰，2019）。这些证据表明，古太平洋板块可能从早侏罗世就开始向西俯冲于华南地块之下。综合以上数据，我们认为，该期花岗岩可能为华南地块最早期弧岩浆作用的产物。

2.4.2　第二期（175～153Ma）岩浆岩成因

该期花岗岩的 SiO_2 = 63.44wt.%～77.76wt.%，P_2O_5 ≤ 0.60wt.%，SiO_2 与 P_2O_5 呈明显的负相关关系（图 2-8）。该期花岗岩明显不同于 S 型花岗岩的演化趋势，而与 I 型花岗岩有很好的一致性（图 2-9）。这些特征表明，该期花岗岩可能主要为 I 型花岗岩。岩石的锆饱和温度 T_{Zr} = 606～765℃，不具有较高的结晶温度［图 2-10（a）］，A/CNK 均小于 1.1，均为准铝质-弱过铝质岩石［图 2-10（b）］，显示出 I 型花岗岩和 I-A 过渡型特征。因此，该期花岗质岩石主要为 I 型，部分为 I-A 过渡型花岗岩。

该期岩浆岩均落于经典的弧岩浆岩区域，明显不具有埃达克岩特征。Na_2O-K_2O 相关关系图中（图 2-11），明显不同于澳大利亚 Lachlan 褶皱带中的 I 型花岗岩，而与北美 Cordilleran 中生代岩浆弧花岗岩一致。在 Ta-Yb 和 Rb-(Y+Nb) 图解中，除少数几个点落于板内岩浆活动带外，其他样品均落入活动大陆边缘的范围；在（Rb/10)-Hf-(3×Ta) 图解中，该期花岗质岩石主体落入火山弧花岗岩区域（图 2-12）。锆石 Hf 同位素组成显示，该期岩浆岩的锆石 ε_{Hf}（t）= −13.5 ~ +3.9，T_{DM} = 2.07 ~ 0.96Ga。锆石 O 同位素组成显示，该期岩浆岩的 $\delta^{18}O$ = 5.40‰ ~ 9.13‰，显示出壳幔混源的特点。上述特征表明，该期花岗质岩石的岩浆源区以古老地壳物质为主，并伴有幔源组分的加入。

前已述及，东南沿海地区在晚中生代处于活动大陆边缘（周新民等，1994）。自中侏罗世起，古太平洋板块的向西俯冲，导致中国东部发生强烈的构造-岩浆活动，并产生了一系列的弧岩浆作用。因此，该期岩浆岩应为弧岩浆岩，其源区可能受到了俯冲组分的改造，抑或软流圈物质与中-下地壳物质的混合。

2.4.3 第三期（153 ~ 125Ma）岩浆岩成因

该期花岗岩的 SiO_2 = 62.11wt.% ~ 78.78wt.%，P_2O_5 含量小于 0.40wt.%，且在沿海华夏地块 SiO_2 与 P_2O_5 呈负相关，而在内陆华夏地块，负相关关系不明显（图 2-8）。沿海华夏地块的该期花岗岩与 I 型花岗岩的演化趋势具有很好的一致性，而内陆华夏地块的则与 I 型花岗岩趋势不一致（图 2-9）。这说明，内陆华夏地块与沿海华夏地块的该期花岗岩，在成因上存在较大差异。锆饱和温度显示，该期花岗岩的 T_{Zr} = 621 ~ 800℃，表明该期花岗岩不具有 A 型花岗岩特征（图 2-10）。上述特征表明，内陆华夏地块的该期花岗岩可能主要为 S 型花岗岩，而沿海华夏地块的则主要为 I 型或 I-A 过渡型花岗岩。

该期岩浆岩均落于经典的弧岩浆岩区域，不具有埃达克岩的特征。在 Na_2O-K_2O 相关图中，该期岩浆岩明显不同于澳大利亚 Lachlan 褶皱带中的 I 型花岗岩，而与北美 Cordilleran 中生代岩浆弧花岗岩基本一致（图 2-11）。在 Ta-Yb 和 Rb-(Y+Nb) 图解中，该期花岗质岩石大多位于活动大陆边缘区域，少部分位于洋内岛弧范围［图 2-12（a）］。在（Rb/10)-Hf-(3×Ta) 图解中，该期岩浆岩主要落于火山弧花岗岩和板内花岗岩区域，指示该期岩浆作用发生的构造环境可能兼具大陆边缘和板内双重特征［图 2-12（b）］。锆石 Hf 同位素组成显示，该期岩浆岩的锆石 $\varepsilon_{Hf}(t)$ = −11.9 ~ 4.2，T_{DM} = 1.91 ~ 0.92Ga，与中侏罗世岩浆岩源区特征基本相似。该期花岗质岩石 $\delta^{18}O$ = 4.89‰ ~ 11.93‰。上述特征表明，该期岩浆岩的源区以古老地壳物质为主，并伴有少量幔源物质的加入。

综上所述，该期岩浆岩可能兼具大陆边缘和大陆板内岩浆岩的双重特征。其中，沿海华夏地块的岩浆岩，弧岩浆特点明显，而内陆华夏地块的则具有板内岩浆岩特征。此外，该期岩浆岩的源区可能受到了早期俯冲物质组分的改造，抑或源自软流圈物质与中-下地壳物质混合的结果。

2.4.4 第四期（120～80Ma）岩浆岩成因

该期花岗岩的 SiO_2 = 57.59wt.%～78.30wt.%，P_2O_5小于0.64wt.%，SiO_2 与 P_2O_5呈负相关关系（图2-8）。该期花岗岩主要显示出I型花岗岩的演化趋势（图2-9）。锆饱和温度 T_{Zr} = 600～954℃，表明该期花岗岩中部分可能属A型花岗岩［图2-10（a）］。铝饱和指数A/CNK = 0.82～1.11，为准铝质-弱过铝质岩石［图2-10（b）］。

该期岩浆岩均落于经典的弧岩浆岩区域，不具有埃达克岩的特征。在 Na_2O-K_2O 相关图中，既不同于澳大利亚Lachlan褶皱带中的I型花岗岩，也不同于北美Cordilleran中生代岩浆弧花岗岩（图2-11）。在Ta-Yb和Rb-（Y+Nb）图解中，大部分样品落入活动大陆边缘范围，少部分落入洋内岛弧范围［图2-12（a）］。在（Rb/10）-Hf-（3×Ta）图解中，该期岩浆岩样品主要落入火山弧花岗岩区域［图2-12（b）］。该期岩浆岩的 $\varepsilon_{Hf}(t)$ = -9.9～+10.3，T_{DM} = 1.98～0.51Ga，$\delta^{18}O$ = 4.59‰～5.73‰。上述特征表明，该期岩浆岩应为典型的弧岩浆岩，其岩浆源区主要为年轻物质并受到古老地壳物质的混染。

2.4.5 陆缘岩浆物源演化

利用本次实测（28件花岗质岩石）和收集的（73件花岗质岩石）东南沿海Hf同位素数据，我们对东南沿海进行了锆石Hf同位素填图，以揭示该区花岗质岩石的锆石Hf同位素组成的时空演化特征，示踪研究区地壳深部物质组成特征及时空演化。这些数据主要来自中国东南沿海的华夏地块。其中，18件来自政和-大埔断裂沿线以西的内陆华夏地块，83件来自政和-大埔断裂沿线以东的沿海华夏地块。所有收集数据均以对应的锆石U-Pb年龄进行了重新计算。东南沿海的101件燕山期花岗质岩石锆石Hf同位素组成［$\varepsilon_{Hf}(t)$ 和 T_{DM}］均标注于图2-13。锆石Hf同位素等值线图显示（图2-14），研究区可划分出三个主要的Hf同位素省（区），自沿海向内陆，分别命名为Ⅰ、Ⅱ和Ⅲ Hf同位素省。其中，Ⅲ省面积最大，Ⅰ省次之，Ⅱ省最小（图2-15）。

Ⅰ省（T_{DM} = 1.35～1.10Ga）位于沿海华夏地块（图2-15），具有高 $\varepsilon_{Hf}(t)$ 值（集中在-3.4～+4.7）和较年轻的锆石Hf模式年龄（1.35～1.10Ga）。Ⅱ省（T_{DM} = 1.60～1.35Ga）位于沿海华夏地块与内陆华夏地块的过渡带，$\varepsilon_{Hf}(t)$ 值变化范围大，介于-6.8～-0.1。Ⅲ省（T_{DM} = 1.85～1.60Ga）位于内陆华夏地块，$\varepsilon_{Hf}(t)$ 值为-16.1～-9.2，T_{DM} = 2.23～2.01Ga。上述Hf同位素省反映了锆石Hf同位素组成在东南沿海的空间变化特征。从沿海向内陆，Ⅰ省主要分布在沿海华夏地块，Ⅲ省主要分布在内陆华夏地块，Ⅱ省则分布在二者的过渡带。

在内陆华夏地块，锆石U-Pb年龄值为175～107Ma，主要为第二至第四期岩浆岩。所有样品的 $\varepsilon_{Hf}(t)$ 值 = -16.1～+3.7，以负 $\varepsilon_{Hf}(t)$ 值为主（图2-16）。T_{DM} = 2.23～1.00Ga，变化范围较大（图2-17）。其中，第二期岩浆岩源区都有一个以较低的 $\varepsilon_{Hf}(t)$ 为主的来源，即以古老地壳物质为主，混有少量的年轻组分，T_{DM} = 1.90～1.20Ga，古老地壳物质可能为中元古代结晶基底。第三期岩浆岩 $\varepsilon_{Hf}(t)$ = -11.9～-0.9，T_{DM} = 1.70～1.40Ga，指

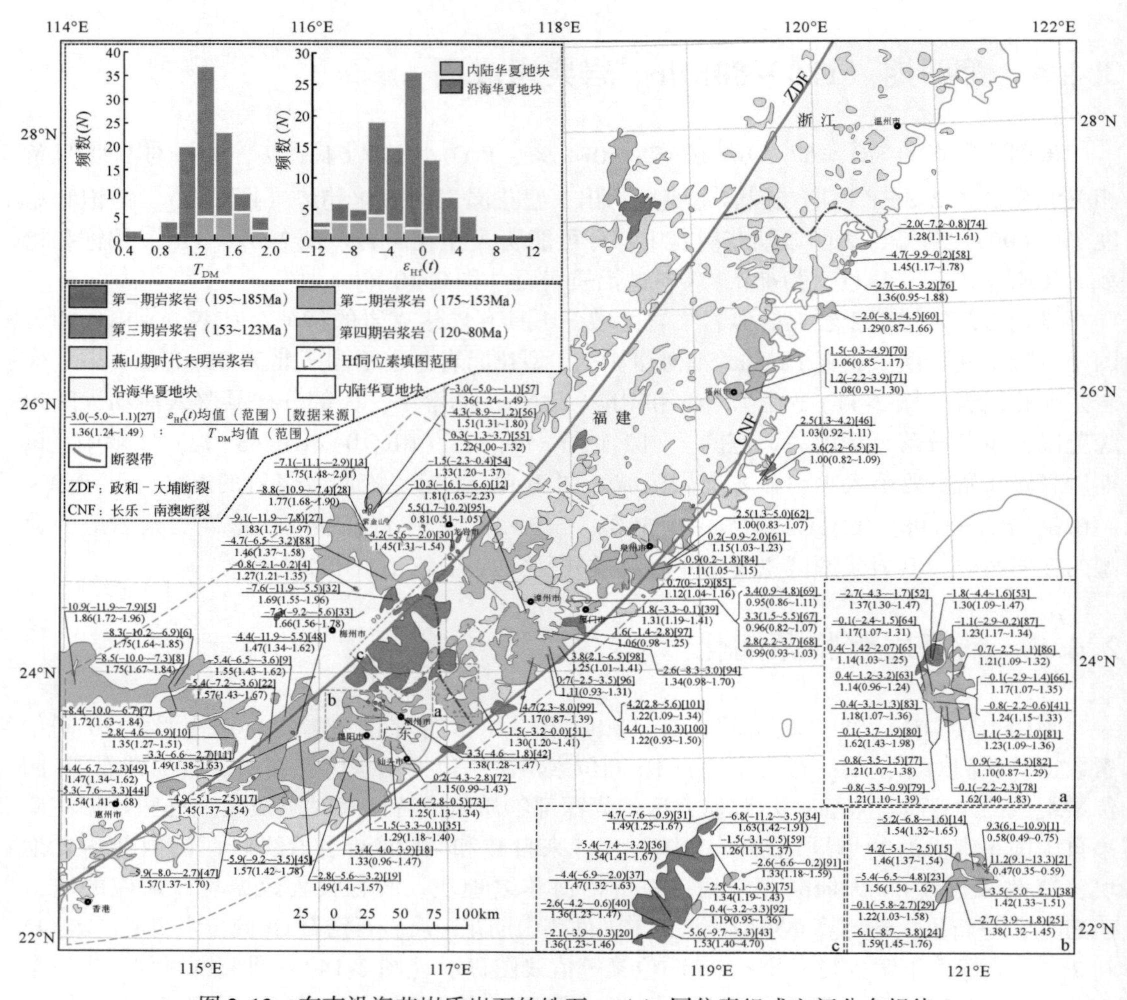

图 2-13　东南沿海花岗质岩石的锆石 $\varepsilon_{\mathrm{Hf}}(t)$ 同位素组成空间分布规律

示其岩浆源区与第二期岩浆岩的基本相似。第四期岩浆岩具有相对较高的 Hf 同位素组成 [$\varepsilon_{\mathrm{Hf}}(t)=-8.9\sim+3.7$] 和相对年轻的 Hf 模式年龄（$T_{\mathrm{DM}}=1.51\sim1.22$Ga），暗示该期岩浆作用有较多年轻物质的加入。综上所述，在内陆华夏地块，第二和第三期岩浆岩的源区主要以古老地壳物质主，第四期的则可能有更多的年轻物质加入。

在沿海华夏地块，四期花岗质岩石的锆石 Hf 同位素组成和模式年龄变化范围较大 [$\varepsilon_{\mathrm{Hf}}(t)=-13.5\sim+13.3$；$T_{\mathrm{DM}}=2.07\sim0.35$Ga]（图 2-16，图 2-17）。其中，第一期岩浆岩以正的 $\varepsilon_{\mathrm{Hf}}(t)$ 值为主 [$\varepsilon_{\mathrm{Hf}}(t)=+2.2\sim+13.3$]，$T_{\mathrm{DM}}=1.09\sim0.35$Ga，表明该期岩浆作用的岩浆源区以年轻物质为主，并混有少量的古老地壳物质。第二期岩浆岩的 $\varepsilon_{\mathrm{Hf}}(t)=-13.5\sim+3.9$，$T_{\mathrm{DM}}=2.07\sim0.96$Ga，表明其岩浆源区以古老地壳物质为主，并混有少量年轻组分。第三期岩浆岩的 $\varepsilon_{\mathrm{Hf}}(t)=-11.9\sim4.2$，$T_{\mathrm{DM}}=1.91\sim0.92$Ga，与第二期岩浆岩的基本相似。第四期岩浆岩的 $\varepsilon_{\mathrm{Hf}}(t)=-9.9\sim+10.3$，$T_{\mathrm{DM}}=1.98\sim0.51$Ga，指示该期岩浆作用有较多年轻物质的加入。

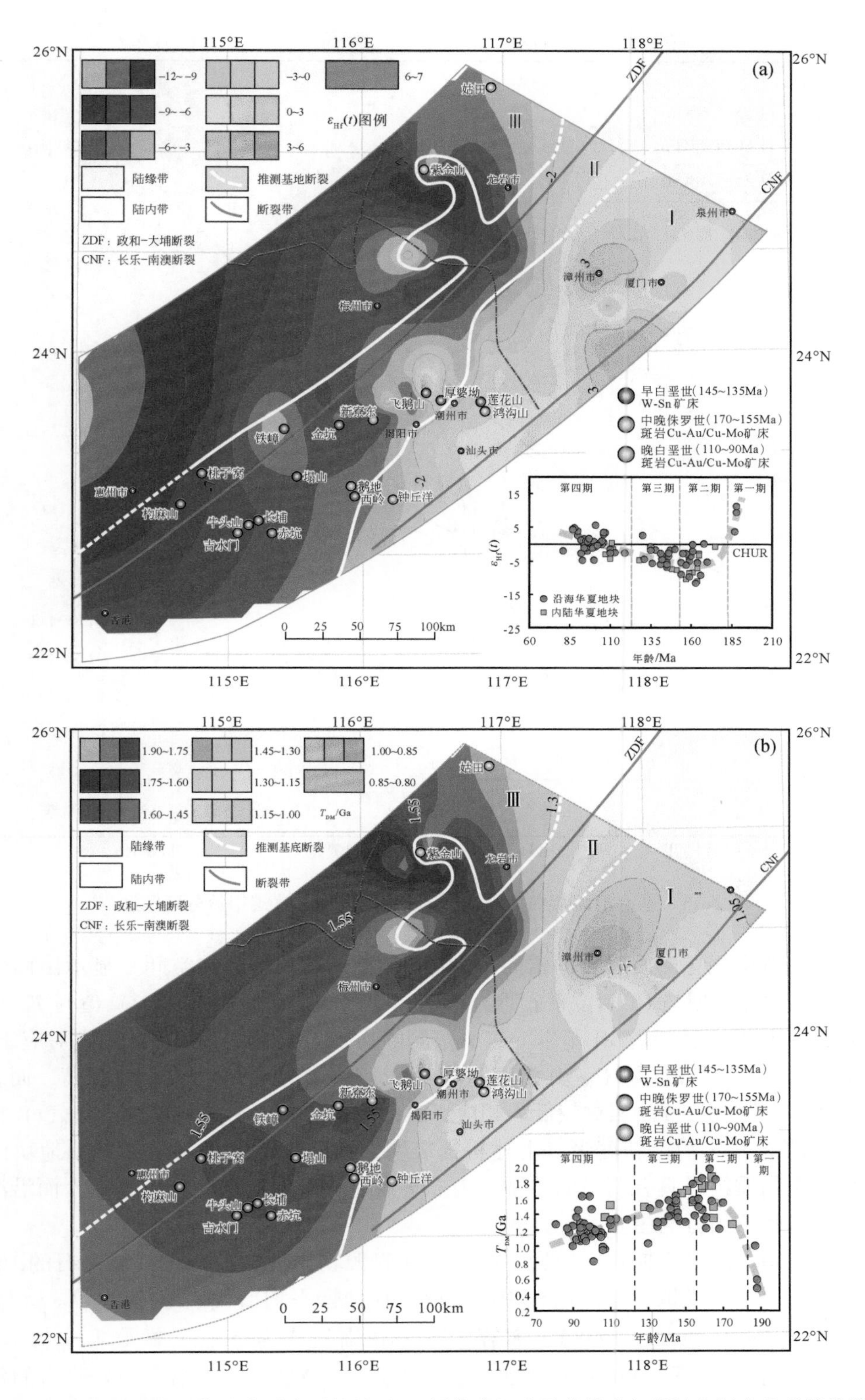

图 2-14　东南沿海燕山期花岗质岩石的锆石 Hf 同位素组成及其模式年龄随空间变化的等值线图

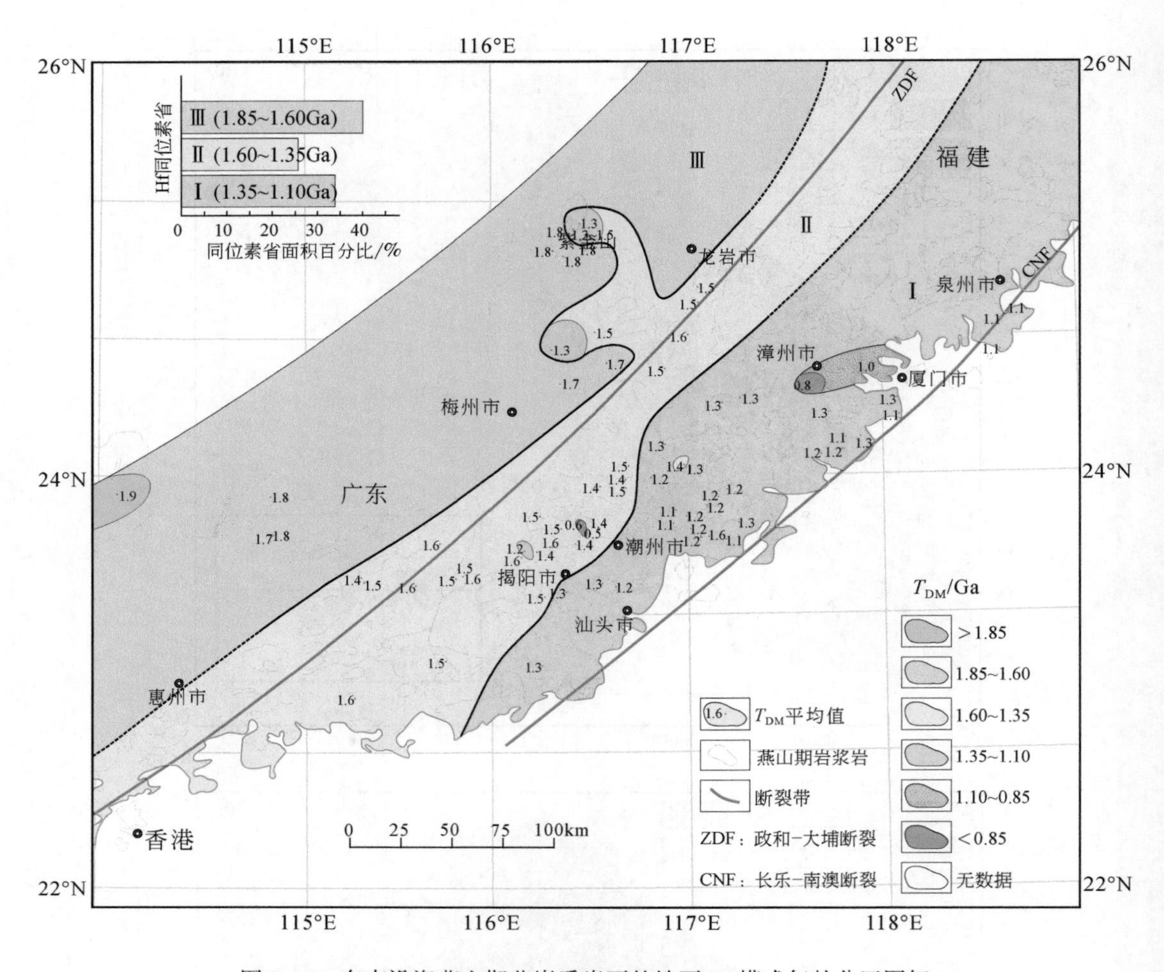

图 2-15 东南沿海燕山期花岗质岩石的锆石 Hf 模式年龄分区图解

东南沿海燕山期花岗质岩石的锆石 Hf 同位素及其模式年龄在空间上显示出西侧的低 $\varepsilon_{Hf}(t)$ 值、高 T_{DM} 区域与 Hf 同位素省Ⅲ相对应，中间的过渡区域［$\varepsilon_{Hf}(t)$ 值与 T_{DM} 值变化范围均较大］与 Hf 同位素省Ⅱ基本一致，东侧的高 $\varepsilon_{Hf}(t)$ 值、低 T_{DM} 区域则对应于 Hf 同位素省Ⅰ。在同位素省Ⅰ区域中，其西南侧的 $\varepsilon_{Hf}(t)$ 值相对较负，T_{DM} 相对较高，而北东侧的 $\varepsilon_{Hf}(t)$ 值相对较正，T_{DM} 相对较低。相应，自沿海向内陆，岩浆岩的锆石 $\varepsilon_{Hf}(t)$ 值逐渐由正变负，Hf 模式年龄由新变老。上述特征表明，内陆华夏地块与沿海华夏地块两个块体的深部地壳物质组成具有明显的差别。内陆华夏地块以古老地壳物质为主，而沿海华夏地块则以年轻物质组分为主。

为估算东南沿海燕山期花岗质岩石的幔源和壳源物质混合的比例，对锆石的 Hf-O 同位素组成进行了定量模拟。模拟过程中，选取亏损地幔平均值代表地幔端元［$\varepsilon_{Hf}(t)=12$，$\delta^{18}O=5.6‰$］(Valley et al.，1998)，大容山 S 型花岗岩作为下地壳端元［$\varepsilon_{Hf}(t)=-13$，$\delta^{18}O=10‰$］（于津生等，1999；祁昌实等，2007）。结果显示：①第二期岩浆岩的年轻物质组分占比为 30%~60%，古老地壳物质占比为 40%~70%；②第三期岩浆岩的年轻物质组

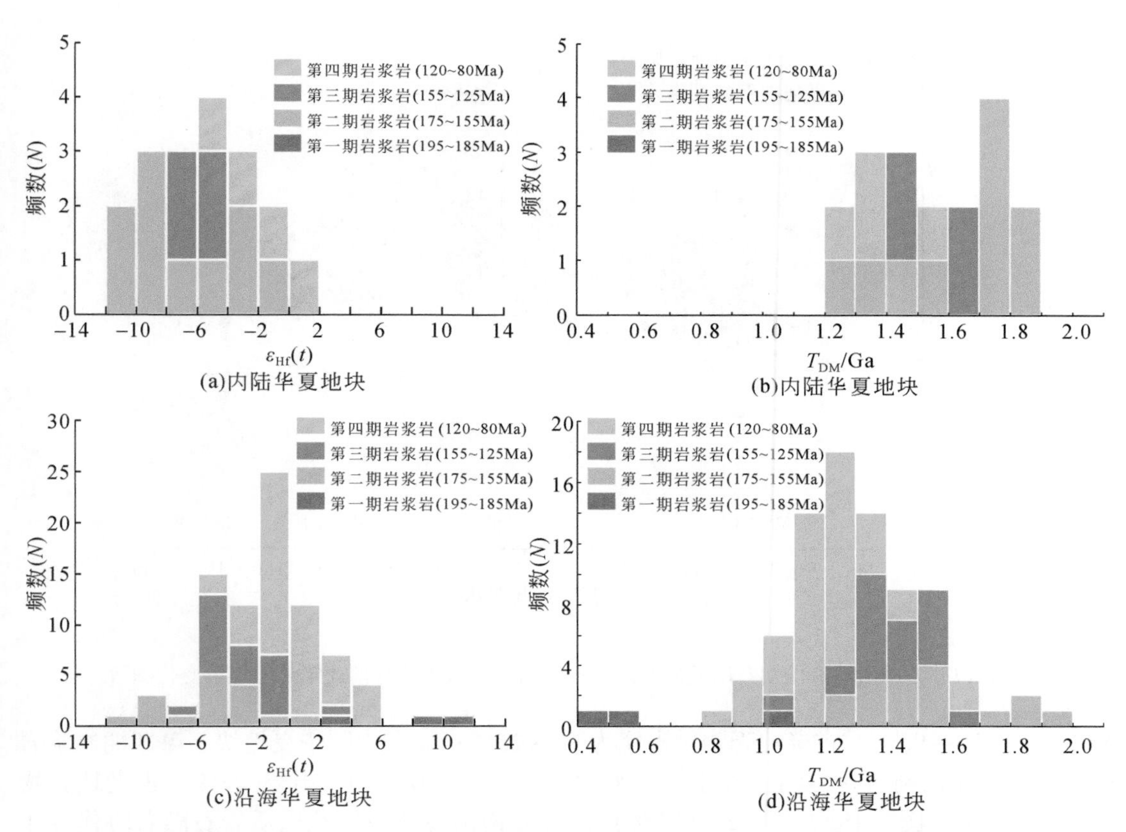

图 2-16 内陆华夏地块与沿海华夏地块燕山期花岗质岩石的锆石同位素组成及其模式年龄直方图解

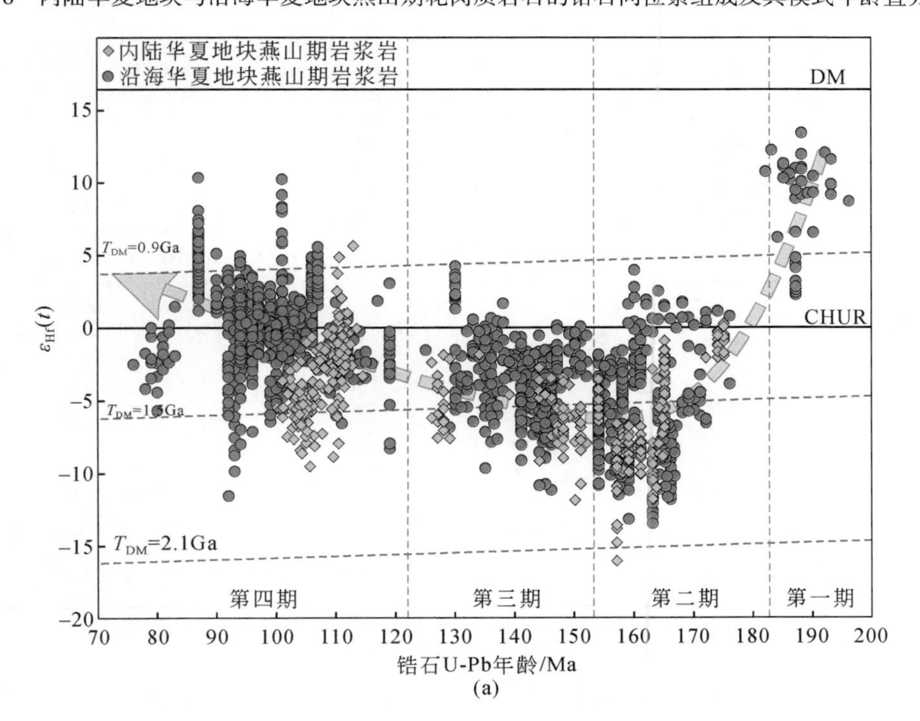

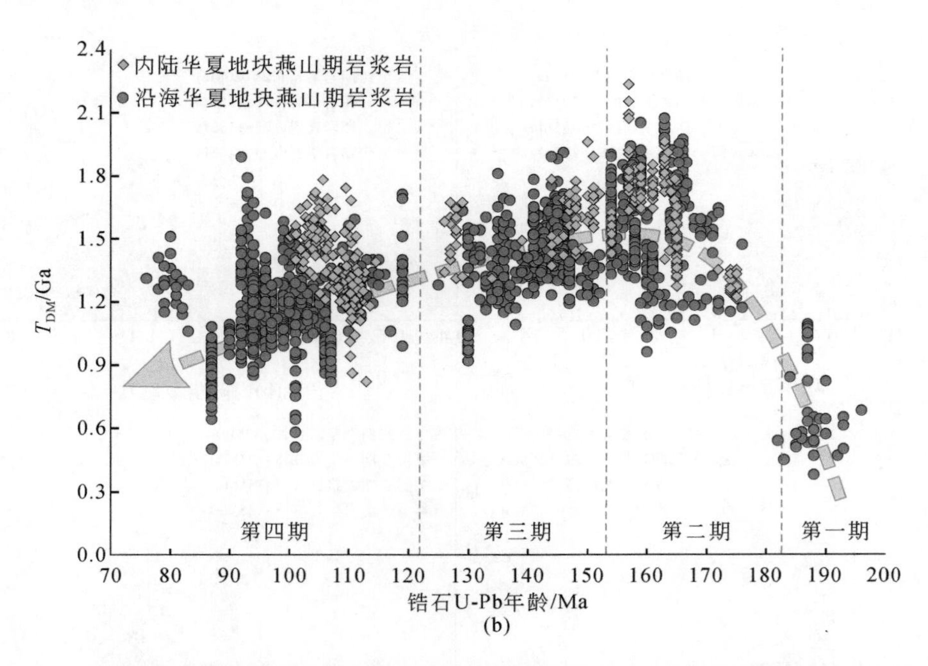

图 2-17　东南沿海燕山期花岗质岩石的锆石铪同位素组成及其模式年龄随年龄变化图解

分占比为75%~95%，古老地壳物质占比为5%~25%；③在内陆华夏地块，第四期岩浆岩的壳幔源物质比例约为1∶1，在沿海华夏地块，年轻物质组分占比为95%，古老地壳物质占比为5%（图2-18）。上述结果总体反映了东南沿海燕山期花岗质岩石随着时代变年

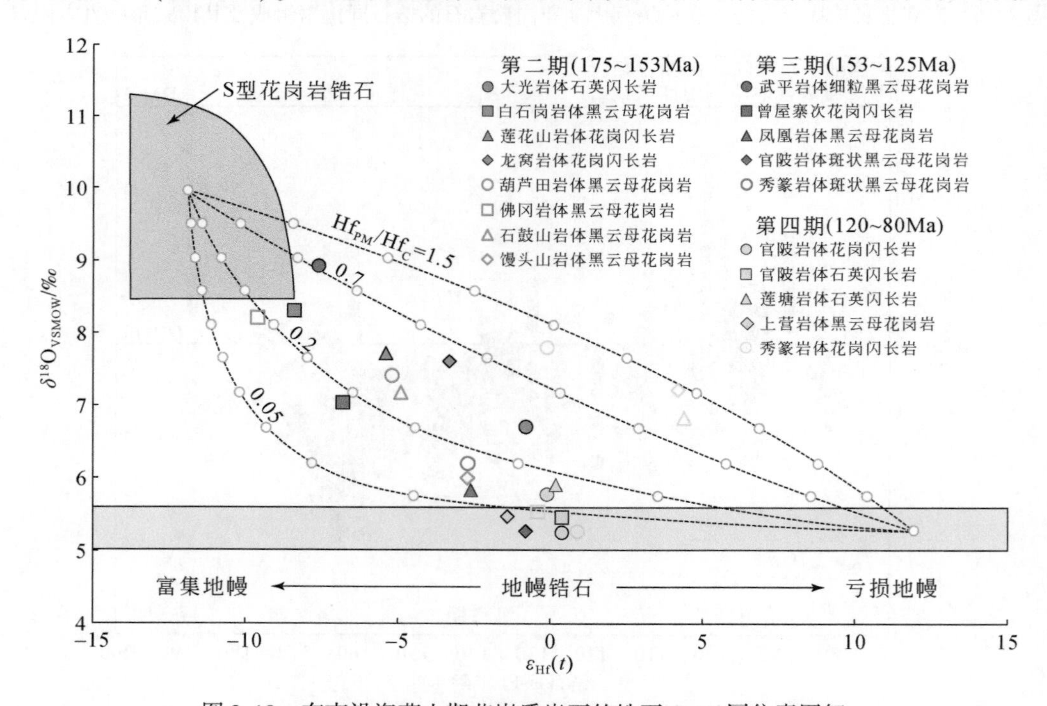

图 2-18　东南沿海燕山期花岗质岩石的锆石 O-Hf 同位素图解

轻，年轻物质组分占比有增加趋势。

2.5 东南沿海陆缘岩浆成矿作用

2.5.1 与陆缘岩浆有关的金属矿产类型与时空分布

东南沿海地区燕山期成矿事件可分为中-晚侏罗世（175～150Ma）、早白垩世早期（145～130Ma）和早白垩世晚期（110～90Ma）三期，分别与四期岩浆作用中的第二、第三和第四期对应（图2-19）。其中，中-晚侏罗世发育与石英闪长岩-花岗闪长岩有关的斑岩型铜金和铜钼成矿事件，典型矿床如浙江桐村斑岩型铜钼矿（约164Ma），福建姑田斑岩型铜钼矿（约160Ma），以及广东新寮岽、鸿沟山、钟丘洋和鹅地铜金矿（156～169Ma）（王小雨等，2016；刘鹏，2018；Tian et al.，2021）。早白垩世早期发育与二长花岗岩、花岗闪长岩、黑云母花岗岩及花岗斑岩有关的钨锡铅锌银矿床。成矿岩石多为高分异的I型或A型花岗质，主要分布在广东东部地区，典型矿床有飞鹅山钨锡矿、西岭锡矿、莲花山钨矿、长埔锡矿、厚婆坳锡铅锌银矿、淘锡湖锡矿及金坑锡矿，成矿年龄集中在146～139Ma（丘增旺等，2016；Yan et al.，2017；Qiu et al.，2017；刘鹏，2018）。早白垩世晚期发育与花岗闪长岩、二长花岗岩及英安玢岩有关的斑岩型和浅成低温热液型铜金钼矿，以紫金山矿田的罗卜岭斑岩型铜钼矿、紫金山浅成低温热液型铜金矿及悦洋浅成低温热液型银铅锌矿为代表，成矿时代为110～103Ma（Jiang et al.，2013；Duan et al.，

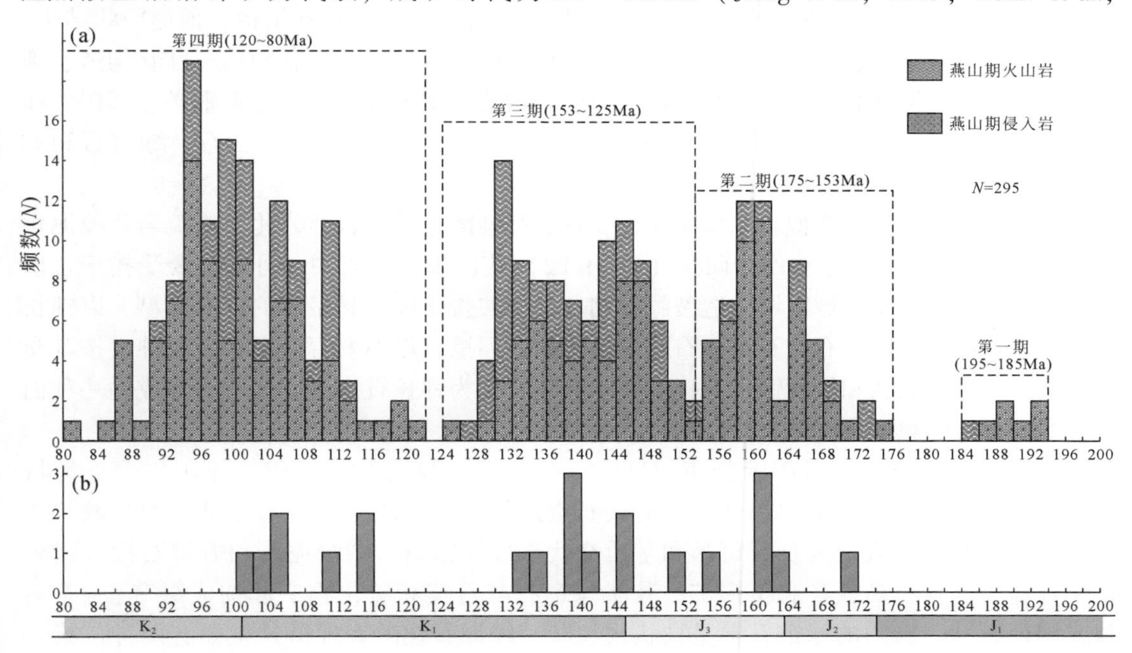

图2-19　东南沿海地区燕山期岩浆岩成岩年龄（a）和矿床成矿时代（b）直方图解

2017）。此外，在浙江沿海地区，还发育一些脉状钼矿，如赤路、三支树、石平川和治岭头，成矿时代为112～104Ma（张克尧等，2009；王永彬等，2014）。

2.5.2 第一期（175～150Ma）成矿作用

该期成矿作用以姑田斑岩型铜钼矿为代表。该矿床位于闽西南坳陷带胡坊-永定次级隆起带中部，姑田-白砂北东向构造岩浆断裂带北北东端。矿区地层不发育，仅见第四系（图2-20）。矿区构造以北东东向和北西向断裂为主，其次为近南北向及北东向断裂。矿体产于姑田杂岩体中，该杂岩体可分为早期的黑云母花岗岩和成矿期的花岗闪长质杂岩。花岗闪长质杂岩由花岗闪长岩、花岗闪长斑岩（P1、P2）、粗粒花岗岩和碱性花岗岩组成。矿区内还发育辉绿岩、闪长玢岩、细粒闪长岩及细粒花岗岩脉，以中细粒花岗岩脉最为发育。岩脉大都呈北东向和北西向展布。

姑田矿床的铜钼矿化主要与花岗闪长斑岩、花岗闪长斑岩及隐爆角砾岩密切相关。矿体呈细脉状和细脉浸染状分布于花岗闪长斑岩体顶部。根据现有勘探资料，姑田矿床已圈出71条工业铜钼矿体，铜金属量约23.6万t，平均品位0.31%，钼金属量约8.9万t，平均品位0.097%。矿体呈层状和鱼群状分布。主矿体走向北东东，倾向南东，倾角10°～35°（图2-21）。平面上，矿体主要分布于6号勘探线以东至7号勘探线以西地区。垂向上，矿体主要分布于450～0m中段，以350～150m中段最为集中。各矿体在倾向剖面上呈层状、似层状、长条状和宽板状，少量为透镜状、豆荚状和扁豆状。在近东西走向的切面上，矿体大部分呈凹凸相间的长透镜状。矿体走向83°～90°，往南东倾斜，倾角10°～35°为主，呈西缓东陡态势。矿石结构有自形粒状结构、半自形粒状结构、他形粒状结构、包含结构、填隙结构、粒间充填结构和乳滴结构。矿石构造有浸染状构造、脉状构造、细脉浸染状构造、网脉状构造、碎裂构造和角砾状构造。主要金属矿物有黄铜矿、辉钼矿和黄铁矿，闪锌矿、白钨矿和磁铁矿少量。脉石矿物有石英、绢云母、萤石、绿帘石和方解石。

同典型斑岩型铜矿类似，姑田矿床也发育有钾硅酸盐化、青磐岩化、绢英岩化及泥化蚀变（图2-22）。蚀变主要产于两期（P1和P2）花岗闪长斑岩中，分布主要受控于含矿斑岩体中原生裂隙及区域次级构造裂隙控制。钾硅酸盐化蚀变是最早的蚀变类型，以钾长石发育为特征，同时伴有硬石膏、石英及硫化物，但黑云母不发育。钾长石化蚀变按其交代形式，可分为面状和线状钾长石化。面状钾长石化为钾长石渗透交代原岩形成的一种面状蚀变，岩石外观呈现红褐、暗红和鲜红色调。

青磐岩化蚀变在姑田矿床分布较广，以绿帘石、绿泥石及碳酸盐等矿物发育为特征。绿帘石化主要为花岗闪长斑岩中的长石类矿物被交代成绿帘石，亦可分为弥散状和脉状。弥散状主要表现为长石斑晶和基质交代形成绿帘石，与绿泥石和方解石构成团簇状集合体，并伴有黄铁矿和黄铜矿。脉状绿帘石与石英和硫化物一起构成绿帘石-石英脉或绿帘石脉，脉中的绿帘石常呈柱状或粒状。绿泥石化的表现形式主要有两种：第一种是由角闪石和黑云母等暗色矿物分解形成并产生碳酸盐类矿物，此情形下，镁和铁没有被迁移，形成的绿泥石呈弥散状与暗色矿物并存，或与绿帘石一起形成团簇状集合

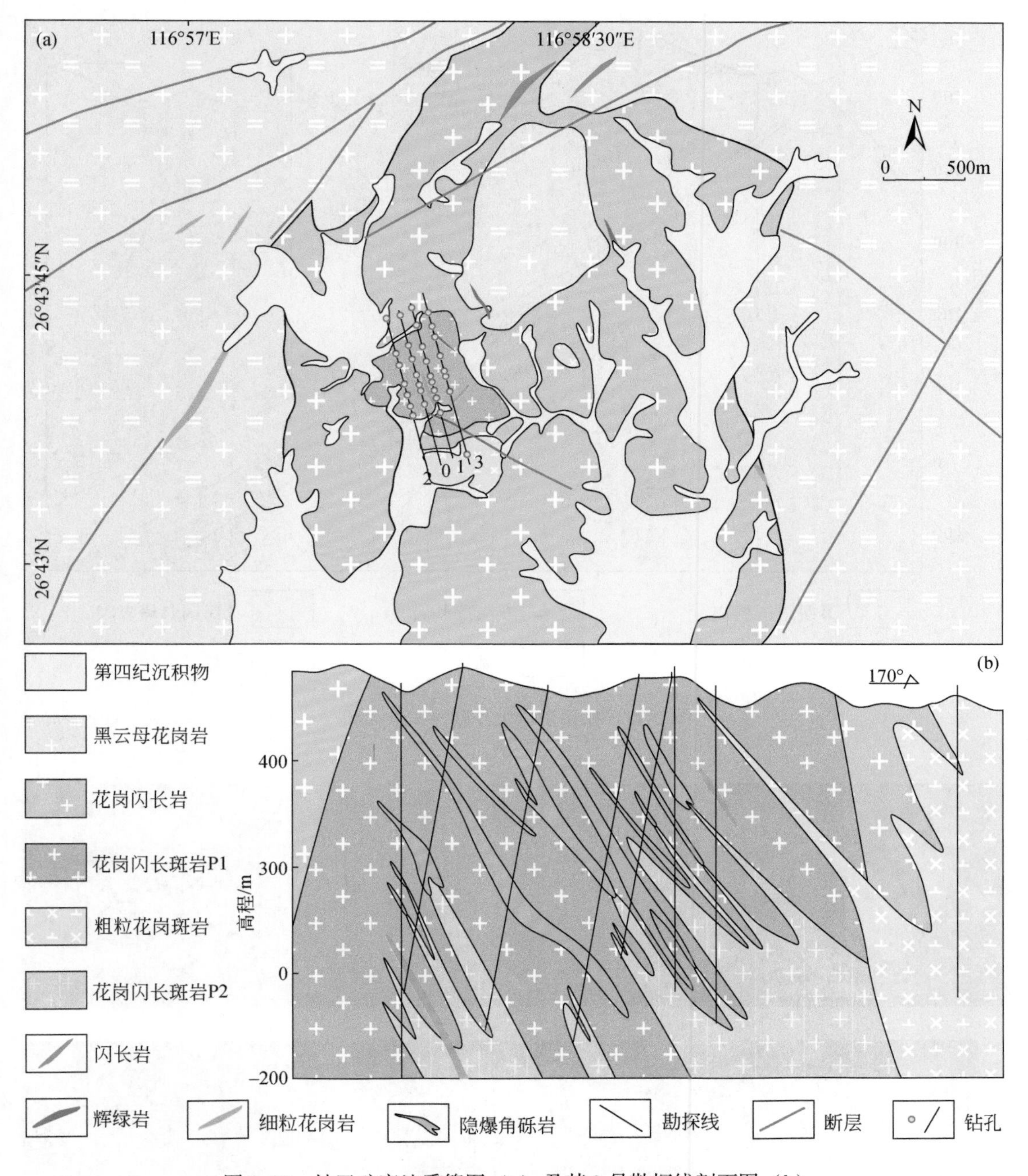

图 2-20 姑田矿床地质简图（a）及其 3 号勘探线剖面图（b）

体；第二种与石英及少量硫化物一起形成细脉，是在中至弱碱性条件下，直接从热液中结晶形成。该蚀变阶段发育少量萤石，与石英和方解石构成脉体。

绢英岩化为矿区重要的蚀变，发育于隐爆角砾岩脉及裂隙密集处，与矿化密切相关（图 2-23）。绢英岩化蚀变是含矿热水溶液强烈交代花岗闪长斑岩的结果，原岩结构破坏，

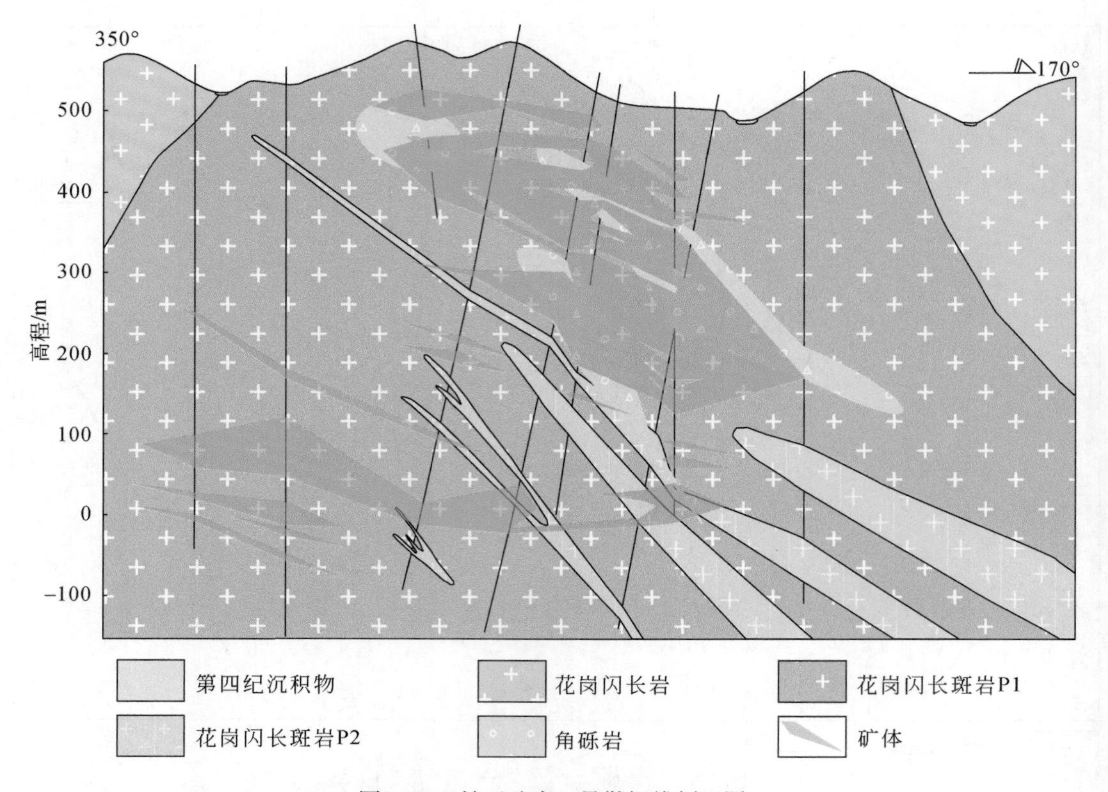

图 2-21　姑田矿床 1 号勘探线剖面图

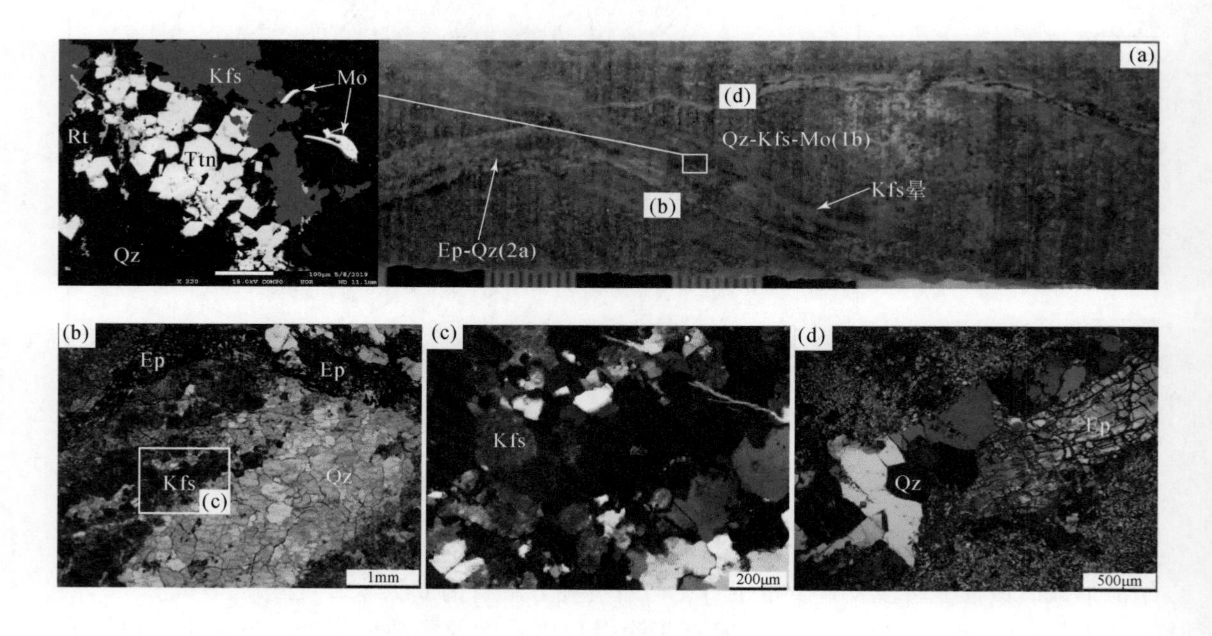

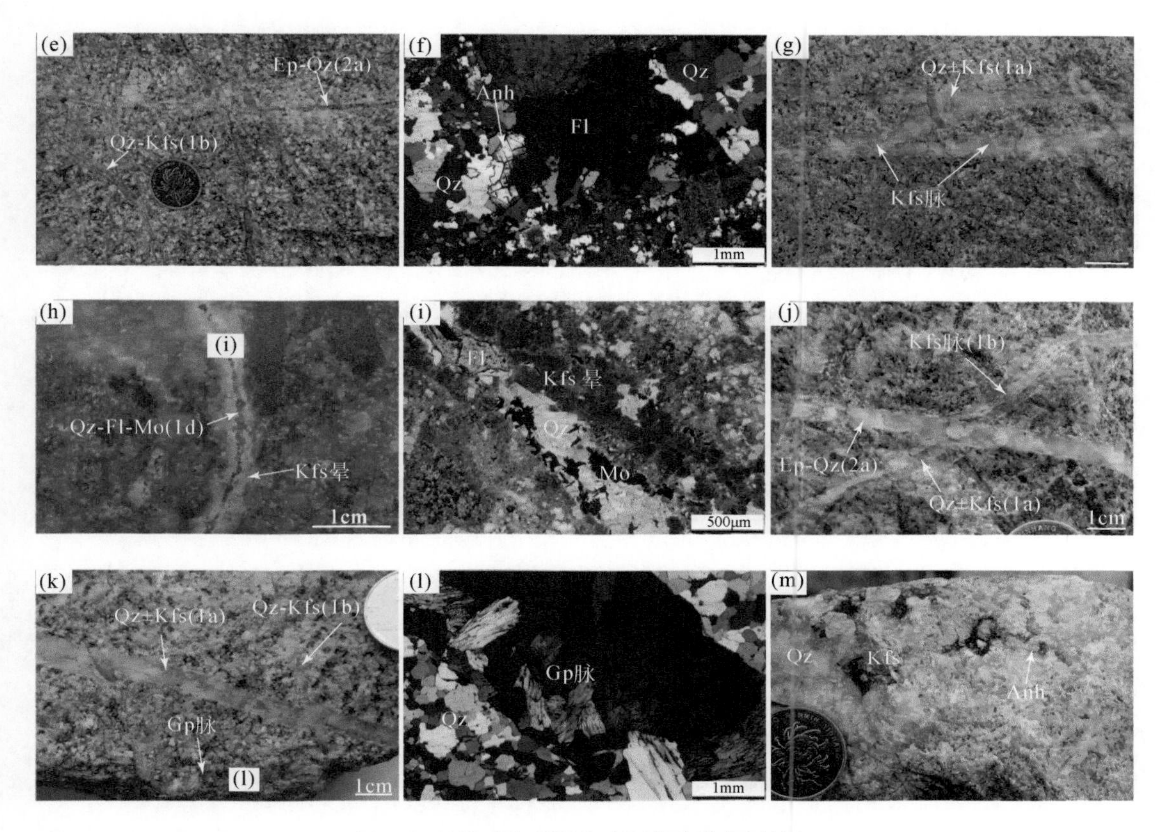

图 2-22　姑田矿床钾硅酸盐化阶段主要特征

a-辉钼矿-钾长石-石英脉被石英-绿帘石脉切穿；b-钾长石-石英脉镜下照片；c-钾长石局部放大照片；d-绿帘石-石英脉镜下照片；e-钾长石-石英脉被绿帘石-石英脉切穿；f-具有钾长石蚀变晕的石英脉中含硬石膏和萤石；g-含钾长石的石英脉被钾长石细脉切穿；h-辉钼矿-萤石-石英脉具有钾长石蚀变晕；i-辉钼矿-萤石-石英脉的镜下照片；j-钾长石脉切穿含钾长石的石英脉，前者又被绿帘石-石英脉切穿；k-含钾长石的石英脉被钾长石-石英脉切穿，两者均被石膏脉切穿；l-石膏脉镜下照片；m-含硬石膏的钾长石-石英脉的断面照片。Kfs-钾长石；Qz-石英；Ep-绿帘石；Ttn-榍石；Rt-金红石；Anh-硬石膏；Fl-萤石；Gp-石膏；Mo-辉钼矿

出现系列新生的石英、绢云母、白云母及少量绿泥石等矿物。绢云母为含矿热水溶液水解原岩中的长石矿物而形成。绢英岩化常与黄铁矿紧密共生，常伴有浸染状黄铜矿和辉钼矿矿化，以铜矿化为主。绢英岩化早期即有浸染状-细脉状黄铁矿和黄铜矿的沉淀，黄铜矿常以微细脉状形式贯入于黄铁矿微裂隙内。

泥化蚀变分布范围较小，仅局部可见，以形成高岭石、地开石及蒙脱石等低温黏土矿物为特征（图 2-23）。泥化蚀变主要表现为黏土矿物交代长石，长石虽被交代，但其外形仍被保留。泥化蚀变还可叠加在早期形成的蚀变矿物之上，比如早期形成的绿帘石裂隙被黏土矿物充填交代。泥化蚀变也可表现为脉状，交代早阶段形成的长石脉，或充填在早阶段石英脉中的石英颗粒间隙中。

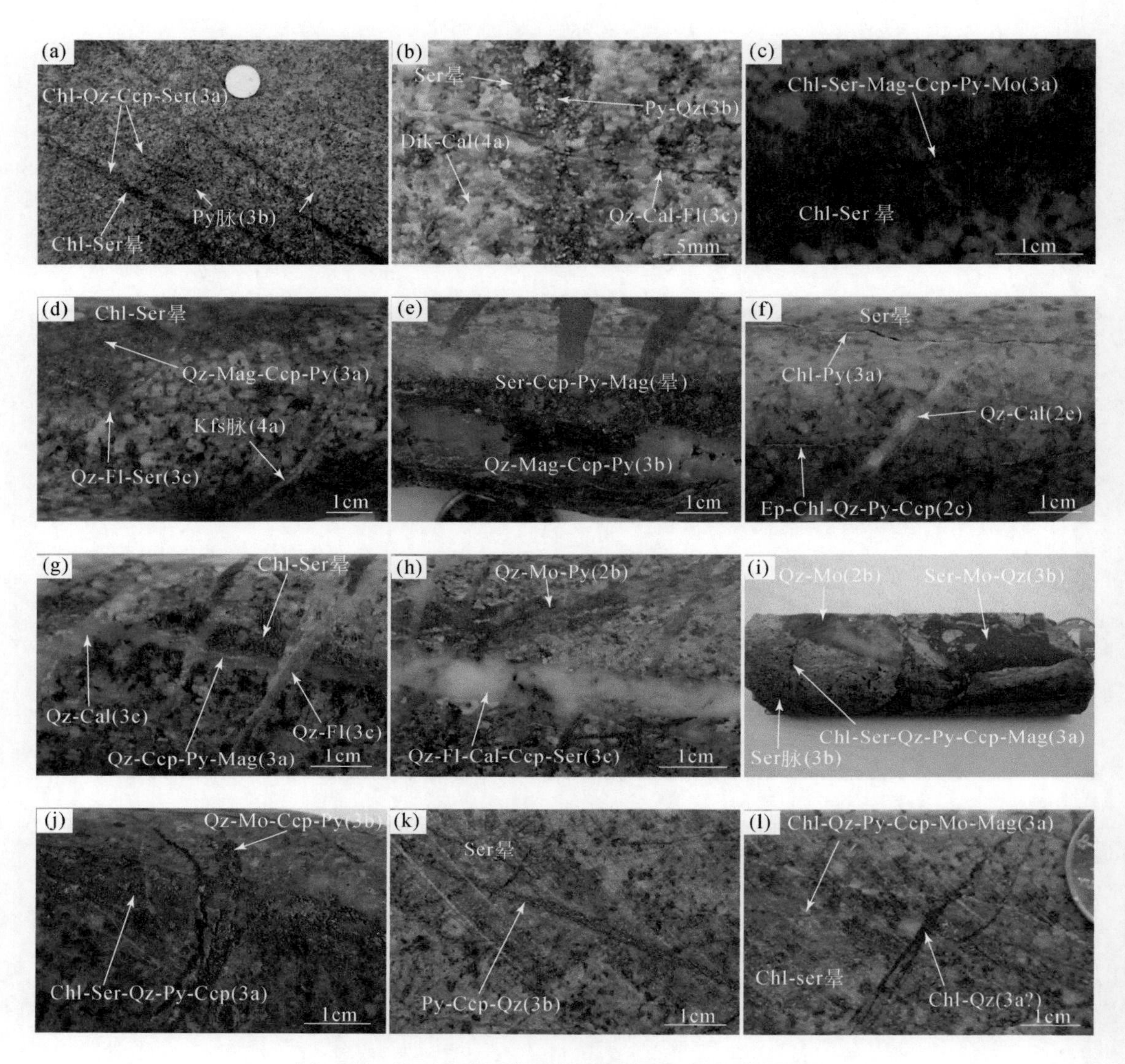

图 2-23　姑田矿床绢英岩化阶段和泥化阶段主要特征

a-黄铜矿–绿泥石–绢云母–石英脉被黄铁矿细脉切穿；b-黄铁矿–石英脉被方解石–萤石–石英脉切穿；c-磁铁矿–黄铁矿–黄铜矿–辉钼矿–绿泥石–绢云母脉；d-磁铁矿–黄铜矿–黄铁矿–石英脉被萤石–绢云母–石英脉切穿；e-磁铁矿–黄铜矿–黄铁矿–石英脉；f-黄铁矿–黄铜矿–绿泥石–绿帘石–石英脉被方解石–石英脉切穿；g-磁铁矿–黄铜矿–黄铁矿–石英脉被萤石–石英脉和方解石–石英脉切穿；h-黄铁矿–辉钼矿–石英脉被黄铜矿–萤石–方解石–绢云母–石英脉切穿；i-辉钼矿–石英脉被黄铜矿–黄铁矿–磁铁矿–绿泥石–绢云母–石英脉切穿；j-黄铜矿–黄铁矿–绿泥石–绢云母–石英脉被黄铁矿–辉钼矿–黄铜矿–石英脉切穿；k-黄铁矿–黄铜矿–石英脉；l-磁铁矿–辉钼矿–黄铜矿–黄铁矿–绿泥石–石英被绿泥石–石英脉切穿。Qz-石英；Ser-绢云母；Chl-绿泥石；Dik-地开石；Cal-方解石；Fl-萤石；Kfs，钾长石；Py-黄铁矿；Ccp-黄铜矿；Mo-辉钼矿；Mag-磁铁矿

根据钻孔编录和显微观察结果，我们绘制了姑田矿床 2 号勘探线的蚀变分带图。如图 2-24 所示，钾长石化带位于蚀变区域的中心位置，向外为青磐岩化带，绢英岩化叠加在钾长石化带和青磐岩化带之上，最后为泥化蚀变带，该蚀变分带符合典型斑岩矿床的蚀

变分带。总体上，姑田铜钼矿的蚀变分带为倾斜式的，其产状与花岗闪长斑岩 P2 一致，金属矿化富矿位置与绢英岩化蚀变带位置有较强的一致性。

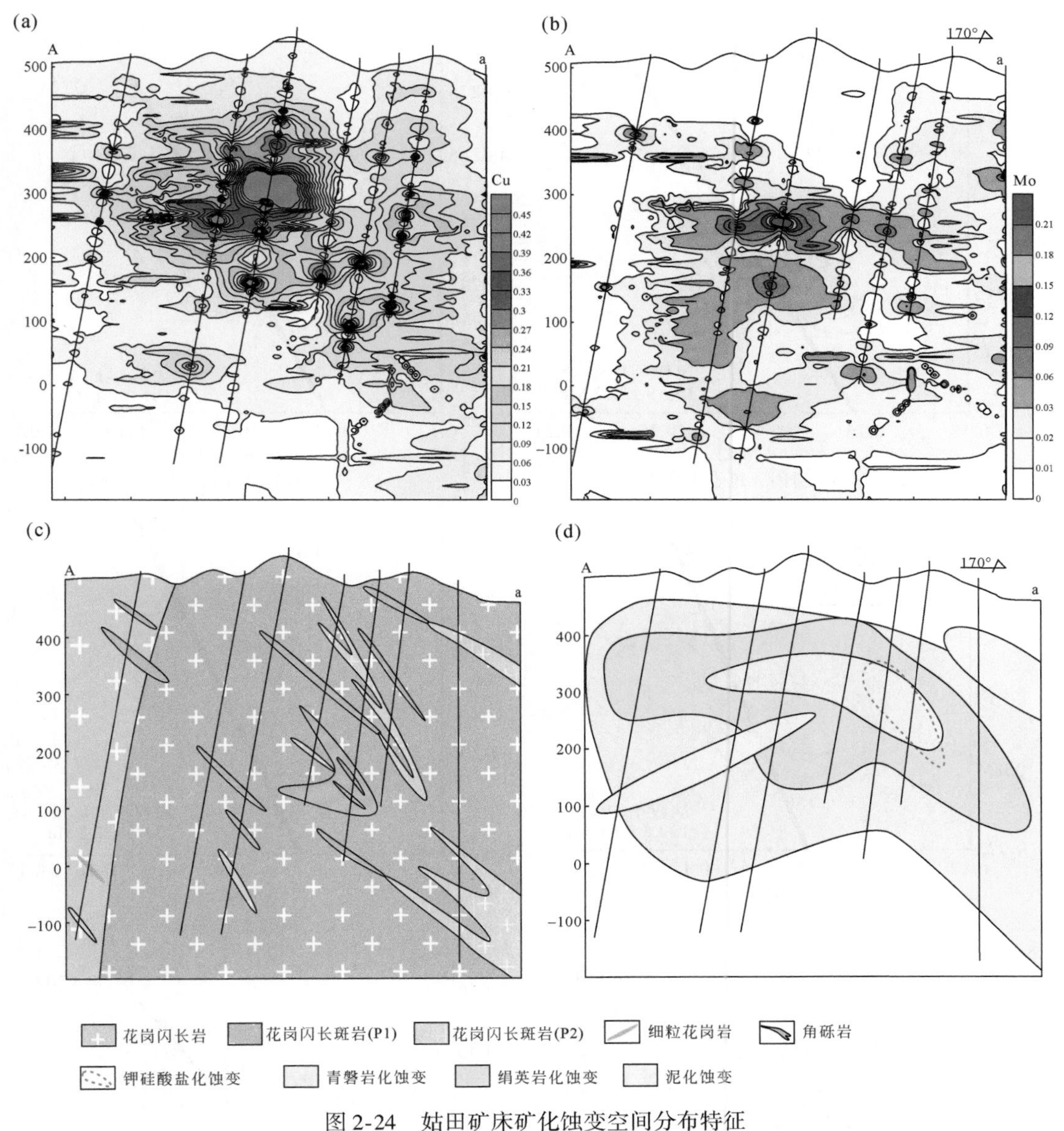

图 2-24 姑田矿床矿化蚀变空间分布特征

(a) 姑田矿床 2 号勘探线剖面铜品位等值线图；(b) 2 号勘探线剖面钼品位等值线图；(c) 2 号勘探线剖面岩性分布图；(d) 2 号勘探线剖面蚀变分带图

姑田矿床的花岗闪长质杂岩（花岗闪长岩、花岗闪长斑岩（P1、P2）、粗粒花岗斑岩、细粒花岗岩脉、细粒闪长岩 6 个侵入体的锆石 U-Pb 定年结果显示：花岗闪长质杂岩形成于 161 ~ 159Ma)（粗粒花岗斑岩形成于 160.7Ma；细粒花岗岩脉形成于 159.6Ma；细粒闪长岩形成于 134.5Ma（图 2-25）。6 件辉钼矿样品获得的 Re-Os 模式年龄为 161.9 ~

163.4Ma，加权平均年龄为162.8±1Ma，等时线年龄为162.4±2.9Ma（图2-26）。花岗闪长质杂岩的成岩年龄与成矿年龄在误差范围内一致。因此，姑田矿床的成岩成矿年龄约为160Ma。

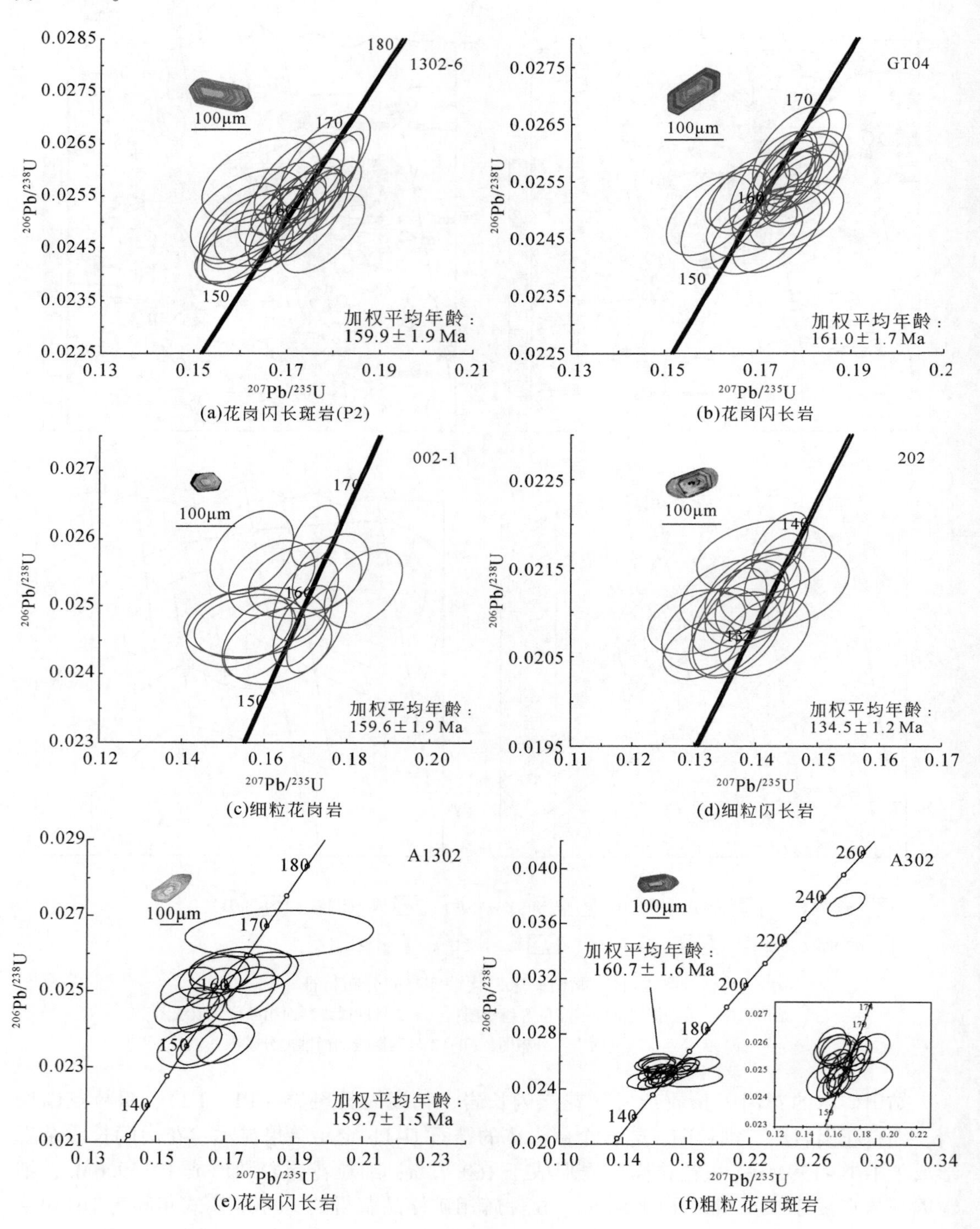

(a)花岗闪长斑岩(P2)　(b)花岗闪长岩

(c)细粒花岗岩　(d)细粒闪长岩

(e)花岗闪长岩　(f)粗粒花岗斑岩

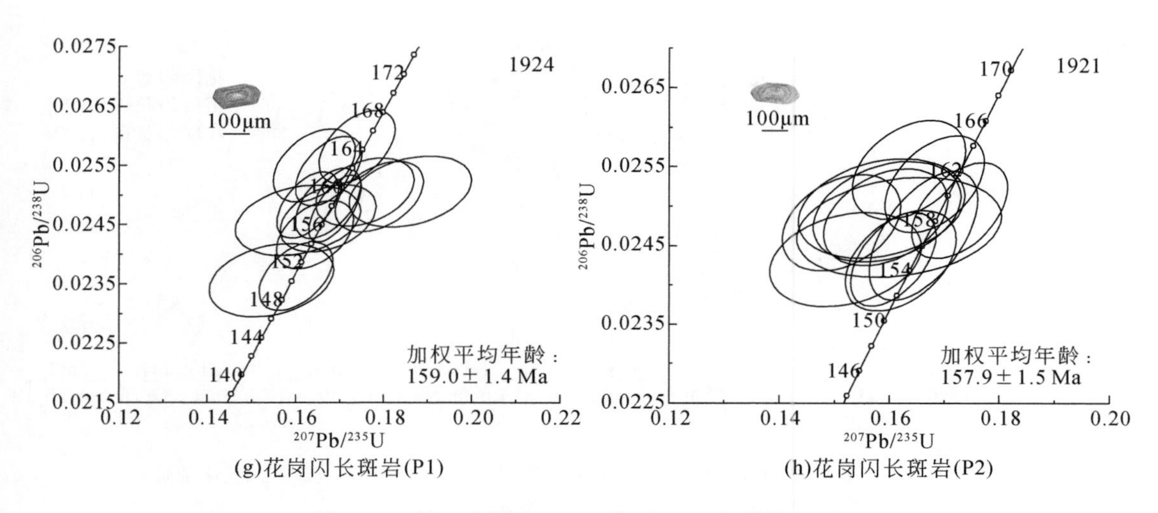

(g)花岗闪长斑岩(P1)　　(h)花岗闪长斑岩(P2)

图 2-25　姑田矿床 SHRIMP 锆石 U-Pb 年龄协和图

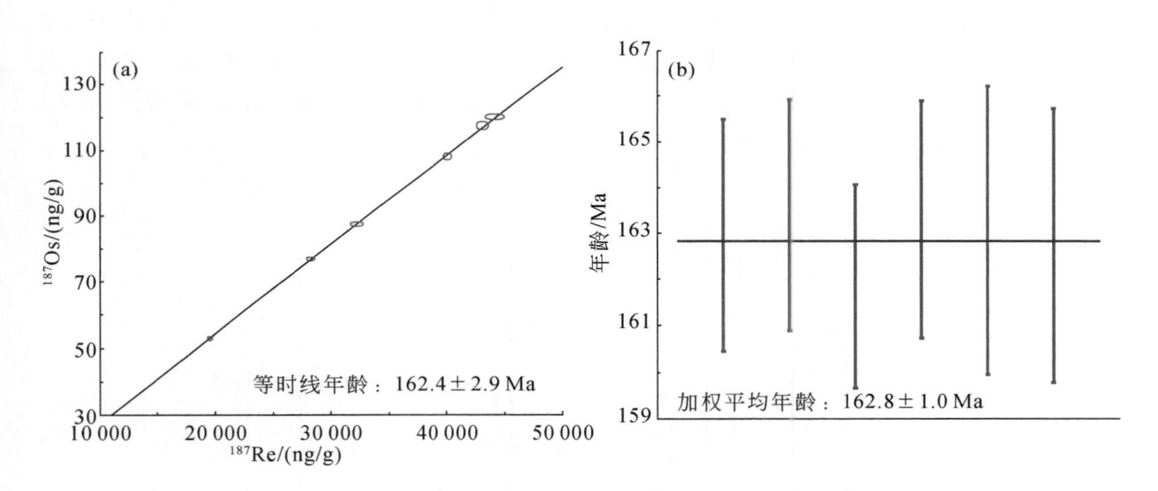

图 2-26　姑田矿床辉钼矿 Re-Os 等时线（a）及加权平均年龄（b）

姑田花岗闪长杂岩的三个岩相具有相似的主微量元素特征，SiO_2 含量较低（63.81wt.%～68.42wt.%），Al_2O_3（15.00wt.%～16.78wt.%）和 K_2O（6.04wt.%～8.5wt.%）含量高，MgO（1.21wt.%～1.99wt.%）、Na_2O（2.7wt.%～4.28wt.%）和 CaO（2.3wt.%～4.07wt.%）含量低，K_2O/Na_2O 比值变化范围大（0.69～1.77）。岩石富集轻稀土元素，Eu 负异常不明显（图 2-27）。在微量元素组成方面，岩石富集大离子亲石元素，亏损高场强元素。同位素组成方面，花岗闪长岩和花岗闪长斑岩（P2）的（$^{87}Sr/^{86}Sr)_i$=0.7084～0.7099，$\varepsilon_{Nd}(t)$=−10.3～−7.8，Nd 同位素二阶段模式年龄为 1.58～1.77Ga；锆石 Hf 同位素值 $\varepsilon_{Hf}(t)$=−13.1～−8.8，Hf 同位素二阶段模式年龄为 1.76～2.03Ga；锆石 O 同位素值 $\delta^{18}O$=6.96‰～9.29‰，平均为 7.92‰（图 2-28）。

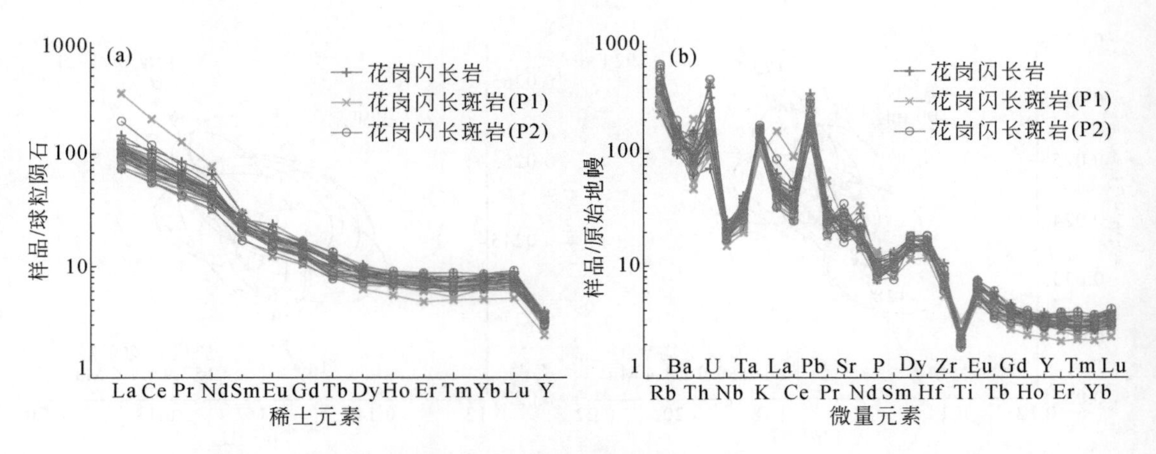

图 2-27　姑田矿床花岗闪长质杂岩的稀土元素（a）和微量元素（b）标准化图解

对比三个花岗闪长质侵入体的物理化学条件发现，花岗闪长斑岩（P2）具有更高的氧逸度、含水量和挥发分含量，指示其可能具有更大的成矿潜力（图 2-29）。花岗闪长岩和花岗闪长斑岩（P1）的黑云母成分显示，两者发生了浅成侵位（小于 5km）。此外，花岗闪长斑岩（P2）中黑云母斑晶的成分显示，该岩体来自深度约 9km 的岩浆房，而后上升侵入花岗闪长岩和花岗闪长斑岩（P1）中。

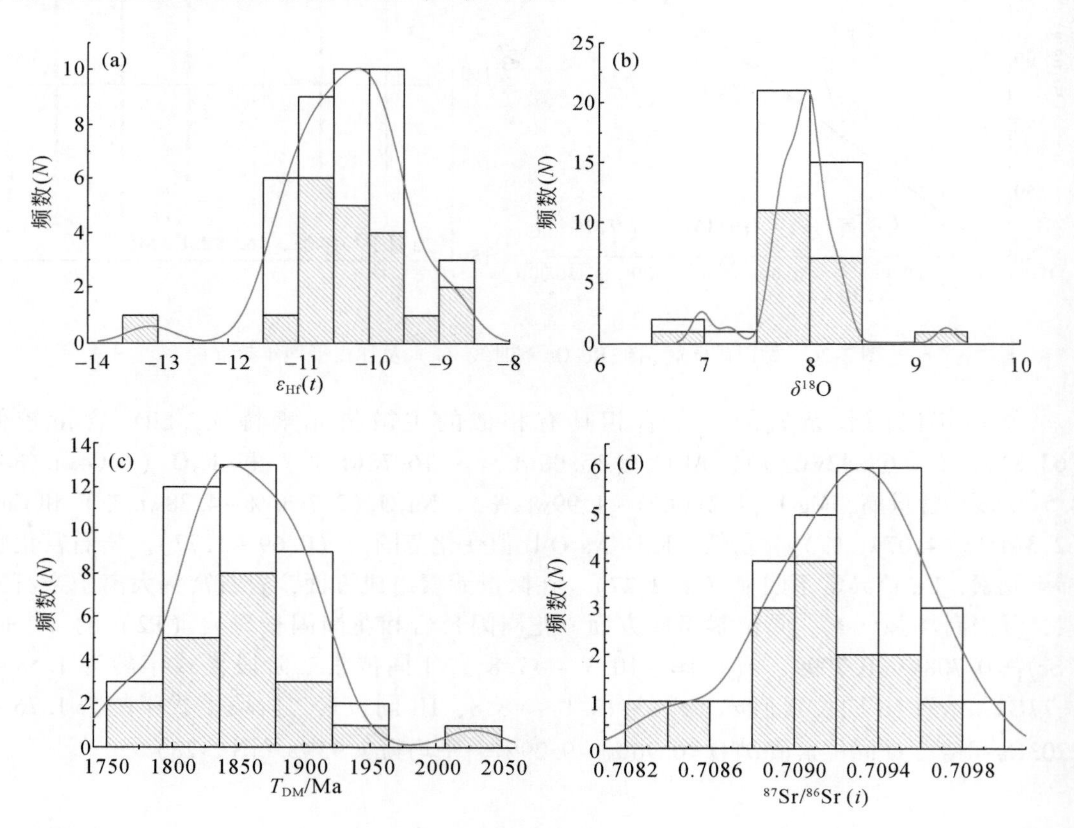

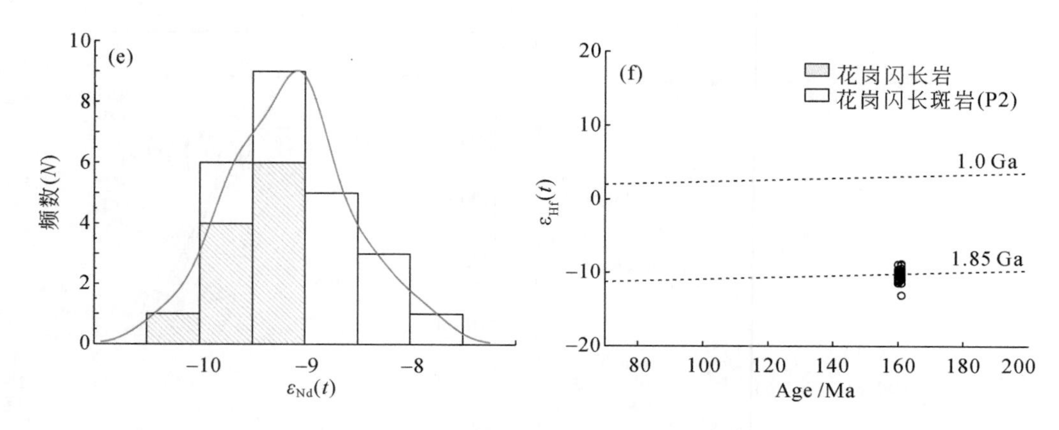

图 2-28　姑田矿床花岗闪长杂岩的 Hf-O-Sr-Nd 同位素组成特征

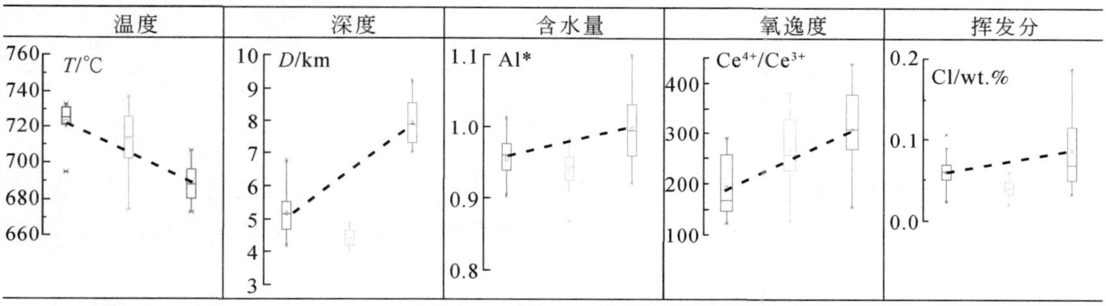

温度	深度	含水量	氧逸度	挥发分
T/°C	D/km	Al*	Ce^{4+}/Ce^{3+}	Cl/wt.%

图 2-29　姑田矿床花岗闪长质杂岩的物理化学信息

综上所述，姑田铜钼矿不仅具有与典型斑岩型矿床类似的矿化类型和蚀变特征，还具有利成矿的物理化学条件。结合成岩成矿年龄以及矿化和蚀变与岩体的空间关系，我们认为，姑田铜钼矿床形成于晚侏罗世，成矿与花岗闪长斑岩（P2）密切相关，为典型的斑岩矿床。赋矿岩石花岗闪长岩和花岗闪长斑岩（P1）发生了浅成侵位，而花岗闪长斑岩（P2）在地壳深部形成了岩浆房。岩浆房过程及浅成侵位的斑岩有利于成矿流体的聚集及出溶，因此引发大规模蚀变的矿化流体和金属，可能主要源自深部岩浆房，而非浅成侵位的岩体，包括同时代的花岗闪长岩和花岗闪长斑岩（P1）。具有更高氧逸度、含水量和挥发分的花岗闪长斑岩（P2）在浅部引发隐爆作用，形成隐爆角砾岩，并形成了围绕花岗闪长斑岩（P2）的蚀变和矿化。因此，我们提出了姑田斑岩型铜钼矿的如下成矿模型（图 2-30）。

1）古太平洋板块俯冲到欧亚大陆之下，俯冲板片脱水释放出的流体交代软流圈地幔，使其部分熔融形成玄武质岩浆。该过程中板片脱水释放的流体富 Fe^{3+}，导致软流圈地幔中的硫化物发生氧化还原反应，Cu 被大量释放进入岩浆，该岩浆富集大离子亲石元素及 H_2O、CO_2、S 等挥发分，亏损高场强元素。

2）富集幔源来源岩浆底侵至下地壳底部，促使古元古代地壳发生部分熔融。在这一过程中，壳源岩浆与幔源岩浆发生混合，形成具有岛弧特征的壳幔混源岩浆。在挤压环境下，岩浆不容易发生即时侵位，被保存在地壳深处。当挤压应力的间歇期，早期形成的深

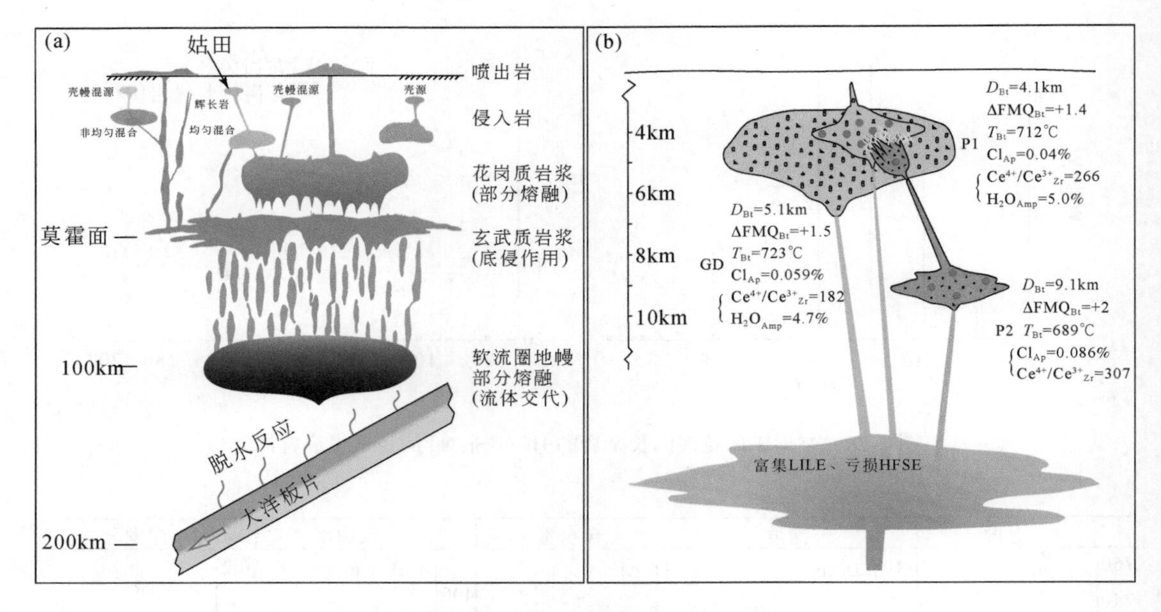

图 2-30 姑田斑岩型铜钼矿床的成矿模型

大断裂为岩浆侵位提供通道。部分基性镁铁质岩石上升侵入至相对较浅的部位并与壳源岩浆混合。在早期挤压环境下，由于岩浆混合的时间较长，成分均匀的岩浆上侵就位，形成了姑田花岗闪长质岩石。

3）具有岛弧特征的壳幔混源岩浆经过多次侵位形成姑田花岗闪长质杂岩。第一批岩浆上侵至地壳浅部约5km处，由于具有充分的结晶时间和空间，形成具花岗结构的花岗闪长岩。第二批岩浆上侵至浅部约4km处，形成花岗闪长斑岩（P1）。第三批岩浆由于有着深部源区的供给，因此含有少量更基性的物质。该批岩浆上升侵位至约9km的深度形成岩浆房，随后由于地壳浅部通道的打开，岩浆快速上升侵位，大量出溶流体在浅部形成隐爆角砾岩，为金属物质的沉淀提供良好空间。

2.5.3 第二期（145～130Ma）成矿作用

该期成矿作用以莲花山斑岩型钨矿为代表。莲花山钨矿位于粤东汕头澄海镇西北方向，距澄海镇直线距离5km。矿区出露地层为上三叠统小坪组和下白垩统官草湖组（图2-3）。小坪组位于矿区的中部和北东部，厚度达320m。岩性包括砂岩和石英砂岩，砂岩经历了强烈的白云母化和绢云母化，绢云母化砂岩是主要的赋矿围岩。官草湖组位于矿区的北部和西部，厚度达120m，岩性为流纹岩、流纹英安岩、凝灰岩和火山角砾岩。矿区侵入岩大面积出露，岩性为石英斑岩、黑云母花岗岩、花岗闪长斑岩和石英闪长岩（图2-31）。其中，石英斑岩呈灰白色，斑状结构，块状构造，斑晶含量45%～60%，斑晶成分主要为石英，次为黑云母，基质含量40%～55%，主要成分为石英、钾长石和黑云母，副矿物有锆石、磷灰石、锡石、金红石、黑钨矿以及白钨矿。

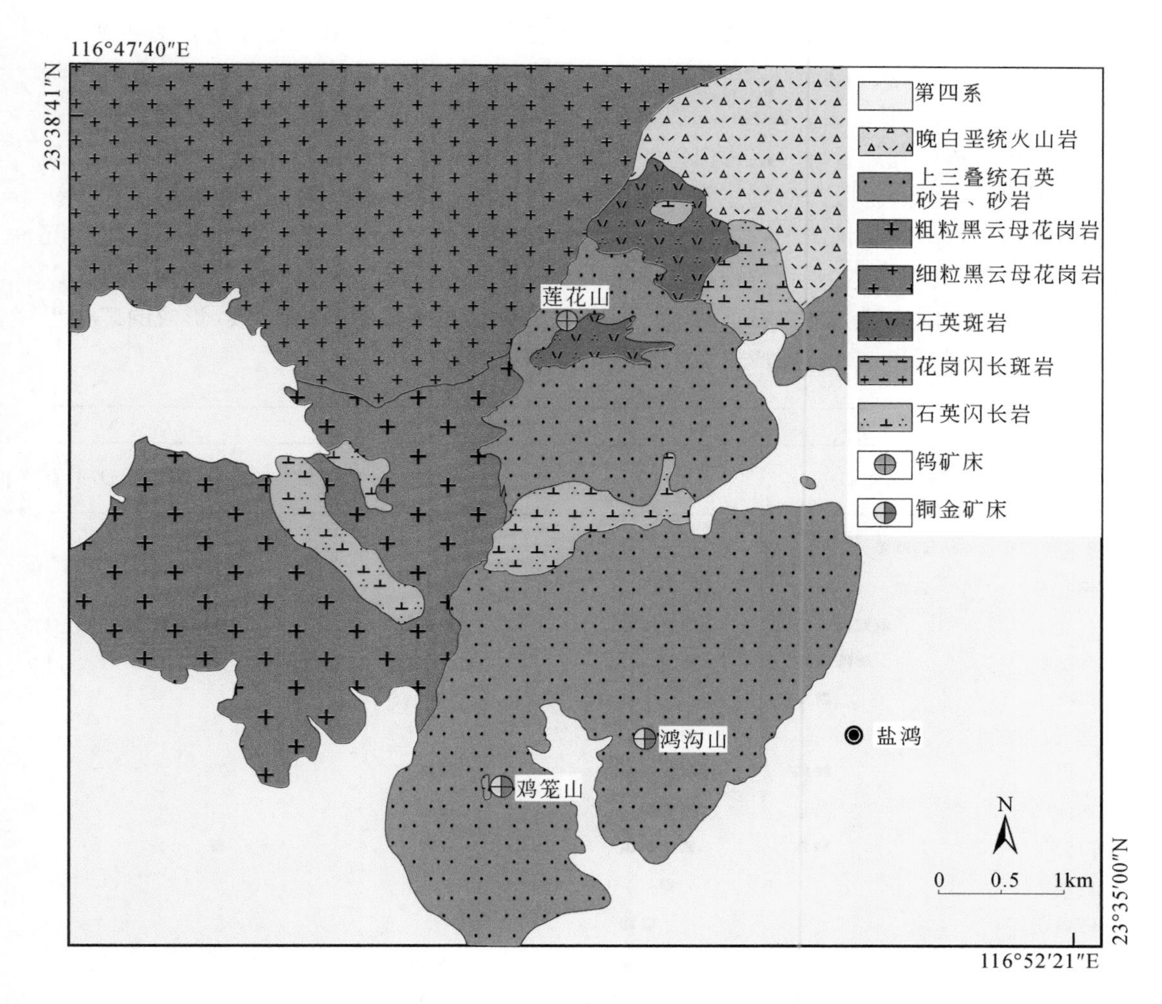

图 2-31 莲花山矿床及其邻区地质简图

矿区发育细脉浸染状、网脉状和黑钨矿–石英脉型三种钨矿化类型，以细脉浸染状和网脉状为主，次为黑钨矿–石英脉型。矿石矿物有黑钨矿、白钨矿、锡石、黄铜矿、磁黄铁矿、黄铁矿、方铅矿、闪锌矿和毒砂。脉石矿物有石英、黑云母、钾长石、白云母、电气石、绿泥石和绢云母。

矿区围岩蚀变强烈，在垂直和水平方向上，从石英斑岩内部向围岩，均具分带特点，大致可划分钾化、云英岩化、青磐岩化三个蚀变分带。各蚀变带之间有互相重叠现象。钾化蚀变带产于石英斑岩体内部，以硅化和黑云母化蚀变组合为特征，通常和细脉浸染状矿石密切共生，形成于石英–黑钨矿阶段。云英岩化主要发育在石英斑岩体顶部及其与围岩接触带部位，以白云母化和硅化组合为特征。通常网脉状矿石与黑钨矿–石英脉型矿石密切共生，形成于白钨矿–石英–白云母–硫化物阶段。青磐岩化带产于外围砂岩及其裂隙中，以形成方解石、绿泥石和石英为特征，形成于硫化物–石英阶段和石英–绿泥石–方解石阶段。

依据矿物的交代关系，可将成矿过程划分为 5 个阶段。从早到晚依次为：黑钨矿-石英阶段、白钨矿-石英-白云母-硫化物阶段、石英-硫化物阶段、石英-绿泥石-方解石阶段（图 2-32）（Liu P et al.，2018）。黑钨矿-石英阶段是形成黑钨矿的主要阶段，矿物主要为黑钨矿、石英和黑云母，次为白钨矿和白云母。白钨矿-石英-白云母-硫化物阶段是白钨矿沉淀的主要的阶段，矿物主要为白钨矿、白云母、毒砂和石英，次为黑钨矿和黄铁矿，形成的矿石呈网脉状产于石英斑岩与砂岩接触带部位。石英-硫化物阶段是硫化物沉淀最主要的阶段，矿物主要为黄铁矿、方铅矿、闪锌矿和石英，次为绿泥石和绢云母，以脉体形式充填在围岩裂隙中。石英-绿泥石-方解石阶段是成矿的最晚产物，形成的矿物组合为石英、绿泥石和方解石，产于距矿体较远的围岩裂隙中。

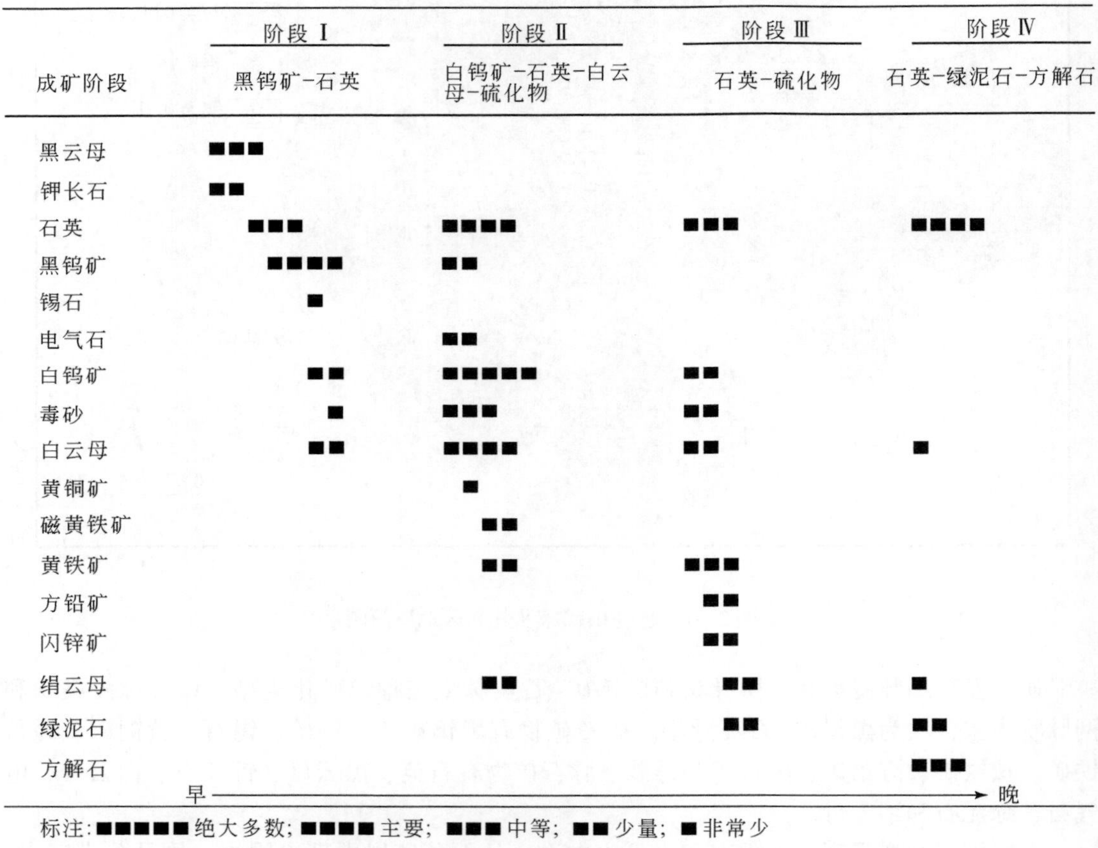

成矿阶段	阶段Ⅰ 黑钨矿-石英	阶段Ⅱ 白钨矿-石英-白云母-硫化物	阶段Ⅲ 石英-硫化物	阶段Ⅳ 石英-绿泥石-方解石
黑云母	■■■			
钾长石	■■			
石英	■■■	■■■■	■■■	■■■■
黑钨矿	■■■■	■■		
锡石	■			
电气石		■■		
白钨矿	■■	■■■■■	■■	
毒砂	■	■■■	■■	
白云母	■■	■■■■	■■	■
黄铜矿		■		
磁黄铁矿		■■		
黄铁矿		■■	■■■	
方铅矿			■■	
闪锌矿			■■	
绢云母		■■	■■	■
绿泥石			■■	■■
方解石				■■■

早 → 晚

标注：■■■■■ 绝大多数；■■■■ 主要；■■■ 中等；■■ 少量；■ 非常少

图 2-32 莲花山矿床的成矿阶段及其矿物共生组合生成顺序图解

成岩成矿年代学数据显示：石英斑岩的锆石 U-Pb 年龄为 137.3±2.0Ma（2σ，MSWD=7.8），与白钨矿共生的白云母 ^{40}Ar-^{39}Ar 坪年龄为 133.2±0.9Ma（MSWD=0.52）(图 2-33，图 2-34)。成岩与成矿年龄在误差范围内一致，说明莲花山钨矿的形成与石英斑岩有关，莲花山钨矿形成于早白垩世。

莲花山钨矿的成矿温度为 150～650℃。其中，黑钨矿阶段的为 300～380℃，白钨矿阶段等为 280～350℃（谭运金等，1986）。矿区不同硫化物的 $\delta^{34}S$ 变化范围为-0.3‰～

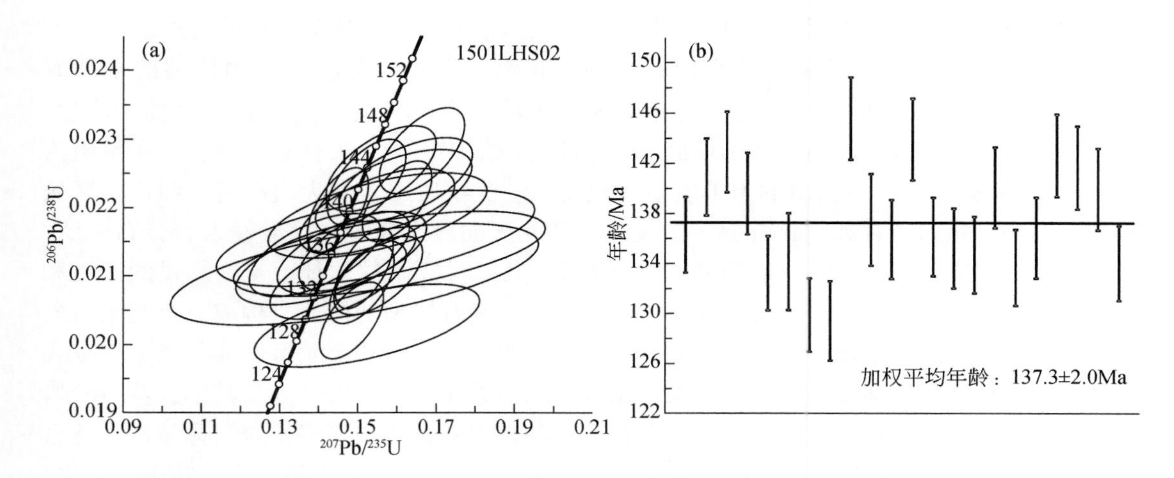

图 2-33　莲花山矿床石英斑岩的锆石 U-Pb 协和年龄（a）和加权平均（b）年龄图解

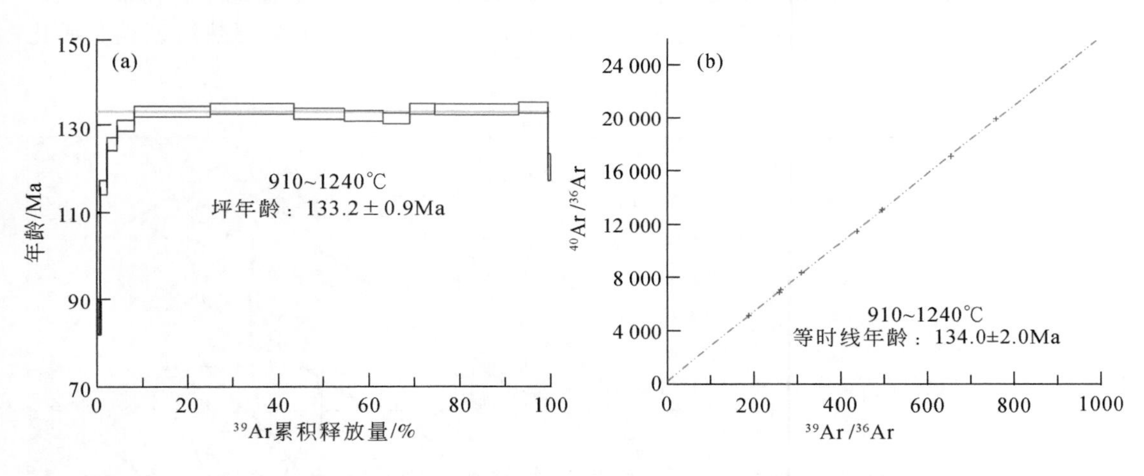

图 2-34　莲花山矿床白云母^{40}Ar-^{39}Ar坪年龄（a）和等时线（b）年龄

+4. 1‰，平均值为+2. 1‰，表明硫主要来自岩浆（谭运金，1986）。流体包裹体氢氧同位素数据显示，成矿流体主要为岩浆-热液流体，并伴有天水的加入。莲花山矿区成矿晚期方解石的 $\delta^{13}C$ 为-6. 0‰ ~ -7. 2‰，指示碳主要来自深部岩浆（张理刚等，1985）。此外，矿区闪锌矿和方铅矿的铅同位素组成显示，成矿物质有较多的地幔物质加入，这与由石英斑岩的 Hf 同位素组成特征得出的结论一致（Liu P et al.，2018）。综上所述，莲花山钨矿不仅具有与典型斑岩型钨矿相似的矿化和蚀变特征，还具有相似的成矿深度和成矿物质来源。结合成岩成矿年龄，我们认为，莲花山钨矿形成于早白垩世，成矿与石英斑岩密切相关，为典型的斑岩型钨矿床。

2. 5. 4　第三期（110 ~ 90Ma）成矿作用

该期成矿作用以紫金山矿田为代表。该矿田发育紫金山浅成低温热液型铜金矿和罗卜岭斑岩型铜钼矿。下面以罗卜岭斑岩型铜钼矿为代表，介绍该期成矿作用的特点。

罗卜岭斑岩型铜钼矿位于紫金山矿田的北东部，宣和复背斜西南倾伏端的东南翼（图2-35）。区域出露地层主要有早震旦世楼子坝群、晚泥盆世天瓦岽组和合桃子坑组、早白垩世石帽山群及第四系。楼子坝群为浅海相变质细碎屑岩，天瓦岽组和合桃子坑组为浅海-滨海相碎屑岩，石帽山群由英安质、粗安质、流纹质熔岩和火山碎屑岩组成。区域构造主要为北东向的宣和复式背斜，以及北东和北西向多组断裂。区域侵入岩分布广泛，以中生代花岗质岩石为主，可分为晚侏罗世的紫金山和才溪复式岩体，早白垩世的四方和罗卜岭岩体以及次火山岩。紫金山花岗岩岩体沿宣和复背斜轴部侵入，构成一个北东走向的复式岩体，分布于矿田中部。由早到晚可分为迳美、五龙子和金龙桥岩体。紫金山复式岩体的南部被才溪岩体侵入，西南部被燕山晚期的四方花岗闪长岩侵入。其中，罗卜岭岩体分布于紫金山矿田的北东部，出露面积较小，并被中寮斑状花岗闪长岩岩体侵入。紫金山矿田还发育火山-次火山岩，如英安斑岩、英安岩、流纹岩、火山角砾岩、隐爆角砾岩、凝灰岩和晶屑熔结凝灰岩等，主要分布在紫金山复式岩体和上杭火山盆地中。在紫金山矿田，花岗闪长斑岩与斑岩型铜钼矿化有关，而英安斑岩主要与浅成低温热液型铜金矿化有关。

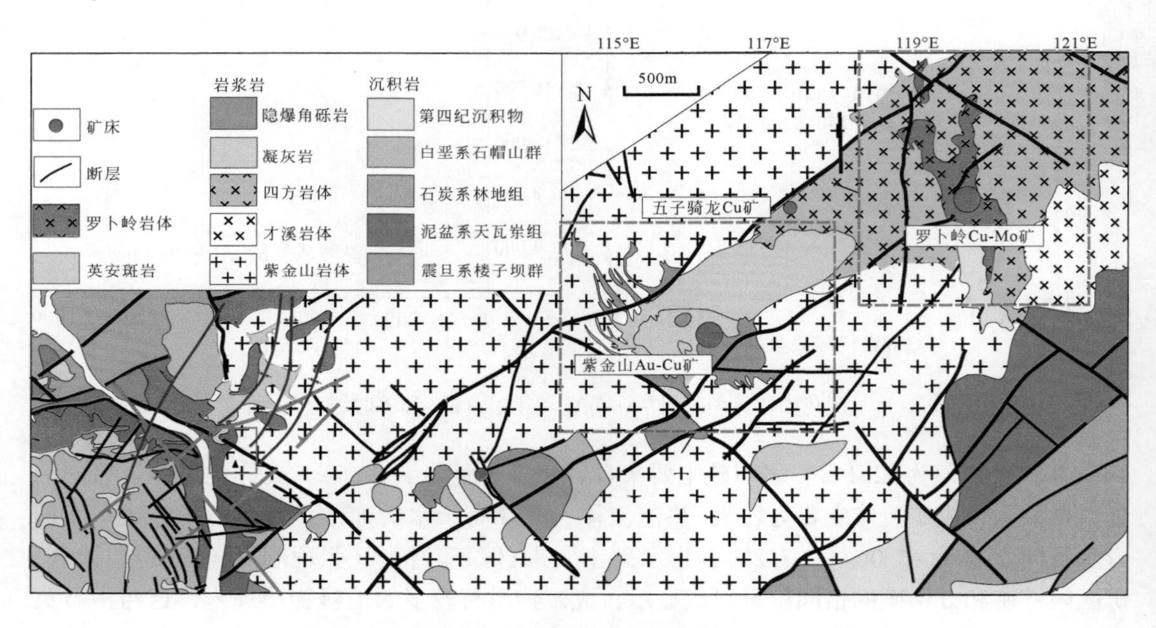

图2-35　紫金山矿田地质简图（据李斌等，2015）

罗卜岭斑岩型铜钼矿赋存于四方花岗闪长岩和罗卜岭花岗闪长斑岩中。矿体绝大部分为隐伏矿体，呈北东向展布，长约3.2km，宽1.3km。矿体形态和空间分布受白垩纪花岗闪长斑岩与底部斑状花岗闪长岩接触带控制，主要产在花岗闪长斑岩的内部以及上部的外接触带，赋存于绢云母化叠加的钾化蚀变带和黄铁绢英岩化蚀变带。矿体呈透镜状、似层状和半环状，平面上呈弧形展布（图2-36）。

矿化以铜钼为主，伴生银。矿石类型主要为细脉型和浸染型，多产于中细粒花岗闪长

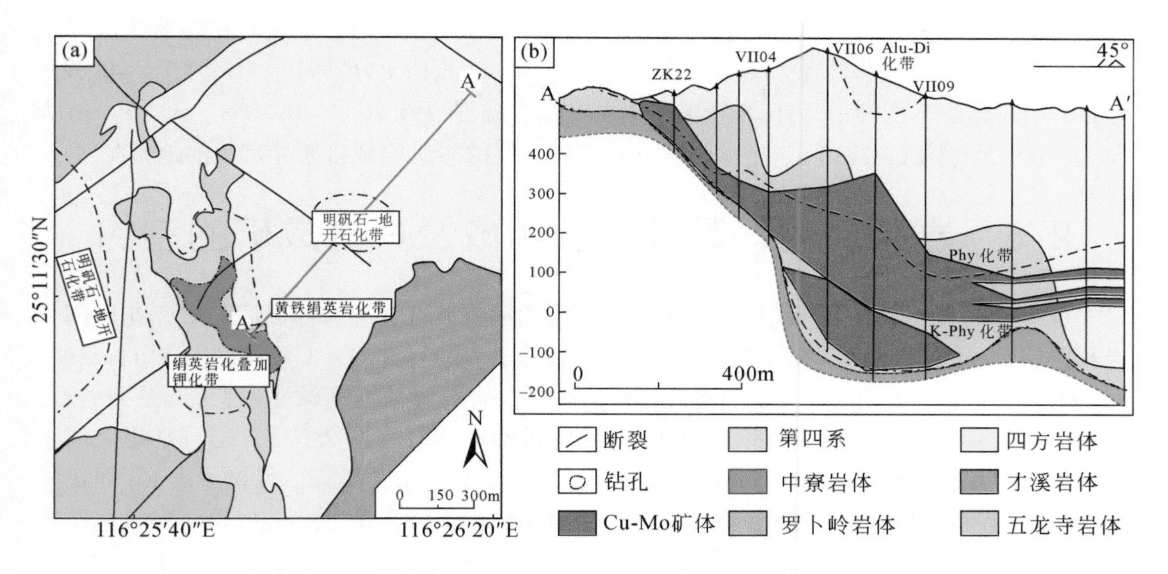

图 2-36　罗卜岭矿床地质简图（a）与罗卜岭矿床 248 勘探线剖面图（b）（李斌等，2015）

岩和花岗闪长斑岩中。金属矿物相对简单，以黄铜矿、黄铁矿和辉钼矿为主，次为磁铁矿、铜蓝、斑铜矿和赤铁矿。脉石矿物以石英和绢云母为主，次为钾长石、黑云母、地开石和明矾石。矿石结构多样，包括自形−半自形结构、他形结构、交代结构、填隙结构和包含结构等。

罗卜岭矿床具有典型斑岩矿床的围岩蚀变分带特征。平面上，由成矿斑岩体向外，依次为钾硅酸盐化带、绢英岩化叠加的钾硅酸盐化带、黄铁绢英岩化带、明矾石−地开石−绢英岩化带。垂直方向上，岩体深部多发生钾硅酸盐化，中部为绢英岩化叠加的钾硅酸盐化带和绢英岩化带，浅部发育明矾石−地开石−绢英岩化带，向西延伸与紫金山铜金矿区的东南矿段相连。钾硅酸盐化带矿物组合为钾长石、黑云母和少量钠长石，伴生金属矿物以辉钼矿为主，次为黄铜矿和磁铁矿，形成于高温热液阶段。绢英岩化叠加的钾硅酸盐化带的矿物组合为钾长石、石英、绢云母、绿泥石、黄铜矿、辉钼矿、黄铁矿和斑铜矿。黄铁绢英岩化带蚀变矿物组合为绢云母、石英和黄铁矿，其中黄铁矿呈浸染状分布，金属矿物以黄铜矿和辉钼矿为主。明矾石−地开石−绢云母化带矿物组合则为明矾石、地开石、绢云母和石英，金属矿物以斑铜矿、铜蓝和黄铁矿为主，属低温热液阶段后期的产物。

前人对来自罗卜岭矿床的 11 件辉钼矿样品获得的 Re-Os 模式年龄十分接近，介于 104.7～106.5Ma，加权平均年龄为 105.6±0.46Ma（MSWD=0.82），等时线年龄为 104.9±1.6Ma（MSWD=0.87）（梁清玲等，2012）。锆石 U-Pb 定年结果显示，四方花岗闪长岩形成于 112Ma（Jiang et al.，2013），罗卜岭和中寮岩体分别形成于 103Ma 和 96Ma（Li Z et al.，2014）。罗卜岭岩体的成岩年龄与矿床的成矿年龄一致，表明罗卜岭斑岩型铜钼矿形成于晚白垩世。

罗卜岭岩体属高钾钙碱性系列岩石。岩石富集大离子亲石元素（Rb、Ba、Th、U 和 Pb），亏损高场强元素（Nb、Ta、P 和 Ti），且表现出类似埃达克质岩的高 Sr（391～

555ppm)、低 Y（11.18 ~ 20.08ppm）特征（李斌，2015）。此外，岩石还相对富集轻稀土元素，轻重稀土分异明显 [$(La/Yb)_N$ = 9.46 ~ 32.95]，重稀土分异弱 [$(Gd/Yb)_N$ = 0.89 ~ 1.83]，Eu 异常不明显。罗卜岭岩体的初始 $^{87}Sr/^{86}Sr$ 值为0.7065 ~ 0.7068，$\varepsilon_{Nd}(t)$ 值为 −4.0 ~ −3.1（李斌，2015），指示与罗卜岭矿床有关的岩浆应源自俯冲富集的地幔源区。

2.6　岩浆演化、深部物质组成及其对成矿的制约

东南沿海第一期与中—晚侏罗世斑岩型铜金和铜钼矿有关的岩体以闪长岩、花岗闪长岩及花岗岩为主（SiO_2 = 57.32wt.% ~ 70.28wt.%，$Na_2O + K_2O$ = 3.99wt.% ~ 8.11wt.%，Na_2O/K_2O = 0.56 ~ 1.89），显示出富硅富钾的特点。岩石属高钾钙碱性-钾玄岩系列岩石，铝饱和指数 A/CNK = 0.56 ~ 1.89，为准铝质-弱过铝质岩石（图 2-37）。岩石富集大离子亲石元素，亏损高场强元素，如 Nb、Ta 和 Ti 等，轻稀土元素富集，且显示出 Eu 弱负异常至 Eu 负异常不明显的特点（图 2-38）。锆石 Hf 同位素组成为：$\varepsilon_{Hf}(t)$ = −13.1 ~ 2.7。全岩 Sr-Nd 同位素组成为：$(^{87}Sr/^{86}Sr)_i$ = 0.7083 ~ 0.7097，$\varepsilon_{Nd}(t)$ = −12.5 ~ −6.7。

第二期与早白垩世早期钨锡矿有关的岩体为花岗质岩石，显示出富硅富钾的特征，属高钾钙碱性-钾玄岩系列，铝饱和指数 A/CNK = 1.01 ~ 1.15，属准铝质-弱过铝质岩石（图 2-37）。岩石轻度富集轻稀土元素，稀土元素四分组效应显著，Eu 负异常明显，亏损 Ba、Sr、Nb、P 和 Ti，富集 Rb、Th、U、Pb 和 Hf（图 2-38）。锆石 Hf 同位素组成为：$\varepsilon_{Hf}(t)$ = −14.2 ~ −2.32。全岩 Sr-Nd 同位素组成为：$(^{87}Sr/^{86}Sr)_i$ = 0.6187 ~ 0.7165，$\varepsilon_{Nd}(t)$ = −9.48 ~ −1.95。

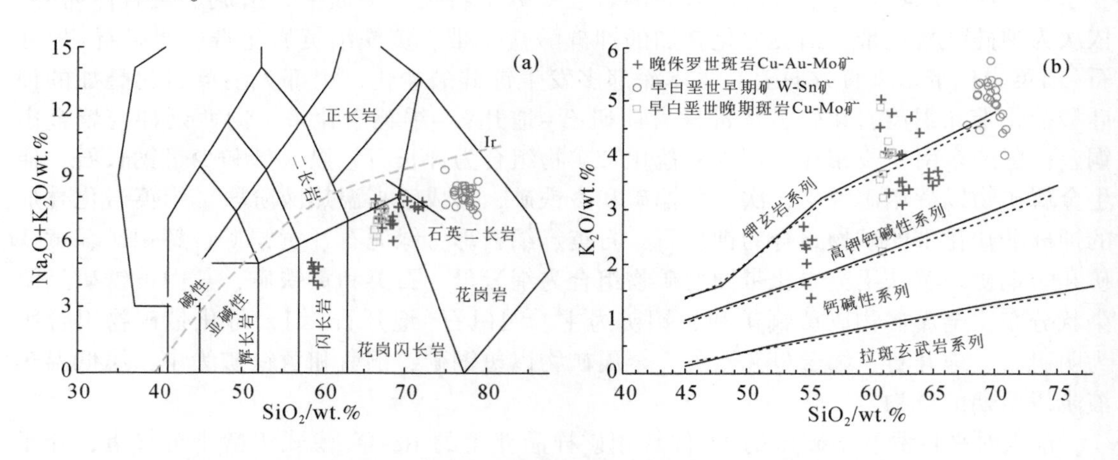

图 2-37　东南沿海晚中生代成矿岩体的 TAS（a）和 SiO_2-K_2O 图解（b）

第三期与早白垩世晚期斑岩型铜钼矿有关的岩体以花岗闪长岩为主，富硅富钾，属高钾钙碱性-钾玄岩系列，铝饱和指数 A/CNK = 0.92 ~ 0.99，属准铝质岩石（图 2-37）。岩石轻稀土元素富集，显示出 Eu 弱负异常至 Eu 负异常不明显的特点（图 2-38）。锆石 Hf 同位素组成为：$\varepsilon_{Hf}(t)$ = −5.56 ~ 0.56。全岩 Sr-Nd 同位素组成为：$(^{87}Sr/^{86}Sr)_i$ = 0.7065 ~ 0.7068，$\varepsilon_{Nd}(t)$ = −4.01 ~ −3.05。

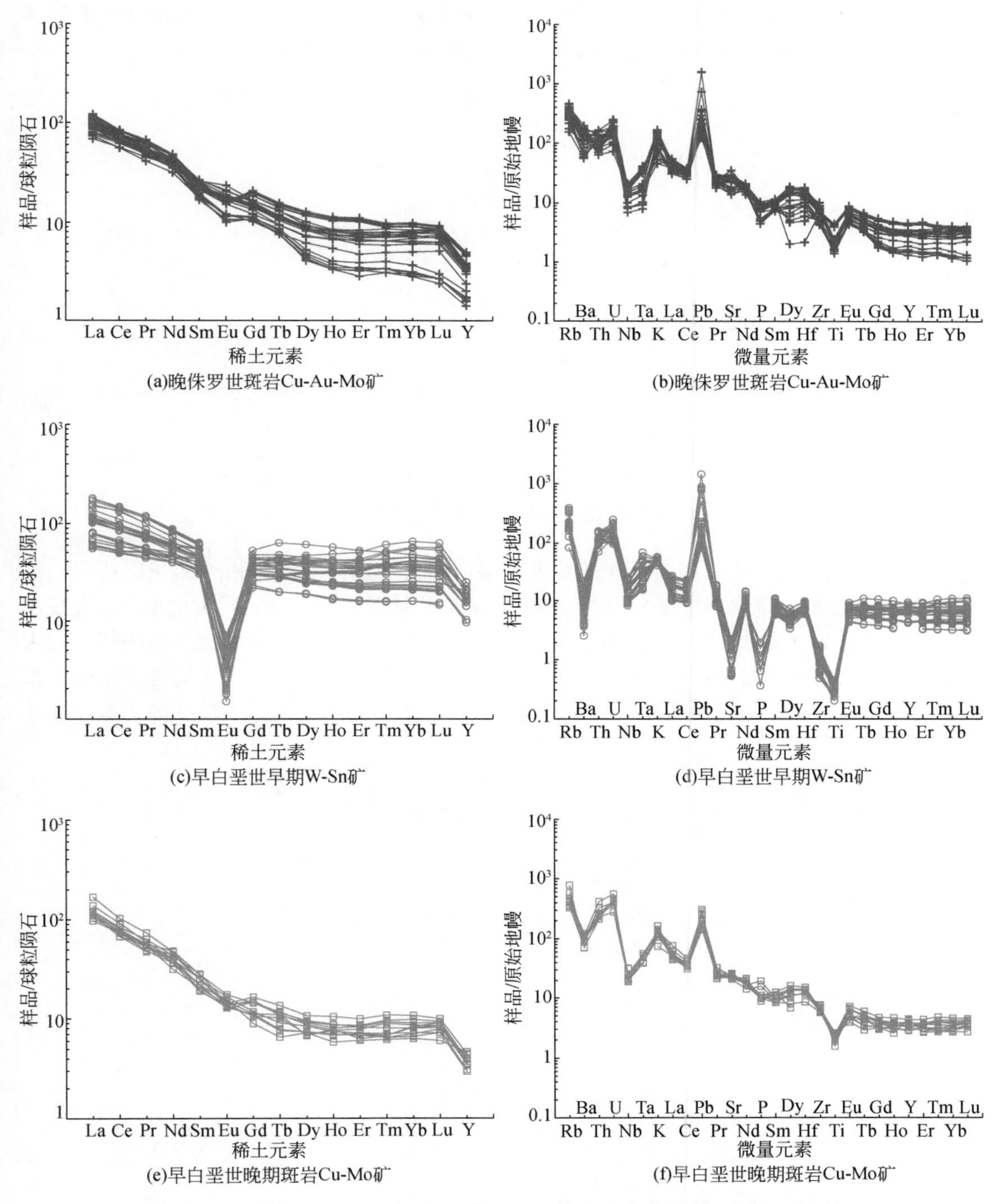

图 2-38 东南沿海晚中生代成矿岩体的稀土元素和微量元素标准化配分图解

东南沿海燕山期三期成矿事件的成矿岩体或多或少都含角闪石，不含富铝的白云母和堇青石，P_2O_5与 SiO_2 显示出负相关关系（图 2-39），指示与这三期成矿事件有关的岩体均为 I 型花岗岩。第一期和第三期与斑岩型铜钼矿和斑岩型铜金矿相关的岩体，岩石组合类型为花岗闪长岩、石英闪长岩和二长花岗岩，分异程度低。第二期与钨锡矿有关的岩体Eu负异常明显，富集Rb、Th、U、Pb和Hf，属高分异I型花岗岩。

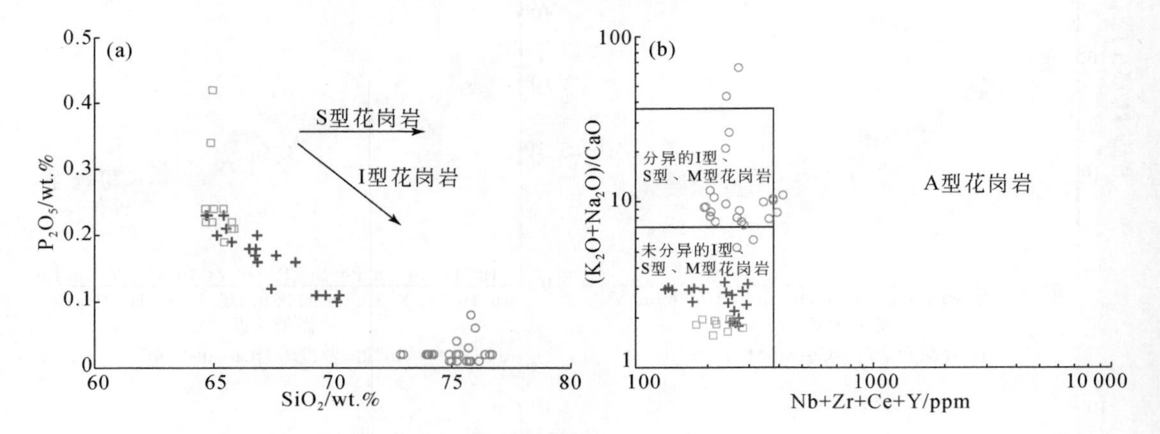

图2-39　东南沿海晚中生代成矿岩体的SiO_2-P_2O_3和（Nb+Zr+Ce+Y）-（Na_2O+K_2O）/CaO图解（图例同图2-37）

锆石Hf同位素组成方面，从晚侏罗世至早白垩世晚期，与成矿相关的花岗质岩石锆石Hf同位素组成逐渐向亏损演化（图2-40），成矿岩体的全岩Sr-Nd同位素组成也表现出同样的演化趋势（图2-41）。这表明，新生下地壳与斑岩型铜金矿的形成关系密切，较古老下地壳制约着斑岩型铜钼矿的形成，斑岩型和云英岩型钨锡矿主要与古老地壳基底的重熔有关。总之，深部地壳的属性及其物质组分，对东南沿海燕山期金属矿床的类型和成矿

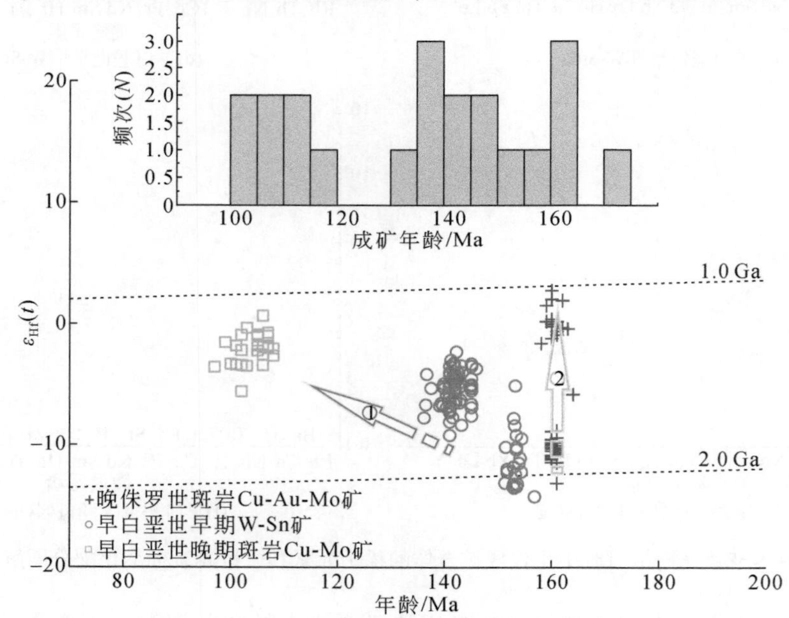

图2-40　东南沿海晚中生代成矿作用期次及其相关成矿岩体的锆石铪同位素组成随时间变化特征（图例同图2-37）

金属元素组合具有明显的控制作用。

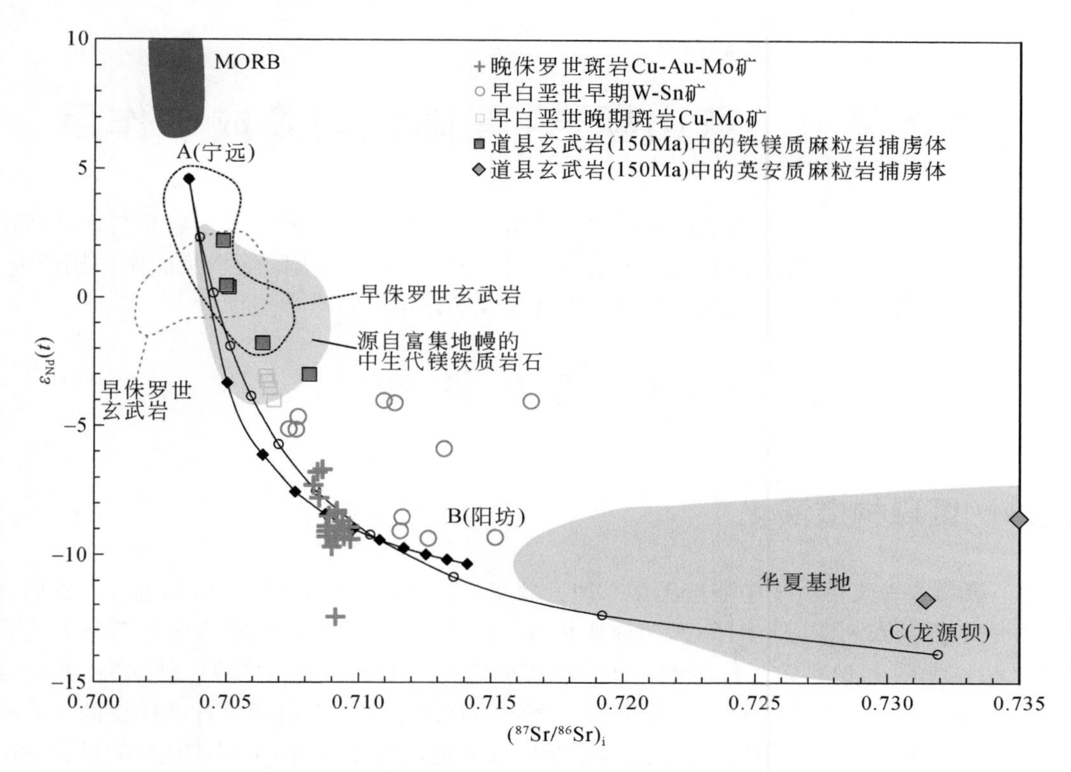

图 2-41　东南沿海晚中生代成矿岩体的 Sr-Nd 同位素组成

第3章 燕山期吉-黑陆缘岩浆成矿作用

我国东北东部陆缘是燕山期古太平洋板块俯冲增生的又一重要区段，岩浆与成矿作用非常发育。本章以吉-黑陆缘岩浆成岩成矿作用作为解剖区，开展陆缘岩浆成矿作用研究，以期系统认识东亚大陆汇聚边缘燕山期陆缘岩浆成矿作用的特点和规律。

3.1 地质背景

3.1.1 区域构造演化

吉-黑陆缘岩浆带位于中亚造山带东段，属于松嫩-张广才岭地块的组成部分，东以牡丹江断裂为界与布列亚-佳木斯-兴凯地块相接，南以索伦-西拉木伦断裂为界与华北克拉通北缘相连（图3-1）。古生代时期，研究区以微陆块（松嫩-张广才岭、佳木斯-布列亚和兴凯地块等）的拼接为特征，主要受古亚洲洋演化的影响。但目前对各微陆块的拼合时间还存在不同看法。多数学者认为，松嫩-张广才岭地块与佳木斯-布列亚地块的拼合时间为加里东期（李锦轶等，2009；Meng et al.，2010；Wang F et al.，2012），佳木斯地块与兴凯地块于海西期拼合（孙德有等，2001；Meng et al.，2010）。晚古生代，伴随古亚洲洋的进一步演化，拼合微陆块在晚二叠世—三叠纪与华北克拉通碰撞拼合。在古亚洲洋板块的俯冲极性上，Zhang等（2009）和曹花花等（2012）在华北克拉通北缘和吉林中部-延吉地区鉴别出一套晚石炭世—早二叠世钙碱性火成岩组合，指示古亚洲洋板块可能南向俯冲至华北克拉通之下。在古亚洲洋的最终闭合时限上，华北克拉通北缘和吉林东南部晚二叠世双峰式火成岩的发现，以及华北克拉通北缘早—中三叠世碰撞型花岗岩的产生（Yang and Wu，2009；Shi et al.，2010；曾庆栋等，2012；李宇等，2015），指示古亚洲洋的最终闭合时间可能不早于中三叠世。

中三叠世以后，吉-黑陆缘岩浆带进入古太平洋构造体系的演化阶段，但其开始的时间目前还存在争论。一种观点是晚三叠世（彭玉鲸和陈跃军，2007），另一种观点则为早—中侏罗世（Xu et al.，2009；Wu et al.，2011）。目前研究显示，后者的可能较大。其依据主要为：①在吉-黑东部发现一期晚三叠世A型流纹岩（Xu et al.，2009），在张广才岭-小兴安岭地区识别出一套晚三叠世双峰式火山岩（Guo et al.，2016）及一期晚三叠世碱长花岗岩（Wu et al.，2011）；②在敦化-密山断裂以东地区发现一套早—中侏罗世时期的钙碱性火山岩组合（许文良等，2013），同时期的张广才岭-小兴安岭地区则发育一套双峰式火成岩组合（唐杰等，2011；徐美君等，2013）；③敦化-密山断裂以东及张广才岭-小兴安岭地区，早—中侏罗世钙碱性岩浆岩的侵位时间，与松嫩-张广才岭和佳木斯-

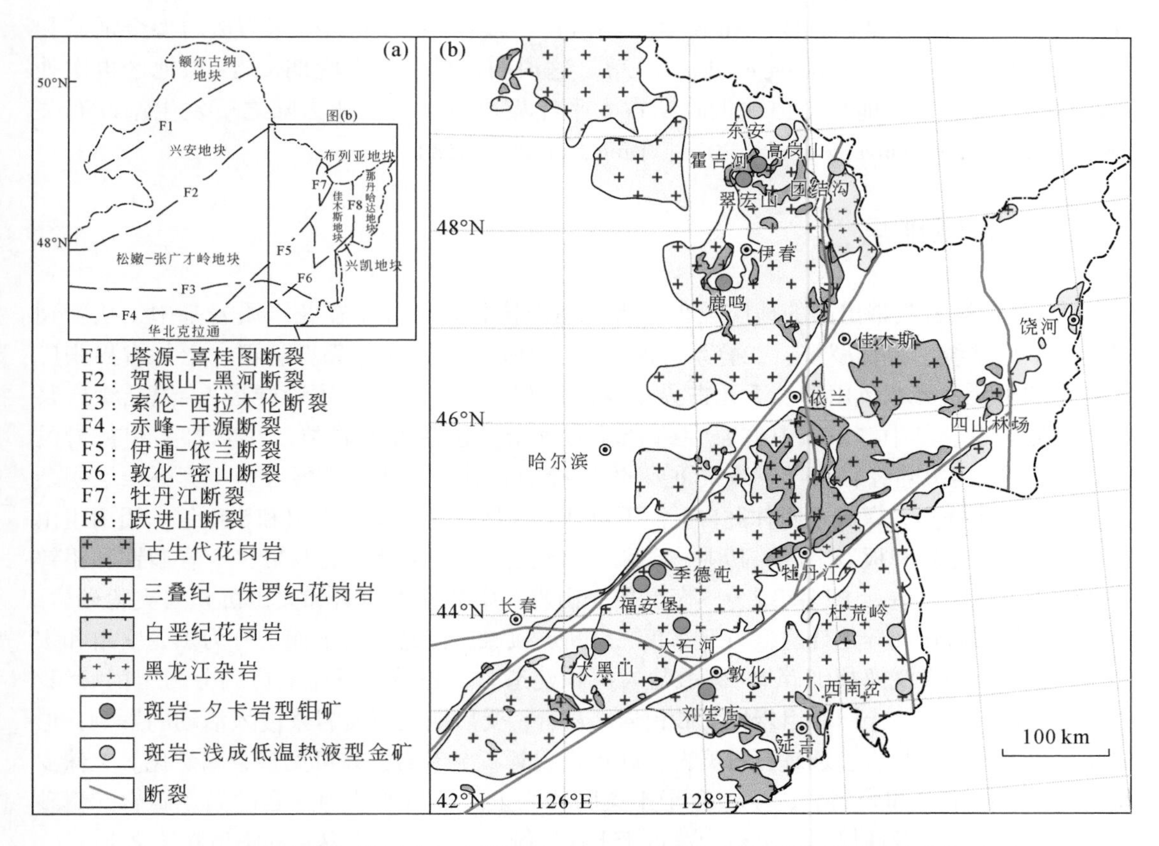

图 3-1　中亚造山带东段区域构造简图（a）与吉–黑东部陆缘岩浆带区域地质简图（b）

布列亚地块之间的黑龙江杂岩的构造就位时间，基本一致（Wu et al.，2007，2011）；④吉–黑陆缘岩浆带发育众多早—中侏罗世时期的低氟型斑岩型钼矿（Ouyang et al.，2013，2021）。

东北地区中生代岩浆岩和矿床的时空分布规律研究表明，中—晚侏罗世至早白垩世早期（165 ~ 135Ma）的岩浆岩及矿床主要分布在松辽盆地以西地区，而同时期的吉–黑陆缘岩浆带，基本缺失该期岩浆活动和成矿作用（Wu et al.，2011；许文良等，2013；Ouyang et al.，2013）。中—晚侏罗世至早白垩世早期，在松辽盆地的以西地区形成了一套亚碱性–碱性岩（玄武粗安岩–粗安岩–少量粗面岩）–A 型花岗岩组合（Wu et al.，2011；许文良等，2013），与之有关的矿床组合类型为与高分异花岗岩有关的锡多金属成矿系列和高氟型钼多金属成矿系列（Ouyang et al.，2013），指示了一种陆内伸展环境。但目前对触发该期岩浆活动和成矿作用的深部动力学机制认识不一，还存在蒙古–鄂霍次克洋闭合后的造山带坍塌（Meng，2003）、古太平洋俯冲板块后撤（Zhang J H et al.，2010）及两者的共同作用（Ouyang et al.，2013）三种观点。

早白垩世晚期（110 ~ 100Ma），东北地区的岩浆活动和金属成矿作用仅出现在吉–黑东部和张广才岭–小兴安岭地区，同时期的松嫩–张广才岭地体，则处于岩浆和成矿作用的宁静期（Xu et al.，2013；Ouyang et al.，2013）。此外，早白垩世晚期的岩浆岩为一套钙碱性系列岩石（Wu et al.，2011；Xu et al.，2013），与之有关的金属矿床为斑岩型金铜矿和浅成低温热液型金矿（Ouyang et al.，2013）。这说明，早白垩世晚期，吉-黑地区再次处于陆缘弧环境，这可能与早白垩世晚期古太平洋板块再次向欧亚大陆之下发生俯冲有关（Xu et al.，2013；Ouyang et al.，2013；Tang J et al.，2018）。

3.1.2 区域地层

吉-黑陆缘岩浆带出露的地层较少，常呈捕虏体状零星分布在花岗质岩基中，从新到老有：下白垩统、上侏罗统、二叠系、泥盆系、中奥陶统、寒武系西林群、上元古界张广才岭群和下元古界东风山群。下元古界东风山群和上元古界张广才岭群是吉-黑陆缘岩浆带的基底岩系。其中，东风山群岩性组合较为复杂，包括大理岩类、片麻岩类和板岩类等。该群是吉-黑陆缘岩浆带东缘最重要的铁-金含矿建造。张广才岭群为一套混杂堆积杂岩，糜棱岩化强烈。寒武系西林群自上而下可划分为晨明组、老道沟组和铅山组。铅山组由碎屑岩、碳酸盐岩和板岩组成。其中，碳酸盐岩建造是吉-黑陆缘岩浆带夕卡岩型铁和铅锌矿床的主要含矿建造。中奥陶统为一套变质安山岩、中酸性火山岩和火山沉积岩夹粉砂岩。该套地层绿帘石化和硅化普遍，与下寒武统呈断层接触。泥盆系自下而上分为黑龙宫组和宏川组，整体为一套浅海相细碎屑-碳酸盐岩沉积建造。二叠系自下而上可划分为土门岭组、五道岭组及红山组。土门岭组岩性为砂板岩夹灰岩，受后期花岗质岩浆侵入活动的影响，形成角岩化黑云石英片岩、透辉石石英岩、硅灰石透辉石夕卡岩，并可见多金属矿化。上侏罗统为一套酸性熔岩和碎屑岩，不整合于中奥陶统之上。下白垩统为一套砂岩、砾岩、粗砂岩、粉砂岩夹页岩及薄煤层，不整合覆盖于上侏罗统、二叠系、泥盆系和中奥陶统之上。

3.1.3 区域构造

吉-黑陆缘岩浆带自显生宙以来，经历了多次构造运动，以块体拼接、构造走滑和推覆及韧性剪切为特点，形成了一系列相应的断裂构造系统。这些断裂构造对区内岩浆活动和成矿作用起着控制作用。主要区域性断裂有：索伦-西拉木伦断裂、伊通-依兰断裂、敦化-密山断裂和牡丹江断裂（图 3-1）。

索伦-西拉木伦断裂是华北克拉通与中亚造山带东段的缝合线。该断裂系统走向近东西，受后期构造运动影响发生错动，导致现今以折线状形式产出。断裂带南北两侧地层截然。北侧由新元古代—古生代海相火山碎屑、陆源碎屑和碳酸盐岩组成，南侧由太古宙—早中元古代深变质岩系和中生代浅海相沉积建造组成。

伊通-依兰断裂走向北东，是郯庐断裂的北延部分。该断裂自沈阳，途径铁岭、伊通、舒兰、通河和依兰后，沿松花江到萝北县延伸至国境外。断裂带内地堑发育，并堆积巨厚晚中生代—新生代地层。

敦化-密山断裂走向北东—南西，是郯庐断裂在东北地区的另一分支。该断裂在晚中生代时期发生了大规模左旋平移，并切割索伦-西拉木伦断裂、赤峰-开源断裂和牡丹江断裂。与此同时，断裂带内地层不同程度受到挤压而发生褶皱，形成逆冲断层。白垩纪末期—新生代，断裂带以拉伸应力为主，发育大量玄武岩。

牡丹江断裂是松嫩-张广才岭地块与布列亚-佳木斯-兴凯地块的分界线。该断裂走向近南北，被依兰-依通-萝北断裂和敦密断裂分割为北、中和南三段。传统观点认为，牡丹江断裂形成于中元古代—晚元古代末期。近年来的高精度年代学数据结果表明，牡丹江断裂形成于早—中侏罗世，是松嫩-张广才岭地块与布列亚-佳木斯-兴凯地块的缝合线，形成与牡丹江洋（属古太平洋的一部分）的闭合过程（Wu et al.，2007，2011）。

3.1.4 区域岩浆岩

吉-黑陆缘岩浆带岩浆岩分布广泛，出露面积约占区域总面积的80%（图3-1）。带内岩浆岩类型多样，超基性-基性岩、中性岩和酸性岩均有发育，以花岗质岩石为主。花岗质岩石可分为五期：寒武纪—奥陶纪、晚二叠世、早—中三叠世、早—中侏罗世和早白垩世晚期（Wu et al.，2011；Xu et al.，2013）。其中，寒武纪—奥陶纪花岗质岩石呈小岩株状零星分布在小兴安岭地区。晚二叠世和早—中三叠世花岗质岩石呈小岩株状，零星分布在张广才岭-小兴安岭和敦化-密山断裂以东地区。早—中侏罗世花岗质岩石呈岩基状，广泛分布在吉-黑陆缘岩浆带。早白垩世晚期花岗质岩石呈岩基状，分布在敦化-密山断裂以东和小兴安岭地区。

3.1.5 区域矿产

吉-黑陆缘岩浆带是东北地区重要的金属成矿带，已发现钼、金、铁、铅、锌和银等矿床（点）70余处，以钼矿和金矿为主（图3-1）。其中，大型-超大型钼矿7处（大黑山、福安堡、季德屯、大石河、刘生店、鹿鸣和霍吉河等）、大型金矿5处（小西南岔、团结沟、高岗山、东安和三道湾子等）、中-大型铁多金属矿6处（翠宏山、二股、响水河、翠北、红旗山和宏铁山等）、中-大型铅锌银矿2处（天宝山和徐老九沟）。钼矿类型主要为斑岩型，金矿为斑岩和浅成低温热液型，铁多金属矿为夕卡岩型，铅锌银矿为岩浆-热液脉型（Ouyang et al.，2013）。

3.2 陆缘岩浆岩时空分布与岩石组合

锆石U-Pb年龄数据显示（数据量190个），吉-黑陆缘岩浆带中生代花岗质岩浆侵入活动有三期，分别为早—中三叠世（250~230Ma）、晚三叠世—中侏罗世（210~160Ma）和早白垩世晚期（130~100Ma）[图3-2（a）]。三期花岗质岩浆侵入活动在空间上常叠加组成复式（杂）岩体，以岩基形式产出。

吉-黑陆缘岩浆带中生代中-基性岩浆侵入活动也有三期：早—中三叠世（250~230Ma）、晚三叠世—中侏罗世（210~170Ma）和早白垩世晚期（~130Ma）[图3-2（b）]。时间上与花岗质岩浆侵入活动基本一致。三期中-基性侵入岩大都以小岩株、岩枝或岩脉形式侵入花岗质岩基中，或呈暗色包体形式出现在花岗质岩石中。

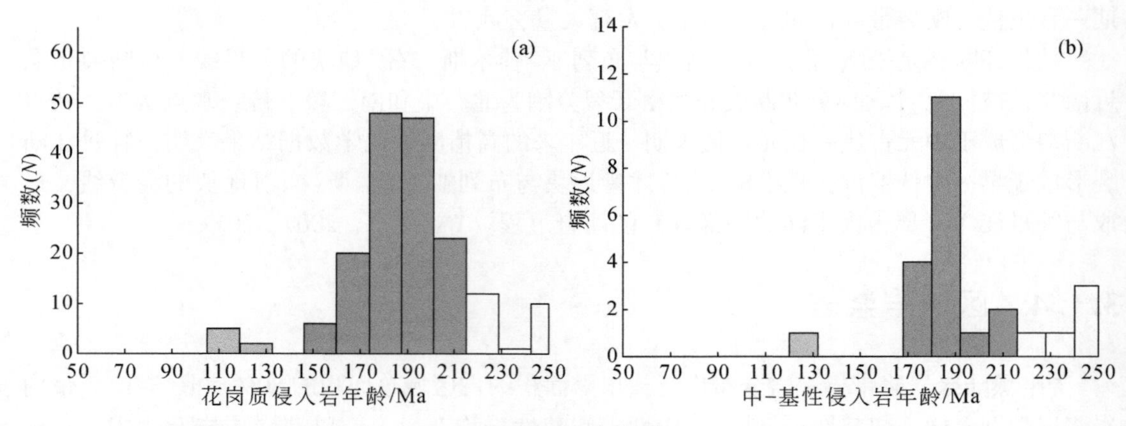

图 3-2　吉-黑陆缘岩浆带中生代花岗质岩浆活动期次（a）与吉-黑陆缘岩浆带中生代中-基性岩浆活动期次（b）

依据吉-黑陆缘岩浆带构造演化、区域变质和岩石地球化学特征等，吉-黑陆缘岩浆带内与陆缘弧有关的岩浆侵入活动有：晚三叠世—中侏罗世（210～160Ma）和早白垩世晚期（130～100Ma）两期。其中，晚三叠世—中侏罗世陆缘岩浆岩，大面积分布在张广才岭-小兴安岭以及敦化-密山断裂以东地区，主要以岩基形式产出。早白垩世晚期陆缘岩浆岩主要分布在小兴安岭和延吉盆地，以岩枝或岩脉形式零星产出在晚三叠世—中侏罗世花岗质岩基中。

岩石组合类型上，早—中三叠世侵入岩为花岗质岩石，代表性岩体有青林子、复兴屯、红旗岭、三道河、岔信子、闹枝沟、苇沙河、七十二个顶子和大荒沟。晚三叠世—中侏罗世侵入岩岩石类型多样，从基性辉长岩至酸性花岗岩都有，但以花岗质岩石为主，主要岩石组合类型为石英闪长岩-花岗闪长岩-二长花岗岩-碱长花岗岩或花岗闪长岩-二长花岗岩（图 3-3）。代表性岩体有天桥岗、孟山、百里坪、大兴沟、新华龙、季德屯、大

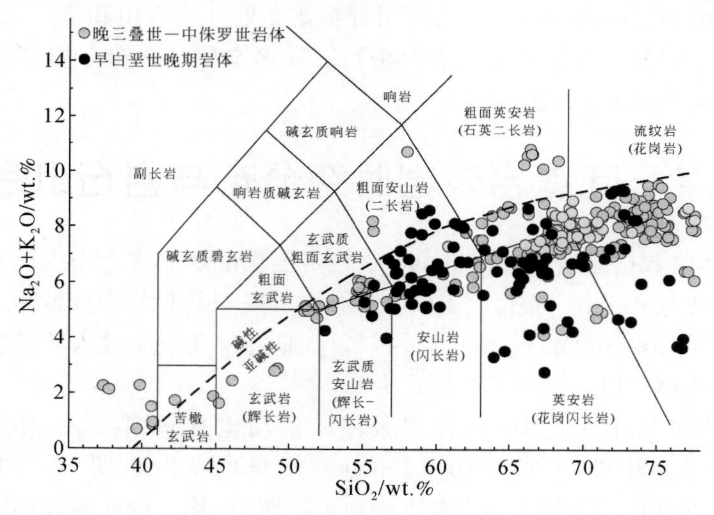

图 3-3　吉-黑陆缘岩浆带中生代侵入岩岩石组合类型

黑山、黄泥岭、福安堡、长安堡、东清、鹿鸣、霍吉河、翠宏山、香水园子和白石山。早白垩世晚期侵入岩主要由闪长岩质–花岗闪长质岩石组成，典型代表性岩体有仲坪和小西南岔。

吉–黑陆缘岩浆带中生代侵入岩的期次和岩石组合类型尽管复杂多样，但均属亚碱性系列岩石，均显示出从亚碱性基性岩至亚碱性中性岩再至亚碱性酸性岩的连续变化趋势（图3-3）。

3.3 陆缘岩浆岩地球化学特征

3.3.1 第一期（210～160Ma）岩浆岩

该期中–基性侵入岩大都属钙碱性系列岩石，花岗质侵入岩则大都属高钾钙碱性系列岩石，少部分属钙碱性系列岩石或钾玄岩系列岩石（图3-4）。微量元素组成方面，中–基性和酸性侵入岩均富集大离子亲石元素（如K、Rb、Cs、Ba和Sr等），亏损高场强元素（如Th、U、Zr、Hf、Ti、Nb和Ta等）。稀土元素标准化配分模式上，中–基性侵入岩的轻/重稀土元素分异明显、Eu负异常不明显（图3-5）。花岗质岩石的配分模式多样，可分为3类：①轻/重稀土元素分异明显、Eu负异常不明显，主要为花岗闪长质岩石；②轻/重稀土元素分异明显、Eu负异常明显，主要为花岗闪长质–花岗质岩石；③轻/重稀土元素分异不明显、Eu负异常明显，主要为高分异花岗岩。该期中–基性侵入岩以及演化程度相对较低的花岗质岩石（如花岗闪长岩）的Sr/Y比值变化范围较大，部分表现出高Sr/Y比值特征，部分则为低Sr/Y岩石(图3-6)。相比之下，演化程度相对较高的花岗质岩石均呈现出低Sr/Y比值特征（图3-6）。

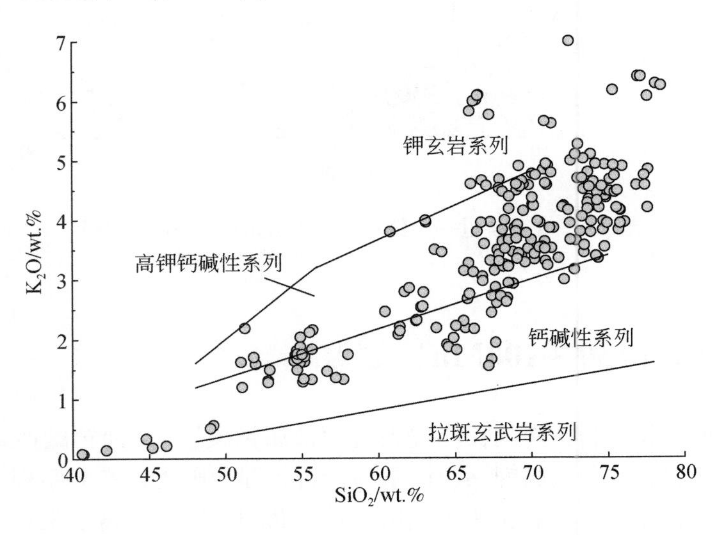

图3-4 晚三叠世—中侏罗世陆缘岩浆岩硅–碱图

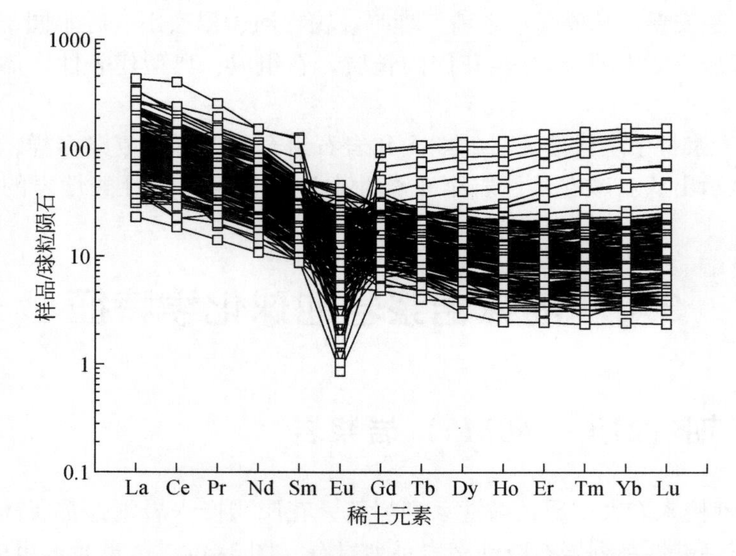

图 3-5　晚三叠世—中侏罗世陆缘岩浆岩的稀土元素标准化配分模式

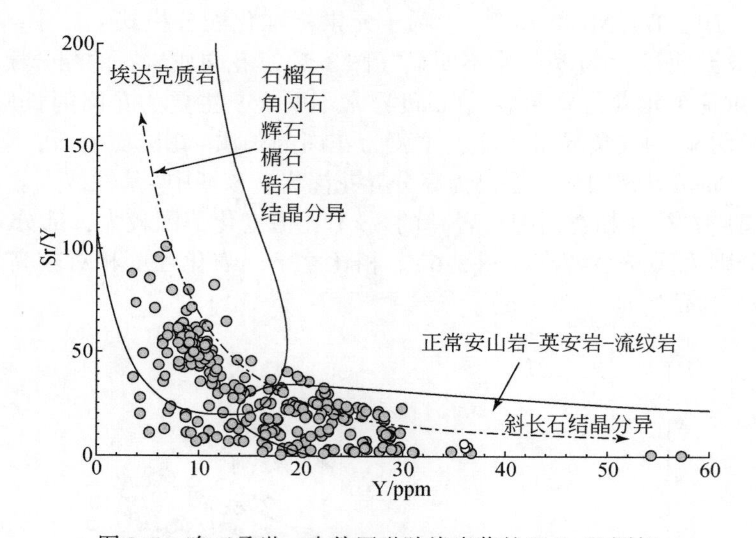

图 3-6　晚三叠世—中侏罗世陆缘岩浆的 Y-Sr/Y 图解

3.3.2　第二期（130～100Ma）岩浆岩

早白垩世晚期闪长质和花岗闪长质侵入岩大都属钙碱性-高钾钙碱性系列岩石，而演化程度较高的花岗岩，部分属高钾钙碱性系列岩石，部分则为钾玄岩系列岩石（图 3-7）。微量元素组成方面，该期侵入岩富集 K、Rb、Cs、Ba 和 Sr 等大离子亲石元素，亏损 Th、U、Zr、Hf、Ti、Nb 和 Ta 等高场强元素。稀土元素标准化配分模式上，岩石均呈现出轻/

重稀土元素分异明显的特征，部分 Eu 负异常不明显，部分则显示出 Eu 负异常明显的特点（图3-8）。Sr/Y 比值和 Y 含量上，大部分侵入岩的 Sr/Y 比值小于20，Y 含量介于14～34，少部分的 Sr/Y 比值较高（最高达70），Y 含量介于8～12（图3-9）。

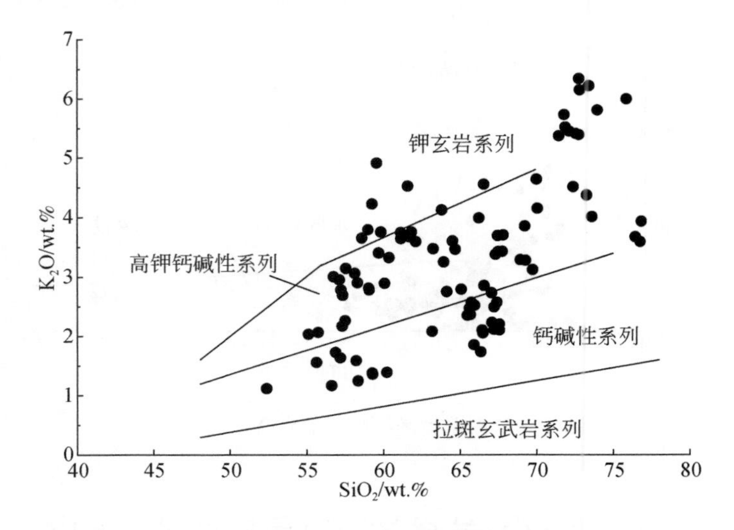

图3-7　早白垩世晚期陆缘岩浆硅–碱图

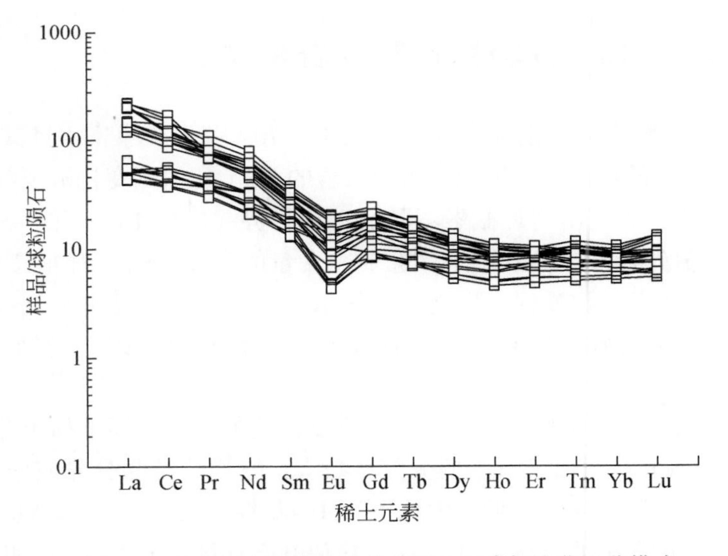

图3-8　早白垩世晚期陆缘岩浆稀土元素标准化配分模式

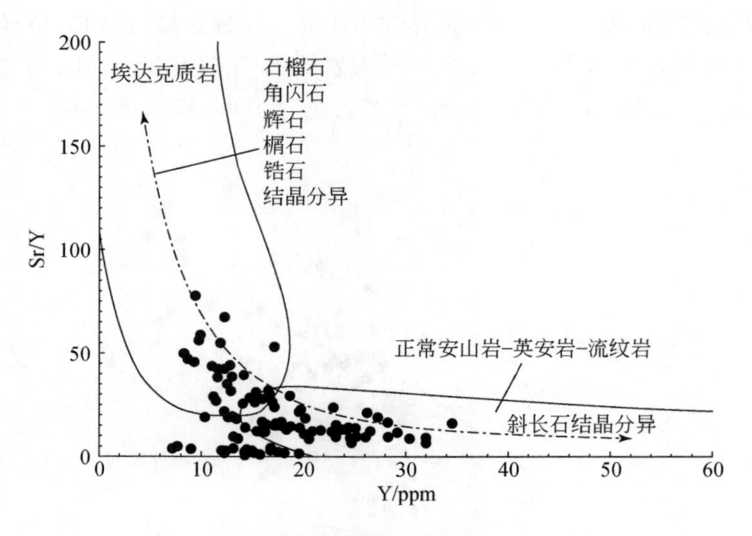

图 3-9　早白垩世晚期陆缘岩浆 Y-Sr/Y 图解

3.4　陆缘岩浆岩成因与物源演化

3.4.1　第一期（210～160Ma）陆缘岩浆成因

该期中-基性侵入岩的 Sr/Y 比值大都集中在 30～70，指示岩浆富水且其源区部分熔融过程中有石榴子石残留的特点。同期花岗质侵入岩的 Sr/Y 比值则变化范围较大（0～80），且随 SiO_2 含量的升高，表现出两种截然不同的变化趋势（图 3-10）。第一种，随 SiO_2 含量的升高，Sr/Y 比值先升再降。第二种，随 SiO_2 含量的升高，Sr/Y 比值逐渐下降。这表明，晚三叠世—中侏罗世花岗质侵入岩之间的化学性质（富水还是贫水）、岩浆源区部分熔融过程（有无石榴子石残留）和演化过程（有无斜长石或角闪石的结晶分异）差异较大。

$(La/Yb)_N$ 比值可用来衡量轻重稀土的分异程度，比值越大，轻重稀土分异程度越大。由于中-重稀土在角闪石或石榴子石中的分配系数大，它们的结晶分异或残留，容易造成轻重稀土发生明显的分异。晚三叠世—中侏罗世中-基性侵入岩的 $(La/Yb)_N$ 比值大都集中在 0～13，且随 SiO_2 含量的升高，$(La/Yb)_N$ 比值升高（图 3-11）。这说明，它们的岩浆源区在部分熔融过程中有石榴子石或角闪石的残留。相比之下，同期花岗质侵入岩的 $(La/Yb)_N$ 比值变化范围大（0～40），且随 SiO_2 含量的升高，部分岩石的 $(La/Yb)_N$ 比值从 10 升高至 40，部分岩石的则呈现出下降趋势（从 10 下降至 0 附近）。该期花岗质侵入岩 $(La/Yb)_N$ 比值的大范围变化，指示它们的岩浆源区在部分熔融过程中，残留的矿物存在较大差异，抑或岩浆演化过程中结晶分异的矿物存在较大差别。

全岩 $(Dy/Yb)_N$ 比值方面，该期中-基性侵入岩的 $(Dy/Yb)_N$ 比值大都集中在 1.0～

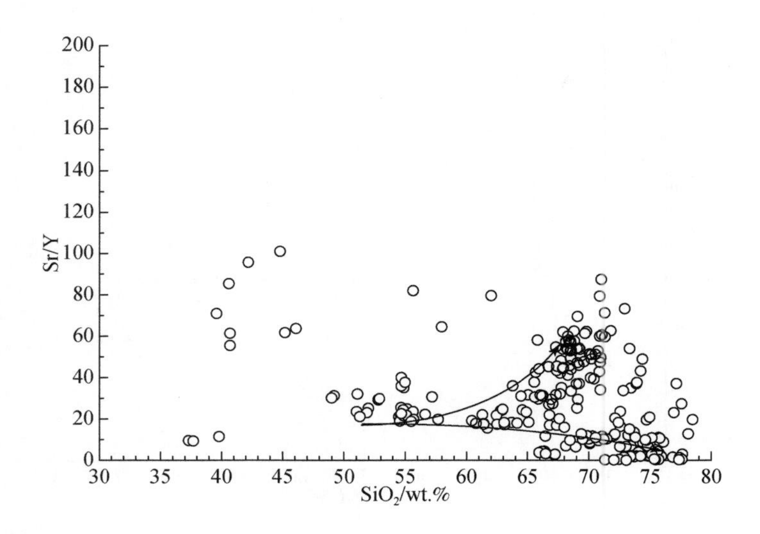

图 3-10　吉–黑陆缘岩浆带晚三叠世—中侏罗世侵入岩 SiO_2-Sr/Y 图解

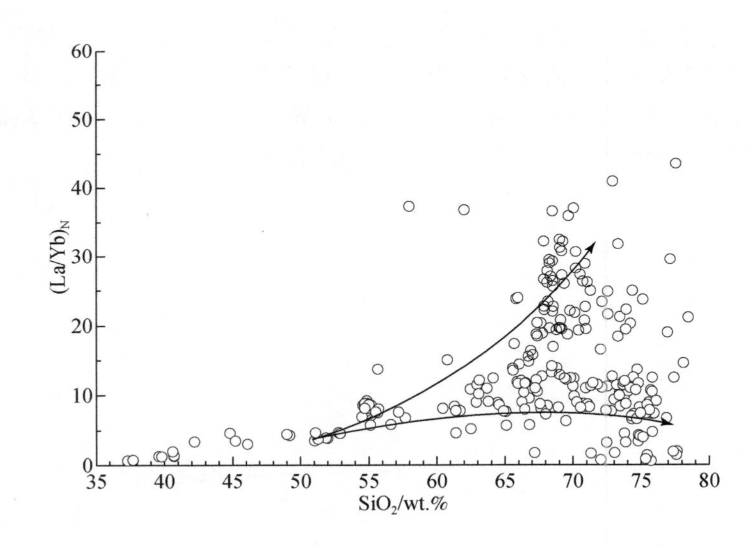

图 3-11　吉–黑陆缘岩浆带晚三叠世—中侏罗世侵入岩 SiO_2-$(La/Yb)_N$ 图解

1.6，且显示出轻微的中/重稀土分异特点（图 3-12），指示岩浆源区有角闪石的残留。而同期花岗质侵入岩的 $(Dy/Yb)_N$ 比值变化范围则较大（0.5～1.8），且随 SiO_2 含量的升高，岩石的 $(Dy/Yb)_N$ 比值逐渐减小。当 SiO_2 含量大于 70wt.%时，这种下降趋势更为明显。此外，SiO_2 含量为 63wt.%～70wt.%时，$(Dy/Yb)_N$ 比值集中在1.0～1.6。这说明，它们的岩浆源区有角闪石的残留或岩浆演化过程中发生了角闪石的结晶分异。当 SiO_2 含量大于 70wt.%时，$(Dy/Yb)_N$ 比值介于 0.3～1.2，指示岩浆源区有石榴子石的残留。

全岩 Eu 异常（Eu^*）方面，该期中–基性侵入岩的 Eu^* 值大都维持在 1.0 附近（图 3-13），指示岩浆富水或岩浆源区没有斜长石的残留，抑或岩浆演化过程中未发生斜长石的结晶分

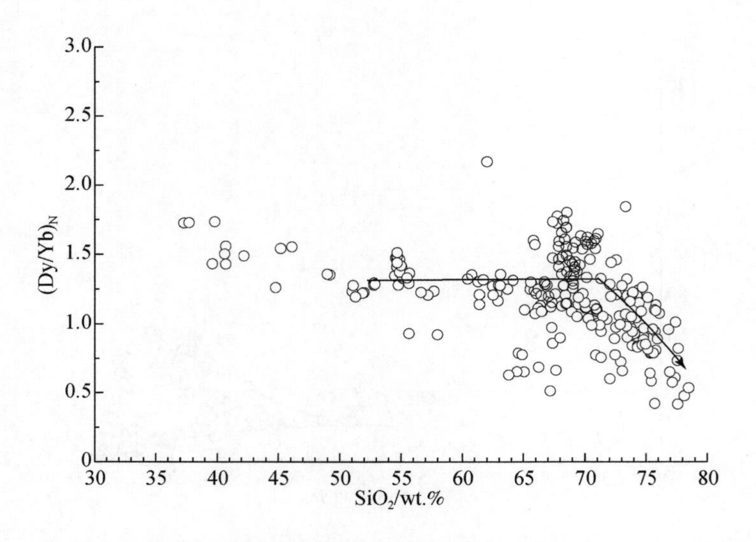

图 3-12 吉-黑陆缘岩浆带晚三叠世—中侏罗世侵入岩 SiO_2-$(Dy/Yb)_N$图解

异。当 SiO_2 含量介于 63wt. %~70wt. %时，该期花岗质侵入岩显示出无明显或弱 Eu 负异常特点，指示岩浆富水或岩浆演化过程中未发生斜长石的结晶分异。但当 SiO_2 含量大于 70wt. %时，则显示出明显的 Eu 负异常，且 Eu 负异常随 SiO_2 含量的升高而增加。这说明，岩浆贫水或岩浆演化过程中发生了斜长石的结晶分异。

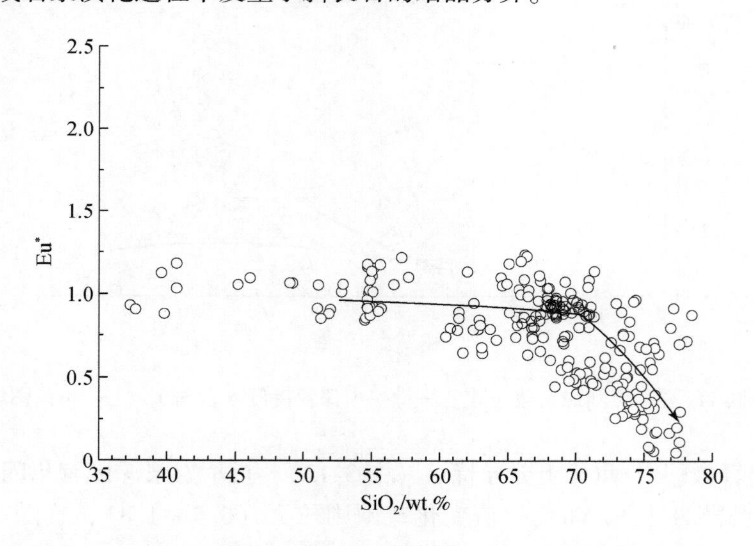

图 3-13 吉-黑陆缘岩浆带晚三叠世—中侏罗世侵入岩 SiO_2-Eu^*图解

全岩 Sr-Nd 同位素组成方面，该期中-基性侵入岩表现出两种明显不同的同位素组成特征（图 3-14）。一种相对亏损，$\varepsilon_{Nd}(t)$ 值集中在 1.0~5.0。另一种则相对富集，$\varepsilon_{Nd}(t)$ 值为-3.5~-2.0。这种特征表明，吉-黑陆缘岩浆带的软流圈地幔或岩石圈地幔的组成存在不均一性，部分受地壳循环物质的混染程度较高，所以表现出富集的特征，部分则基本未受到地壳物质的混染，表现出亏损的特点。该期花岗质侵入岩的Sr-Nd同位素组成变化范围较大，$(^{87}Sr/^{86}Sr)_i$值变化范围为0.705～0.724，$\varepsilon_{Nd}(t)$ 值为-7.0～+5.0（图3-14）。$(^{87}Sr/^{86}Sr)_i$值容易受后期蚀变的影响发生显著的变化，$\varepsilon_{Nd}(t)$ 值受后期蚀变的影响较小。因此，全岩 $\varepsilon_{Nd}(t)$ 值更能反映花岗质岩石的岩浆源区特点。从图3-14中可以看出，与同期中-基性岩石的Nd同位素组成类似，晚三叠世—中侏罗世花岗质侵入岩也显示出两种不同的 $\varepsilon_{Nd}(t)$ 同位素组成特点。一种相对亏损，$\varepsilon_{Nd}(t)$ 值集中在0～+4.0。另一种相对富集，$\varepsilon_{Nd}(t)$ 值为-7.0～-1.0。产生这种特征的原因可能为：幔源岩浆底侵过程中不同程度混染了古老下地壳物质，抑或来自不同的岩浆源区，部分为亏损地幔，部分则可能为富集地幔。

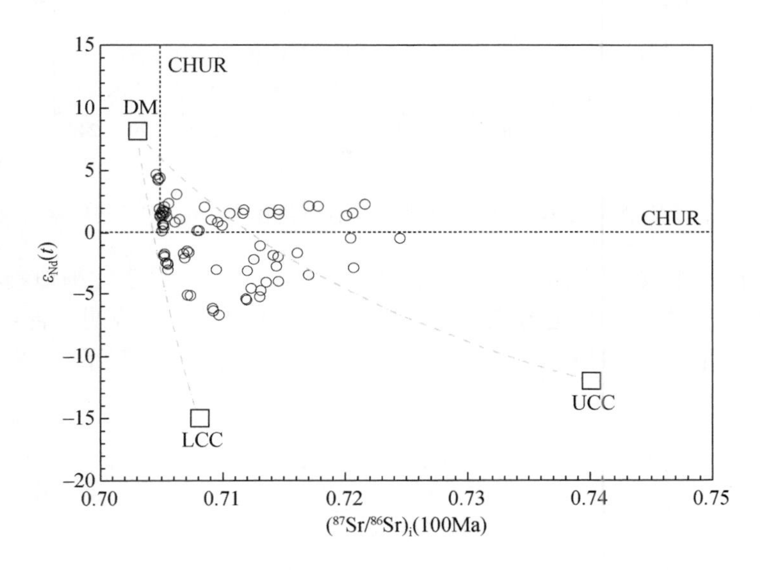

图3-14 吉-黑陆缘岩浆带晚三叠世—中侏罗世侵入岩Sr-Nd同位素组成

锆石Hf同位素组成方面，该期中-基性侵入岩的锆石Hf同位素组成均位于球粒陨石演化线（CHUR）之上，亏损地幔演化线（DM）之下，但变化范围较大［$\varepsilon_{Hf}(t)=0$～+16.0］，且随时代变年轻，$\varepsilon_{Hf}(t)$ 值有减小趋势（图3-15）。此外，该期中-基性侵入岩的锆石Hf同位素组成大都落在1.1Ga（中元古代）演化线之上，且锆石Hf模式年龄显著大于侵入岩形成年龄。这说明，它们的岩浆来源于富集地幔抑或亏损幔源岩浆上侵过程中混染了少量地壳物质。同期花岗质侵入岩的锆石Hf同位素组成变化范围更大［$\varepsilon_{Hf}(t)=$ -4.0～+17.0］，但大都位于CHUR演化线之上，DM演化线之下，且随时代变年轻，$\varepsilon_{Hf}(t)$值有减小趋势。该期花岗质侵入岩的锆石Hf同位素值大都落在1.1Ga（中元古代）演化线之上，且锆石Hf模式年龄大于岩石形成年龄。这说明，它们的岩浆源区多样，可能为富集地幔、古老下地壳、亏损地幔加古老下地壳，抑或新生下地壳加古老地壳物质。

锆石Hf-O同位素组成方面，该期中-基性侵入岩大都位于亏损地幔和循环地壳物质两端元混合演化线上，亏损地幔端元占比为50%～90%（图3-16）。这说明，吉-黑陆缘岩浆带的软流圈地幔或岩石圈地幔，不同程度受到了循环地壳物质的混染。该期花岗质侵入岩

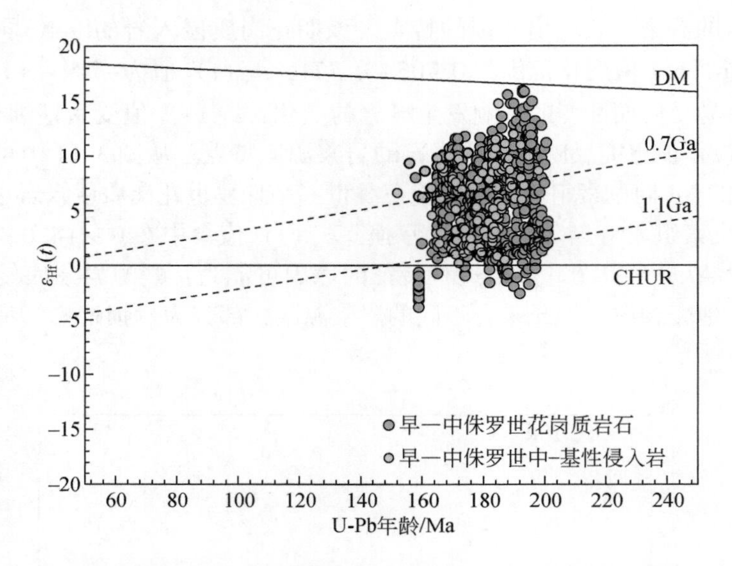

图 3-15　吉-黑陆缘岩浆带晚三叠世—中侏罗世侵入岩锆石 Hf 同位素组成

的锆石 Hf-O 同位素组成与同期中-基性侵入岩的基本一致，均位于亏损地幔和循环地壳两端元混合演化线上，并以亏损地幔端元占主要（50%~90%）。这说明，吉-黑陆缘岩浆带晚三叠世—中侏罗世中-基性侵入岩和花岗质侵入岩在成因上存在联系。

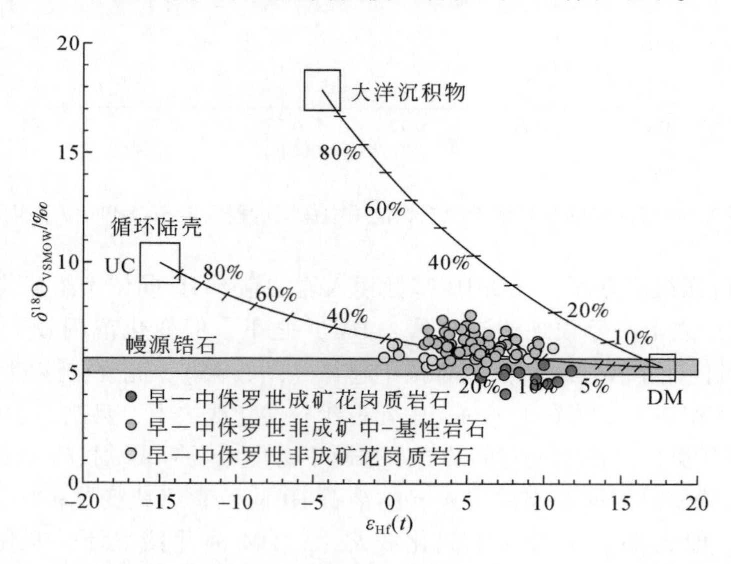

图 3-16　吉-黑陆缘岩浆带晚三叠世—中侏罗世侵入岩锆石 Hf-O 同位素组成

3.4.2　第二期（130~100Ma）陆缘岩浆成因

该期中性侵入岩的 Sr/Y 比值大都集中在 10~30，指示岩浆富水或源区部分熔融过程中有石榴子石残留。同期花岗质侵入岩的 Sr/Y 比值变化范围较大，为 0~80。此外，当

SiO_2 含量为 63wt. %~68wt. %时，Sr/Y 比值为 20 ~ 80，当 SiO_2 含量大于 70wt. %时，Sr/Y 比值为 0 ~ 20，显示出随 SiO_2 含量的升高，Sr/Y 比值逐渐下降趋势（图 3-17）。

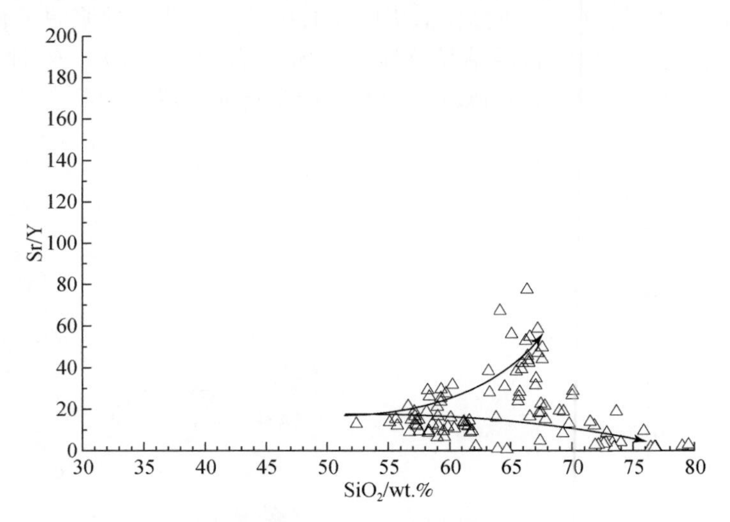

图 3-17　吉–黑陆缘岩浆带早白垩世晚期侵入岩 SiO_2-Sr/Y 图解

全岩 $(La/Yb)_N$ 比值方面，该期中性侵入岩的 $(La/Yb)_N$ 比值大都集中在 10 ~ 15（图 3-18），指示岩浆源区有石榴子石或角闪石的残留，抑或岩浆演化过程中有石榴子石或角闪石的结晶分异。该期花岗质侵入岩的 $(La/Yb)_N$ 比值大都集中在 15 ~ 25，且随 SiO_2 含量的升高，$(La/Yb)_N$ 比值逐渐增大，指示岩浆源区有较多的石榴子石或角闪石的残留，抑或岩浆演化过程中发生了显著的石榴子石或角闪石的结晶分异。

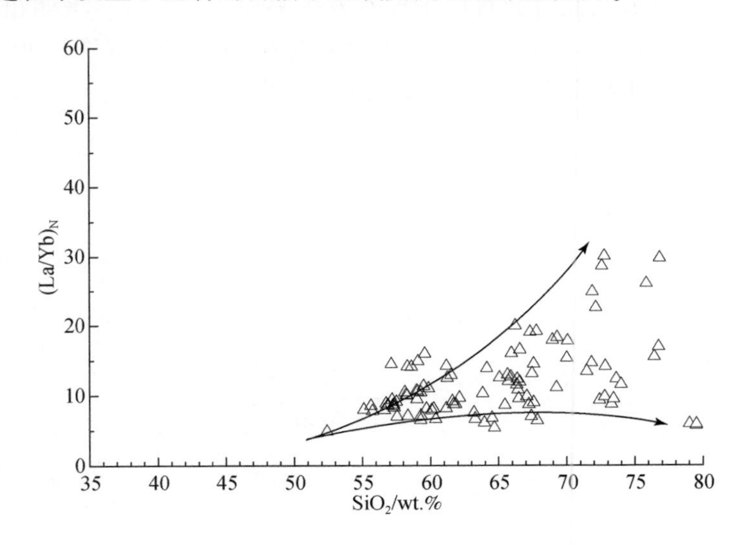

图 3-18　吉–黑陆缘岩浆带早白垩世晚期侵入岩 SiO_2-$(La/Yb)_N$ 图解

全岩 $(Dy/Yb)_N$ 比值方面，该期中性侵入岩的 $(Dy/Yb)_N$ 比值大都集中在 1.0 ~ 1.6，指示岩浆源区有角闪石的残留或岩浆演化过程中发生了角闪石的结晶分异。该期花岗质侵

入岩的 $(Dy/Yb)_N$ 比值变化范围较大（0.8~1.8），且随 SiO_2 含量升高，$(Dy/Yb)_N$ 比值逐渐变小，特别是当 SiO_2 含量大于 70wt.% 时，下降趋势更为明显（图 3-19）。当 SiO_2 含量为 63wt.%~70wt.% 时，$(Dy/Yb)_N$ 比值集中在 1.0~1.6，指示岩浆源区有角闪石的残留或岩浆演化过程中发生了角闪石的结晶分异。当 SiO_2 含量大于 70wt.% 时，$(Dy/Yb)_N$ 比值变化范围为 0.8~1.2，指示岩浆源区可能有石榴子石的残留。

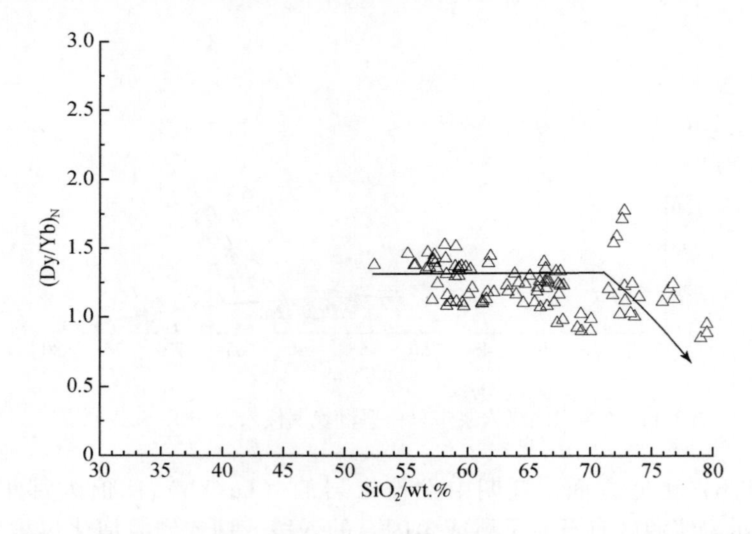

图 3-19　吉-黑陆缘岩浆带早白垩世晚期侵入岩 SiO_2-$(Dy/Yb)_N$ 图解

全岩铕异常方面，该期中性侵入岩的 Eu^* 值集中在 1.0 附近，指示岩浆富水或岩浆源区没有斜长石残留，抑或结晶分异过程中没有发生斜长石的分异。该期花岗质侵入岩的 Eu^* 值在 SiO_2 含量为 63wt.%~70wt.% 时显示出无或弱 Eu 负异常（图 3-20），指示岩浆富水抑或斜长石基本未发生或发生了微弱的结晶分异。当 SiO_2 含量大于 70wt.% 时，该期花

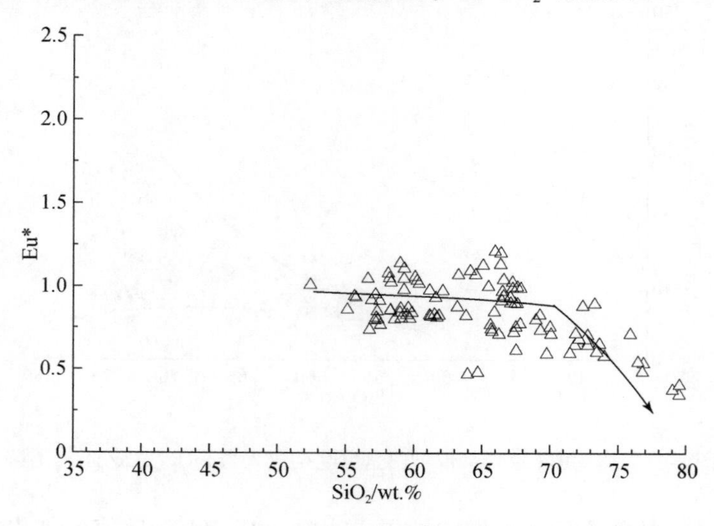

图 3-20　吉-黑陆缘岩浆带早白垩世晚期侵入岩 SiO_2-Eu^* 图解

岗质侵入岩则显示出明显的 Eu 负异常，且随 SiO_2 含量的升高，Eu 负异常更加明显，指示岩浆贫水或岩浆演化过程中发生了明显的斜长石结晶分异。

全岩 Sr-Nd 同位素组成方面，该期中性侵入岩的 $\varepsilon_{Nd}(t)$ 值集中在+0.5 ~ +4.0，$(^{87}Sr/^{86}Sr)_i$值集中在 0.705 ~0.711（图 3-21），指示岩浆源区为相对亏损的软流圈地幔或岩石圈地幔。该期花岗质侵入岩的 Sr-Nd 同位素组成变化范围大［$(^{87}Sr/^{86}Sr)_i$=0.702 ~ 0.715；$\varepsilon_{Nd}(t)$= −3.0 ~ +4.0］，指示它们的岩浆源区属性多样，部分为相对亏损的软流圈地幔或岩石圈地幔、部分为新生的底侵物质、部分为古老的地壳物质，抑或亏损幔源物质与古老地壳物质的混合。

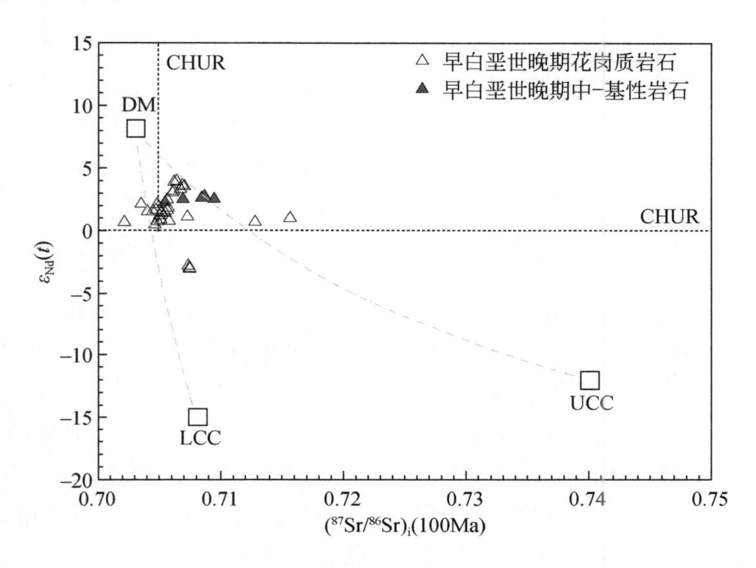

图 3-21　吉–黑陆缘岩浆带早白垩世晚期侵入岩 Sr-Nd 同位素组成

锆石 Hf 同位素组成方面，该期中性侵入岩的锆石 Hf 同位素组成变化范围较窄［$\varepsilon_{Hf}(t)$= 3.0 ~ 14.0］，位于 CHUR 演化线之上，DM 演化线之下（图 3-22）。此外，它们大都落在 0.7Ga（新元古代）演化线之上，且其锆石 Hf 同位素模式年龄大于其形成年龄，指示地幔源区岩浆遭受过地壳物质的混染。该期花岗质侵入岩的锆石 Hf 同位素组成变化范围大［$\varepsilon_{Hf}(t)$= −4.0 ~ +16.0］（图 3-22），锆石 Hf 同位素模式年龄大都落在 1.1Ga（中元古代）演化线之上，Hf 同位素模式年龄大于其形成年龄。这表明，该期花岗质侵入岩的岩浆具多来源特征，可能为亏损地幔混有古老下地壳，抑或新生下地壳混有古老地壳物质。

3.4.3　陆缘岩浆物源演化

晚三叠世—中侏罗世中–基性侵入岩的 $\varepsilon_{Nd}(t)$ 值变化范围较大，为−3.0 ~ +5.0，早白垩世晚期中性侵入岩的 $\varepsilon_{Nd}(t)$ 值变化范围较小，为+0.5 ~ +4.0。晚三叠世—中侏罗世中–基性侵入岩与早白垩世晚期中性侵入岩在 $\varepsilon_{Nd}(t)$ 值上的差异，一定程度上反映了吉–

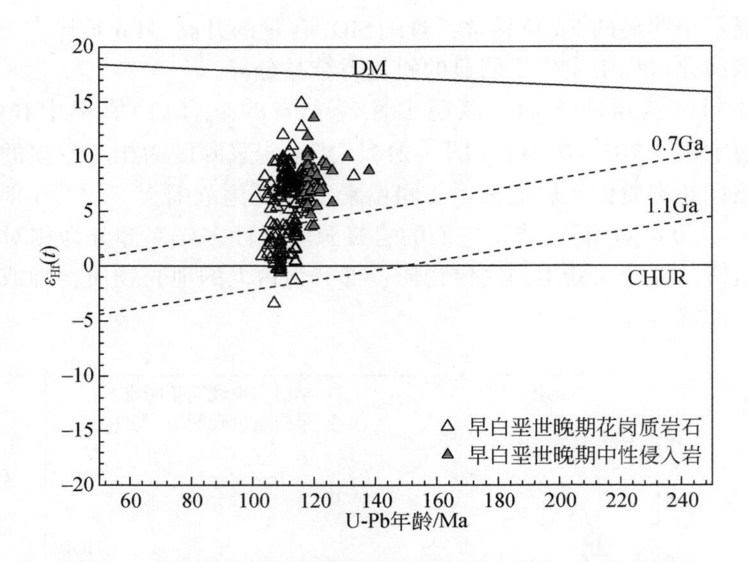

图 3-22　吉-黑陆缘岩浆带早白垩世晚期侵入岩锆石 Hf 同位素组成

黑陆缘岩浆岩带的软流圈地幔或岩石圈地幔物质组成发生了明显的变化，即从晚三叠世—中侏罗世时期的地幔极不均一性，在早白垩世晚期转变成均一的亏损地幔（图 3-23）。这种深部物质组成的变化，在两期花岗质侵入岩的 Nd 同位素组成方面也有很好的体现。比如，晚三叠世—中侏罗世花岗质侵入岩的 $\varepsilon_{Nd}(t)$ 值为-7.0 ~ +3.5，即显示出富集地幔源特点，也含有亏损地幔源特征，而早白垩世晚期花岗质侵入岩的 $\varepsilon_{Nd}(t)$ 值则为+0.5 ~ +4.0，明显更为亏损。这说明，随时代变年轻，吉-黑陆缘花岗质侵入岩的源区物质，从早期的新生地壳加古老物质源区转变成晚期的年轻地壳物质源区。

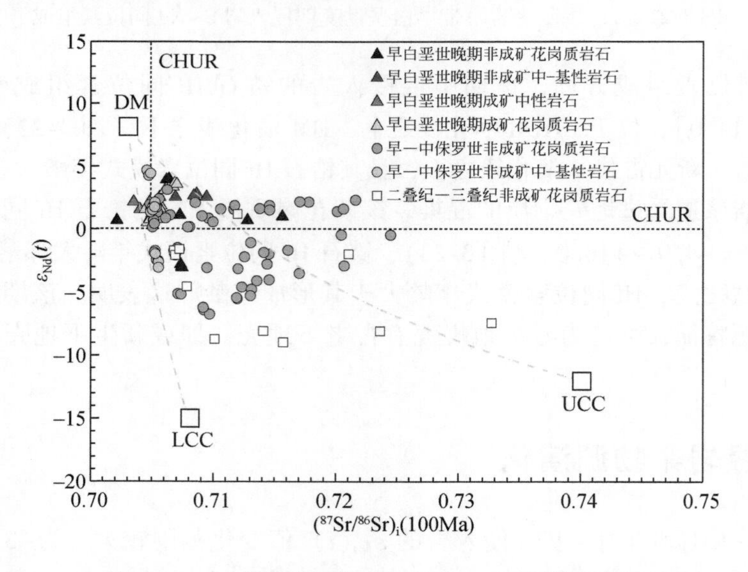

图 3-23　吉-黑陆缘岩浆带侵入岩 Sr-Nd 同位素组成

上述现象在两期陆缘岩浆的锆石 Hf 同位素组成方面也有明显体现。如图 3-24 所示，晚三叠世—中侏罗世中-基性侵入岩的锆石 Hf 同位素组成为 $\varepsilon_{Hf}(t)=0\sim+16.0$，早白垩世晚期中性侵入岩的 $\varepsilon_{Hf}(t)=+4.0\sim+15.0$。与之相对应，晚三叠世—中侏罗世花岗质侵入岩的锆石 Hf 同位素组成为 $\varepsilon_{Hf}(t)=-5.0\sim+17.0$，而早白垩世晚期花岗质侵入岩的锆石 Hf 同位素组成为 $\varepsilon_{Hf}(t)=0\sim+16.0$。上述数据充分说明，从晚三叠世—中侏罗世至早白垩世晚期，吉-黑陆缘燕山期岩浆岩的源区物质发生了明显的转变。

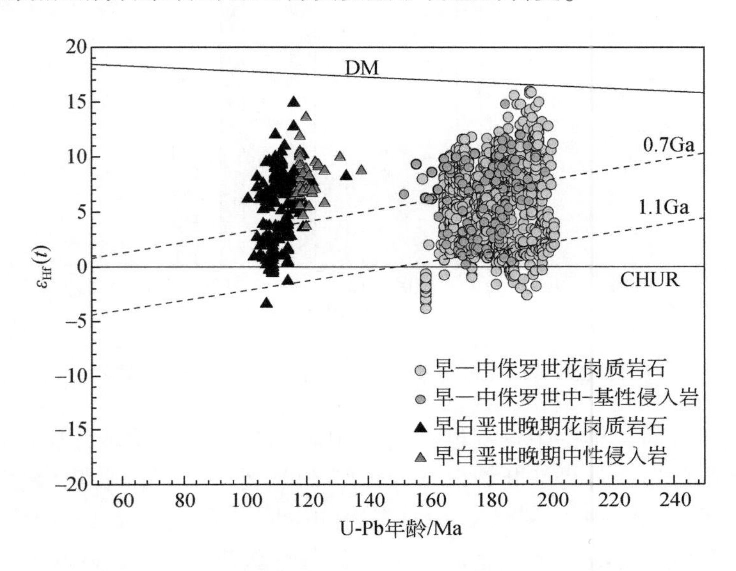

图 3-24　吉-黑陆缘岩浆带侵入岩锆石 Hf 同位素组成

3.5　吉-黑东部陆缘岩浆成矿作用

3.5.1　与陆缘岩浆有关的金属矿产类型与时空分布

吉-黑陆缘岩浆带是我国重要的钼、金、铁、铅、锌和银成矿带，已探明钼储量大于 1.2Mt，金储量大于 130t。钼矿床以斑岩型为主，典型矿床有霍吉河、鹿鸣、大黑山、福安堡、季德屯、大石河和刘生店等。金矿床主要为斑岩型（如小西南岔等）和浅成低温热液型（如三道湾子、东安、高松山、团结沟、四山林场和杜荒岭等）。铁多金属矿床主要为夕卡岩型，典型矿床如翠宏山、二股和西林等。铅锌矿床主要为岩浆-热液脉型，典型矿床如徐老九沟、小西林和天宝山等。

已有的辉钼矿 Re-Os 和云母类矿物 Ar-Ar 测年结果显示，吉-黑陆缘岩浆带存在两期中生代成矿作用：早—中侏罗世（200 ~ 165Ma）和早白垩世晚期（115 ~ 100Ma）（图 3-25）。期次上与带内岩浆活动的期次基本一致。其中，与早—中侏罗世陆缘岩浆有关的金属矿床主要为斑岩型钼矿，其次为夕卡岩型铁多金属矿和岩浆-热液脉型铅锌矿。与早白垩世晚期陆缘岩浆有关的金属矿床主要为斑岩型金铜矿和浅成低温热液型金矿。

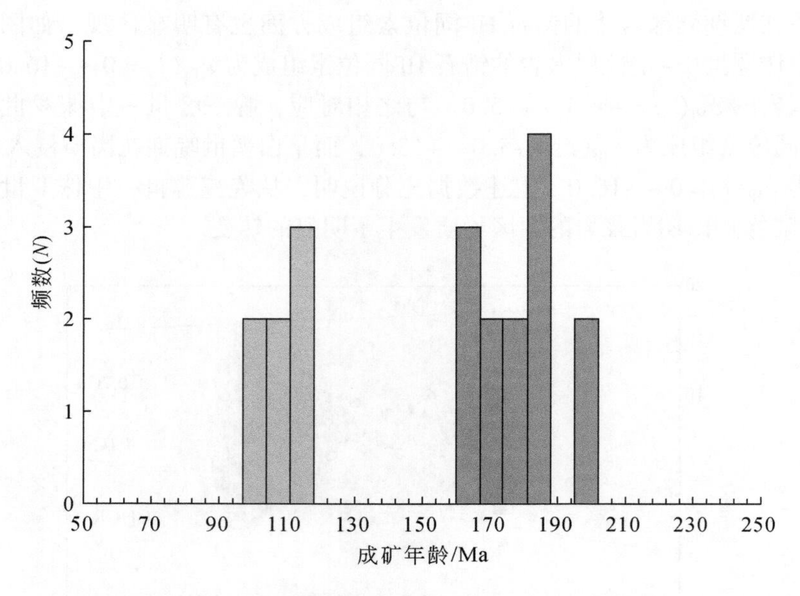

图 3-25　吉-黑陆缘岩浆带中生代金属矿床成矿期次

矿床空间分布方面，早—中侏罗世斑岩型钼矿、夕卡岩型铁多金属矿以及岩浆-热液脉型铅锌矿，大都分布在牡丹江断裂以东的张广才岭-小兴安岭和敦化-密山断裂以东地区（图 3-26）。这与区内早—中侏罗世陆缘岩浆岩的空间分布范围基本一致。早白垩世晚期的斑岩型金铜矿和浅成低温热液型金矿，主要分布在敦化-密山断裂以东的牡丹江断裂南段两侧，以及中-俄交界的小兴安岭地区，与区内早白垩世晚期陆缘岩浆岩的空间展布大体一致。

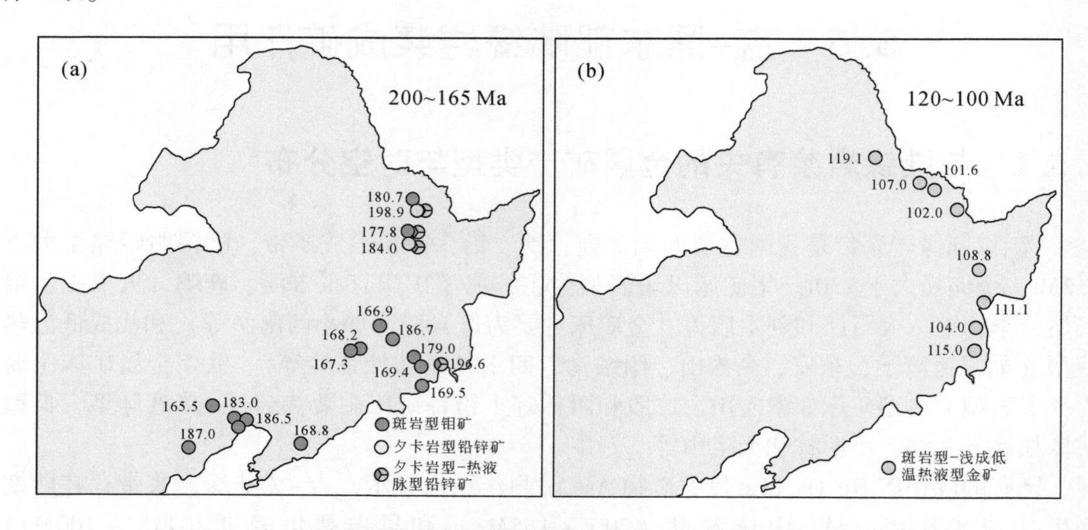

图 3-26　吉-黑陆缘岩浆带与陆缘岩浆有关的金属矿产类型及时空分布特征

3.5.2 第一期（200~165Ma）成矿作用

3.5.2.1 斑岩型钼成矿作用

（1）斑岩型钼矿基本特征

斑岩型钼矿是吉–黑陆缘岩浆带内的优势矿床。带内已发现大大小小的钼矿床（点）多达 30 余处。钼矿床（点）大都产在花岗质复式岩基中，成因上常与复式岩基中较晚期侵位的花岗质小岩株或岩枝密切相关，并与外围铅锌银矿构成同一成矿系列。

矿床中具经济价值的金属矿物主要为辉钼矿，伴生金属矿物有黄铁矿、黄铜矿、方铅矿和闪锌矿等，但铜、铅和锌的综合利用价值不大。辉钼矿大都以石英–辉钼矿–黄铁矿细脉的形式赋存在成矿前花岗质侵入岩中，少量以钾长石–石英–辉钼矿网脉形式赋存在成矿岩体中。主要的脉石矿物为石英和方解石，不含萤石。这同典型的与陆缘弧有关的低氟型斑岩型钼矿床的脉石矿物组合特征相似。

矿床中的热液脉类型可分为 3 类：①早期贫矿的高温黑云母、钾长石–石英或石英网脉；②中期富矿的石英–辉钼矿–黄铁矿和辉钼矿–黄铁矿脉；③晚期贫矿的方解石脉。早期热液脉常伴有高温的钾化蚀变，中期热液脉常伴有黄铁娟英岩化，晚期热液脉则伴有青磐岩化。此外，热液脉体的空间分布具明显的分带性。早期热液脉多位于成矿岩体中心及其内接触带，中期热液脉多位于成矿岩体外接触带中的非成矿岩体中，晚期热液脉则主要发育在矿床浅部或远离成矿岩体位置。

吉–黑陆缘岩浆带的大型–超大型斑岩型钼矿常显示出多期岩浆–热液活动叠加成矿的特点。多期岩浆–热液活动叠加成矿以含异常的热液脉穿插现象为特征，比如早期的低温热液脉被晚期的高温热液脉穿切等。此外，带内的斑岩型钼矿常发育岩浆–热液隐爆角砾岩，隐爆角砾岩富含辉钼矿，规模大，储量可观。

与斑岩型钼矿有关的岩体主要为花岗质岩石，岩石类型有：斑状二长花岗岩、花岗斑岩和正长斑岩等。成矿岩石主要由钾长石、斜长石、石英和黑云母组成，并含少量角闪石；副矿物有磷灰石、锆石、榍石和磁铁矿等。岩石地球化学特征上，与成矿有关的岩石大都为高钾钙碱性系列岩石（图 3-27）。微量元素组成方面，成矿岩体富集大离子亲石元素如 K、Rb、Cs、Ba 和 Sr 等，亏损高场强元素如 Th、U、Zr、Hf、Ti、Nb 和 Ta 等，与典型陆缘弧岩浆特征相似。稀土元素标准化配分模式上，成矿岩体富集轻稀土元素，亏损重稀土元素，中/重稀土分异和铕负异常不明显（图 3-28），指示成矿岩体富水或岩浆演化过程中发生了角闪石的结晶分异。

成矿岩体的 Sr/Y 比值较大，大都大于 25，部分可达 60，但 Y 含量不高，大都小于 14。如图 3-29 所示，成矿岩体的 Sr/Y 比值和 Y 含量与典型的“埃达克质岩”相似，指示成矿岩体的岩浆源区在部分熔融过程中有石榴子石的残留，抑或岩浆演化过程中发生了石榴子石的结晶分异。与成矿有关岩体的锆石 Hf 同位素组成均位于球粒陨石演化线之上，亏损地幔演化线之上（图 3-30），指示成矿岩体的岩浆源区以年轻物质为主，但不排除混染少量古老地壳物质的可能。

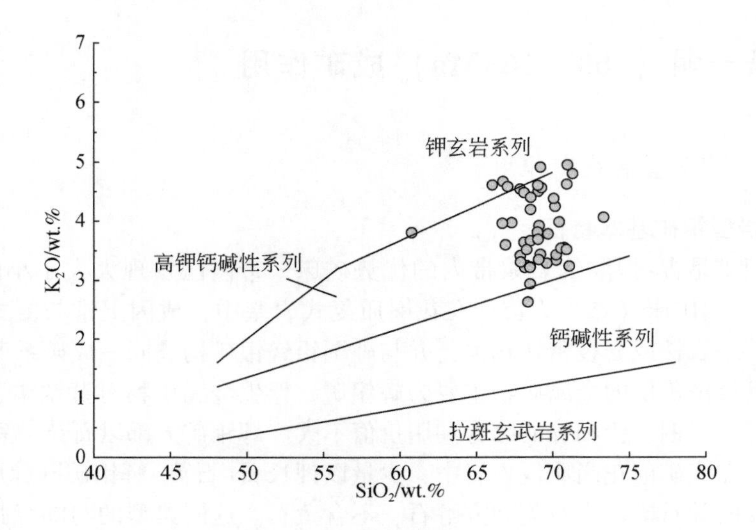

图 3-27 与斑岩型钼矿有关岩体的硅碱图

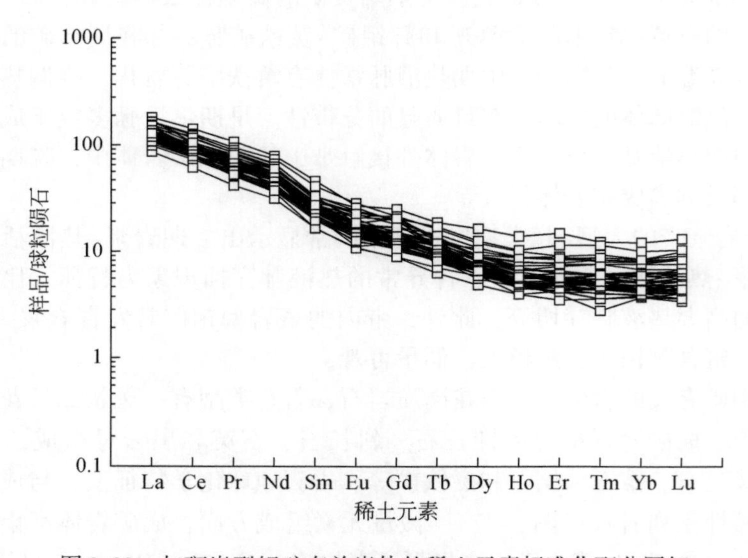

图 3-28 与斑岩型钼矿有关岩体的稀土元素标准化配分图解

（2）典型斑岩型钼矿床——鹿鸣钼矿

鹿鸣钼矿位于伊春市西南约 20km 处，已探明钼金属量 78 万 t。矿区 70% 的面积为花岗质侵入岩占据，面积达 3.21km^2，其余为第四系沉积物。已揭露的侵入岩类型有：黑云母二长花岗岩、二长花岗岩、斑状二长花岗岩、花岗斑岩和正长花岗岩（图 3-31）。其中，黑云母二长花岗岩、二长花岗岩和斑状二长花岗岩出露地表，是主要赋矿岩体。花岗斑岩和正长花岗岩仅见于钻孔岩芯，普遍发生不同程度矿化（图 3-32）。

黑云母二长花岗岩和二长花岗岩在矿区呈岩基状产出。主要造岩矿物有石英、斜长石、钾长石和黑云母，角闪石少量。副矿物有锆石、磷灰石、榍石、磁铁矿和钛铁矿。

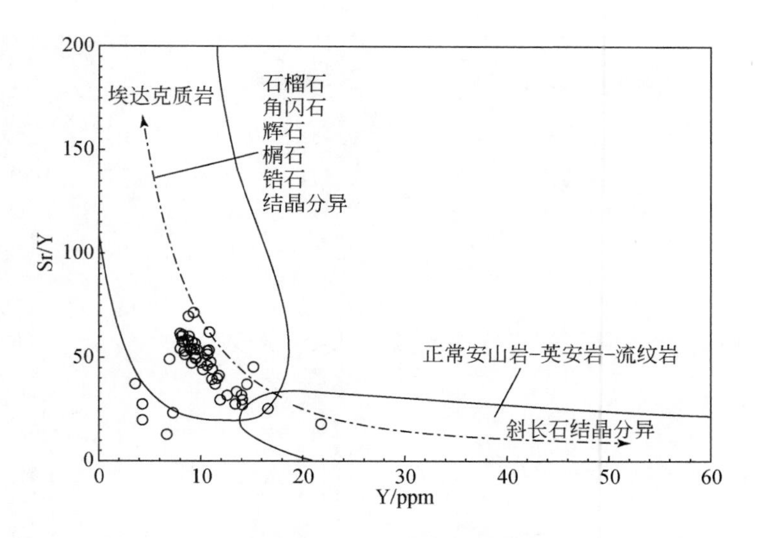

图 3-29　与斑岩型钼矿有关岩体的 Y-Sr/Y 图解

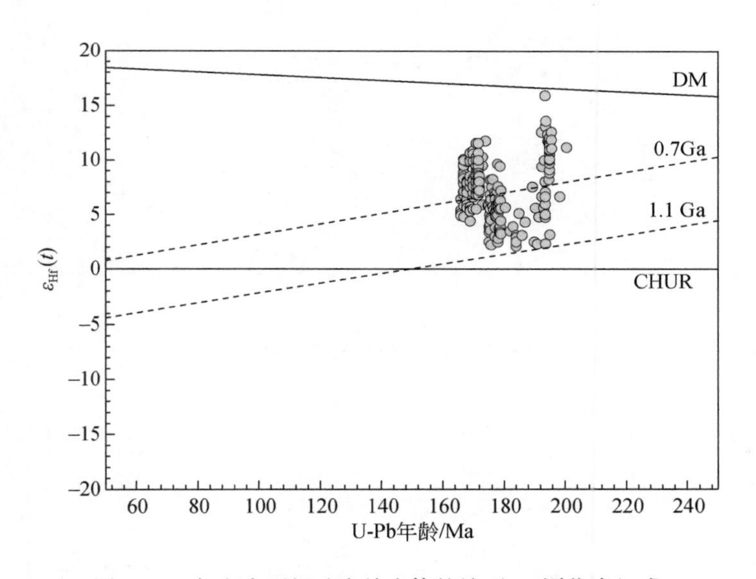

图 3-30　与斑岩型钼矿有关岩体的锆石 Hf 同位素组成

LA-ICP-MS 锆石 U-Pb 定年结果显示，黑云母二长花岗岩的形成时代为 187. 5±2. 8Ma，二长花岗岩的为 186. 5±3. 6Ma。斑状二长花岗岩、花岗斑岩和正长花岗岩呈小岩株或岩枝形式产出。主要造岩矿物为石英、斜长石、钾长石和黑云母，角闪石少量。副矿物为锆石、磷灰石、榍石和磁铁矿。LA-ICP-MS 锆石 U-Pb 定年结果显示，斑状二长花岗岩的形成时代为 178. 6±2. 2Ma，花岗斑岩的为 177. 4±3. 0Ma，正长花岗岩的为 175. 6±3. 0Ma，三者的年龄在误差范围内一致，并与辉钼矿的 Re-Os 加权平均年龄（178. 1±2. 7Ma）和云母类矿物的 Ar-Ar 坪年龄（174. 7±1. 1Ma）相近。

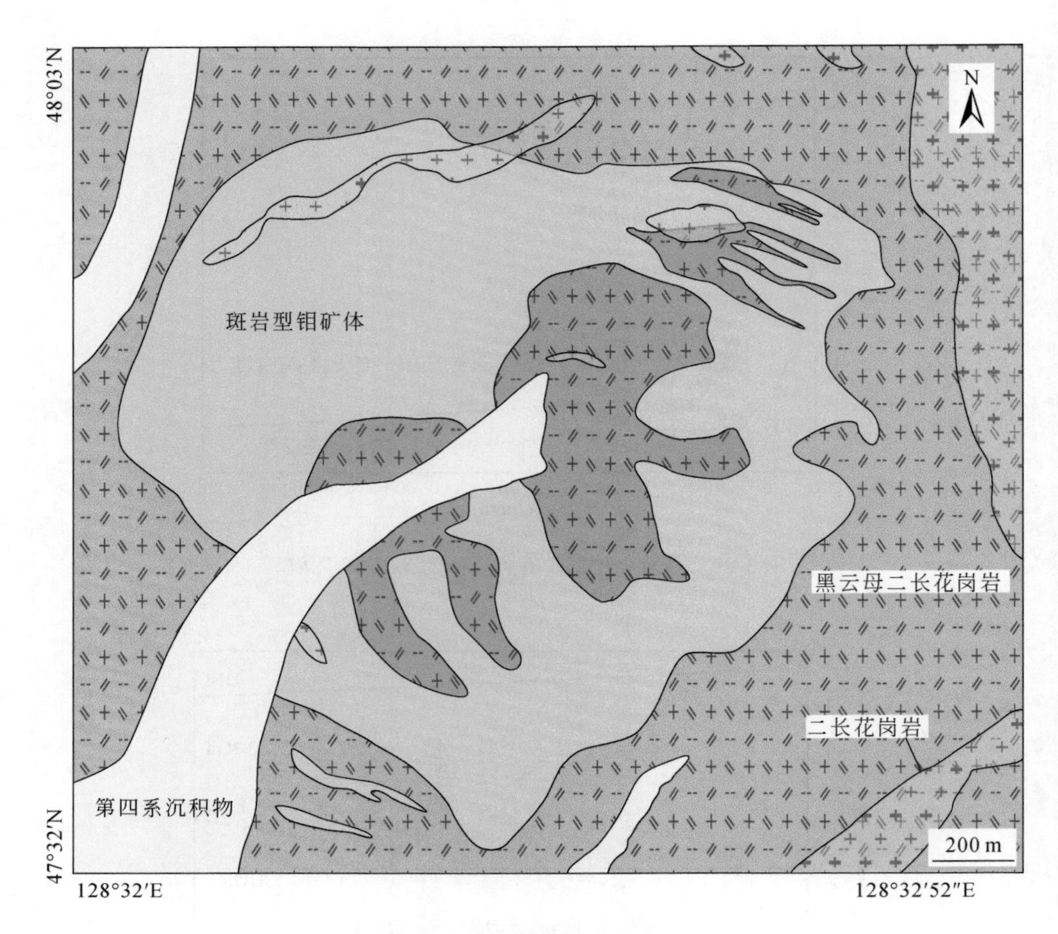

图 3-31　鹿鸣钼矿矿区地质简图

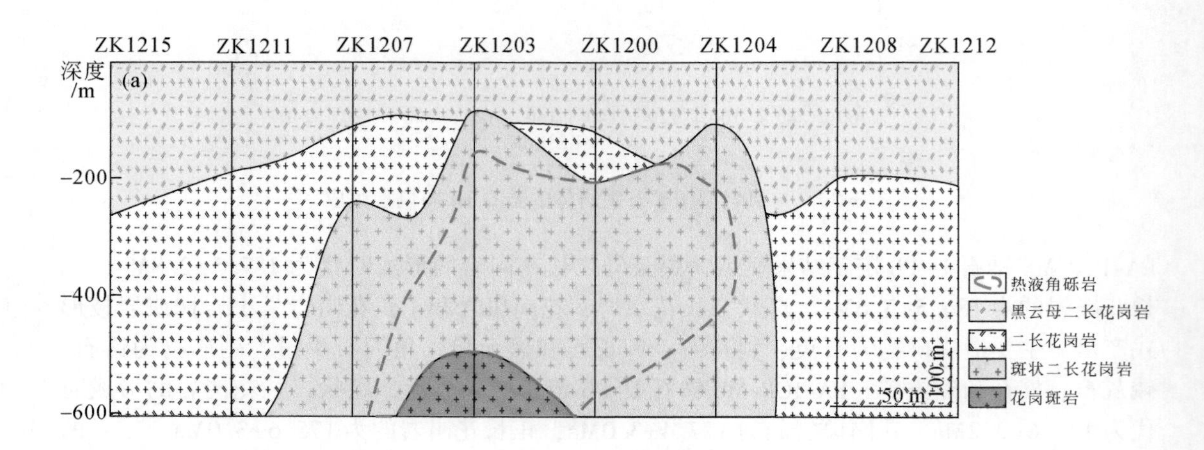

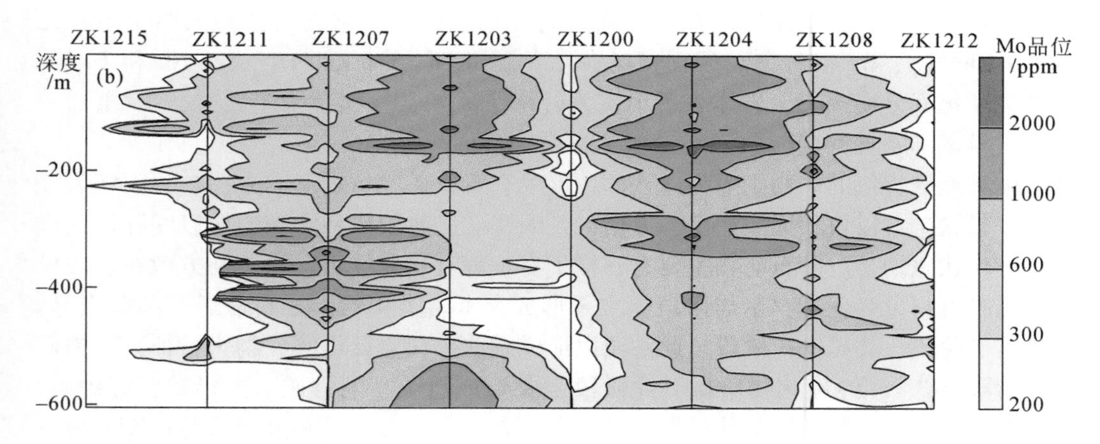

图3-32 鹿鸣钼矿勘探剖面显示各侵入体侵位次序及矿化空间分布特征

岩石地球化学特征上，黑云母二长花岗岩、二长花岗岩、斑状二长花岗岩、花岗斑岩和正长花岗岩均属高钾钙碱性系列岩石，显示出右倾型的稀土元素球粒陨石标准化配分模式。与原始地幔相比较，岩石富集大离子亲石元素如 Rb、U、Th、La 和 Ce 等，亏损高场强元素如 Nb、Ta、Zr 和 Ti。但黑云母二长花岗岩和二长花岗岩表现出低 Sr、高 Y、Eu 负异常明显的特征，而斑状二长花岗岩、花岗斑岩和正长花岗岩则显示出高 Sr、低 Y、Eu 负异常不明显的特点。

矿区最大的矿体为Ⅰ号矿体，分布在矿区中部钾化和硅化强烈的黑云母二长花岗岩、二长花岗岩、斑状花岗岩和热液角砾岩中。该矿体在地表出露长度约 1km，宽约 1km，深度达 700m，平均品位 0.092%。小矿体在鹿鸣矿区数目众多，分布在Ⅰ号矿体下部的南北两侧，均为隐伏矿体。矿区矿石矿物主要为辉钼矿，黄铜矿少量。脉石矿物有石英、黑云母、绢云母、绿泥石和方解石等。辉钼矿主要以石英-钾长石-辉钼矿脉、石英-辉钼矿-黄铁矿脉和辉钼矿-黄铁矿脉形式产出。依据矿脉间的穿插关系，鹿鸣钼矿的成矿阶段可划分为三期。其中，第一期与斑状花岗岩有关，第二期与花岗斑岩有关，第三期与正长花岗岩有关。每期又可划分出六个阶段：阶段①形成黑云母脉，脉体两侧发生钾化；阶段②形成石英±黑云母脉，伴有钾化蚀变；阶段③形成石英-辉钼矿脉，脉体两侧伴有钾化；阶段④形成石英-辉钼矿-黄铁矿脉或辉钼矿脉，脉体两侧伴有绢云母化和绿泥石化；阶段⑤形成石英-黄铁矿±方解石脉，脉体两侧伴有绢云母-绿泥石化蚀变；阶段⑥形成方解石-黏土矿物，伴有绢云母-绿泥石化蚀变。

3.5.2.2 夕卡岩型铁多金属成矿作用

(1) 夕卡岩型铁多金属成矿基本特征

吉-黑陆缘岩浆带的夕卡岩型铁多金属矿床主要分布在小兴安岭地区。该类型矿床产在早—中侏罗世花岗质岩基与寒武系碳酸盐岩接触带附近。岩体与碳酸盐岩接触带主要为磁铁矿化，远离接触带主要为铅锌银钼矿化，典型矿床有二股、西林和翠宏山等。

带内与夕卡岩型铁多金属矿成矿有关的岩石类型有：黑云母二长花岗岩、碱性长石花岗岩和花岗斑岩等。成矿岩体的主要造岩矿物有钾长石、斜长石、石英和黑云母。副矿物有磷灰石、锆石、榍石和磁铁矿。岩体大都为高钾钙碱性系列岩石，富集大离子亲石元素，如K、Rb、Cs、Ba和Sr等，亏损高场强元素，如Th、U、Zr、Hf、Ti、Nb和Ta等。稀土元素标准化配分模式上，岩体表现出富集轻稀土元素，亏损重稀土元素，中/重稀土分异和铕负异常不明显特点。

矿床中具经济价值的矿物主要为磁铁矿，伴生有黄铁矿、黄铜矿、方铅矿、闪锌矿和辉钼矿等。磁铁矿常以块状形式产出，方铅矿、闪锌矿、辉钼矿和黄铜矿多以网脉形式产出，并穿切块状磁铁矿。脉石矿物主要有石榴子石、辉石、蛇纹石、石英和方解石。成矿阶段从早至晚可划分为：①夕卡岩阶段。主要形成夕卡岩类矿物，如石榴子石和辉石等。此阶段为贫矿阶段；②磁铁矿阶段。此阶段以形成磁铁矿和金云母等矿物为特征，是铁矿化的主要阶段；③石英-硫化物阶段。此阶段主要形成石英、闪锌矿、方铅矿、辉钼矿、黄铜矿和黄铁矿等。这些矿物交代早期形成的夕卡岩矿物、磁铁矿和金云母等；④方解石阶段。此阶段是成矿的最后阶段，不含矿，主要形成方解石等矿物。

(2) 典型夕卡岩型铁多金属矿床——二股铁多金属矿

二股铁多金属矿床位于伊春市西南约50km处，是20世纪60年代通过航磁异常地面检查发现的一个以铁锌为主，伴生铅和铜，储量达中型的夕卡岩型矿床。矿床由西山、响水河、三林班和东山四个矿段组成，各矿段矿化特征相似，以西山矿段规模最大(图3-33)。

矿区出露地层有寒武系老道沟组粉砂质板岩、铅山组白云岩-灰岩和五星镇组大理岩夹碳质-粉砂质板岩，奥陶系宝泉组英安质凝灰熔岩和大青山组安山质凝灰熔岩，新近系砂砾岩以及第四系沉积物。早古生代地层的完整性受后期岩浆活动的影响，遭到严重破坏，以残留体形式分布在晚期岩体中。与成矿关系密切的是铅山组白云岩-灰岩。矿区岩浆岩分布广泛，以中-酸性侵入岩为主，呈岩株或岩基状产出。岩石类型有黑云母二长花岗岩和斑状二长花岗岩。黑云母二长花岗岩具块状构造，中粗粒花岗结构，局部为中细粒花岗结构。主要造岩矿物有钾长石、斜长石、石英和黑云母，副矿物有锆石、磷灰石和榍石等。斑状花岗岩呈似斑状结构，主要造岩矿物有钾长石、斜长石和石英，黑云母少量。斑晶为钾长石，约占总体积的15%。副矿物有锆石、榍石和磷灰石。

黑云母二长花岗岩侵入并捕虏大理岩，并在近南北向的接触构造断裂带附近发生强烈的热液蚀变，比如夕卡岩化、绿帘石化、硅化、蛇纹石化、碳酸盐化、绢云母化和绿泥石化等。前三种蚀变与成矿关系密切，铁多金属矿体均赋存于夕卡岩中。LA-ICP-MS锆石U-Pb定年结果显示，黑云母二长花岗岩的形成年龄约为182Ma。该年龄与矿床的热液金云母的Ar-Ar坪年龄（181.0±4.1Ma）在误差范围内基本一致。

西山矿段主要由三个矿体组成。其中，Ⅰ号矿体最大，以铁矿和铁锌矿为主。Ⅱ号矿体以铜矿为主，伴生有钼钨铁矿。Ⅲ号矿体主要为铅锌矿，伴有铁矿，沿黑云母二长花岗岩体呈弧形分布（图3-34）。平面上，Ⅰ号矿体北部以铁矿和铅锌矿为主，中部以铁矿为主，其间夹杂少量厚度不大的综合性矿体，如铁钼锡矿体、铁钼矿体和铁铜锌钼矿体等，南部以铁锌矿为主，也夹杂一些有色金属小矿体，但铜、钨和钼的含量比北部多。垂向上，Ⅰ号矿体的浅部为铁矿和铅锌矿，向下逐渐出现铜矿、锌矿、钼矿和钨矿。在0线剖面上，铅锌矿延伸最深，有替代铁矿的趋势。Ⅱ号矿体的矿化金属往深部钼、钨、铅锌和

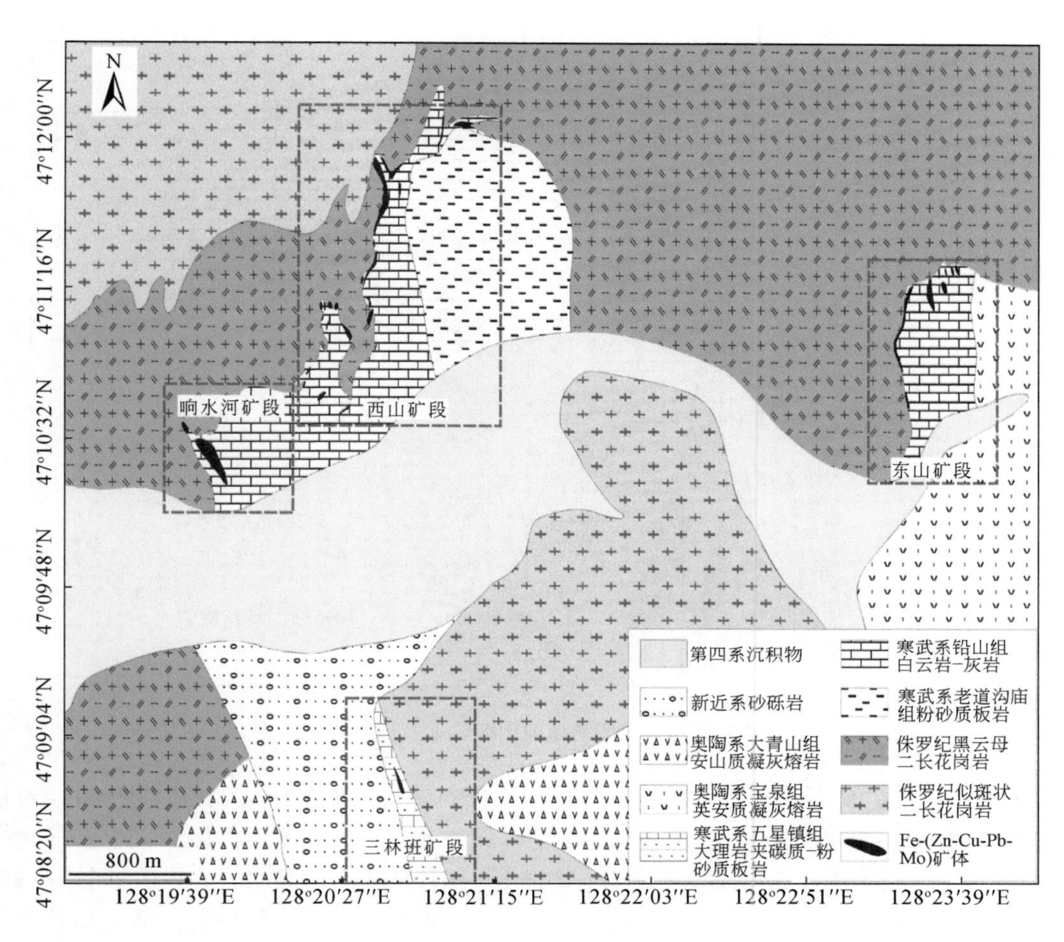

图 3-33　二股铁多金属矿床地质图

铁有增加趋势，但始终以铜为主。

铁矿体的产状有三种。第一种是产于接触构造成矿带夕卡岩带中的铁矿，占整个矿区铁矿总量的绝大多数。第二种为产于大理岩层间的铁多金属透镜体，规模小，品位和厚度变化大。第三种为产于大理岩和角岩层间裂隙的铁矿透镜体，在矿区仅局部见到。铜矿体主要产于临近接触构造成矿带附近的黑云母二长花岗岩中，其次为产于角岩层间裂隙中的铜矿透镜体，以及与铁矿，特别是与 I 号矿体伴生的铜矿、铜铁矿和铜铁铅锌矿透镜体。矿体的形态受构造和岩性控制明显。平面上表现为破浪弧形构造。矿体倾角陡，有时近乎垂直，倾向和倾角变化随接触构造成矿带的产状变化而变化。矿体沿走向、倾向均有膨胀、变窄、分枝、复合等现象。当矿体倾角由陡变缓时，在其转折处，矿体厚度常增大，矿体形状由条带状变为囊状。当矿体倾角由缓变陡或直立时，矿体宽度往往变窄或很快尖灭。夕卡岩包裹的层间铁矿体、铅锌矿体和铁铜矿体沿倾斜的产状变化，通常受接触构造成矿带的产状控制。

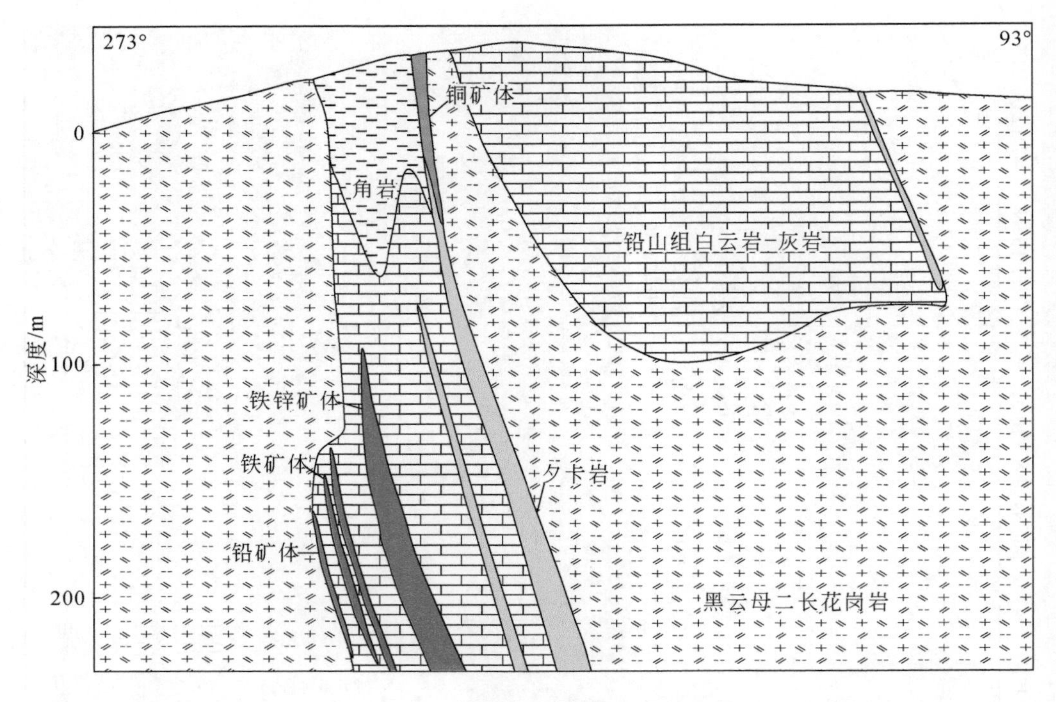

图 3-34　二股矿床西山矿段地质剖面图

矿床中主要的矿石建造有磁铁矿-透辉石-石榴石建造、磁铁矿-闪锌矿-透辉石-石榴石建造、黄铜矿-辉钼矿-透辉石-石榴石建造和方铅矿-闪锌矿-石榴石-透辉石建造（图 3-35）。矿石类型主要有磁铁矿矿石、磁铁矿-闪锌矿矿石，其次为方铅矿-闪锌矿±黄铜矿±辉钼矿±白钨矿矿石。磁铁矿和磁铁矿-闪锌矿矿石主要呈块状构造，部分呈角砾状或侵染状构造。方铅矿-闪锌矿±黄铜矿±辉钼矿±白钨矿矿石呈侵染状、细脉-网脉状构造。矿石结构以它形粒状结构、交代残余结构为主，部分可见固溶体分离结构。常见的金属矿物为磁铁矿、闪锌矿、黄铜矿、方铅矿、磁黄铁矿、辉钼矿和白钨矿。脉石矿物为透辉石、石榴石、透闪石、绿帘石、绿泥石、石英、金云母、方解石和白云母等。

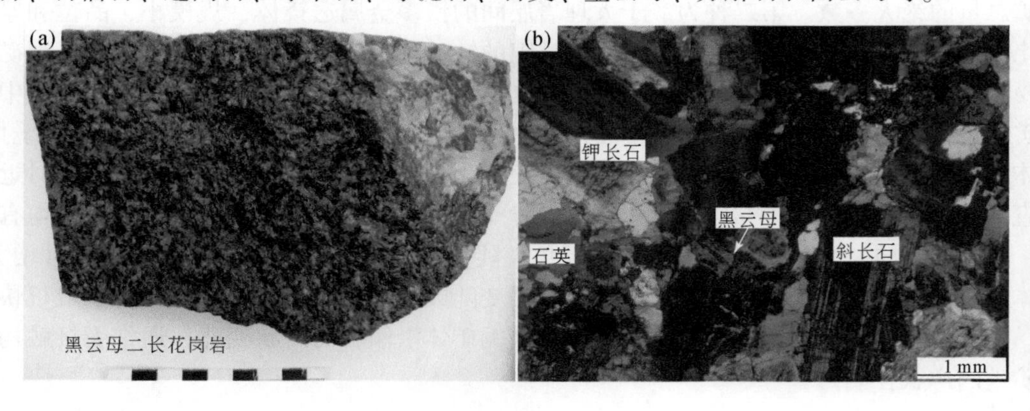

图 3-35　二股矿床西山矿段主要地质体的特征

(a) 未蚀变的黑云母二长花岗岩；(b) 黑云母二长花岗岩的显微结构；(c) 夕卡岩型矿体；(d) 磁铁矿矿石中发育大理岩角砾；(e) 夕卡岩中的硫化物脉及白云母；(f) 显微结构特征显示白云母的形成最早，其次为闪锌矿，最后为黄铜矿

3.5.3　第二期 (115～100Ma) 成矿作用

3.5.3.1　斑岩型金铜成矿作用

(1) 斑岩型金铜成矿基本特征

该期斑岩型金铜成矿作用主要发育在吉林东部的小西南岔-杨金沟地区。该区已发现大型金铜矿1处（小西南岔），小型金矿1处（杨金沟），另有金铜矿化点6处。金铜矿化在靠近成矿岩体位置主要表现为斑岩型铜矿化，远离成矿岩体则为热液脉型金矿化。其中，斑岩型矿化主要赋存在二叠纪闪长质岩石中，热液脉型矿化主要赋存在新元古代变质岩系中。金属矿物有黄铁矿、黄铜矿、方铅矿、闪锌矿、锑铋矿、自然金和金银矿等。热液蚀变类型有黑云母化、绢云母化、硅化、碳酸盐化、绿泥石化和绿帘石化等。已有测年结果显示，区内的斑岩型铜矿化与热液脉型金矿化可能为两期成矿事件的产物，时间上金矿化要晚于铜矿化（Zeng et al., 2016）。

区内与斑岩型金铜矿有关的岩体为花岗闪长质岩石。造岩矿物主要有钾长石、斜长石、石英、黑云母和角闪石组成。副矿物有磷灰石、锆石、榍石和磁铁矿等。岩体大都为钙碱性-高钾钙碱性系列岩石（图3-36），富集大离子亲石元素，如K、Rb、Cs、Ba和Sr等，亏损高场强元素，如Th、U、Zr、Hf、Ti、Nb和Ta等。这与典型陆缘弧岩浆岩的特征相似。稀土元素标准化配分模式上，成矿岩体富集轻稀土元素，亏损重稀土元素，中/重稀土分异及铕负异常不明显（图3-37），说明岩浆演化过程中发生了角闪石的结晶分异。成矿岩体的Sr/Y比值为5～70，变化范围较大，Y含量的范围也变化较大，为8～32。因此，部分成矿岩体的Sr/Y比值和Y含量显示出与正常安山岩-英安岩-流纹岩相似的特征，而部分则与典型"埃达克质岩"相似（图3-38）。成矿岩体在锆石Hf同位素组成变化范围较大［$\varepsilon_{Hf}(t)=-4.0\sim+12.0$］，但大都位于球粒陨石演化线之上，亏损地幔演化线之下（图3-39），指示其岩浆源区以年轻物质为主，并不同程度地混染有古老地壳物质。

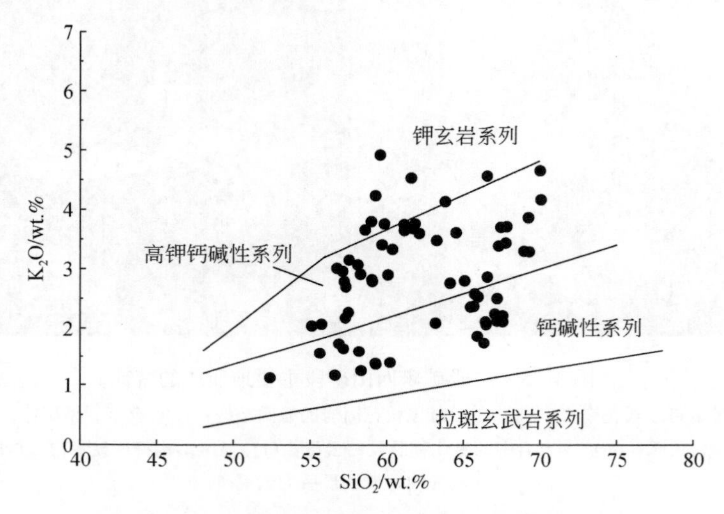

图3-36　与斑岩型金铜矿有关岩体的硅碱图

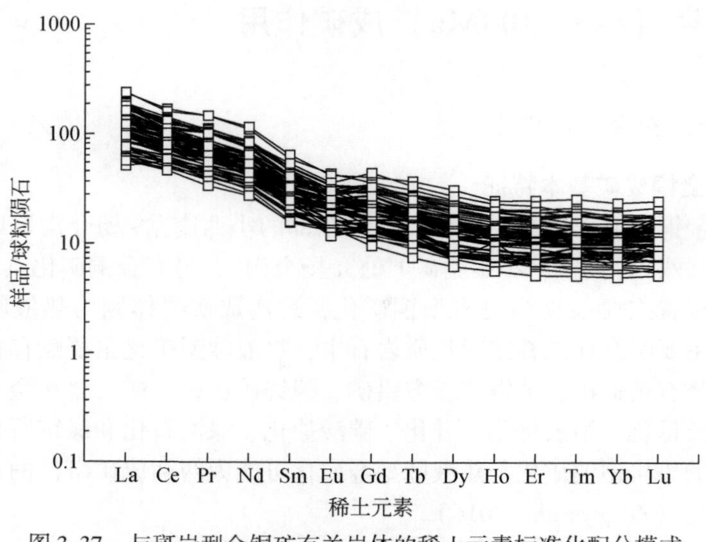

图3-37　与斑岩型金铜矿有关岩体的稀土元素标准化配分模式

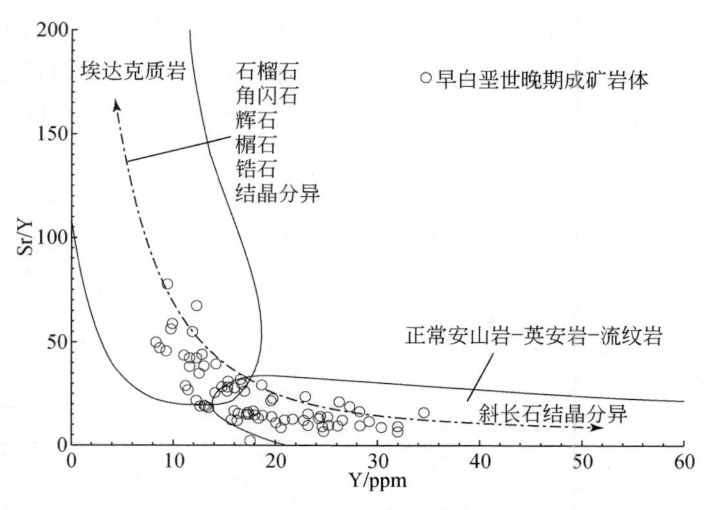

图 3-38 与斑岩型金铜矿有关岩体的 Y-Sr/Y 图解

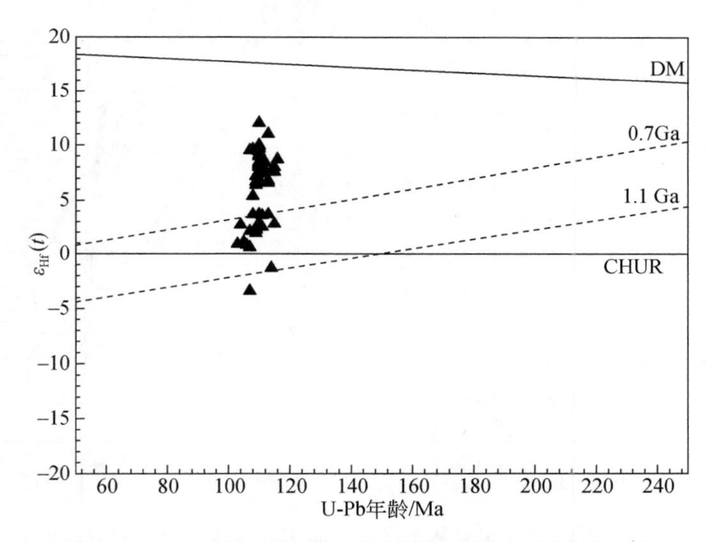

图 3-39 与斑岩型金铜矿有关岩体的锆石 Hf 同位素组成

（2）典型斑岩型金铜矿床——小西南岔金铜矿

小西南岔斑岩型金铜矿位于吉林省东部延边地区，探明金储量 31t。矿区出露地层主要为新元古代五道沟群变质岩。矿区侵入岩分布广泛，出露面积约占矿区总面积的三分之二，但岩性复杂，时代多样，可分为晚二叠世的辉长岩-闪长岩-花岗闪长岩、早—中侏罗世的花岗闪长岩-二长花岗岩，以及早白垩世晚期的英云闪长岩-（黑云母）花岗闪长岩-花岗斑岩、闪长玢岩和闪斜煌斑岩脉（图 3-40）。多期侵入岩常组成复式杂岩体，以岩基形式产出。与成矿关系最为密切的是早白垩世晚期的英云闪长岩。该岩体的主要造岩矿物有角闪石、斜长石、碱性长石和石英，黑云母少量。副矿物有锆石、磷灰石和铁钛氧化物。LA-ICP-MS 锆石 U-Pb 测年结果显示，英云闪长岩的形成时代为 112±1Ma（Zeng et al., 2016）。该年龄与矿床的成矿时代（115±1Ma；任云生等，2011）在误差范围内基本一致。岩石地球化学特征方面，英云闪长岩为高钾钙碱性岩石，富 Na_2O、Al_2O_3、Sr 和 LREE，贫 Y、Yb 和 HREE，具有类似埃达克质岩的地球化学特征（付长亮等，2015）。同位素组成方面，岩石具中等放射成因的锶［$(^{87}Sr/^{86}Sr)_i$ = 0.7044 ~ 0.7048］和钕［$\varepsilon_{Nd}(t)$ = +0.5 ~ +1.7］同位素组成（李红霞等，2012）。

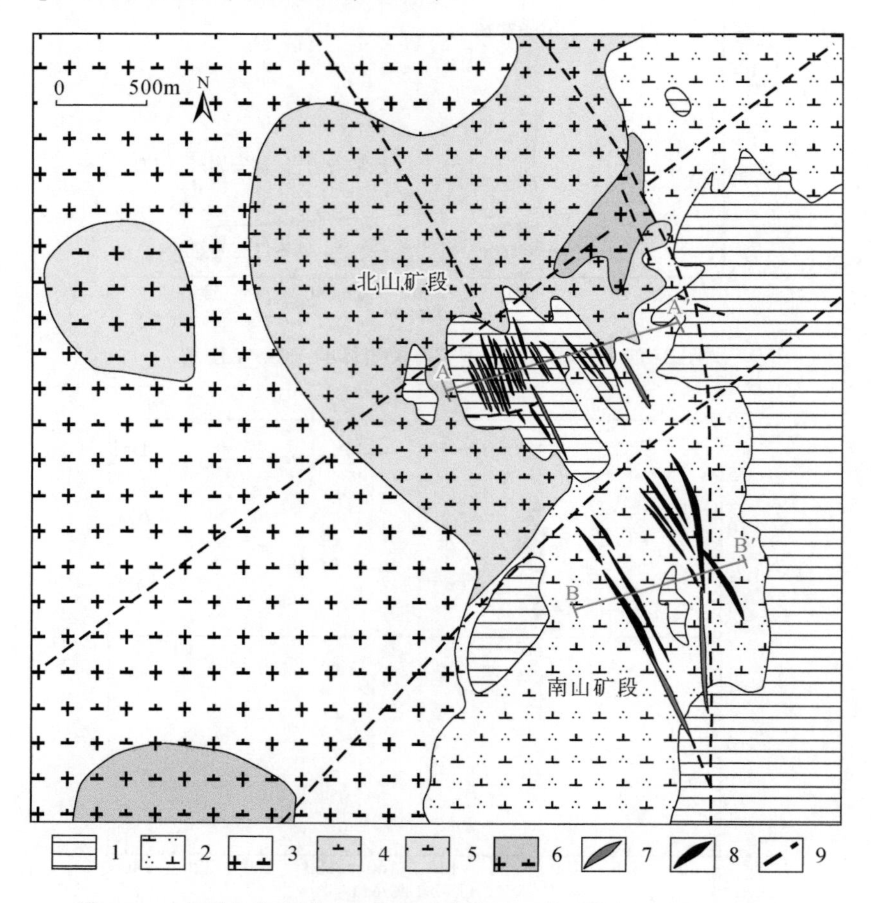

图 3-40　小西南岔金铜矿床矿区地质简图（修改自门兰静等，2018）

1-新元古代—古生代变质岩；2-石英闪长岩；3-花岗闪长岩；4-黑云母二长花岗岩；5-早白垩世细粒花岗岩；6-黑云母花岗闪长岩；7-闪长玢岩–英安斑岩脉；8-矿脉；9-断层；A-A’ 和 B-B’ 代表图 3-41 剖面位置

小西南岔矿床以北东向的香坊河断裂为界，分为北山和南山两个矿段（图 3-41）。北山矿段的矿体主要产在晚二叠世闪长岩和新元古代五道沟群变质岩系中。金铜矿化形式以细脉浸染状石英–硫化物为主，受断裂或裂隙构造控制明显。矿脉多，但单一矿脉的规模较小。其中，南山矿段的矿脉数量较少，但单一矿脉的规模较之北山矿段普遍偏大。金铜矿化形式以石英–硫化物大脉为主。赋矿围岩为晚二叠世闪长岩。矿区局部地段还发育钼矿化，以石英–辉钼矿脉形式产出。石英–辉钼矿脉受断裂构造控制明显，主要产在晚二叠世花岗闪长岩体中。局部地段还可见石英–辉钼矿脉穿切含金铜的石英–硫化物脉。这表明，辉钼矿的矿化可能要晚于金铜矿化。

原生矿石中的主要金属矿物为黄铜矿，其次为磁黄铁矿和黄铁矿，并含少量毒砂、黄

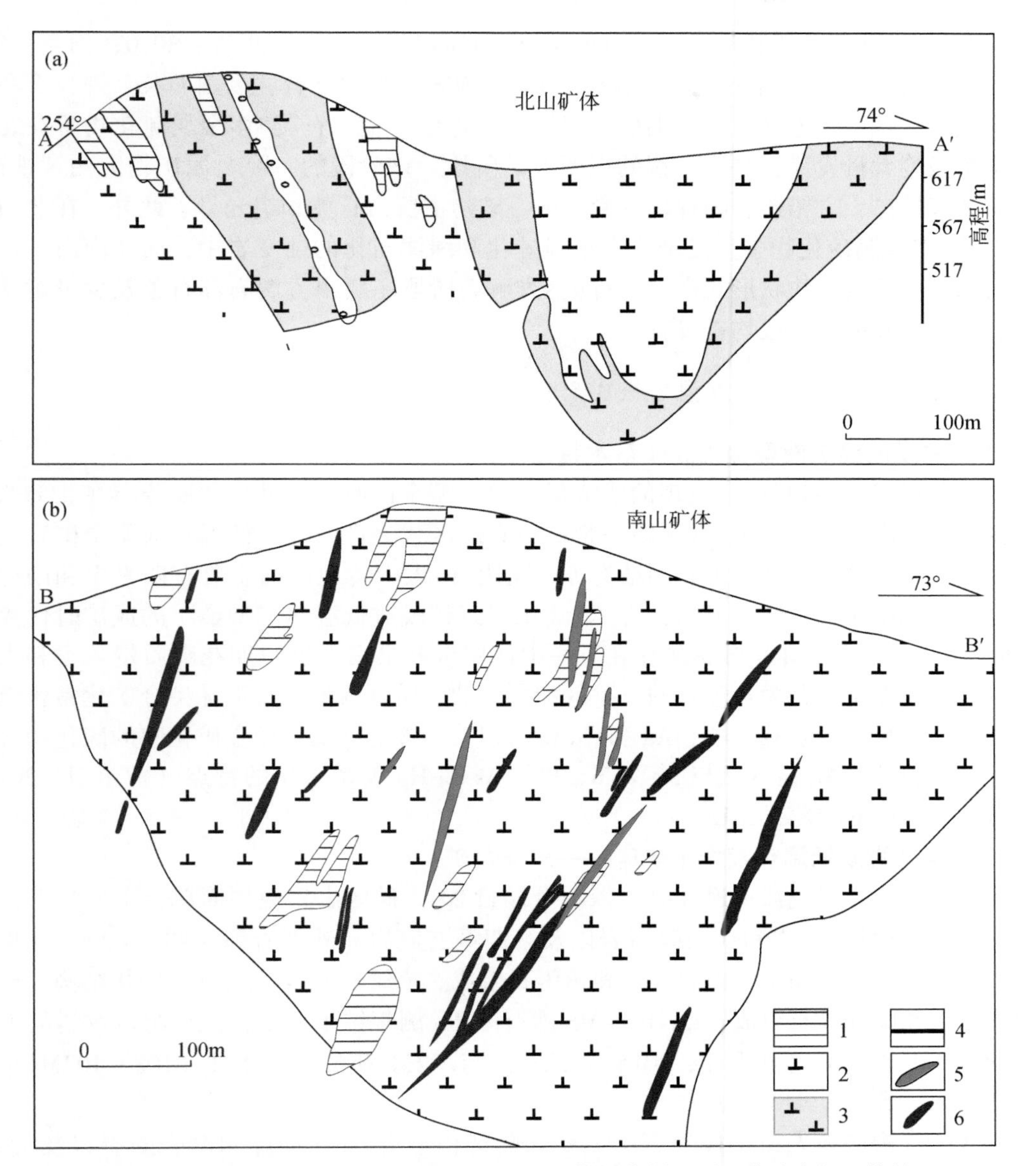

图 3-41　小西南岔矿床北山（a）和南山（b）矿段勘探线剖面图（修改自门兰静等，2018）
1-五道沟群；2-晚二叠世闪长岩；3-早白垩世二长花岗岩；4-破碎蚀变带；
5-闪长玢岩–英安斑岩脉；6-矿脉

铁矿、斑铜矿、闪锌矿、方铅矿、自然金、银金矿、含铋的硫盐矿和辉钼矿等。脉石矿物主要为石英、钾长石、方解石、绿泥石和绢云母等。矿区热液蚀变较强，主要蚀变类型有黑云母化、钾长石化、绢云母化、硅化、黄铁矿化、碳酸盐化、绿泥石化、绿帘石化、阳起石化和透闪石化等。空间上，较之南山矿段，北山矿段的热液蚀变分带现象不明显。在南山矿段，自矿体向两侧围岩，热液蚀变显示出由硅化–绢云母化–黄铁矿化向绿泥石化–绢英岩化再向黑云母化–绿泥石化转变的特征。

成矿阶段方面，小西南岔矿床的成矿阶段由早阶段的石英–贫硫化物阶段、中阶段的石英-多金属硫化物阶段和晚阶段的石英-方解石阶段组成（王可勇等，2010；门兰静等，2018）。其中，石英-贫硫化物阶段主要见于南山矿段，热液脉体主要由石英、钾长石和黑云母组成，磁铁矿、赤铁矿、黄铜矿、黄铁矿和毒砂少量。石英-多金属硫化物阶在北山和南山矿段均大量发育，是金、铜的主要成矿阶段。该阶段的主要金属矿物为磁黄铁矿、黄铜矿和黄铁矿，方铅矿和闪锌矿少量。脉石矿物主要为石英和绢云母。此外，在北山矿段，石英-多金属硫化物多呈浸染状产于强硅化和绿泥石化的蚀变岩中，而在南山矿段则多以大脉、块状或团块状形式产出。石英-方解石阶段主要由方解石和石英及少量黄铁矿组成，在北山和南山矿段均有发育。

3.5.3.2 浅成低温热液型金银成矿作用

（1）浅成低温热液型金银成矿基本特征

吉-黑陆缘岩浆带目前已发现的浅成低温热液型金矿有数十处，主要分布在北部的伊春地区以及东南部的完达山-太平岭一带。伊春地区代表性的浅成低温热液型金矿有三道湾子、东安、乌拉嘎、高松山和团结沟等。完达山-太平岭地区的主要有四平山和四山林场等金矿。成矿年代学数据显示，吉-黑陆缘岩浆带浅成低温热液型金矿的成矿时代集中在 120 ~ 100Ma。金矿体呈脉状赋存在早—中侏罗世和早白垩世晚期花岗质侵入岩和火山岩中。金矿化类型可分为含金银的石英脉和含金的硅质岩两种。石英脉型金矿化常含硫化物，品位高，且 Au 与 As、Pb、Ag 和 Cu 密切相关。含金硅质岩型金矿化中的硫化物含量低，金品位也低，Au 显示出与 Ag、Cu、Pb、As 和 Hg 关系密切的特点（黄永卫，2010；殷海燕，2014；刘瑞萍，2015）。

（2）典型浅成低温热液型金矿床——东安金矿

东安金矿位于黑龙江省逊克县，探明金储量 24t。矿区出露地层简单，主要有下白垩统光华组中-酸性火山岩和火山碎屑岩以及第四系玄武岩和砂砾岩等（图 3-42）。光华组安山岩呈灰紫色，斑晶主要由斜长石和角闪石组成。流纹岩呈浅黄白色，斑状结构，斑晶主要由石英和碱性长石组成。LA-ICP-MS 锆石 U-Pb 测年结果显示，光华组流纹岩的形成时代为 109.1±1.2Ma（刘瑞萍，2015）。该年龄与东安金矿的成矿年龄（108 ~ 107Ma）在误差范围内一致（刘瑞萍，2015）。

矿区断裂构造和火山机构发育。主要的断裂构造有 NNE 向库尔滨壳断裂以及近 SN 向、NNE 向和 NNW 向的次级控岩导矿构造。火山机构以火山通道为主，常沿断裂构造的交切部位发育，为熔岩状潜火山岩的侵入通道，同时也是成矿的有利部位。

矿区侵入岩主要为燕山期中-粗粒碱长花岗岩、细粒碱长花岗岩和花岗斑岩。其中，中-粗粒碱长花岗岩呈浅肉红色，主要由碱性长石和石英组成，其次为斜长石和黑云母。副矿物主要为锆石和磁铁矿。细粒碱长花岗岩呈浅肉红色，主要的造岩矿物有碱性长石和石英，斜长石、黑云母和白云母少量。副矿物主要为锆石和铁钛氧化物。LA-ICP-MS 锆石 U-Pb 结果显示，中-粗粒碱长花岗岩和细粒碱长花岗岩的形成年龄分别为 174Ma 和 184 ~ 175Ma（郝百武等，2017）。地球化学特征方面，碱长花岗岩为钙碱性系列岩石，富硅和钾、贫磷，并富集大离子亲石元素 Rb、Th 和 K，亏损高场强元素 Nb、Ta、Sr、P 和 Ti。稀土元素配分模式上，相比中-粗粒碱长花岗岩（Eu^* =0.70 ~0.94），细粒钾长花岗岩的铕

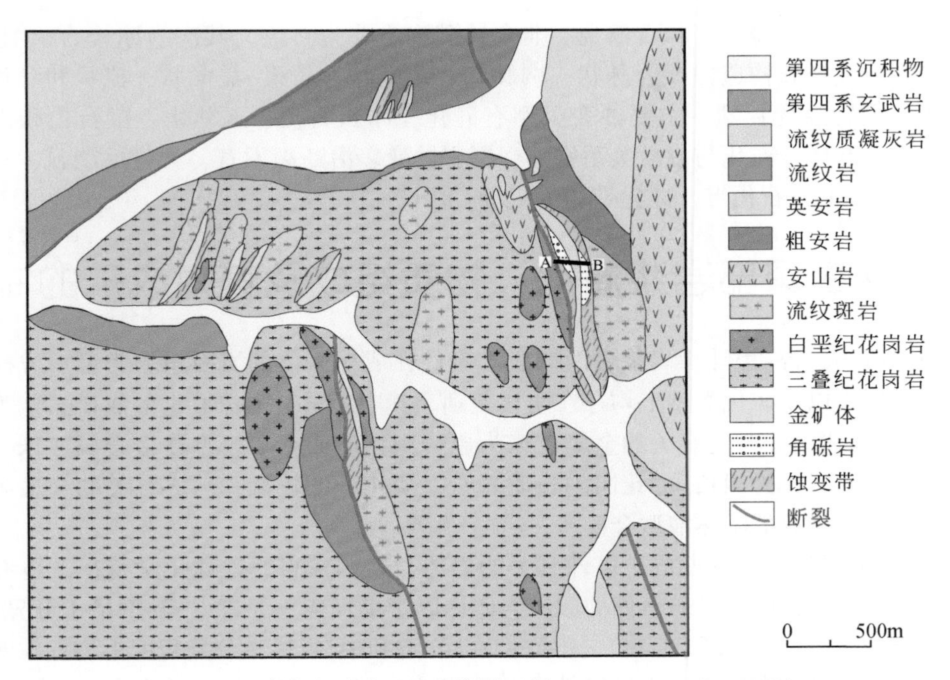

图 3-42　东安金矿矿区地质简图（据 Zhang Z C et al., 2010）

负异常更为明显（$Eu^* = 0.33 \sim 0.70$）（郝百武等，2017）。

矿区已发现金矿体 14 条，受断裂构造控制明显，呈 SN 向和 NE 向展布，赋存在流纹岩和粗-细粒碱长花岗岩中（图 3-43）。矿石中的金属矿物主要为黄铁矿，其次为黄铜矿、

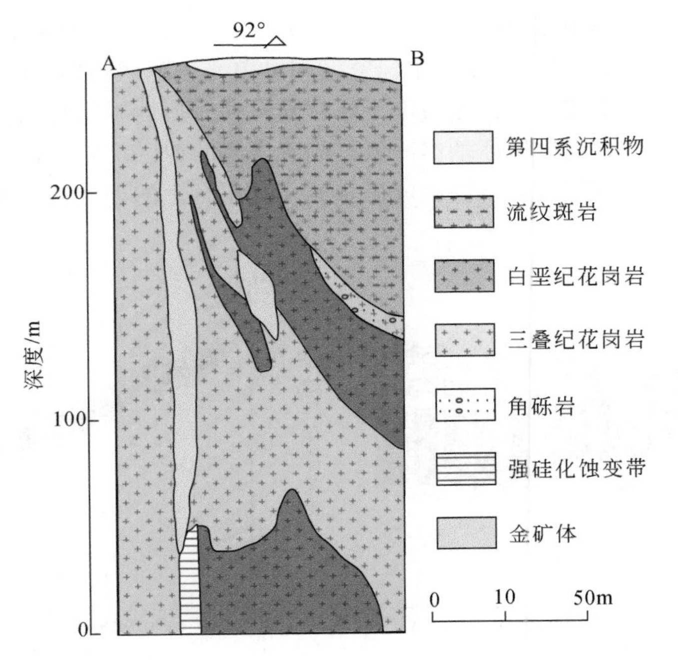

图 3-43　东安金矿典型矿床地质剖面图（据 Zhang Z C et al., 2010）

闪锌矿、蓝辉铜矿、磁铁矿和自然金。非金属矿物主要为石英，其次为冰长石、绢云母、萤石和绿泥石。矿石构造主要为脉状、网脉状、角砾状、晶簇-晶洞状、梳状和叶片状构造等。矿区围岩蚀变强烈，主要蚀变类型有硅化、冰长石化、玉髓化、萤石化和绢云母化。其中硅化和冰长石化与成矿关系密切。围岩蚀变多沿断裂发育，分带性明显，从内向外依次为硅化-冰长石化带、硅化带和泥化带。

3.6 陆缘深部岩浆演化、物质组成及其对成矿的制约

如前文所述，吉-黑陆缘岩浆带两期成矿事件在成矿岩体的岩石组合类型、成矿金属元素的组合形式以及矿化类型上均存在明显差别。其中，早—中侏罗世的成矿岩体为花岗闪长质-花岗质岩石，与之有关的金属矿床为斑岩型钼矿或夕卡岩型铁多金属矿床。早白垩世晚期的成矿岩体为闪长质-花岗闪长质岩石，演化程度较低，与之有关的金属矿床为斑岩型金铜矿和浅成低温热液型金矿。

与吉-黑陆缘岩浆带两期成矿事件有关的岩体，它们在岩石地球化学特征上也有明显的差别。比如，尽管两期成矿事件的成矿岩体均以富集轻稀土元素，轻/重稀土分异明显，Eu 负异常不明显为特征（图 3-44），但它们在轻/重和中/重稀土分异程度上均存在明显的差异。其中，与早—中侏罗世成矿事件有关的岩体，其 $(La/Yb)_N$ 值大都集中在 20 ~ 30，$(Dy/Yb)_N$ 值大都集中在 1.5 ~ 2.0（图 3-45）。而与早白垩世晚期成矿事件有关的岩体，其 $(La/Yb)_N$ 和 $(Dy/Yb)_N$ 值明显偏低，$(La/Yb)_N$ 值集中在 10 ~ 15，$(Dy/Yb)_N$ 值集中在 1.0 ~ 1.5）。全岩 Sr/Y 比值方面，与早—中侏罗世成矿事件有关的岩体，其 Sr/Y 比值大都集中在 50 ~ 65，而与早白垩世晚期成矿事件有关的岩体，其 Sr/Y 比值偏低（其中，闪长质岩石的 Sr/Y 比值集中在 10 ~ 25，花岗闪长质岩石的集中在 30 ~ 45）。然而，在锆石 Hf 同位素组成方面（图 3-46），早—中侏罗世和早白垩世晚期两期成矿事件的成矿岩体，它们的锆石 Hf 同位素组成相似，即均位于球粒陨石和亏损地幔演化线之间，且与同期基性岩浆的锆石 Hf 同位素组成特征基本一致，成矿岩浆的源区均以年轻物质为主要。这说明，吉-黑陆缘岩浆带两期成矿事件在成矿金属元素组合上的差异，可能与成矿岩浆的源区物质组成关系不大。

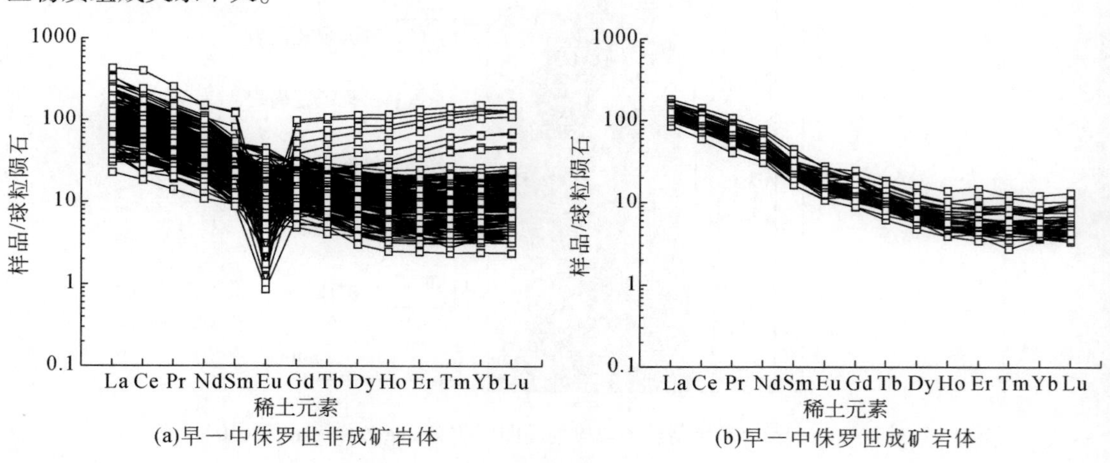

(a)早—中侏罗世非成矿岩体　(b)早—中侏罗世成矿岩体

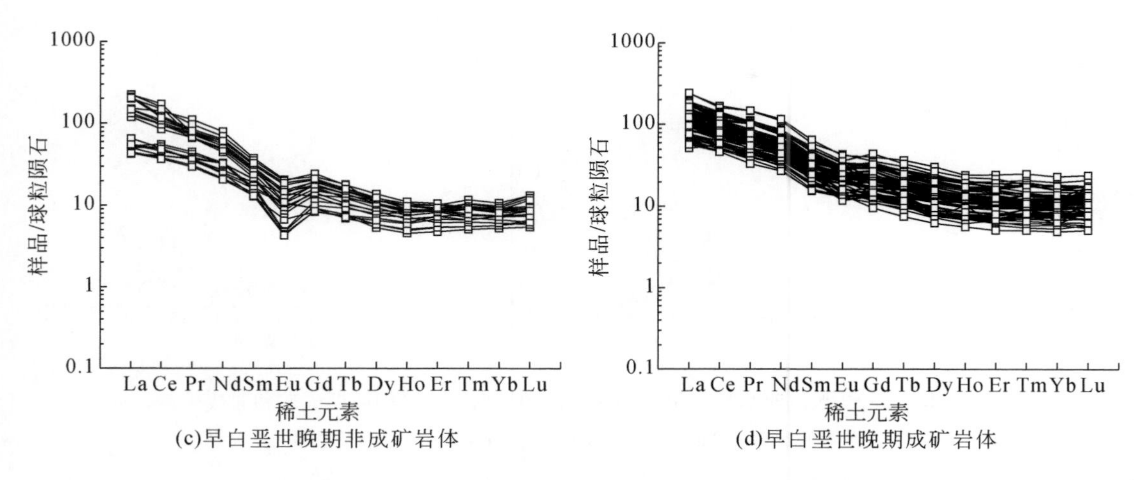

图3-44　吉–黑陆缘岩浆带早—中侏罗世和早白垩世晚期两期成矿和非成矿岩体的稀土元素标准化配分模式

通常情况下，岩石的微量元素组成除受岩浆源区制约外，岩浆演化过程中的矿物结晶分异也会对其产生重要影响。比如，斜长石的结晶分异会引起残余岩浆亏损 Eu 和 Sr，角闪石的结晶分异会导致残余岩浆显著亏损中稀土元素，石榴子石的结晶分异会引起残余岩浆显著亏损中–重稀土元素和钇。此外，如果岩浆富水，斜长石的结晶分异将受到抑制，残余岩浆显示出富 Sr 和 Eu 负异常不明显的特点。除此之外，如果富水岩浆在岩石圈厚度较大（大于60km）的环境中发生结晶分异，将以石榴子石的结晶分异为主。

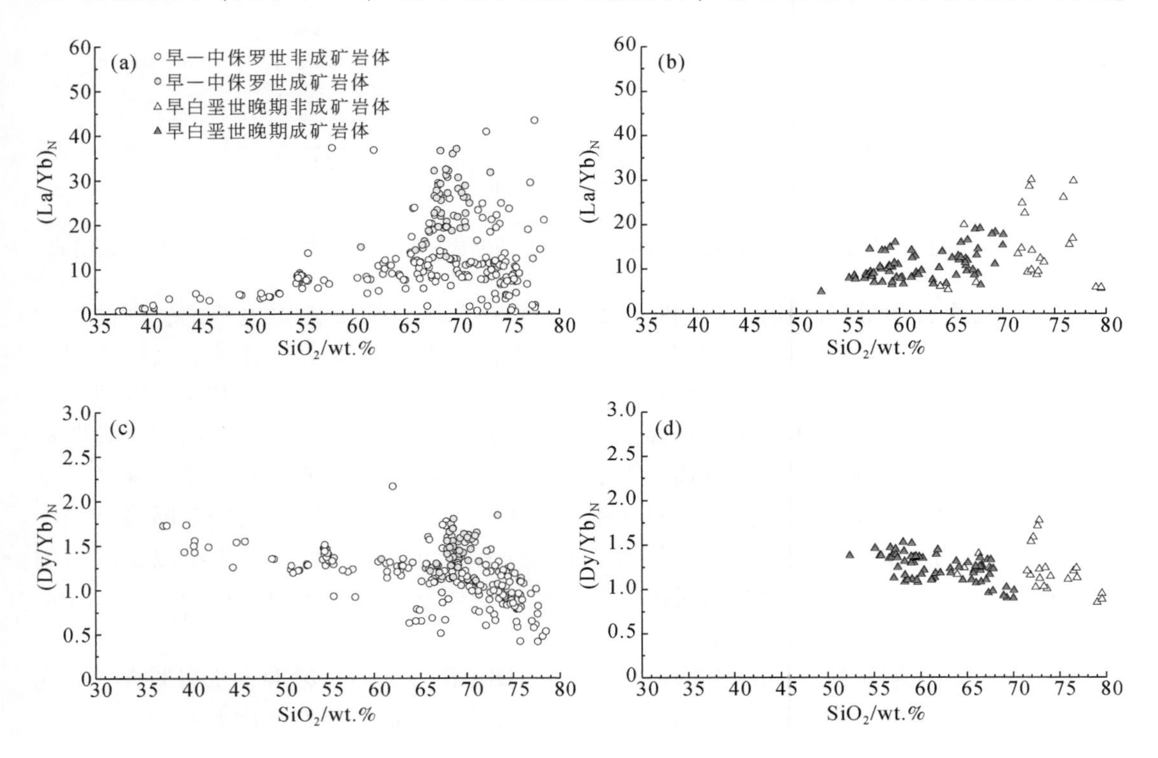

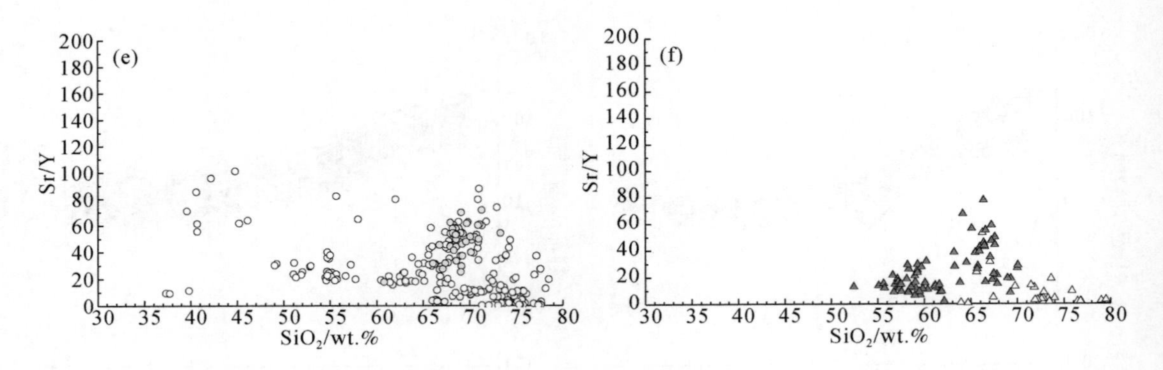

图 3-45　吉-黑陆缘岩浆带早—中侏罗世和早白垩世晚期两期成矿和非成矿岩体的 SiO_2-$(La/Yb)_N$、SiO_2-$(Dy/Yb)_N$ 和 Y-Sr/Y 图解

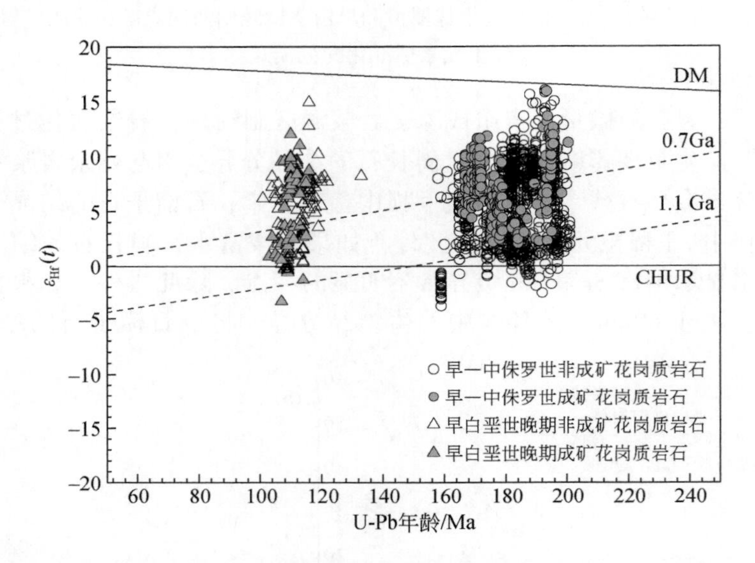

图 3-46　吉-黑陆缘岩浆带早—中侏罗世和早白垩世晚期两期成矿和非成矿岩体的锆石 Hf 同位素组成

由于吉-黑陆缘岩浆带与两期成矿事件有关的岩浆在源区性质上无太大差别，因此我们认为，吉-黑陆缘岩浆带两期成矿事件的成矿岩体在元素地球化学和成矿金属元素组合形式上的差别，可能主要受成矿岩浆在地壳深部经历的演化过程控制。其中，与早—中侏罗世成矿事件有关的岩体显示出较高的 $(La/Yb)_N$、$(Dy/Yb)_N$ 和 Sr/Y 比值，表明成矿岩浆的演化过程中主要发生了石榴子石的结晶分异。由于石榴子石的结晶分异通常发生在岩石圈厚度较大的地区，因此，早—中侏罗世成矿事件可能发生在岩石圈厚度较大的背景下。当岩石圈厚度较小时，成矿岩浆的演化程度可能会偏低，且主要以角闪石的结晶分异为主。这与早白垩世晚期成矿事件的成矿岩体显示出较低的 $(La/Yb)_N$、$(Dy/Yb)_N$ 和 Sr/Y 比值一致。

综合来看，我们认为，在陆缘弧环境，当岩石圈厚度较大时，幔源富水岩浆在地壳深部可能主要发生石榴子石的结晶分异，且易形成演化程度较高的岩石，因此倾向于形成斑岩型钼矿。当岩石圈厚度较小时，成矿岩浆在地壳深部可能主要发生角闪石的结晶分异，且岩浆在该环境中的演化程度通常较低，因此倾向于形成斑岩型金铜和浅成低温热液型金矿。尽管如此，吉–黑陆缘岩浆带还存在大量与成矿岩体的岩石地球化学特征相似的非成矿岩体，这说明，在陆缘弧环境，除深部物质组成、地壳厚度和岩浆演化过程外，中–上地壳尺度的岩浆和热液过程在陆缘岩浆成矿过程中，可能也起着非常关键的作用。

第4章 燕山期蒙古-鄂霍次克陆缘岩浆成矿作用

中亚造山带是世界上最大的显生宙增生造山带，同时也是全球陆壳生长的关键地域（Xiao et al.，2003，2004；Yakubchuk，2004；Windley et al.，2007；Yarmolyuk et al.，2012；王涛等，2020）。中亚造山带由众多岛弧、蛇绿岩套、微陆块、洋岛和洋底高原组成（Windley et al.，2007；Xiao et al.，2003，2015；Yang et al.，2017）。在增生造山系统中，伴随水平和垂向的陆壳生长过程常发生强烈的壳幔相互作用及物质和能量的转换（Jahn，2004；Kovalenko et al.，2004；Wang et al.，2009；Hou et al.，2018），并形成大量斑岩型铜钼矿及浅成低温热液型金银矿或铅锌银矿（Goldfarb et al.，2005；Bierlein et al.，2006；Sillitoe，2010；McCuaig et al.，2014；Liu et al.，2015，2017；Hou et al.，2015，2018）。目前，众多地质学家对中亚造山带的大洋俯冲-软碰撞-增生造山过程开展了大量研究工作（Xiao et al.，2003，2004；Yakubchuk，2004；Windley et al.，2007；Yarmolyuk et al.，2012；王涛等，2020），揭示出该造山带内分布着数量众多的微陆块。然而，这些微陆块的深部物质组成及其对浅部金属成矿作用的制约，尚缺乏深入研究。

阿穆尔陆块包括俄罗斯远东地区、蒙古东部和中国东北地区，是中亚造山带东部的重要组成部分，主要由前寒武纪结晶基底和增生岩层组成（Wu et al.，2005，2011；Zhou and Wilde，2013；Liu J et al.，2014；Yang et al.，2017）。额尔古纳地块位于阿穆尔陆块西部，记录了蒙古-鄂霍次克洋在三叠纪—早侏罗世的大洋板片俯冲（陈志广等，2010；Tang et al.，2016），以及中侏罗世陆-陆碰撞造山过程（Li S C et al.，2015；Tang et al.，2015；孙晨阳等，2017）。这一地质演化过程形成了大量多期多阶段的花岗质岩浆，不但记录了地壳的增生和改造过程，而且控制了多金属成矿区带的形成（Wu et al.，2011；孙晨阳等，2017）。额尔古纳地块是我国北部矿产资源战略性找矿评价的重要区带。在中生代，额尔古纳地块与毗邻的俄罗斯赤塔州和阿穆尔州，以及蒙古国乔巴山地区，具有相似的大地构造背景，属同一个中生代成矿省。目前，在俄罗斯和蒙古国毗邻地区，已发现规模不等的金、铜、铅锌和银矿床多达500余处，其中，大型-超大型矿床40个，是全球大型-超大型金属矿床密集区。额尔古纳地块恰好处于该矿床密集区，具有优越的成矿地质条件，是寻找多金属矿床的有利地区（聂凤军等，2014）。

4.1 地质背景

我国东北地区由众多微陆块所组成，这些微陆块自西向东包括额尔古纳地块、兴安地块、松嫩-张广才岭地块、佳木斯地块和兴凯地块。在古生代期间，该区主要经历了古亚洲洋构造体系的演化（李锦轶等，1999；Wu et al.，2002，2007，2011；Xu et al.，2009；

Wang et al., 2012；Li Y et al., 2014），中生代则受到环太平洋和蒙古–鄂霍次克构造体系的叠加影响（葛文春等，2001；Yu et al., 2012；Xu et al., 2013；Tang et al., 2014）。额尔古纳地块位于蒙古–鄂霍次克缝合带的东南侧，其南东和北西侧分别以喜桂图–塔源断裂和蒙古–鄂霍次克缝合线为界（图 4-1）。

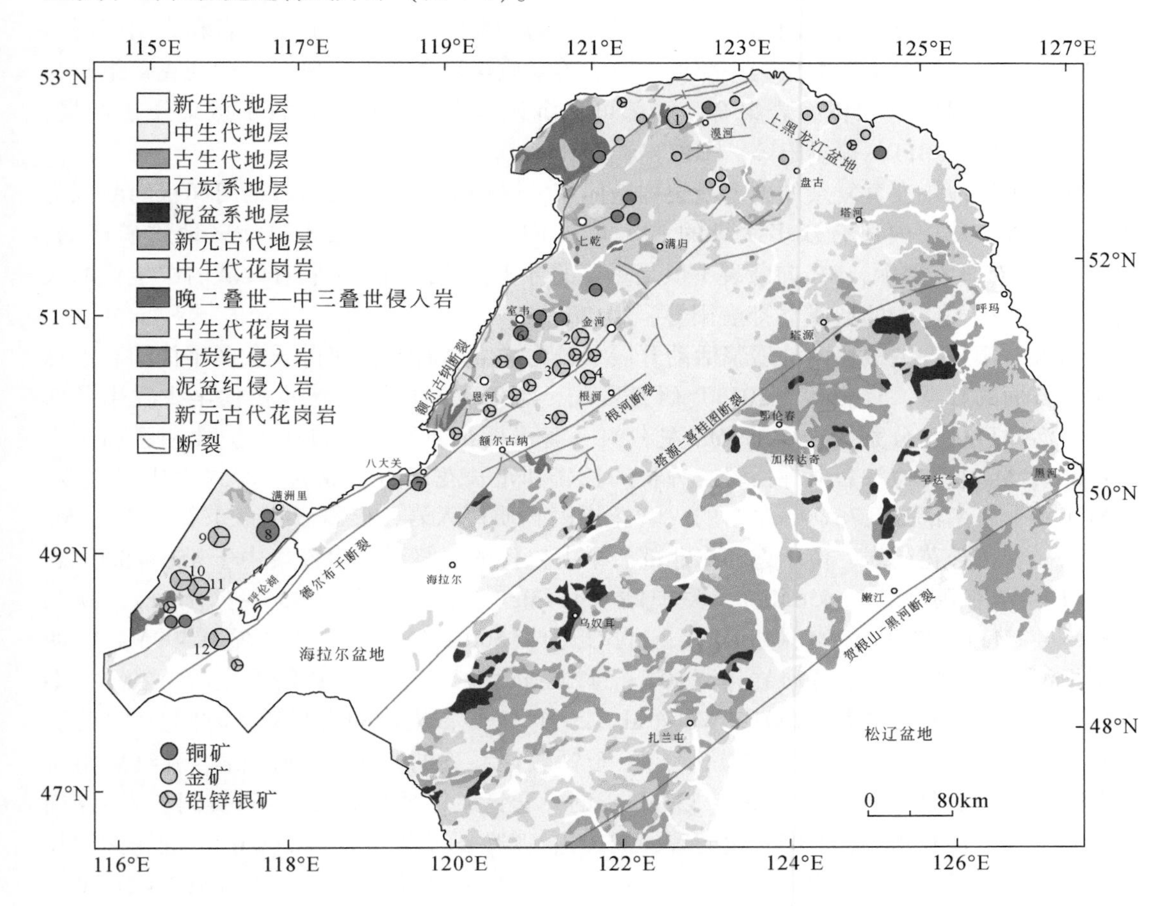

图 4-1 额尔古纳地块及其邻区地质矿产简图

矿床：1-砂宝斯；2-比利亚谷；3-得耳布尔；4-二道河子；5-东珺；6-太平川；7-八大关；8-乌奴格吐山；9-哈拉胜；10-甲乌拉；11-查干布拉根；12-额仁陶勒盖

额尔古纳地块内部出露的地层主要为元古界变质岩系以及古生界和中生界。其中，元古界包括兴华渡口群、佳疙疸组和额尔古纳河组。兴华渡口群为一套由花岗质片麻岩、变质基性、酸性火山岩及少量变质沉积岩组成的火山–沉积建造。佳疙疸组为一套颜色较杂的片岩、浅粒岩、石英岩及少量变质砂岩组成。额尔古纳河组为一套由大理岩、变粒岩、浅粒岩、云母石英片岩、粉砂质板岩、结晶灰岩和变质长石石英砂岩组成的岩石组合。古生界包括奥陶系多宝山组和乌宾敖包组、志留系卧都河组，以及石炭系红水泉组、莫尔根河组和依根河组。奥陶系的多宝山组为一套海相中–酸性火山岩夹页岩和板岩的沉积组合，乌宾敖包组则为一套浅海相沉积，以各种板岩为主，并夹少量粉砂岩及灰岩透镜体。志留系卧都河组为一套板岩、砂岩及板岩互层的岩石组合。石炭系红水泉组为一套海相正常碎屑岩和灰岩，局部夹凝灰岩岩石组合，莫尔根河组为一套海相中酸性火山岩地层序列，依根河组为一套海陆交互相的碎屑岩组合。中生界涵盖一系列陆相火山岩和碎屑岩，可分为侏罗系南平组和塔木兰沟组，以及白垩系吉祥峰组、上库力组和伊列克得组。其中，南平组为一套砾岩、砂岩和薄层泥岩，局部夹流纹质火山岩。塔木兰沟组主要由基性和中基性火山熔岩构成，含有少量火山碎屑岩。吉祥峰组为一套以暗色富钠的流纹岩和火山碎屑岩为主的火山岩地层。上库力组为一套流纹质、英安质熔岩和火山碎屑岩。伊列克得组则为一套玄武岩、粗安岩和粗面岩组合，局部可见沉积岩夹层（内蒙古自治区地质矿产局，1996；孟恩等，2011；孙晨阳等，2017）。

额尔古纳地块发育复杂的大型断裂构造体系，以得尔布干、额尔古纳河和根河断裂为代表。此外，地块内还有众多次级的 NW 向和 NE 向断裂（内蒙古自治区地质矿产局，1996）。已有研究揭示，NE 向断裂不但是重要的导矿构造，而且控制着区域内中生代的火山活动以及相关矿产的形成（孙晨阳等，2017）。

前人对额尔古纳地块内的岩浆活动开展了较为详细的研究，获得了众多年代学和地球化学等方面的数据。Tang 等（2013）研究发现，额尔古纳地块在新元古代至少发生了四期岩浆活动事件，分别为：①851Ma 左右的一套正长花岗岩，分布在上护林和恩和东南部；②792Ma 左右的一套由辉长岩、辉长闪长岩和正长花岗岩组成的双峰式火成岩组合，出露于室韦东南部；③762Ma 左右的一套花岗闪长质侵入岩，出露于室韦东部；④737Ma 左右的一套正长花岗岩，位于恩和东北部。早古生代的岩浆活动事件集中于 450 ~ 500Ma，代表性岩体有阿龙山（456Ma）、关护站（464Ma）、查拉班河（456 ~ 481Ma）、满归（480 ~ 482Ma）、塔河（494 ~ 480Ma）、哈拉巴奇（500 ~ 461Ma）、十八站（499Ma）、西门都里河（502Ma）和洛古河岩体（504 ~ 517Ma）（武广等，2005；隋振民等，2006；秦秀峰等，2007；葛文春等，2007；Wu et al.，2011）。晚古生代的岩浆活动时间分为四期，分别为：①晚泥盆世（383 ~ 373Ma）的一套钙碱性系列的安山岩-英安岩-流纹岩组合（赵芝，2011）；②早石炭世（355 ~ 330Ma）的一套钙碱性系列辉长岩-石英闪长岩-花岗闪长岩组合（周长勇等，2005；赵芝等，2010）；③晚石炭世（320 ~ 300Ma）的花岗闪长岩和二长花岗岩（隋振民等，2009；Wu et al.，2011）；④早—中二叠世（290 ~ 260Ma）的一套碱性花岗岩（洪大卫等，1994；孙德有等，2000；Wu et al.，2002）。额尔古纳地块的中生代岩浆活动事件以中-酸性岩浆活动为主，可划分为五期，分别为：早—中三叠世（247 ~ 241Ma）、晚三叠世（229 ~ 202Ma）、早—中侏罗世（197 ~ 171Ma）、晚侏罗世（155 ~ 150Ma）和早白垩世（145 ~ 125Ma）（Tang et al.，2014，2015；孙晨阳等，2017）。

4.2 陆缘岩浆岩时空分布与岩石组合

本研究在系统收集前人已发表数据及新获得的成岩年代学数据基础上，将额尔古纳地块燕山期的岩浆活动划分为早—中侏罗世（200 ~ 165Ma）、晚侏罗世（165 ~ 155Ma）和早白垩世（155 ~ 105Ma）三期（图 4-2）。其中，早—中侏罗世侵入岩的岩石组合包括花岗岩、花岗闪长岩和二长花岗岩，火山岩主要为安山岩和玄武质安山岩。该期岩浆岩主要分布于金河、满归、西林吉、莫尔道嘎、富克山、吕林、盘古、乌奴格吐山、漠河、阿木尔和达石莫等地区（Wu et al.，2011；Wang et al.，2012；佘宏全等，2012；Sun et al.，2013；王天豪等，2014；Tang et al.，2016）。晚侏罗世侵入岩类型有正长花岗岩、二长闪长岩、二长岩和石英二长岩，火山岩主要为塔木兰沟组玄武岩、玄武质安山岩及安山岩，主要分布于八大关、室韦、满归、宝格德乌拉和阿日哈沙特等地区（Sun et al.，2013；王天豪等，2014；Tang et al.，2015，2016）。早白垩世侵入岩包括正长花岗岩、碱性花岗岩、二长花岗岩和闪长岩，火山岩有吉祥峰组、上库力组和伊列克德组英安岩、玄武岩、玄武安山岩及流纹岩，主要分布于奇卡、乌奴格吐山、宝格德乌拉、阿日哈沙特、牛耳河和九卡等地区（Wu et al.，2011；佘宏全等，2012；王天豪等，2014；Tang et al.，2015；孙晨阳等，2017；Gong et al.，2018）。

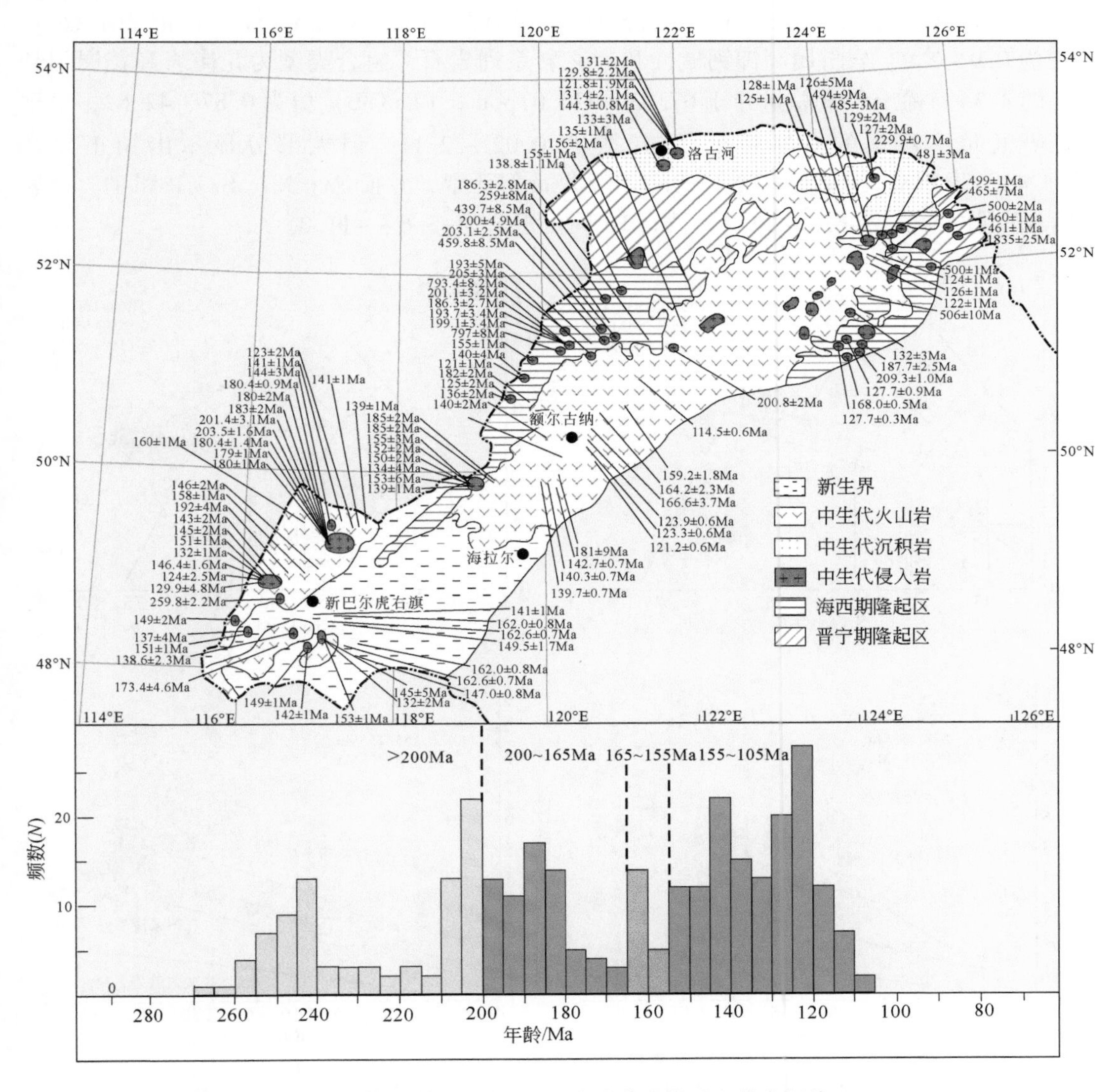

图 4-2　额尔古纳地块中生代岩浆岩的时空分布规律

4.3 陆缘岩浆岩地球化学特征

4.3.1 第一期（200～165Ma）岩浆岩

该期侵入岩的 SiO_2 和 Al_2O_3 含量分别为 58.74wt.%～81.02wt.% 和 10.63wt.%～17.93wt.%。K_2O、Na_2O 和全碱（K_2O+Na_2O）含量分别为 1.44wt.%～6.52wt.%、0.17wt.%～5.37wt.%和3.78wt.%～9.98wt.%。Na_2O/K_2O 值变化范围较大，为0.03～2.83。MgO 和 CaO 含量分别为 0.07wt.%～3.55wt.% 及 0.05wt.%～4.25wt.%。铝饱和指数 A/CNK 为0.9～2.9。岩石属高钾钙碱性和钾玄岩系列岩石，组合类型为花岗岩和花岗闪长岩（图4-3）。稀土元素总量介于67.73～426.07ppm，$(La/Yb)_N$值为0.87～42.64，呈现出轻稀土元素富集的右倾特征，Eu^* 值为 0.02～2.11，但大部分显示出铕正异常（图4-4）。岩石富集 La、Sr、Nd、Zr、Hf 和 Sm 等元素，亏损 Ta、Nb、Sr、P 和 Ti。全岩初始 Nd 同位素值为-6.3～+1.1，锆石 Hf 同位素值为-3.6～+11.8。

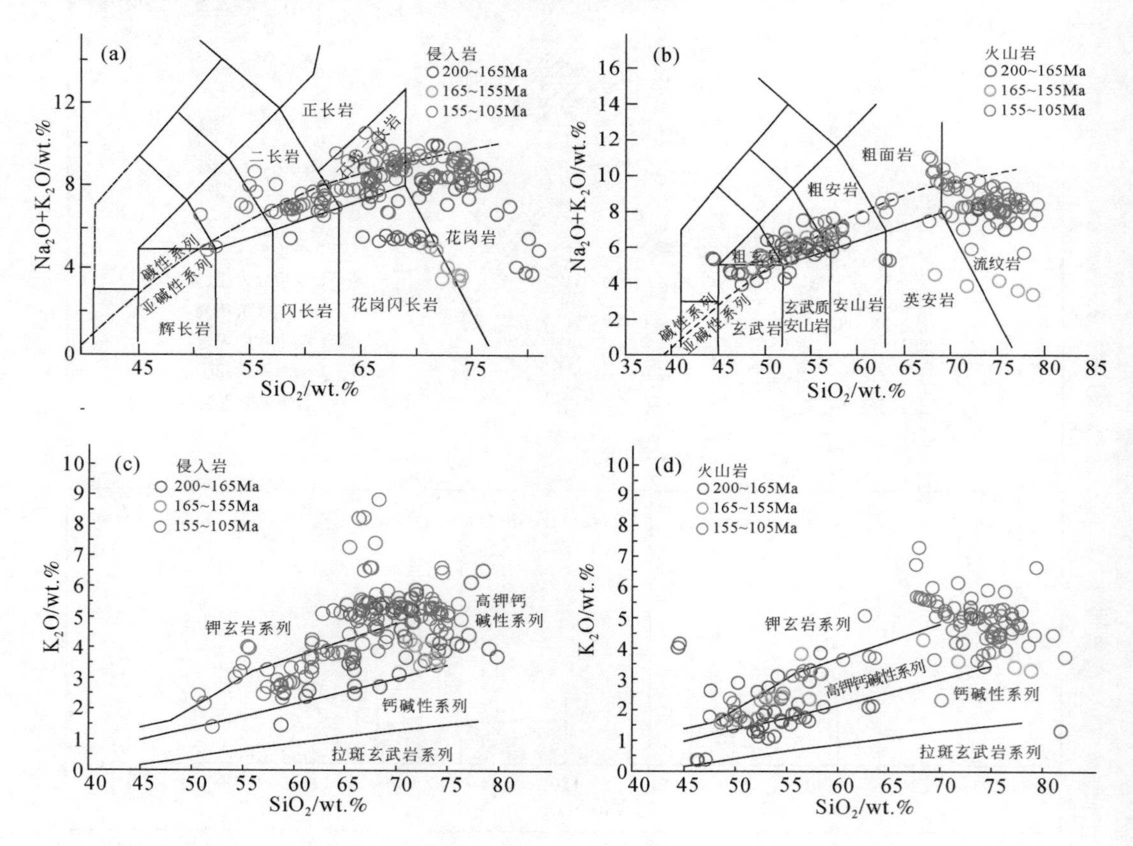

图4-3 额尔古纳地块燕山期侵入岩和火山岩的 TAS 图解及 SiO_2-K_2O 图解

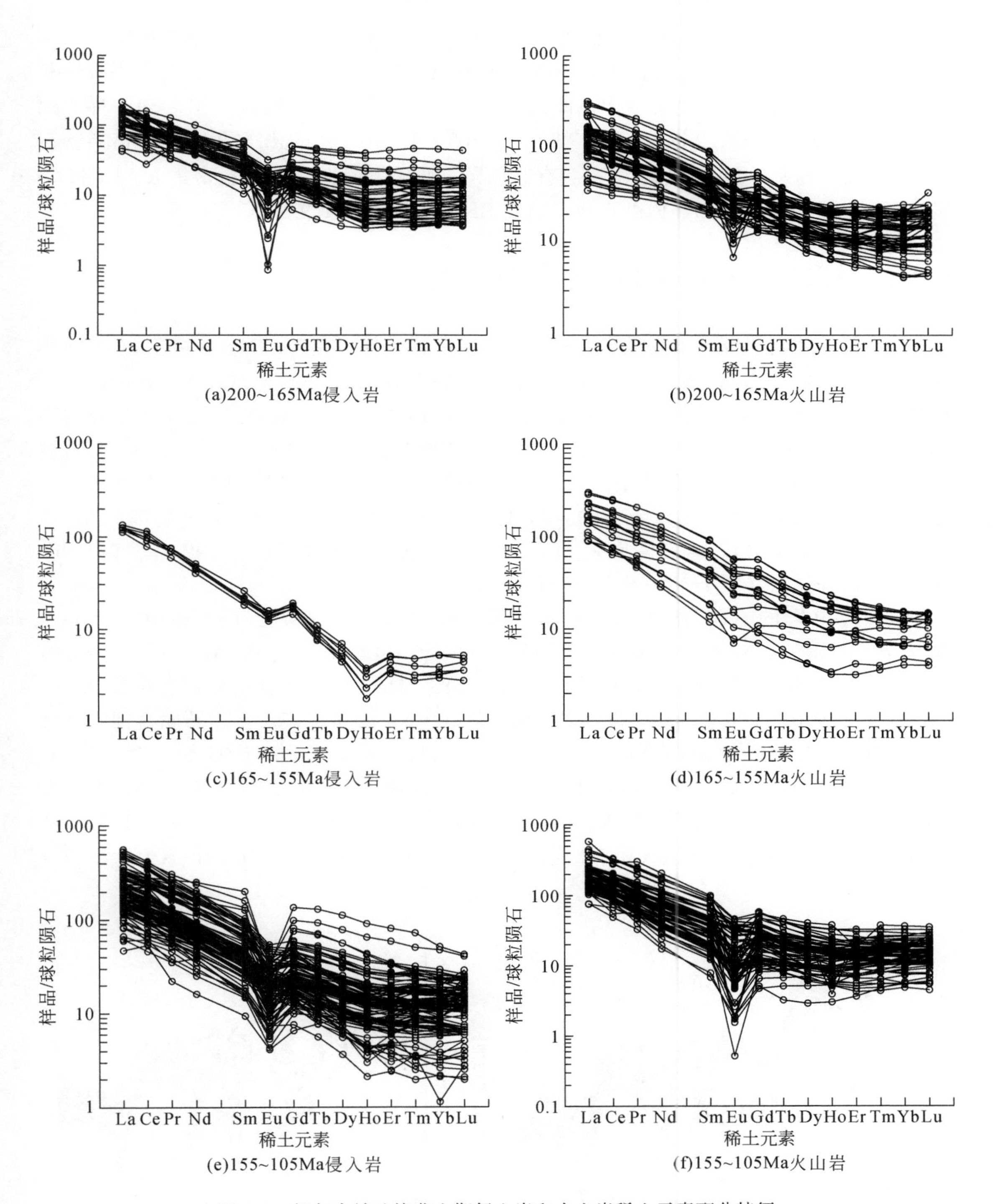

图 4-4 额尔古纳地块燕山期侵入岩和火山岩稀土元素配分特征

该期火山岩的 SiO_2 和 Al_2O_3 含量分别为 44.45wt.%～81.7wt.%、10.1wt.%～19.37wt.%。K_2O、Na_2O 及全碱含量分别为 0.37wt.%～5.35wt.%、0.4wt.%～5.7wt.% 和

1.36wt.%~8.65wt.%。Na_2O/K_2O值为0.03~11.51。MgO和CaO含量分别为0.04wt.%~10.41wt.%及0.07wt.%~9.62wt.%。铝饱和指数A/CNK为0.54~7.3。岩石为钙碱性和高钾钙碱性系列岩石，组合类型为粗面玄武岩、粗面安山岩和流纹岩（图4-3）。稀土元素总量介于57.45~372.9ppm，$(La/Yb)_N$为4.05~33.610，呈现出轻稀土元素富集的右倾特征，Eu^*值为0.17~1.14，大多具有铕负异常特征（图4-4）。岩石富集K、La和Ce等元素，亏损Ta、Nb、Sr、P和Ti等。锆石Hf同位素值为-1.9~+5.1。

4.3.2 第二期（165~155Ma）岩浆岩

该期侵入岩在研究区出露较少，SiO_2和Al_2O_3含量分别为71.32wt.%~74.11wt.%和13.07wt.%~14.17wt.%。K_2O、Na_2O及全碱含量分别为3.4wt.%~4.25wt.%、0.08wt.%~0.87wt.%和3.5wt.%~5.1wt.%。Na_2O/K_2O值为0.02~0.21。MgO和CaO含量分别为0.43wt.%~0.62wt.%和1.36wt.%~1.83wt.%。铝饱和指数A/CNK为1.6~2.0。岩石属高钾钙碱性系列岩石，组合类型为花岗岩和花岗闪长岩（图4-3）。稀土元素总量介于107.7~142.3ppm，$(La/Yb)_N$为23.0~40.4，呈现出轻稀土元素富集的右倾特征，Eu^*值为0.7~0.8（图4-4）。岩石富集K、La、Ce、Nd、Zr和Hf等元素，亏损Ba、Ta、Nb、Sr、P和Ti等元素（图4-5）。锆石Hf同位素值为+0.4~+9.0。

该期火山岩的SiO_2和Al_2O_3含量分别为48.66wt.%~78.82wt.%和10.7wt.%~17.06wt.%。K_2O、Na_2O及全碱含量分别为1.57wt.%~4.28wt.%、0.04wt.%~4.19wt.%和3.3wt.%~7.16wt.%。Na_2O/K_2O值为0.01~1.83。MgO和CaO含量分别为0.58wt.%~9.59wt.%和0.05wt.%~8.18wt.%。铝饱和指数A/CNK为0.8~3.2。岩石属高钾钙碱性系列岩石，组合类型为流纹岩和英安岩（图4-3）。稀土元素总量介于93.6~372.88ppm，$(La/Yb)_N$为6.86~26.5，呈现轻稀土元素富集的右倾特征，Eu^*值为0.5~1.3，但大多具铕负异常（图4-4）。岩石富集K、La、Sr、Nd、Zr和Hf等元素，亏损Ta、Nb、Sr、P和Ti等元素（图4-5）。全岩初始Nd同位素值为-0.9~+2.0，锆石Hf同位素值为+3.7~+8.7。

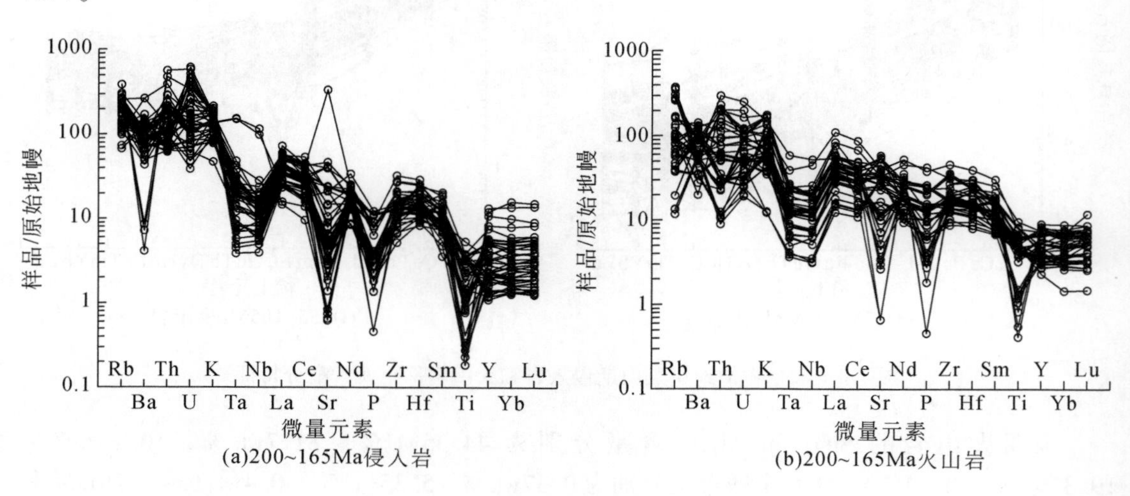

(a)200~165Ma侵入岩

(b)200~165Ma火山岩

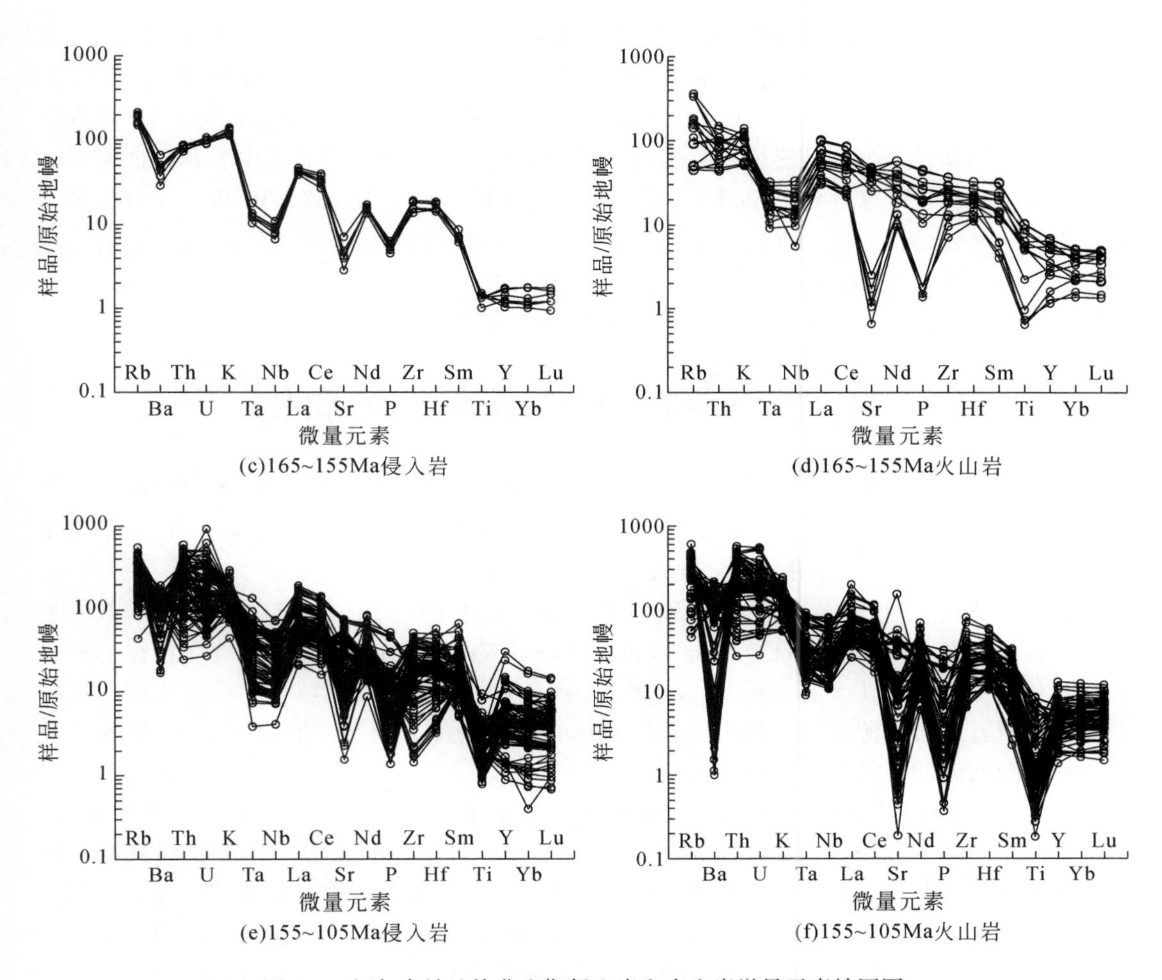

图 4-5　额尔古纳地块燕山期侵入岩和火山岩微量元素蛛网图

4.3.3　第三期（155 ~ 105Ma）岩浆岩

该期侵入岩的 SiO_2 和 Al_2O_3 含量分别为 50.69wt.% ~ 76.34wt.% 和 11.58wt.% ~ 18.83wt.%。K_2O、Na_2O 及全碱含量分别为 1.38wt.% ~ 8.84wt.%、0.15wt.% ~ 4.94wt.% 和 4.93wt.% ~ 10.58wt.%。Na_2O/K_2O 值为 0.02 ~ 2.70。MgO 和 CaO 含量分别为 0.04wt.% ~ 6.23wt.% 和 0.07wt.% ~ 9.99wt.%。铝饱和指数 A/CNK 为 0.45 ~ 1.99。岩石属高钾钙碱性系列和钾玄岩系列岩石，组合类型为二长岩、石英二长岩和花岗岩（图 4-3）。稀土元素总量介于 64.94 ~ 604.23ppm，$(La/Yb)_N$ 为 3.16 ~ 165.77，呈现轻稀土元素富集的右倾特征，Eu^* 值为 0.16 ~ 0.98（图 4-4）。岩石富集 La、Ce、Nd 和 Sm 等元素，亏损 Ta、Nb、Sr、P 和 Ti 等元素（图 4-5）。全岩初始 Nd 同位素值为 -3.5 ~ +2.6，锆石 Hf 同位素值为 -4.1 ~ +11.5。

该期火山岩的 SiO_2 和 Al_2O_3 含量分别为 48.8wt.% ~ 82.11wt.% 和 9.23wt.% ~

18.5wt.%。K_2O、Na_2O及全碱含量分别为1.68wt.%~7.29wt.%、0.08wt.%~5.43wt.%和1.36wt.%~8.65wt.%。Na_2O/K_2O值为4.51~11.04。MgO和CaO含量分别为0.01wt.%~9.63wt.%和0.05wt.%~7.98wt.%。铝饱和指数A/CNK为0.69~2.3。该期火山岩属高钾钙碱性系列和钾玄岩系列岩石，组合类型为流纹岩、粗面安山岩和粗面玄武岩（图4-3）。稀土元素总量介于66.85~488.07ppm，$(La/Yb)_N$为3.88~30.06，呈现轻稀土元素富集的右倾特征，Eu^*值为0.03~1.04，但大多具有铕负异常（图4-4）。岩石富集La、Ce、Nd、Zr、Hf和Sm等元素，亏损Ba、Ta、Nb、Sr、P和Ti等元素（图4-5）。全岩初始Nd同位素值为-0.1~+3.6，锆石Hf同位素值为+2.6~+8.2。

4.4 陆缘岩浆岩成因与物源演化

第一期（200~165Ma）花岗质岩石总体显示出高SiO_2（58.74wt.%~81.02wt.%，平均71.11wt.%）、高Al_2O_3（10.63wt.%~17.93wt.%，平均14.99wt.%）、高K_2O（1.44wt.%~6.52wt.%，平均4.31wt.%）和低MgO（0.07wt.%~3.55wt.%，平均0.76wt.%）特点，亏损Nb、Sr、Ba和Ti等元素，富集Rb、Th、U和Pb等元素，具有典型壳源特征（Bea et al., 2011；Dong et al., 2013；Wang Y H et al., 2015）。岩石的锆石$\varepsilon_{Hf}(t)$值为-3.6~+11.8，全岩$\varepsilon_{Nd}(t)$值为-6.3~+1.1。上述地球化学特征表明，第一期花岗质岩石的岩浆源区可能起源于新生下地壳物质的部分熔融，形成于蒙古-鄂霍次克洋板片东南向俯冲于额尔古纳地块过程中。

第一期（200~165Ma）火山岩大都具有较低含量的SiO_2（44.45wt.%~81.7wt.%，平均56.8wt.%），部分甚至为玄武质岩石，暗示其母岩浆可能来源于地幔物质的部分熔融。该期火山岩明显亏损高场强元素，指示其母岩浆来源于受俯冲过程改造的地幔物质的部分熔融（Yu et al., 2012）。岩石的锆石$\varepsilon_{Hf}(t)$值为-1.9~+5.1，进一步指示岩浆源区来源于相对亏损的地幔物质的部分熔融，并有少量地壳物质的混入（Yu et al., 2012）。上述地球化学特征表明，第一期火山岩的岩浆源区，可能是受俯冲带熔体或流体改造的亏损地幔物质的部分熔融，形成于蒙古-鄂霍次克洋板片东南向俯冲于额尔古纳地块过程中。

第二期（165~155Ma）侵入岩出露较少，岩石组合包括二长花岗岩、石英斑岩和石英二长岩。岩石富集轻稀土元素及K、La、Ce、Nd、Zr和Hf等元素，亏损Ba、Ta、Nb、Sr、P和Ti等元素。岩石的锆石$\varepsilon_{Hf}(t)$值为+0.4~+9.0，指示其岩浆源区可能来自于下地壳物质的部分熔融。第二期火山岩也出露较少，岩石组合包括玄武岩、玄武粗安岩、粗面玄武岩和安山岩等。其中，玄武质火山岩富集轻稀土元素，轻重稀土分馏明显，且富集大离子亲石元素（如Rb、Ba和K），亏损高场强元素（如Nb、Ta、P和Ti）。岩石的锆石$\varepsilon_{Hf}(t)$值为+0.67~+2.3，指示其岩浆源区可能为俯冲板片流体交代的岩石圈地幔，且岩浆上升过程中，未受到明显的地壳物质的混染，但经历了一定程度的橄榄石和单斜辉石的分离结晶（赵忠华等，2011）。安山质火山岩以粗面岩为主，富集大离子亲石元素（如Rb和K）和轻稀土元素，亏损高场强元素（Nb、Ta、P和Ti）。岩石的锆石$\varepsilon_{Hf}(t)$值为+3.68~+8.65，全岩$\varepsilon_{Nd}(t)$值为-0.5~+2.0，指示岩浆源区可能为下地壳基性火成岩，可能形成于蒙古-鄂霍次克洋闭合后的造山带后碰撞伸展环境。

第三期（155～105Ma）侵入岩的岩石组合较为丰富，包括花岗岩、碱性花岗岩、石英二长岩、二长岩、花岗斑岩、花岗闪长岩和石英斑岩，以及少量的闪长岩和辉长岩。岩石富集轻稀土元素，轻重稀土分异明显，富集 La、Ce、Nd 和 Sm 等元素，亏损 Ta、Nb、Sr、P 和 Ti 等元素。全岩 $\varepsilon_{Nd}(t)$ 值为-3.5～+2.6，锆石 $\varepsilon_{Hf}(t)$ 值为-4.1～+11.5，指示其岩浆源区来自拆沉的古老地壳物质的部分熔融，并受到幔源物质或新生地壳物质的混染，可能形成于蒙古-鄂霍次克洋闭合后的造山带后碰撞伸展环境。

第三期火山岩的岩石组合也较丰富，主要有流纹岩、凝灰岩、安山岩、粗面岩和英安岩，以及少量的玄武岩和玄武质安山岩。其中，酸性火山岩的轻重稀土分异明显，富集 Rb、Th、U 和 K 等元素，亏损 Ba、Sr、P、Ti、Nb 和 Ta 等元素。全岩 $\varepsilon_{Nd}(t)$ 值为+1～+1.3，锆石 $\varepsilon_{Hf}(t)$ 值为+4.3～+7.3，指示其岩浆源区可能来源于下地壳物质的部分熔融。中-基性火山岩总体显示出轻稀土元素富集、重稀土元素亏损的特点。岩石富集 Rb、Ba、Th、U、K 和 Sr 等大离子亲石元素，亏损 Nb、Ta 和 Ti 等高场强元素。全岩 $\varepsilon_{Nd}(t)$ 值为-0.1～+3.6，锆石 $\varepsilon_{Hf}(t)$ 值为+2.6～+8.2，指示中-基性火山岩的岩浆源区可能来源于俯冲流体交代的富集岩石圈地幔，且未明显混染地壳物质，可能形成于蒙古-鄂霍次克洋闭合后的造山带后碰撞伸展环境。

4.5 蒙古-鄂霍次克陆缘岩浆成矿作用

4.5.1 与陆缘岩浆有关的金属矿产类型与时空分布

额尔古纳地块已发现大中型铜钼、金和铅锌银矿床多达20余处，小型矿床/点100余处。本研究在系统收集前人已发表数据及新获得的成矿年代学数据基础上，将额尔古纳地块燕山期的成矿事件划分为三期（图4-6，表4-1），分别为：早侏罗世（200～165Ma）、中侏罗世（165～155Ma）和晚侏罗世—早白垩世（155～105Ma）。

早侏罗世的矿床分布在额尔古纳地块南部的满洲里地区，矿床类型主要为斑岩型，代表性矿床有乌奴格吐山铜钼矿床。该矿床的辉钼矿 Re-Os 加权平均年龄为180.5±2.0Ma，与成矿有关的岩石为二长花岗斑岩，其锆石 U-Pb 年龄为180.4±1.4Ma（Wang Y H et al., 2015）。中侏罗世的矿床位于额尔古纳地块中部的比利亚谷-得耳布尔铅锌银矿集区。该期矿床主要赋存在侏罗纪的玄武岩和玄武质安山岩中，典型矿床有得耳布尔铅锌银矿床、比利亚谷铅锌银矿和二道河子铅锌银矿等，属浅成低温热液型矿床。我们获得的比利亚谷铅锌银矿6件闪锌矿样品 Rb-Sr 等时线年龄为163.9±4.2Ma，得耳布尔铅锌银矿6件闪锌矿样品的 Rb-Sr 等时线年龄为162.5±4.3Ma，这与比利亚谷-得耳布尔铅锌银矿集区内，成矿石英斑岩的 LA-ICP-MS 锆石 U-Pb 年龄（165.2±1.2Ma）在误差范围内基本一致。晚侏罗世—早白垩世的矿床类型较为丰富，主要包括斑岩型铜矿、浅成低温热液型铅锌银矿床、中温热液脉型金矿，以及浅成低温热液型金矿床等。其中，斑岩型铜矿床位于额尔古纳地块北部的上黑龙江盆地，代表性矿床有洛古河铜钼矿和二十一站铜金矿等。洛古河矿床的辉钼矿 Re-Os 加权平均年龄为127.1±2.1Ma，与成矿有关的二长岩的锆石 U-Pb 年

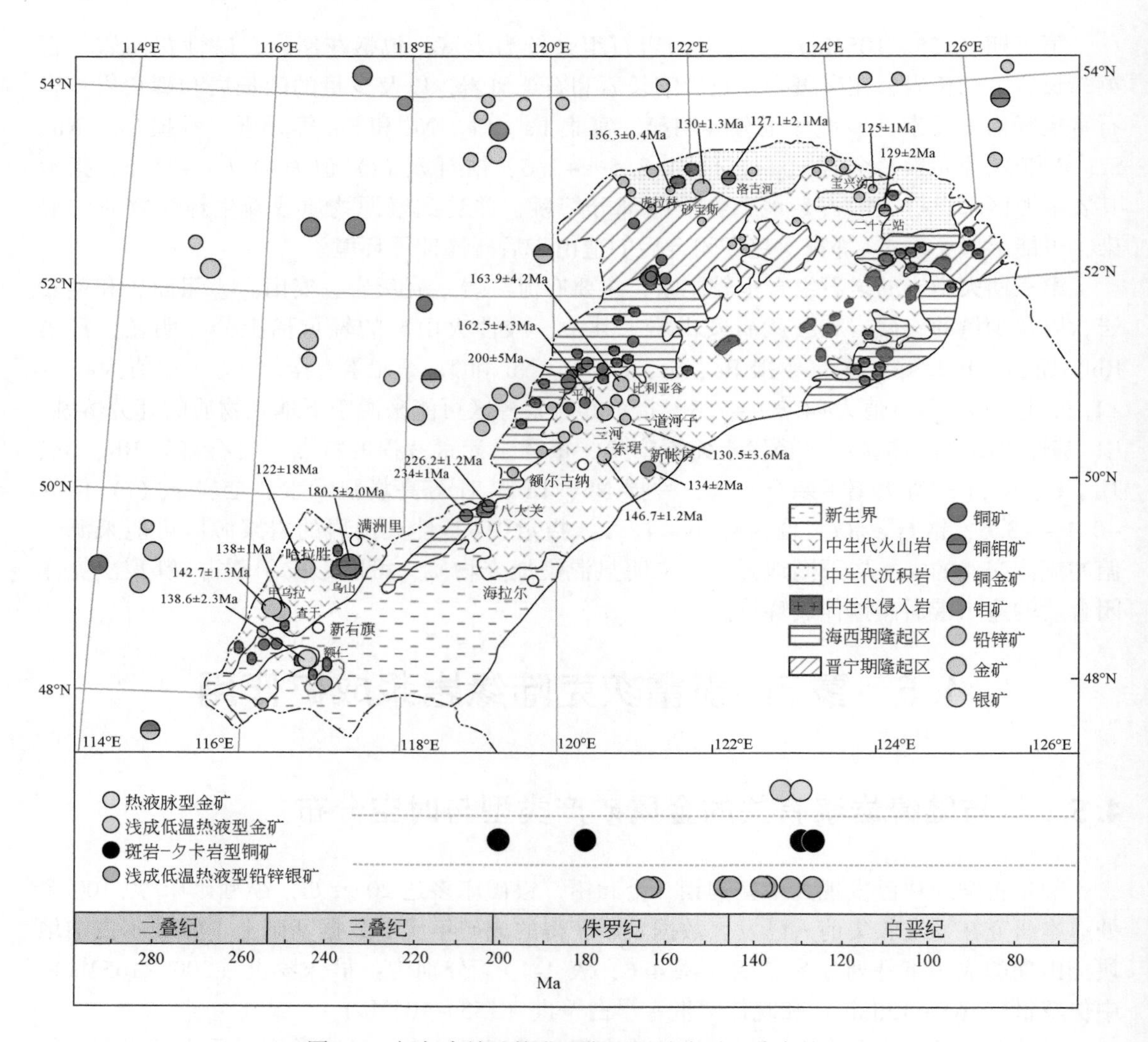

图 4-6　额尔古纳地块燕山期金属矿床时空分布特征

龄为 131. 4±2. 1Ma（Sun et al., 2015）；二十一站矿床的成矿花岗闪长岩和闪长岩的锆石 U-Pb 年龄分别为 127±2Ma 和 129±2Ma（李睿华等，2018）。浅成低温热液型铅锌银矿床位于额尔古纳地块南段满洲里地区，主要赋存在侏罗纪玄武岩和玄武质安山岩中，典型矿床有比利亚谷铅锌银矿、甲乌拉铅锌银矿、查干布拉根铅锌银矿、额仁陶勒盖银矿床和哈拉胜铅锌银矿等。其中，甲乌拉矿床的金属硫化物 Rb-Sr 等时线年龄为 142. 7±1. 3Ma，与成矿有关的二长花岗斑岩的锆石 U-Pb 年龄为 145. 3±1. 9Ma（Li T G et al., 2015；Niu, 2017）；查干布拉根矿床的绢云母 Ar-Ar 坪年龄为 138±1Ma，与成矿有关的二长花岗斑岩的锆石 U-Pb 年龄为 143±2Ma（武广等，2010；Li T G et al., 2016）；哈拉胜矿床的闪锌矿 Rb-Sr 年龄为122±18Ma，与成矿有关的石英二长斑岩和花岗斑岩的锆石 U-Pb 年龄为 128. 2～133. 7Ma（Li T G et al., 2016；Han et al., 2020）。中温热液脉型金矿床主要分布在额尔古纳地块北部的上黑龙江盆地内，矿体主要赋存于侏罗纪砂岩中，少量产在花岗岩

表 4-1 额尔古纳地块主要金属矿床地质特征

矿床	类型	赋矿岩石	断裂	成矿岩石	成岩年龄（锆石 U-Pb）	成矿年龄	金属矿物	围岩蚀变	文献
虎拉林金矿	浅成低温热液型	侏罗系秀峰组砂岩	SN	花岗斑岩、石英斑岩	141.7±1.1Ma，144.9±0.6Ma，142.6±0.7Ma	136.3±0.4Ma（钾长石 Ar-Ar）	黄铁矿、毒砂、闪锌矿、黄铜矿、方铅矿	硅化、钾化、绢云母化、高岭石化、绿帘石化、碳酸盐化	王科强等，2010；巩鑫等，2020
砂宝斯金矿	热液脉型	侏罗系二十二站组砂岩	NNW，SN	花岗斑岩		130.0±1.3Ma（石英 Ar-Ar）	黄铁矿、毒砂、辉锑矿、闪锌矿、黄铜矿	硅化、绢云母化、碳酸盐化	Liu et al.，2015
二十一站铜矿	斑岩型	侏罗系二十二站组砂岩	NNE，NWW	闪长岩、花岗闪长岩	129±2Ma，127±2Ma		黄铁矿、闪锌矿、毒砂	硅化、钾化、绢云母和、高岭石化、碳酸盐化	李睿华等，2018
砂宝斯林场金矿	热液脉型	侏罗系二十二站组砂岩	EW，NW				黄铁矿、磁黄铁矿	硅化、绢云母化、青磐岩化	武广等，2006；王献忠等，2010
老沟金矿	热液脉型	侏罗系二十二站组砂岩	NEE				黄铁矿、磁黄铁矿、黄铜矿	硅化、绢云母化、青磐岩化	武广等，2006；王献忠等，2010
二根河金矿	热液脉型	侏罗系漠河组砂岩	NE，NNE				黄铁矿、磁黄铁矿、黄铜矿、辉锑矿	硅化、绢云母化、青磐岩化、碳酸盐化	武广等，2006；王献忠等，2010
比利亚谷铅锌银矿	浅成低温热液型	侏罗系塔木兰沟组中基性火山岩	NW			163.9 ± 4.2Ma（闪锌矿 Rb-Sr）	方铅矿、闪锌矿、黄铁矿、黄铜矿	硅化、绢云母化、碳酸盐化	
得耳布尔（三河）铅锌银矿	浅成低温热液型	侏罗系塔木兰沟组中基性火山岩	NW，NNE	石英斑岩	165.2±1.2Ma	162.5 ± 4.3Ma（闪锌矿 Rb-Sr）	闪锌矿、方铅矿、黄铁矿、毒砂、黄铜矿	硅化、绢云母化、碳酸盐化、高岭石化	
二道河子铅锌银矿	浅成低温热液型	侏罗系塔木兰沟组中基性火山岩	NW	安山斑岩	134.9±0.9Ma	130.5±3.6Ma（金属硫化物 Rb-Sr）	方铅矿、闪锌矿、黄铁矿、黄铜矿、毒砂	硅化、绢云母化、碳酸盐化、高岭石化	Xu et al.，2020
四五牧场金矿	浅成低温热液型	侏罗系塔木兰沟组中基性火山岩	NE，NW			晚侏罗世—早白垩世	黄铁矿、黄铜矿、辉铜矿、斑铜矿	硅化、绢云母化、碳酸盐化、高岭石化	关继东等，2004
小伊诺盖沟金矿	热液脉型	侏罗纪花岗斑岩	SN，NW，NE			早白垩世	黄铁矿、方铅矿、磁铁矿	硅化、绢云母化、碳酸盐化、电气石化	武广等，2008a

续表

矿床	类型	赋矿岩石	断裂	成矿岩石	成岩年龄（锆石 U-Pb）	成矿年龄	金属矿物	围岩蚀变	文献
乌奴格吐山铜钼矿	斑岩型	侏罗纪黑云母花岗岩	NE，NW	二长花岗斑岩	180.4±1.4Ma	180.5±2.0Ma（辉钼矿 Re-Os）	黄铁矿、黄铜矿、辉钼矿、方铅矿、闪锌矿、斑铜矿	钾化、硅化、绢云母化、高岭石化	李诺等，2007
甲乌拉铅锌银矿	浅成低温热液型	侏罗系塔木兰沟组中基性火山岩	NWW，NNW	二长花岗斑岩	145.3±1.9Ma	142.7±1.3Ma（金属硫化物 Rb-Sr）	方铅矿、闪锌矿、黄铁矿、黄铜矿、磁黄铁矿、毒砂	硅化、绢云母化、高岭石化、青磐岩化、碳酸盐化	李铁刚，2016；牛斯达，2017
查干布拉根铅锌银矿	浅成低温热液型	侏罗系塔木兰沟组中基性火山岩	NWW	二长花岗斑岩	143±2Ma	138±1Ma（绢云母 Ar-Ar）	方铅矿、闪锌矿、黄铁矿、磁黄铁矿、毒砂	硅化、绢云母化、高岭石化、碳酸盐化	武广等，2010；Li et al.，2016
额仁陶勒盖银铅锌矿	浅成低温热液型	侏罗系塔木兰沟组中基性火山岩	NNW，NE	石英斑岩	138.6±2.3Ma		黄铁矿、锰银矿、方铅矿、闪锌矿、辉银矿、黄铜矿	硅化、绢云母化、高岭石化、碳酸盐化	许立权等，2014
哈拉胜银铅锌矿	浅成低温热液型	侏罗系塔木兰沟组中基性火山岩	NS	石英二长斑岩、花岗斑岩	128.2±2 ~ 133.7±1.4Ma	122±18Ma（闪锌矿 Rb-Sr）	方铅矿、闪锌矿、黄铁矿、毒砂	钾化、硅化、绢云母化、高岭石化、碳酸盐化	Han et al.，2020
东郡铅锌银矿	浅成低温热液型	侏罗系塔木兰沟组中基性火山岩	NW	花岗斑岩	146.7±1.2Ma		方铅矿、闪锌矿、黄铁矿	硅化、绢云母化、高岭石化、碳酸盐化	Xie et al.，2021
洛古河铜钼矿	夕卡岩型	前寒武纪变质岩	NE，NNE	二长花岗岩	131.4±2.1Ma	127.1±2.1Ma（辉钼矿 Re-Os）	方铅矿、闪锌矿、黄铜矿、黄铁矿、辉钼矿	夕卡岩化、硅化、绿泥石化、绿帘石化	Sun et al.，2015
太平川铜钼矿	斑岩型	前寒武纪花岗岩	NW	花岗闪长斑岩	202±6Ma	200±5Ma（辉钼矿 Re-Os）	黄铜矿、辉钼矿、黄铁矿、斑铜矿、方铅矿、闪锌矿	硅化、绢云母化、泥化	Zhang et al.，2014
八大关铜矿	斑岩型	中生代黑云母花岗岩	NE	花岗闪长斑岩	230.6±2.8Ma ~ 230.5±4.4Ma	226.2±1.2Ma（辉钼矿 Re-Os）	黄铜矿、辉钼矿、黄铁矿、方铅矿、闪锌矿	硅化、绢云母化、碳酸盐化	康永建等，2014

中。典型矿床有：砂宝斯金矿、老沟金矿、二根河金矿和小伊诺盖沟金矿等。砂宝斯矿床含金石英脉中流体包裹体的 Ar-Ar 坪年龄为 130.0±1.3Ma（Wu et al.，2006；Liu et al.，2015）。浅成低温热液型金矿床同样位于上黑龙江盆地内，主要赋存于侏罗纪—早白垩世砂岩和火山岩中，代表性矿床有虎拉林和四五牧场金矿床。Wang 等（2020）获得的赋矿围岩中，最年轻的碎屑锆石的 U-Pb 年龄为 134±1Ma；王科强等（2010）获得的虎拉林矿床成矿阶段钾长石的 Ar-Ar 坪年龄为 136.3±0.4Ma。

4.5.2 第一期（200～165Ma）成矿作用

该期成矿作用以乌奴格吐山铜钼矿床为代表。乌奴格吐山斑岩型铜钼矿床位于额尔古纳地块上满洲里地区的中生代火山盆地中。矿区赋矿地层主要有：下寒武统额尔古纳组浅变质岩、上侏罗统塔木兰沟组和下白垩统上库力组火山岩。控矿构造主要有 NE 向压扭性断裂、NW 向张扭性断裂，以及一些环形和放射状裂隙。NE 向断裂与 NW 向断裂的复合部位往往控制着火山机构的形成和发育，为成矿岩体的侵入及铜钼矿体的形成提供了有利的构造空间（图 4-7）。

乌奴格吐山矿床的矿体产于中–酸性浅成杂岩体内（秦克章等，1998）。与成矿有关的岩石为二长花岗斑岩，受火山机构控制，并被 F7 断裂分割成南北两个矿段。在北矿段，二长花岗斑岩地表出露长达 950m，平均宽约 470m，面积约 0.42km^2。平面上，二长花岗斑岩呈北东向略有拉长的椭圆形，剖面上为陡立的斜筒状。岩体北西接触带产状较陡，倾角 65°～80°，界面较平直，而北东接触带界线则犬牙交错，产状较缓，呈岩枝状发育。在南矿段，二长花岗斑岩出露分散且面积较小（0.02～0.05km^2），呈小岩枝或岩株状产出，倾向北西，倾角 45°～60°。岩石具斑状结构，斑晶含量为 40%～55%，主要造岩矿物为斜长石、钾长石、石英和黑云母，基质呈微晶结构（王之田和秦克章，1988；张海心，2006）。

铜钼矿体以二长花岗斑岩体为中心，呈空心长环状，长轴约 2600m，短轴约 1350m，走向 50°，总体倾向北西。单矿体多呈透镜状、条带状或板状。乌奴格吐山矿床已圈定铜矿体 3 个，钼矿体 1 个。其中，北矿段铜矿体 5 个，钼矿体 2 个，主要产于花岗斑岩体内接触带，受环状断裂控制，倾向北西，铜矿体向下分枝并加厚。矿体规模大，连续性好，铜和钼储量约占整个矿床储量的 80%。南矿段铜矿体 28 个，钼矿体 11 个，形态不规则，且矿体规模小，连续性差，铜钼储量约占整个矿床储量的 20%。主要原生金属矿物有黄铁矿、黄铜矿、辉钼矿、辉铜矿和铜蓝等，其次为闪锌矿、方铅矿、斑铜矿、磁铁矿、毒砂和锌砷黝铜矿。次生金属矿物可见褐铁矿、孔雀石和蓝铜矿。脉石矿物主要有石英、钾长石、斜长石、绢云母、伊利石和水白云母，少量方解石、金红石、硬石膏、萤石、高岭石和褐帘石。

乌奴格吐山矿床具有典型斑岩矿床的矿化蚀变分带特点。水平面上，以二长花岗斑岩体为中心，呈环带状面型蚀变分带，但垂直分带不明显（图 4-8）。在剖面上，蚀变带与岩体产状一致，呈对称分布，但青磐岩化带不发育。矿区蚀变自岩体向外依次可分为：①石英–钾长石化带。主要产于二长花岗斑岩中，部分见于围岩黑云母花岗岩中，产出钼矿体。蚀变矿物主要为石英、钾长石和绢云母，硬石膏少量，并叠加有后期的水白云母、伊利石和方解石。该蚀变带发育稀疏浸染状及细脉状黄铁矿和辉钼矿，并伴有少量的黄铜

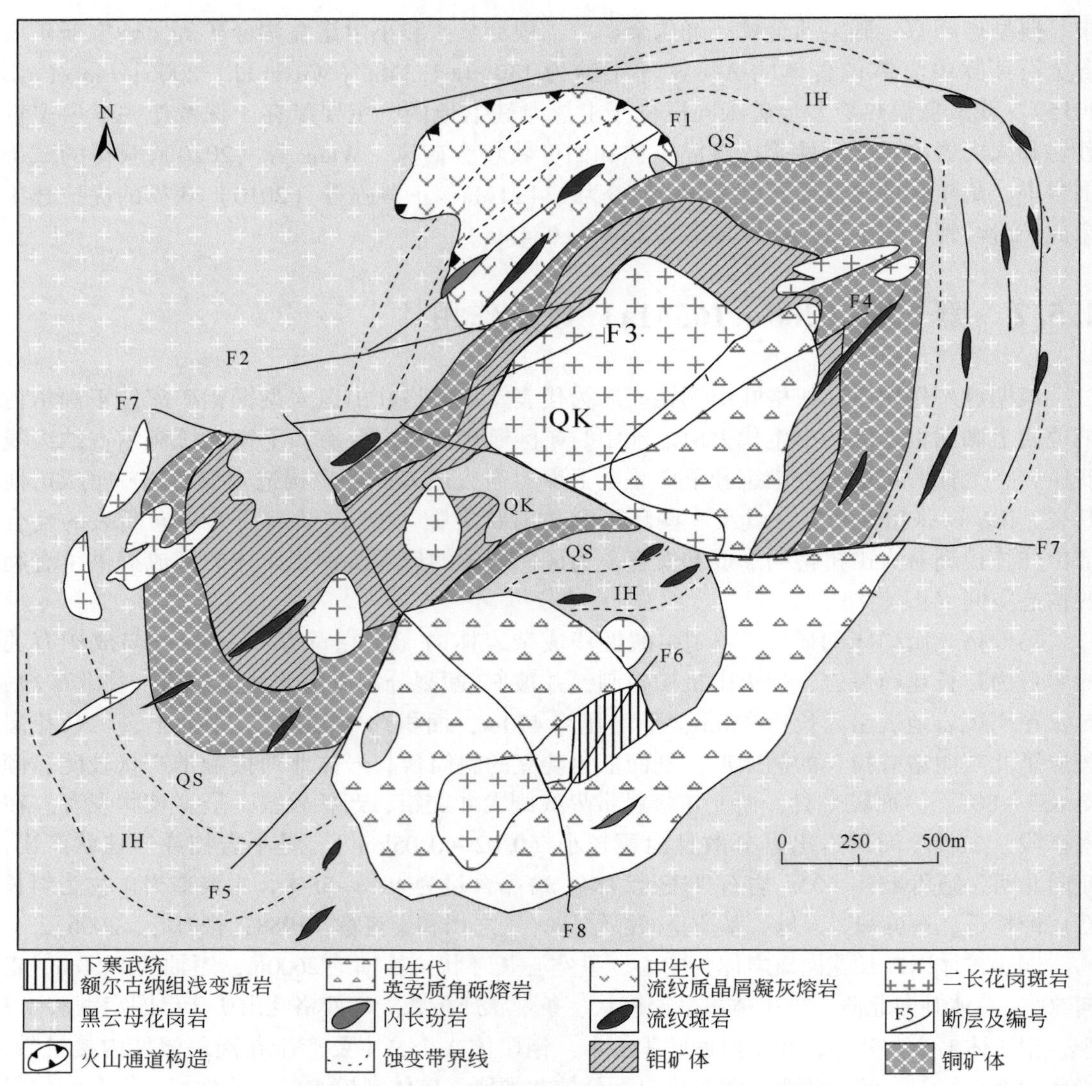

图 4-7 乌奴格吐山斑岩型铜钼矿床地质图（修改自李诺等，2007a）

QK：石英-钾长石化带；QS：石英-绢云母化带；IH：伊利石-水白云母化带

矿和磁铁矿。②石英-绢云母化带。主要产于黑云母花岗岩、流纹质晶屑凝灰熔岩和二长花岗斑岩中，产出铜矿体或铜钼综合矿体。蚀变矿物主要有石英、绢云母和水白云母，伊利石和碳酸盐矿物少量。该蚀变带稀疏浸染状及细脉浸染状黄铜矿等硫化物。③伊利石-水白云母化带。主要产于黑云母花岗岩、流纹质晶屑凝灰熔岩及二长花岗斑岩中。主要蚀变矿物有伊利石、水白云母和绢云母，方解石少量。该带发育铅锌银矿化。

前人获得的乌奴格吐山矿床成矿二长花岗斑岩的锆石 U-Pb 年龄为 180.4±1.4Ma，辉钼矿 Re-Os 加权平均年龄为 180.5±2.0Ma（李诺等，2007b）或 178±10Ma（Wang Y H et al.，2015）。本次工作获得的成矿二长花岗斑岩的锆石 U-Pb 年龄为 192.6±1.2Ma，黑云母花岗岩的为 198±2Ma（图 4-9）。结合前人研究工作可见，乌奴格吐山矿区内花岗质岩浆活动的时限跨度较大，为 180.4 ~ 198Ma。

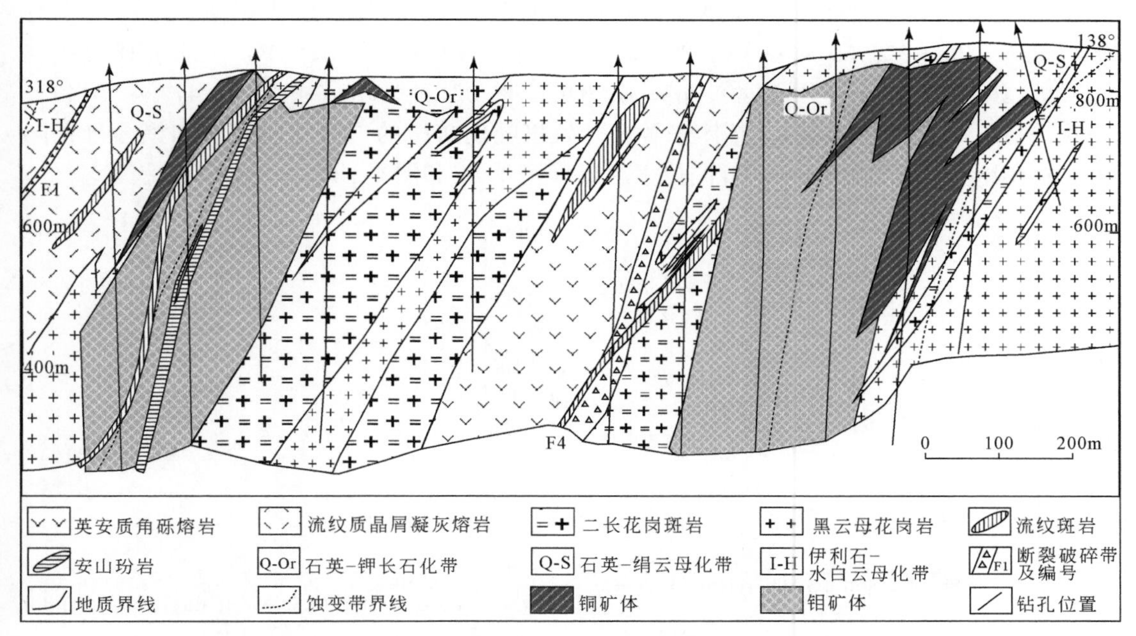

图 4-8　乌奴格吐山铜钼矿床 640 号勘探线剖面图

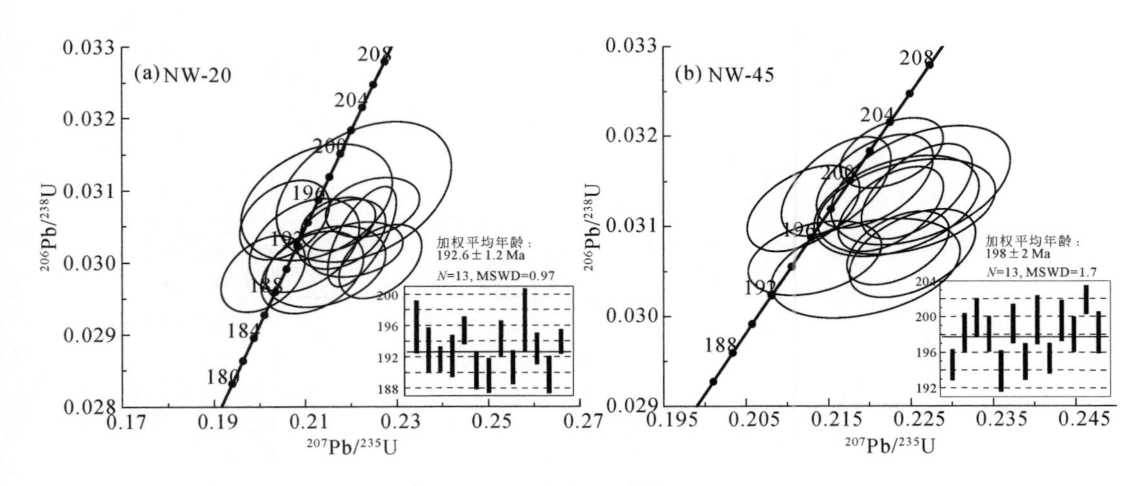

图 4-9　乌奴格吐山矿床侵入岩的锆石 U-Pb 年龄

岩石地球化学特征方面，乌奴格吐山矿床的二长花岗斑岩和黑云母花岗岩均为过铝质的钾玄岩系列岩石。其中，二长花岗斑岩富集大离子亲石元素，亏损高场强元素，特别是 Nb、Ta、Ce、Sr 和 Ti 等，具中等 Eu 负异常。黑云母花岗岩富集 Rb、U 和 Pb 等元素，亏损 Nb、P、Zr 和 Ti 等元素，也具中等的 Eu 负异常（图 4-10）。二长花岗斑岩的全岩初始锶同位素值为 0.704 387 ~ 0.708 385，初始钕同位素值为 -1.0 ~ +1.1，Nd 模式年龄为 715 ~ 1050Ma；黑云母花岗岩的全岩初始锶同位素值为0.706 182 ~ 0.706 528，初始钕同位

素值为 -1.1 ~ +0.6，Nd 模式年龄为 943 ~ 1066Ma（Chen et al.，2011；Zhang et al.，2016）。此外，二长花岗斑岩和黑云母花岗岩的全岩 Pb 同位素组成相似。二长花岗斑岩：$^{208}Pb/^{204}Pb$ = 37.960 ~ 37.995、$^{207}Pb/^{204}Pb$ = 15.490 ~ 15.510、$^{206}Pb/^{204}Pb$ = 18.291 ~ 18.339；黑云母花岗岩：$^{208}Pb/^{204}Pb$ = 37.799 ~ 38.021、$^{207}Pb/^{204}Pb$ = 15.477 ~ 15.492、$^{206}Pb/^{204}Pb$ = 18.205 ~ 18.504。整体来看，乌奴格吐山矿床的二长花岗斑岩和黑云母花岗岩均显示出壳幔混源的 Sr-Nd-Pb 同位素组成（图 4-11 和图 4-12）。

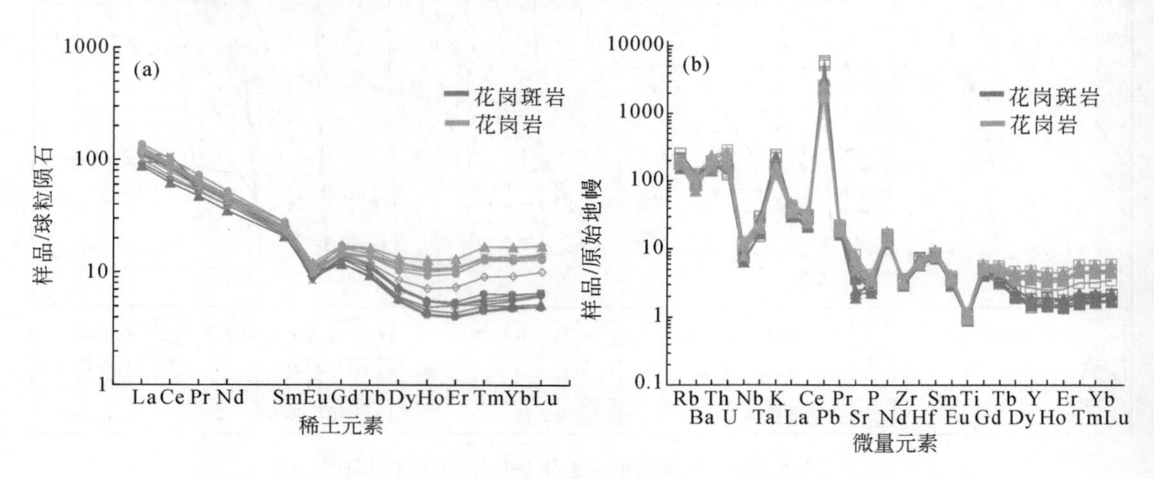

图 4-10　乌奴格吐山矿床侵入岩的稀土元素和微量元素标准化配分图解

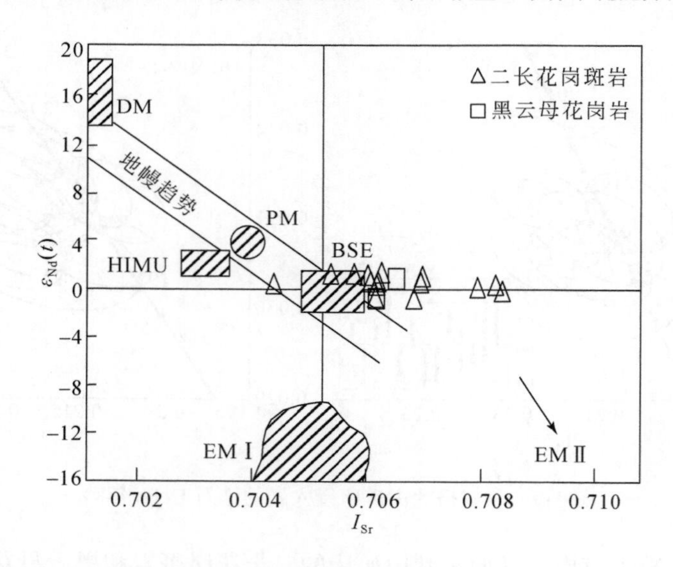

图 4-11　乌奴格吐山矿床侵入岩的 Sr-Nd 同位素组成（数据引自 Chen et al.，2011；Zhang et al.，2016）
DM-亏损地幔；BSE-全硅酸盐地球；EMⅠ和 EMⅡ-富集地幔；HIMU-具有高 U/Pb 比值的地幔；PM-普通地幔

矿物地球化学特征方面，以浸染状形式产于二长花岗斑岩中的黄铁矿，其 Co 含量变化范围较大，为 1.33 ~ 386.9ppm，Ti、Ni、Zn、Cu、As 和 Se 的含量分别为：0.67 ~

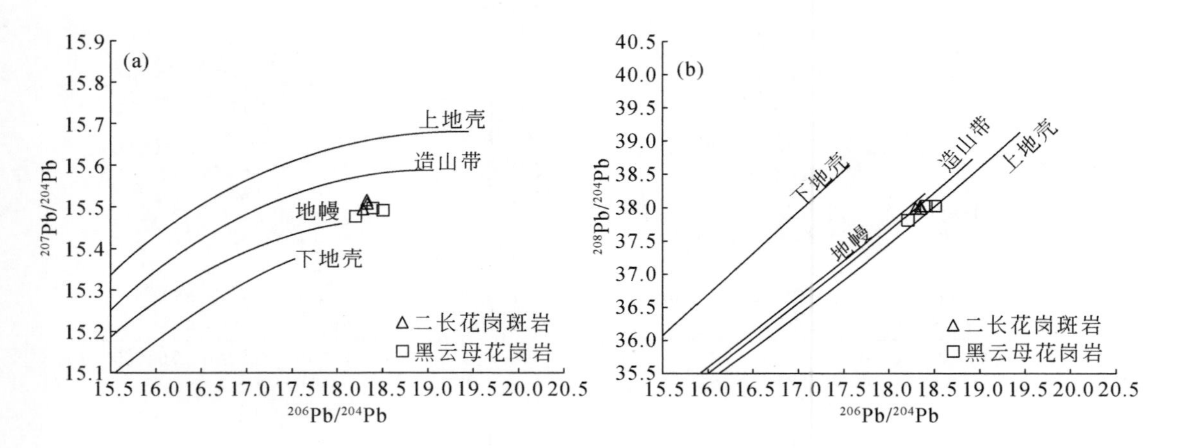

图 4-12　乌奴格吐山矿床侵入岩的 Pb 同位素组成

3.30ppm、0.55～13.53ppm、0.25～0.44ppm、检测线（BDL）～8.89ppm、检测线（BDL）～6.08ppm 和 6.22～18.47ppm（图 4-13）。呈半自形–他形粒状形式产于石英–多金属硫化物脉中的黄铁矿，其 Co、Se、Ag 和 Sn 含量变化范围较小，分别为 BDL～684.15ppm、7.18～226.09ppm、BDL～5.29ppm 和 402.83～551.81ppm。但 Cu 含量变化范围较大，为 BDL～1866.85ppm。Ti、Ni、Mg、Zn、Cr、As、Mn、Pb、Te 和 Bi 的含量分别为：BDL～5.13ppm、BDL～574.93ppm、BDL～3.81ppm、BDL～1.28ppm、BDL～122.65ppm、BDL～6.79ppm、BDL～69.68ppm、BDL～2.75ppm 和 BDL～3.95ppm。以硅质胶结物形式产出在含矿隐爆角砾岩中的黄铁矿，其 Co 和 Cu 含量变化范围较大，分别为 0.21～319.67ppm 和 8.06～3629.04ppm。Ni、Zn 和 Se 的含量变化范围较小，分别为 0.95～55.55ppm、0.53～17.49ppm 和 4.59～64.62ppm。Mg、Ti、V、Cr、Mn、As、Ag、Sn、Sb、Te、Pb 和 Bi 的含量分别为：BDL～1.96ppm、BDL～8.31ppm、BDL～1.85ppm、BDL～1.55ppm、BDL～1.13ppm、BDL～100.46ppm、BDL～9.47ppm、BDL～5.16ppm、BDL～0.58ppm、BDL～1.60ppm、BDL～127.63ppm 和 BDL～1.73ppm。

整体来看，LA-ICP-MS 硫化物微量元素原位分析结果表明：在黄铁矿中，Ti、Nb、Pb、Bi 和 Sn 主要以显微包裹体的形式存在，Cu 和 Co 则主要以类质同象或显微包裹体的形

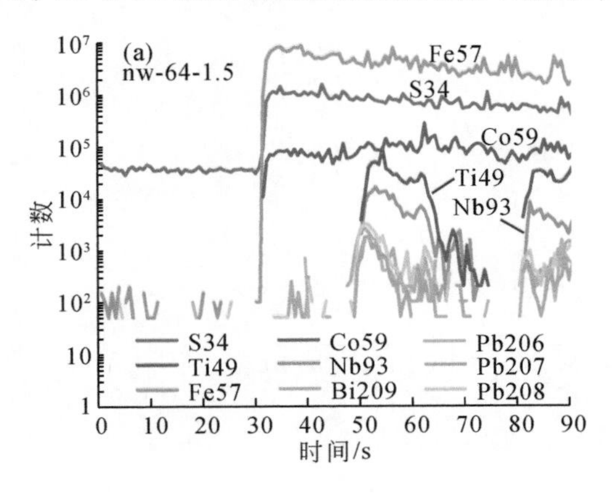

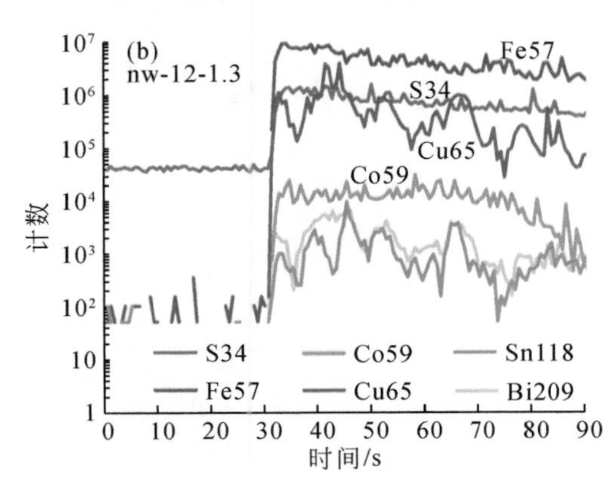

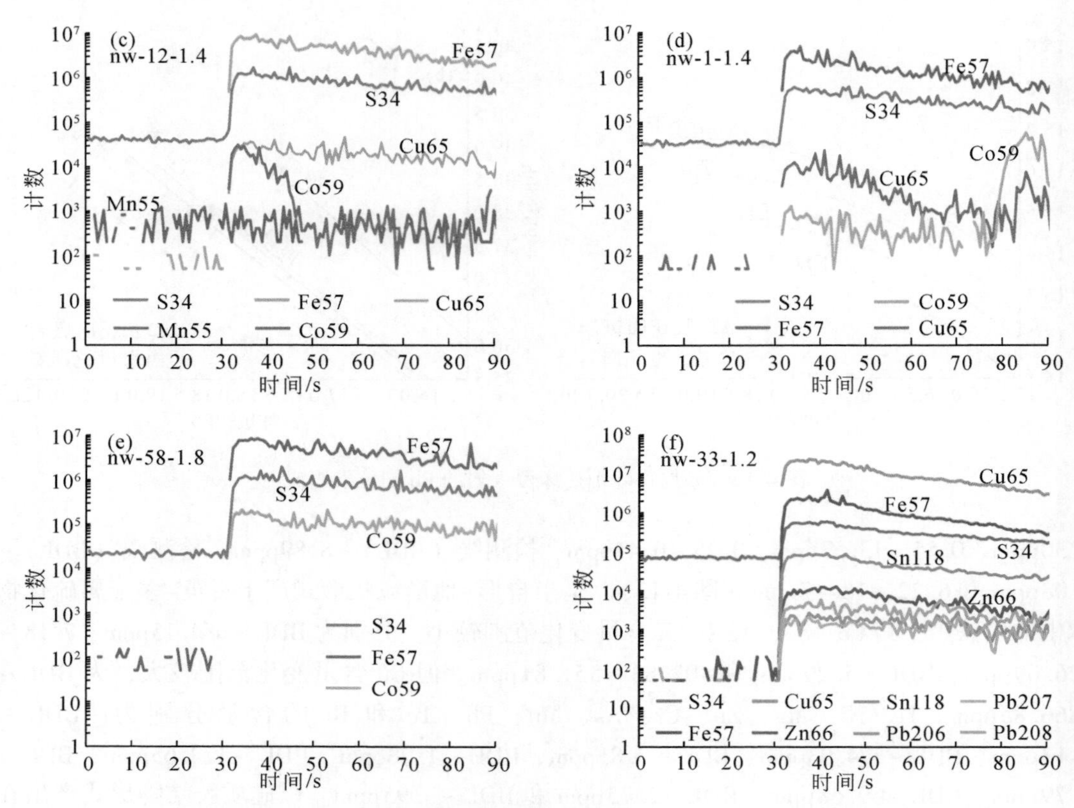

图 4-13 乌奴格吐山矿床黄铁矿和黄铜矿的 LA-ICP-MS 时间分辨率剖面图

式存在，Fe、Sn、Zn 和 Pb 主要以类质同象形式存在（图 4-13）。此外，从二长花岗斑岩到石英–多金属硫化物脉再到含矿角砾岩，黄铁矿的 Cu、Zn、As、Ag、Pb 和 Bi 含量有逐渐升高趋势（图 4-14），指示温压条件剧烈变化是最控矿金属元素富集成矿的重要因素。

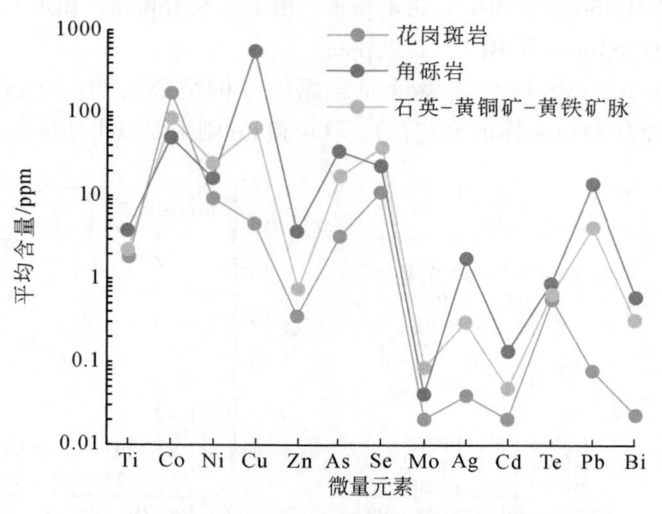

图 4-14 乌奴格吐山矿床黄铁矿的微量元素组成

4.5.3 第二期（165～155Ma）成矿作用

该期成矿作用以比利亚谷–得耳布尔矿集区为代表。该矿集区位于额尔古纳地块中部，由前中生代半隆起带和中生代次级火山断陷盆地组成。铅、锌、银和铜矿化在该矿集区较为发育（图 4-15）。

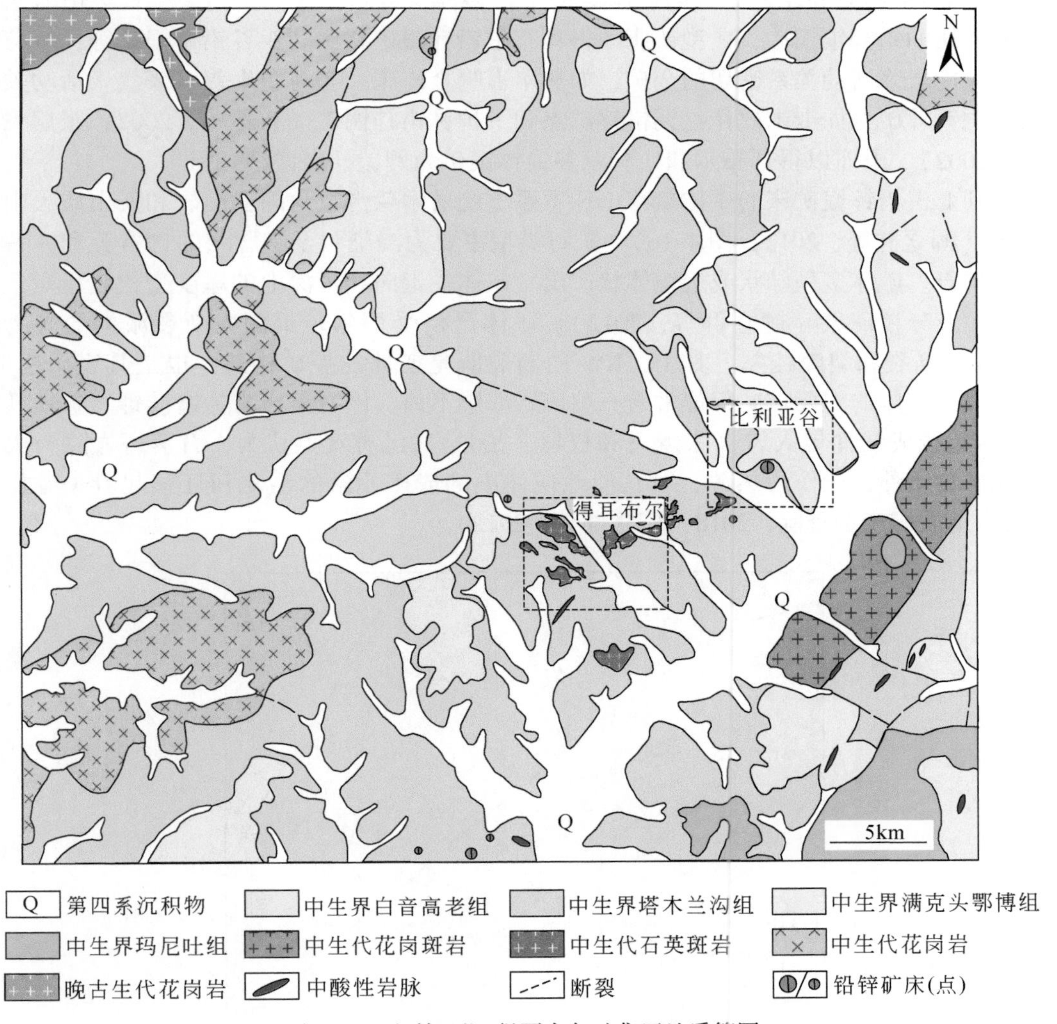

图 4-15　比利亚谷–得耳布尔矿集区地质简图

比利亚谷–得耳布尔矿集区大面积被上侏罗统中–基性火山熔岩和火山沉积岩覆盖，中–酸性火山岩和侵入岩零星出露，新生界地层仅在沟谷中发育。金属矿化主要赋存在上侏罗统塔木兰沟组火山岩地层的北西向构造裂隙和节理中。区内岩浆活动频繁，其以海西中期和燕山期岩浆活动最为强烈（柳立群等，2012）。海西中期岩浆活动以中–酸性侵入活动为主，形成规模较大的岩体，岩石组合类型有斑状黑云母二长花岗岩和花岗闪长岩

（柳立群等，2012）。燕山期岩浆活动相对复杂，大致可分为早、晚两期，但规模都不大，形态复杂，多沿 NE-NNE 和 NW 向断裂两侧出露。燕山早期的侵入岩偏酸性，为钾长花岗岩，晚期的则偏基性，组合类型为花岗闪长岩、流纹岩、流纹斑岩、粗面岩、粗面斑岩、花岗斑岩和石英斑岩。其中，石英斑岩与成矿关系较为密切（柳立群等，2012）。区内断裂构造十分发育，主要是 NE-NNE 向和 NW 向断裂，控制着矿集区内火山断陷盆地及有色和贵金属矿产的形成（张炯飞和权恒，2002）。

比利亚谷-得耳布尔矿集区的矿床类型丰富多样，可划分为：①与中生代火山岩浆活动关系密切的铅锌银铜矿，典型矿床如得耳布尔铅锌银矿和比利亚谷铅锌银矿等；②与中生代次火山岩浆活动关系密切的金矿，如莫尔道嘎金矿床；③与中生代岩浆侵入活动关系密切的铜铅锌矿，如卡米奴什克铜铅锌矿点和下护林铅锌铜矿（权恒等，2002；张炯飞和权恒，2002）。下面以得耳布尔和比利亚谷铅锌银矿为例，开展详细介绍。

比利亚古铅锌银矿床的矿体赋存于侏罗系上统塔木兰沟组角闪安山岩和安山质火山碎屑岩中（柳立群等，2012；图 4-16）。矿石类型主要为浸染状至细脉状的含石英和方解石的铅锌矿石。矿体多呈脉状或透镜体状产出。矿体在走向和延深上的厚度变化较稳定，局部有膨缩及分枝现象（柳立群等，2012）。矿体严格受德尔布干深大断裂派生的次一级 NW 向张性断裂和裂隙控制。其中，NW 向断裂既是矿体的控矿构造，也是其容矿构造。在空间上，矿体的主要赋矿部位常与石英斑岩形影不离。该石英斑岩为富硅钾、贫铁镁钠的浅成-超浅成酸性侵入岩（张炯飞和权恒，2002）。已有观点认为，石英斑岩除为成矿提供成矿物质外，还作为热源，对其他地质体中的成矿元素的活化和迁移起着关键作用（内蒙古地质矿产勘查院，2010；柳立群等，2012）。

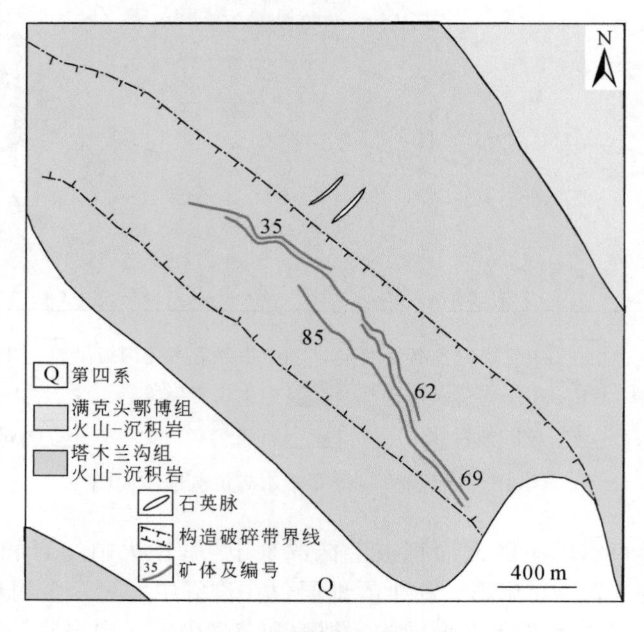

图 4-16　比利亚谷铅锌矿地质简图

得耳布尔铅锌银矿矿区出露的地层为较为简单，为上侏罗统塔木兰沟组中-基性火山岩和火山碎屑岩，以及下白垩统上库力组酸性火山岩（武广，2006）。矿体主要赋存于石英斑岩与安山岩接触带附近的外接触带中（图4-17）。矿区内出露的侵入岩有石英斑岩和黑云母安山玢岩，石英斑岩与矿床的形成关系密切。矿区内断裂构造极为发育，主要有NE—NNE向压扭性断裂和NW—NNW向张性断裂，均为成矿前断裂。NW—NNW向断裂为矿床的导矿和容矿构造，不仅控制着铅锌银矿体的产状和蚀变带的分布，还控制着成矿石英斑岩的分布。成矿后的SN和NE向断裂，控制着黑云母安山玢岩的分布。

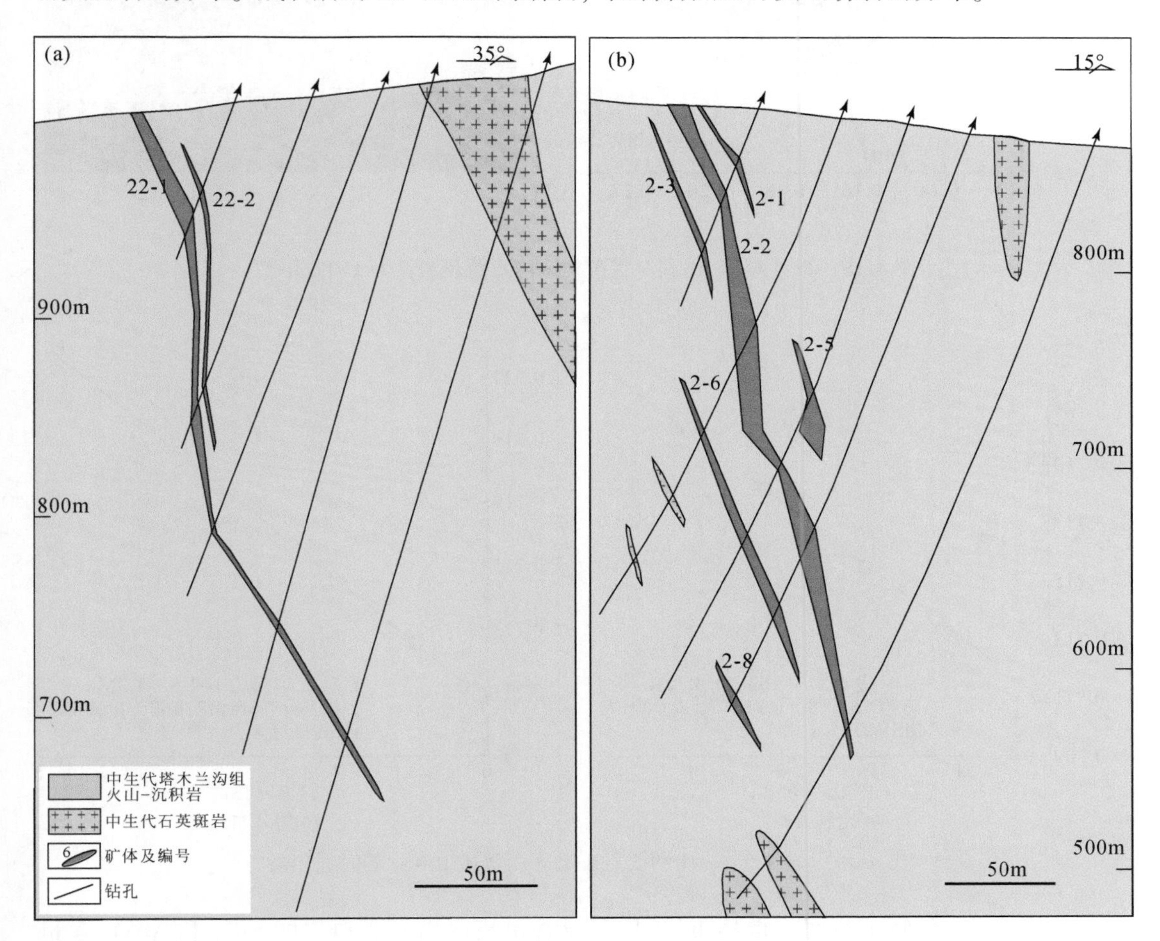

图4-17　得耳布尔铅锌银矿地质剖面

本研究获得的比利亚谷-得耳布尔矿集区，与成矿有关的石英斑岩的LA-ICP-MS锆石U-Pb年龄为165.2±1.2Ma（图4-18），获得的比利亚谷矿床6件闪锌矿样品的Rb-Sr等时线年龄为163.9±4.2Ma，获得的得耳布尔矿床6件闪锌矿样品的Rb-Sr等时线年龄为162.5±4.3Ma（图4-19）。因此，比利亚谷-得耳布尔矿集区内铅锌银矿化时间为中侏罗世。

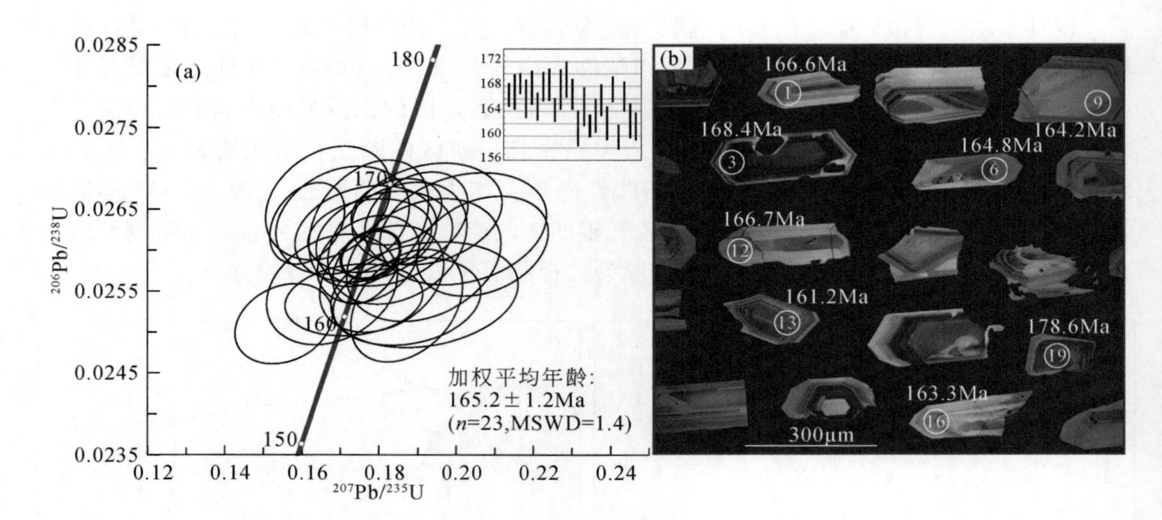

图 4-18 得耳布尔-比利亚谷矿集区内石英斑岩锆石 U-Pb 年龄

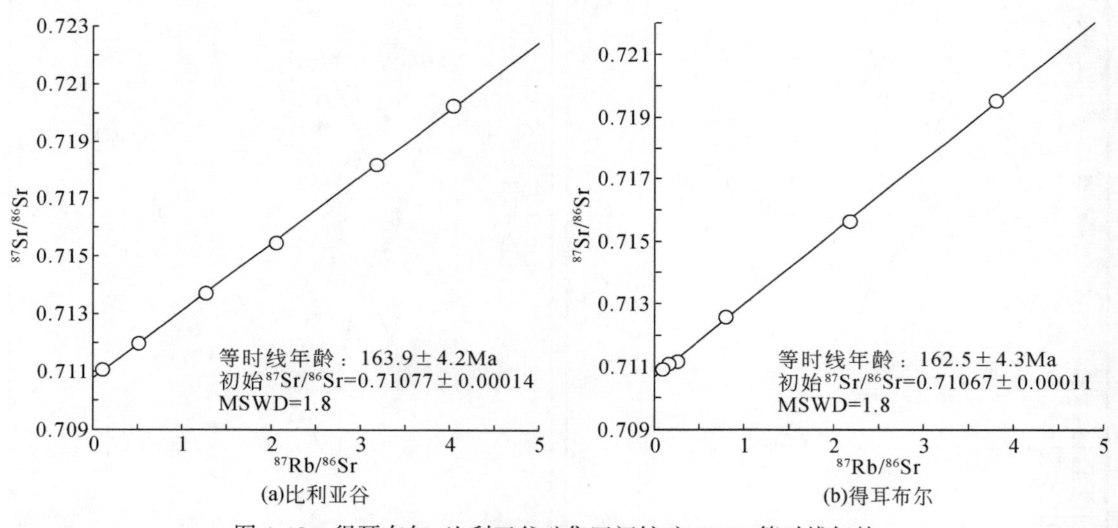

图 4-19 得耳布尔-比利亚谷矿集区闪锌矿 Rb-Sr 等时线年龄

岩石地球化学特征方面，得耳布尔-比利亚谷矿集区内石英斑岩的 SiO_2 和 Al_2O_3 含量分别为 71.32wt.%~74.11wt.% 和 13.07wt.%~14.17wt.%。K_2O、Na_2O 及全碱含量分别为 3.40wt.%~4.25wt.%、0.08wt.%~0.87wt.% 和 3.49wt.%~5.08wt.%。Na_2O/K_2O 比值为 0.02 ~ 0.21。MgO、CaO 和 FeO^T 含量分别为 0.43wt.% ~ 0.62wt.%、1.36wt.% ~ 1.83wt.% 和 2.29wt.%~2.69wt.%。铝饱和指数 A/CNK 为 1.6 ~ 2.0。岩石属高钾钙碱性系列岩石（图 4-20），稀土元素总量介于 107.70 ~ 142.32ppm，$(La/Yb)_N$ 值为22.92 ~ 40.69。岩石富集轻稀土元素，Eu^* 值为 0.68 ~ 0.81，具较弱的铕负异常，同时还富集 Rb、K、La、Ce、Nd、Zr、Hf 和 Tb 等元素，亏损 Th、Nb、Ya、Sr、P、Sm 和 Ti 等元素（图 4-21）。石英斑岩的 $\varepsilon_{Hf}(t)$ 值为 5.7 ~8.3，Hf 模式年龄为 683 ~847Ma（图 4-22）。

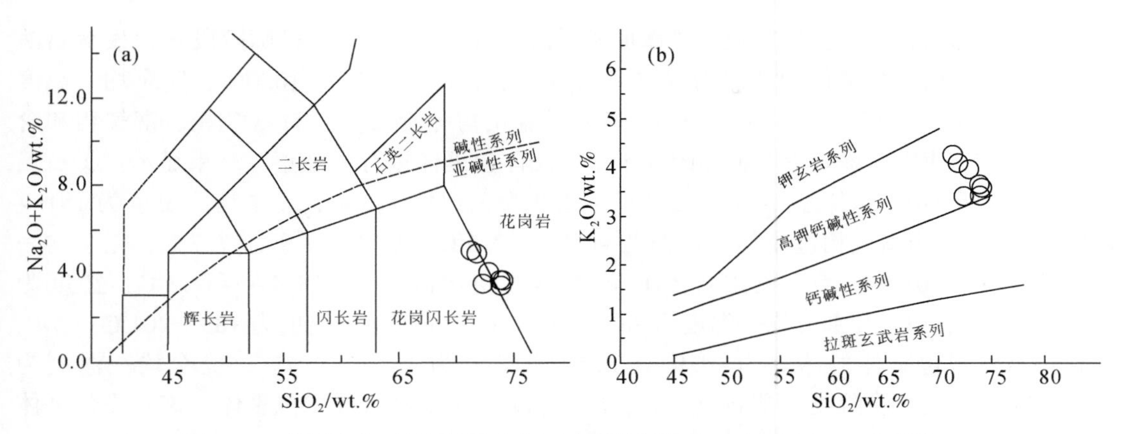

图 4-20 得耳布尔-比利亚谷矿集区内石英斑岩的 TAS 和 SiO_2-K_2O 图解

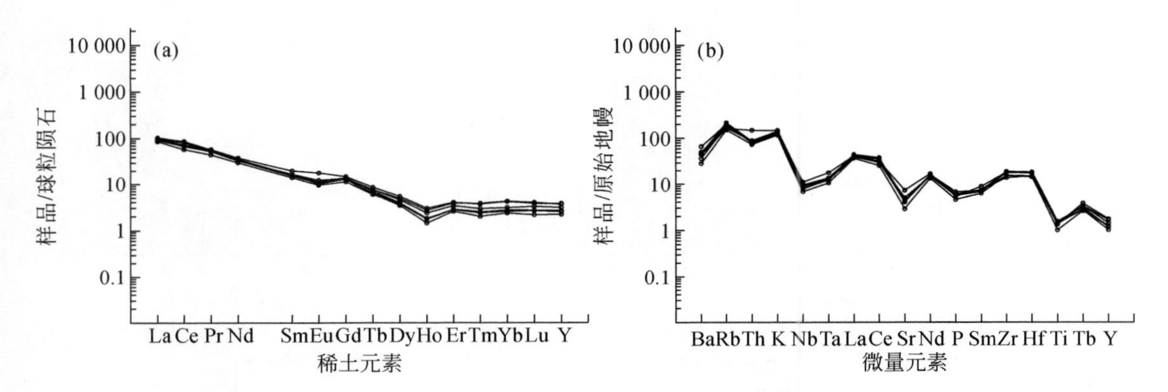

图 4-21 得耳布尔-比利亚谷矿集区内石英斑岩的稀土元素和微量元素标准化图解

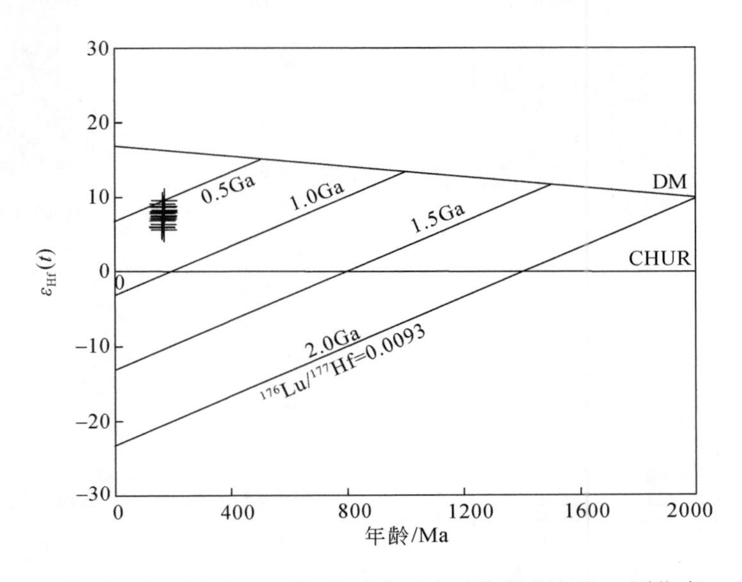

图 4-22 得耳布尔-比利亚谷矿集区内石英斑岩锆石 Hf 同位素

成矿流体特征方面，比利亚谷矿床成矿早阶段（即石英±黄铁矿脉阶段）仅发育富液相包裹体。该阶段包裹体的冰点为-6.6～-2.6℃，盐度为4.3%～10.0%，完全均一温度为191～246℃。成矿中阶段（即石英-多金属硫化物脉阶段）发育富液相、富气相和含CO_2包裹体。我们对该阶段石英和闪锌矿中的流体包裹体进行了观察，结果显示：①石英中富液相包裹体的冰点为-5.6～-2.1℃，盐度为3.6%～8.7%，完全均一温度为151～209℃；②石英中富气相包裹体的冰点为-4.9～-2.3℃，盐度为3.9%～7.7%，完全均一温度为168～205℃；③石英中含CO_2包裹体的初熔温度为-58.4～-57.3℃，盐度为3.7%～6.7%，CO_2相部分均一温度为28.1～30.1℃，完全均一温度为185～201℃；④闪锌矿中富液相包裹体的冰点为-4.9～-2.5℃，盐度为4.2%～7.7%，完全均一温度为172～208℃。成矿晚阶段（即石英-碳酸盐脉阶段）仅发育富液相包裹体。该阶段包裹体的冰点为-4.2～-0.9℃，盐度为1.6%～6.7%，完全均一温度为115～159℃（图4-23）。

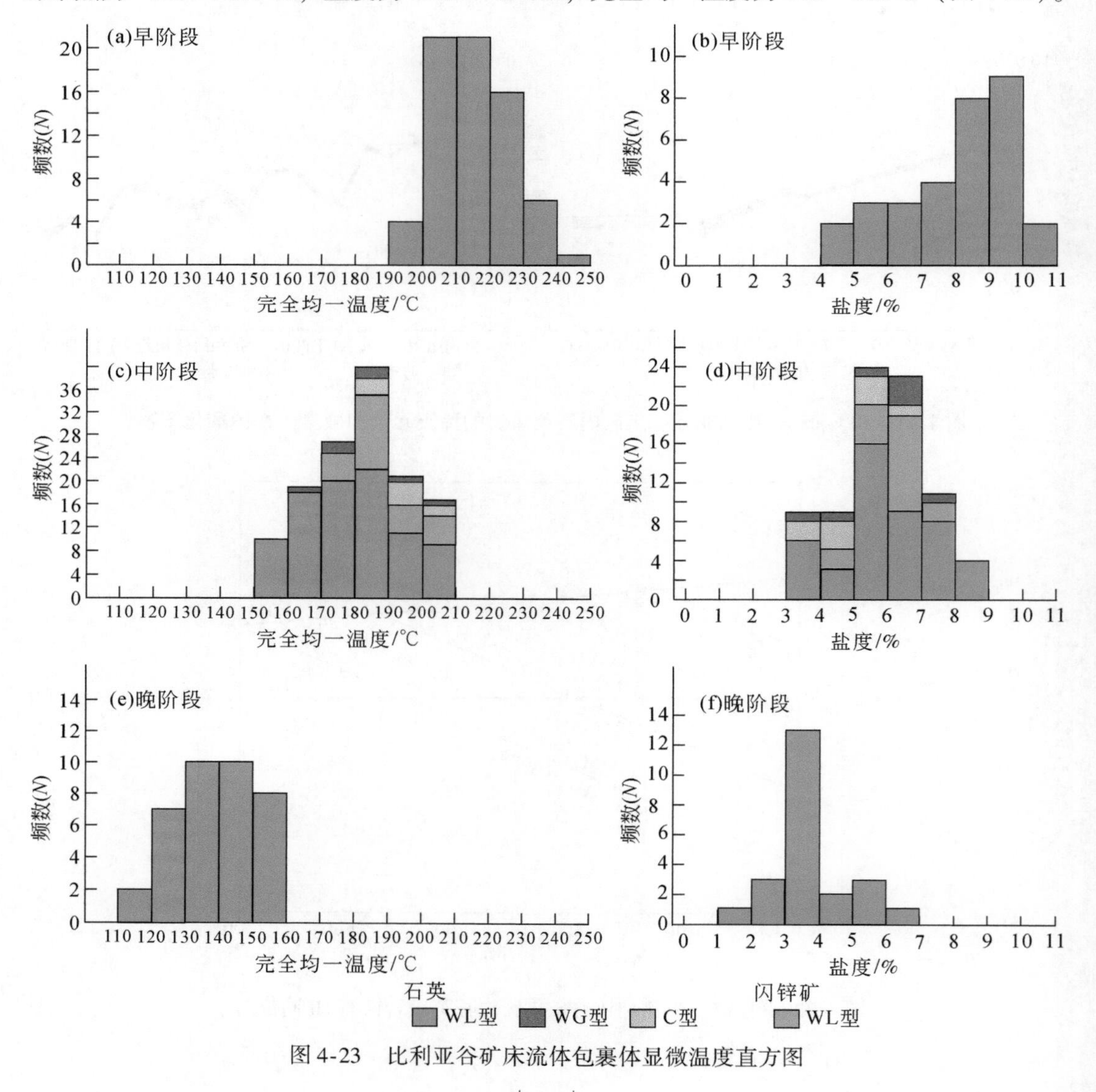

图4-23　比利亚谷矿床流体包裹体显微温度直方图

得耳布尔矿床成矿早阶段（即石英±黄铁矿脉阶段）仅发育富液相包裹体。该阶段包裹体的冰点为-6.8～-4.1℃，盐度为6.6%～10.2%，完全均一温度为193～239℃。成矿中阶段（即石英-多金属硫化物脉阶段）发育富液相、富气相和含 CO_2 包裹体。我们对该阶段石英和闪锌矿中的流体包裹体进行了观察，结果显示：①石英中富液相包裹体的冰点为-5.9～-2.1℃，盐度为3.6%～9.1%，完全均一温度为153～215℃；②石英中富气相包裹体的冰点为-4.1～-2.5℃，盐度为4.2%～6.6%，完全均一温度为175～205℃；③石英中含 CO_2 包裹体的初熔温度为-58.7～-57.6℃，盐度为4.1%～7.2%，CO_2 相部分均一温度为27.8～30.5℃，完全均一温度为183～213℃；④闪锌矿中富液相包裹体的冰点为-4.6～-2.9℃，盐度为4.8%～7.3%，完全均一温度为178～216℃。成矿晚阶段（即石英-碳酸盐脉阶段）仅发育富液相包裹体。该阶段包裹体的冰点为-3.2～-0.5℃，盐度为0.9%～5.3%，完全均一温度为113～165℃（图4-24）。

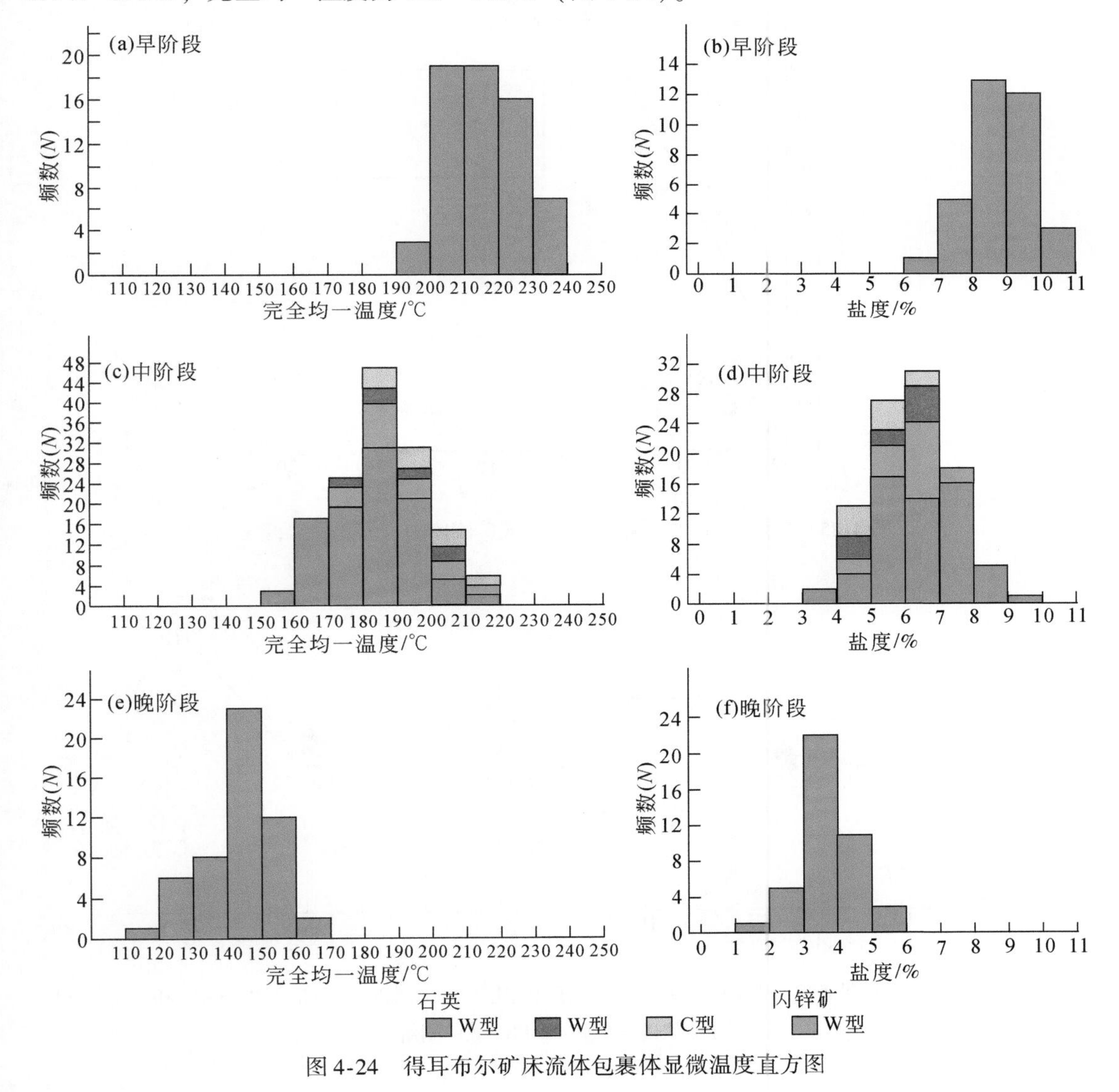

图4-24　得耳布尔矿床流体包裹体显微温度直方图

成矿流体的氢氧同位素方面，比利亚谷矿床的$\delta^{18}O_W$值为-19.3‰～-5.9‰，δD_W值为-165.4‰～-143.2‰，得耳布尔矿床的$\delta^{18}O_W$值为-19.2‰～-7.9‰，δD_W值为-171.1‰～-141.4‰（图4-25）。这表明，比利亚谷-得耳布尔矿集区内的成矿流体，主要来源于岩浆热液与大气降水的混合。金属硫化物的硫同位素方面，比利亚谷和得耳布尔矿床的闪锌矿LA-ICP-MS原位$\delta^{34}S$值分别为+8.9‰～+11.7‰和+4.5‰～+5.8‰，说明硫主要来自岩浆热液。金属硫化物的铅同位素方面，比利亚谷矿床的金属硫化物铅同位素组成为：$^{206}Pb/^{204}Pb$=18.425～18.480，$^{207}Pb/^{204}Pb$=15.560～15.626和$^{208}Pb/^{204}Pb$=38.237～38.434，得耳布尔矿床的金属硫化物铅同位素组成为：$^{206}Pb/^{204}Pb$=18.437～18.459，$^{207}Pb/^{204}Pb$=15.569～15.598和$^{208}Pb/^{204}Pb$=38.244～38.351，均位于造山带演化线附近（图4-26），显示壳幔混源特征。稀有气体同位素组成方面，比利亚谷矿床中黄铁矿的流体包裹体$^3He/^4He$

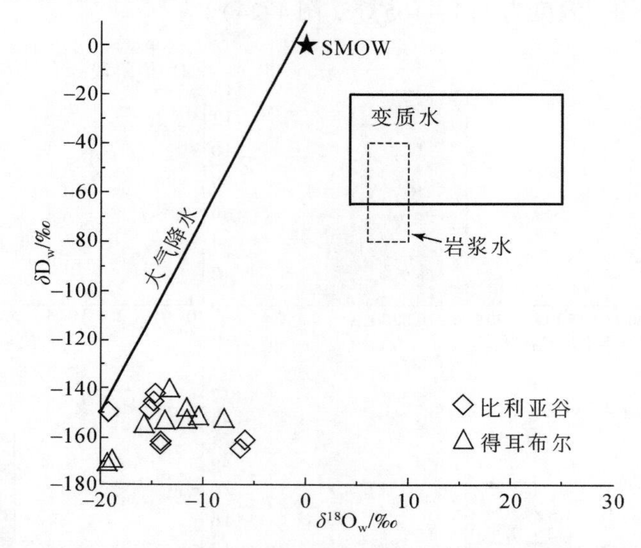

图4-25　比利亚谷-得耳布尔矿集区成矿流体的氢氧同位素组成

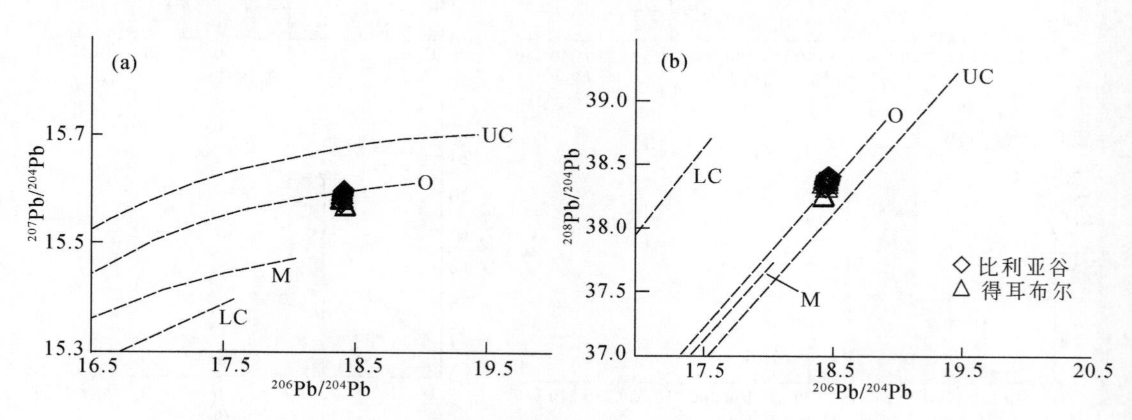

图4-26　比利亚谷-得耳布尔矿集区金属硫化物的$^{206}Pb/^{204}Pb$～$^{207}Pb/^{204}Pb$（a）和$^{206}Pb/^{204}Pb$～$^{208}Pb/^{204}Pb$（b）图解

值为 0.12 ~ 2.90Ra，换算得到的地幔流体参与成矿的比例为 1.2%~32.1%；得耳布尔矿床中黄铁矿的流体包裹体 $^3He/^4He$ 值为 0.06 ~ 1.55Ra，换算得到的地幔流体参与成矿的比例 0.6%~17.2%（图 4-27）。

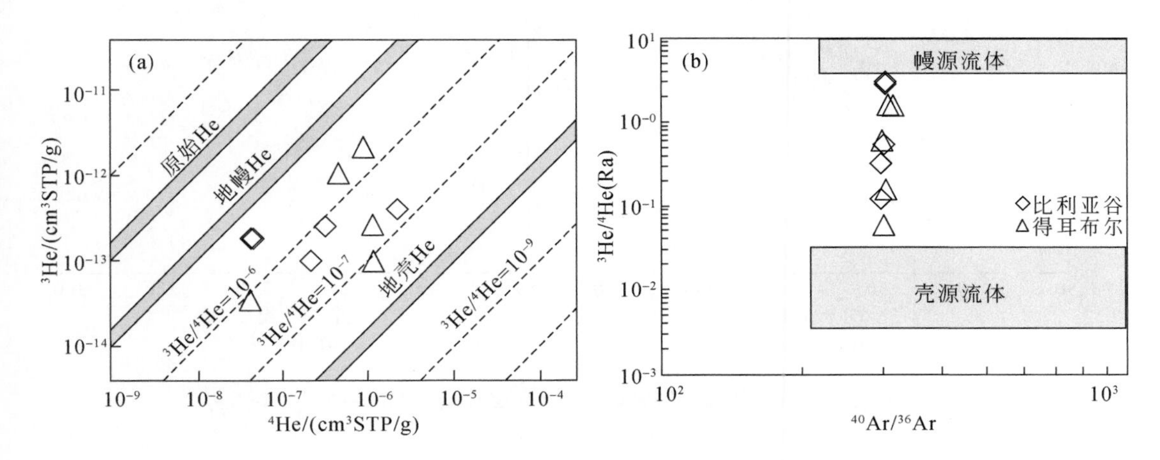

图 4-27 比利亚谷-得耳布尔矿集区黄铁矿中流体包裹体氦同位素组成

如前文所述，比利亚谷-得耳布尔矿集区中，成矿流体从早阶段到晚阶段，发生了规律性的变化，即成矿流体温度从早阶段的 239 ~ 193℃，经成矿中阶段的 215 ~ 153℃，最终演化至晚阶段的 165 ~ 113℃，温度逐渐降低。伴随流体温度的降低，流体的盐度从早阶段的 10.2%~4.3%，演化至晚阶段的 6.7%~0.9%，盐度也逐渐降低（图 4-28）。此外，成矿中阶段的石英内可见不同类型包裹体共存现象，但它们的均一温度相近。这表明，成矿流体经历了不混溶或相分离作用。成矿流体的不混溶或相分离作用，是铅锌银等成矿物质从热液中卸载沉淀的重要机制之一。野外观察发现，比利亚谷-得耳布尔矿集区内断裂构造较为发育，控制着矿体的空间分布。我们认为，成矿过程中频繁的构造活动，可能会促使成矿流体在沿断裂运移过程中，由于压力的剧烈波动，发生减压不混溶或相分离作用，CO_2 等气体大量逃逸，进而促使成矿流体中的酸性组分浓度降低，大大降低了成矿物质的溶解度，进而发生大量金属元素的卸载并富集成矿。已有研究显示，额尔古纳地块从中侏罗世至早白垩世末期发育大规模双峰式火山岩。这说明，额尔古纳地块在中侏罗世时期可能处在鄂霍次克洋向南俯冲碰撞后的伸展环境（葛文春等，2005；Khomich，2010；陈岳龙等，2014；徐智涛，2020）。因此，我们提出了一个额尔古纳地块中侏罗世铅锌银矿床的成矿概念模型：中侏罗世时期，额尔古纳地块处于碰撞造山后的伸展环境，发育了一系列以 NE 向为主的张性裂隙和构造破碎带，并形成了与成矿关系密切的诸如石英斑岩的浅成-超浅成中-酸性侵入体。在这个过程中，由岩浆分异演化形成的含矿流体，沿构造有利部位上升，萃取了早期火山-沉积地层中的成矿物质，如 Pb、Zn 和 Ag 等。当含矿热液沿张性裂上升到地壳浅部时，与下渗的大气降水发生混合，大量 Pb、Zn 和 Ag 卸载沉淀并富集成矿。

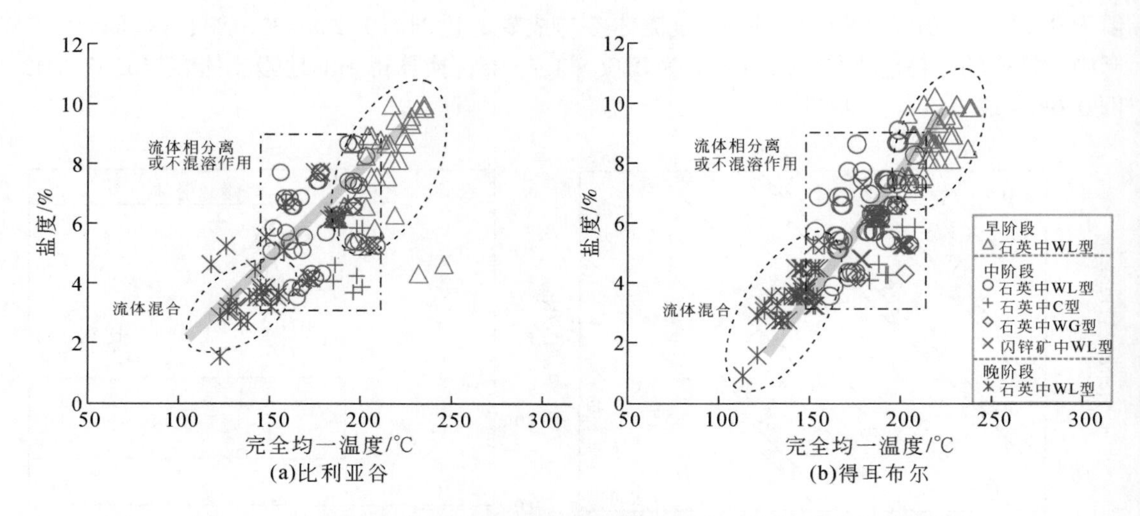

图 4-28　比利亚谷-得耳布尔矿集区流体包裹体均一温度-盐度关系图解

4.5.4　第三期（155～105Ma）成矿作用

该期成矿作用以甲乌拉铅锌银矿和砂宝斯金矿为代表。下面以这两个矿床为例，开展详细介绍。

（1）甲乌拉铅锌银矿

甲乌拉铅锌银矿的矿体赋存在三叠统砂板岩及中侏罗统塔木兰沟组玄武岩、安山玄武岩和安山岩中，晚华力西期钾长花岗岩中亦有少量矿化（图4-29，图4-30）。上三叠统是甲乌拉铅锌银矿体的主要赋矿围岩，为一套陆相火山-沉积岩系。其下部为绿泥石和绿帘石化安山岩及玄武安山岩，中部为粉砂岩、粉砂质板岩、凝灰质砂岩、酸性凝灰岩、流纹岩和安山岩，上部为灰色变质砂砾岩、粗砂岩、凝灰质砂岩和凝灰岩（舒广龙等，2003）。其中，流纹岩夹层的LA-ICP-MS锆石U-Pb年龄为203±1Ma。上三叠统与下伏地质体和上覆中侏罗统塔木兰沟组均呈不整合接触。塔木兰沟组主要岩性为青磐岩化玄武岩、安山玄武岩和安山岩，也是甲乌拉矿床的重要赋矿围岩，其LA-ICP-MS锆石U-Pb年龄约为172Ma（李铁刚，2016）。孟恩等（2011）获得的塔木兰沟组玄武岩的LA-ICP-MS锆石U-Pb年龄约为166Ma。

矿区侵入岩较为发育，主要为浅成-超浅成侵入岩，主要岩石类型为长石斑岩、石英二长斑岩、花岗斑岩和流纹斑岩等。这些侵入岩的产出多受断裂或火山机构控制，呈岩株、岩枝或岩脉状形式产出。其中，石英斑岩呈脉状产出，斑状结构，块状构造，斑晶为石英，有少量长石，基质为霏细结构。石英二长斑岩呈岩枝或岩脉状产出，斑状结构，块状构造，斑晶为斜长石，有时为正长石或石英，基质为长英质微晶结构和交织结构。石英二长斑岩硅化和绢云母化较为明显，局部还发育浸染状或细脉状黄铁矿化、黄铜矿化和辉钼矿化。该岩体被认为是甲乌拉矿床的成矿岩体。

甲乌拉矿床现已圈出铅锌银矿体40余条。矿体呈脉状产于石英二长斑岩附近的构造

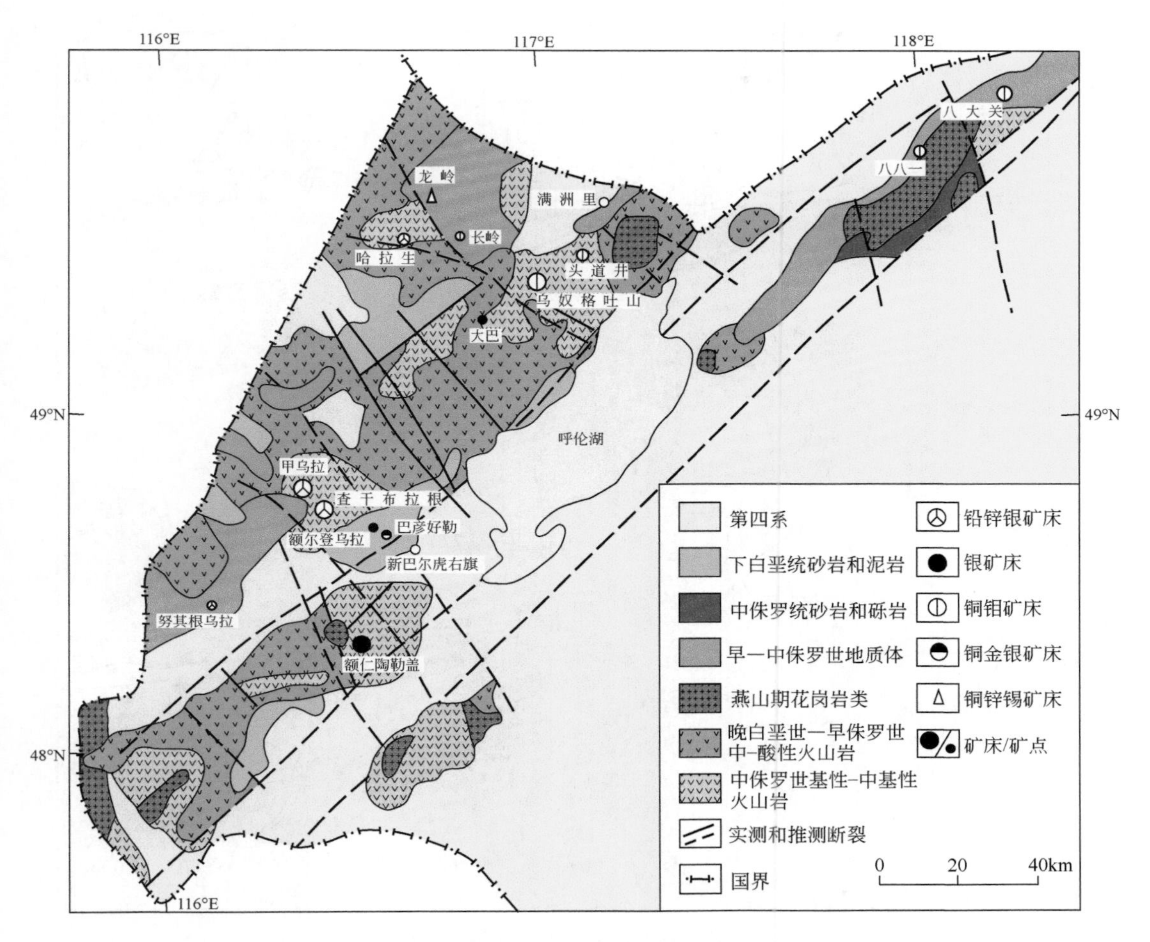

图 4-29　满洲里地区区域地质简图

破碎带或岩体边部。矿体总体走向 330°～350°，倾向 SW，倾角 42°～70°。主要矿体为 1、2、3、4 和 12 号矿体。其中，2 号矿体规模最大，断续延长达 2000m，延深 300～1000m，厚度 0.36～14.98m，平均厚 3.87m，平均品位：Pb 2.65%，Zn 4.24%，Cu 0.30%，Ag 124.31ppm。矿体向下延深变陡，且平行矿脉变多。纵向上，甲乌拉矿区的成矿金属元素表现出浅部 Ag-Pb-Zn 矿化，中部 Pb-Zn-Ag 和 Cu-Pb-Zn-Ag 矿化，深部 Cu-Zn-Ag 矿化的垂向分带。平面上，以石英二长斑岩为中心，由内向外大致发育 Cu-Zn-Ag、Cu-Pb-Zn-Ag、Pb-Zn-Ag 和 Ag-Pb-Zn 金属元素分带（王之田等，1993）。此外，近年来甲乌拉矿床深部的找矿工作发现，矿区深部石英二长斑岩发育地带，还发育有斑岩型铜钼矿化。

矿石中的金属矿物有方铅矿、闪锌矿、黄铁矿、黄铜矿、磁黄铁矿、毒砂、辉钼矿、磁铁矿和含银矿物。其中，含银矿物有辉银矿、自然银、银黝铜矿、硫锑铋铅银矿和碲银矿等。脉石矿物主要为石英和碳酸盐类矿物。主要的蚀变类型有硅化、碳酸盐化、绿泥石化、绢云母化、水白云母化和高岭土化等。其中，与铅锌银矿化关系密切的蚀变为硅化、水白云母化、碳酸盐化和绿泥石化。石英二长斑岩和石英斑岩的蚀变强度较弱，但安山岩

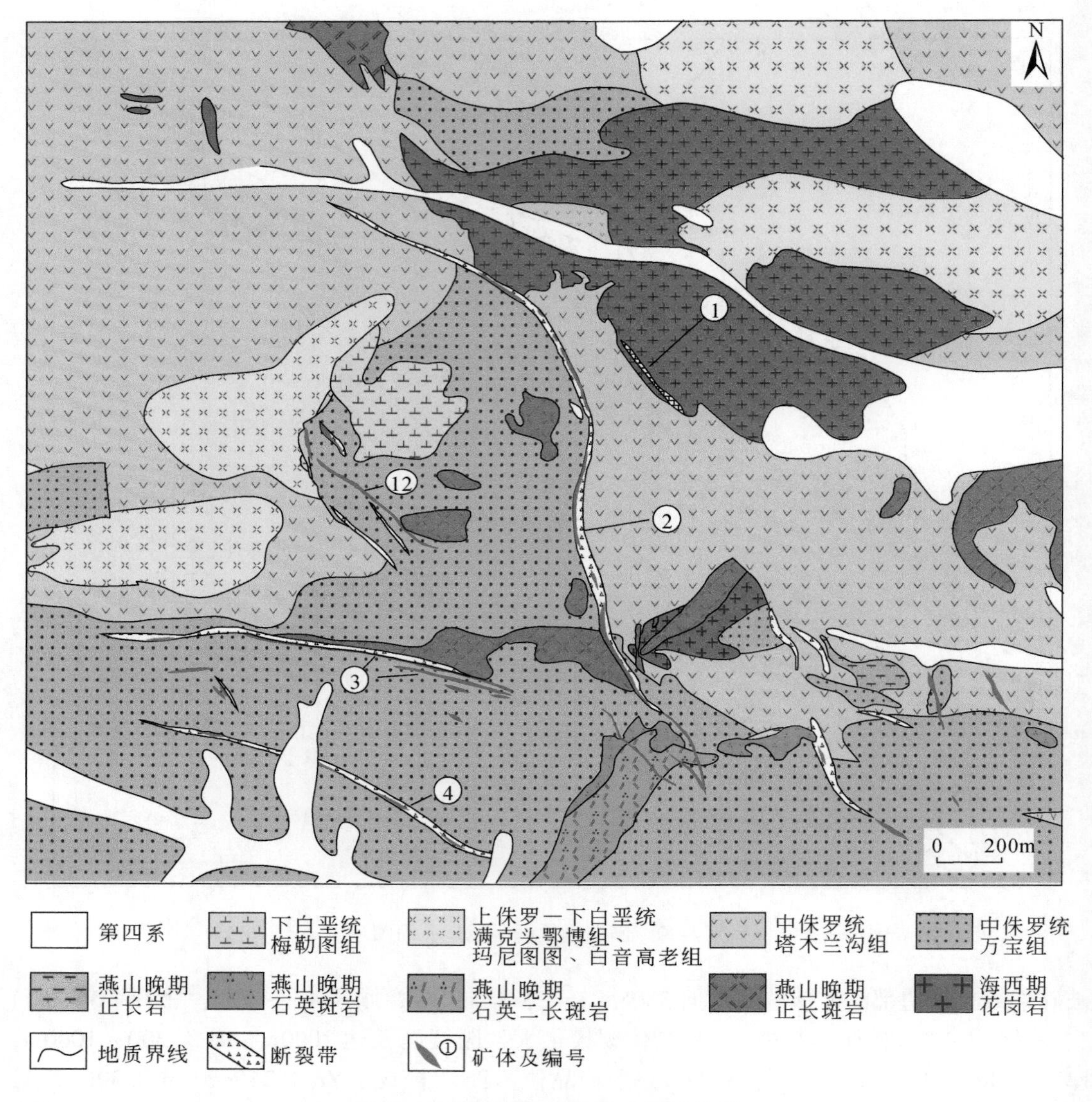

图 4-30　甲乌拉铅锌银矿床地质简图

中则普遍发育碳酸盐化、绿泥石化和绿帘石化。矿石构造有块状构造、团块状构造、角砾状构造、浸染状构造、脉状和细脉状构造。依据矿脉的矿物组合及矿脉间的穿切关系，可将甲乌拉矿床的成矿阶段划分为：毒砂–黄铁矿–磁铁矿–石英阶段、闪锌矿–白铁矿–方铅矿–黄铜矿–自然银–石英–碳酸盐岩矿物阶段、黄铁矿–辉钼矿–铜蓝–穆铁矿–白铁矿–黄铜矿–碲银矿–石英–碳酸盐岩矿物阶段（翟德高等，2010）。

前人定年结果显示，甲乌拉矿床中与成矿关系密切的石英二长斑岩的 LA-ICP-MS 锆石 U-Pb 年龄为 145.3±1.9Ma，金属硫化物的 Rb-Sr 等时线年龄为 142.7±1.3Ma（李铁刚，2016；牛斯达，2017）。本次工作对甲乌拉矿床深部发育的花岗岩体及其中的细脉浸染状铜钼矿化，开展了定年工作。结果显示，矿床深部花岗岩体的 LA-ICP-MS 锆石 U-Pb 年龄为248.1±1.3Ma（图4-31），细脉浸染状铜钼矿化中辉钼矿的Re-Os模式年龄为132.5±1.9Ma。这说明，甲乌拉矿床可能存在二期成矿事件，即约143Ma的铅锌银矿化和约133Ma的铜钼矿化。

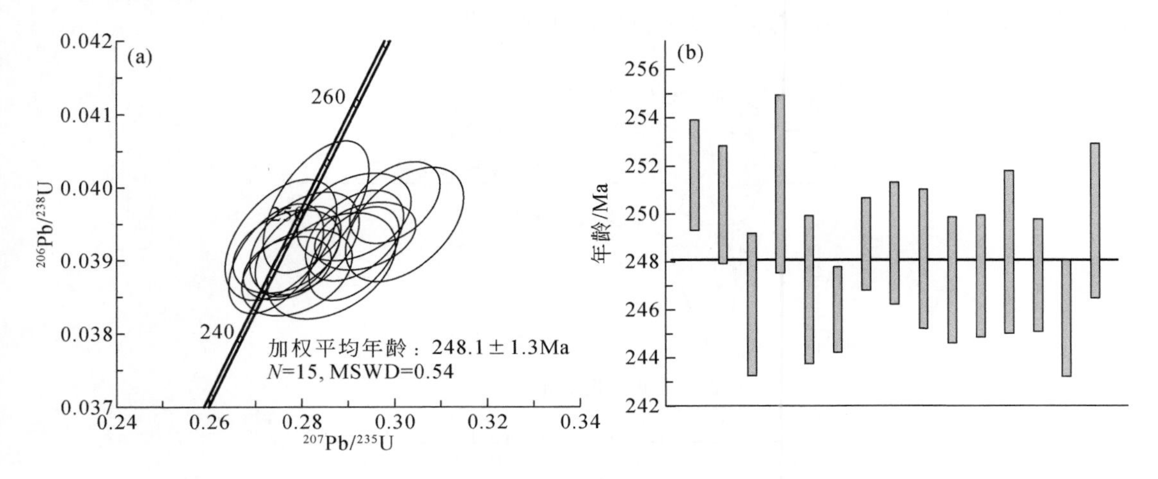

图4-31　甲乌拉矿床深部花岗岩体锆石U-Pb年龄

岩石地球化学特征方面，甲乌拉矿床中的早三叠世花岗岩体属中钾-高钾钙碱性系列、准铝质-过铝质岩石。岩石富集大离子亲石元素，亏损高场强元素，特别是Ba、Nb、Ta、P、Zr和Ti，且具弱-中等的铕负异常（图4-32）。全岩初始Sr同位素值为0.702 721～0.704 147，初始Nd同位素值为-0.90～0.82，Nd模式年龄为948～996Ma（图4-33），Pb同位素组成为：$^{208}Pb/^{204}Pb$ = 38.011 ～ 38.306、$^{207}Pb/^{204}Pb$ = 15.483 ～ 15.498、$^{206}Pb/^{204}Pb$ = 18.369～18.577。早白垩世的石英二长斑岩为准铝质、钾玄岩系列岩石，富集大离子亲石元素，亏损高场强元素，显示出明显的铕负异常。全岩初始Sr同位素值为0.702 692～0.704 239，初始Nd同位素值为0.62～0.81，Nd模式年龄为838～857Ma，Pb同位素组成为：$^{208}Pb/^{204}Pb$=38.047～38.058、$^{207}Pb/^{204}Pb$=15.481～15.482、$^{206}Pb/^{204}Pb$=18.436～18.478

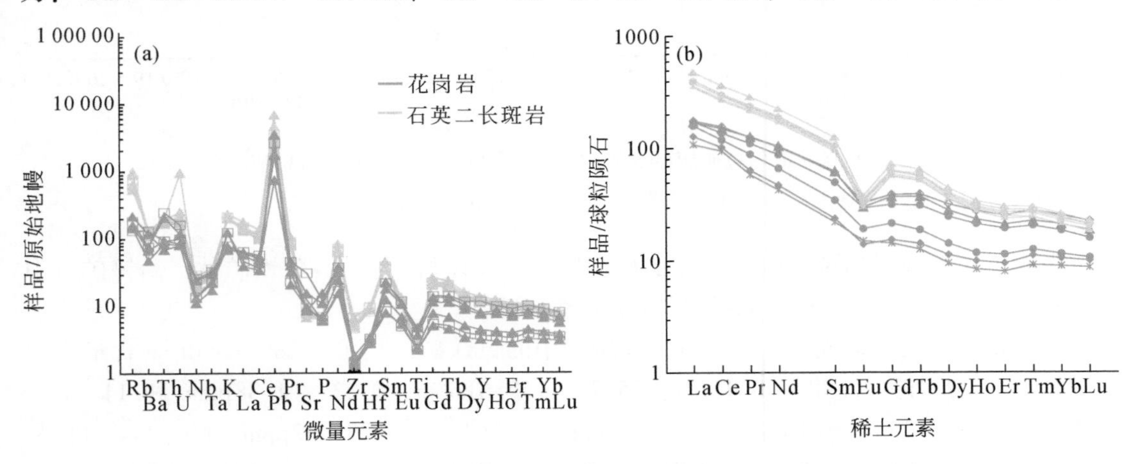

图4-32　甲乌拉矿床侵入岩的稀土和微量元素标准化配分图解

(图 4-34)。上述结果表明，甲乌拉矿床中的早三叠世花岗岩体可能形成于蒙古-鄂霍次克洋向额尔古纳地块俯冲过程中，加厚下地壳物质的部分熔融，同时混合有少量幔源物质，而早白垩世石英二长斑岩则可能形成于蒙古-鄂霍次克洋闭合后的后碰撞伸展环境，岩浆源区来自拆沉下地壳物质的部分熔融并混染有少量幔源物质。

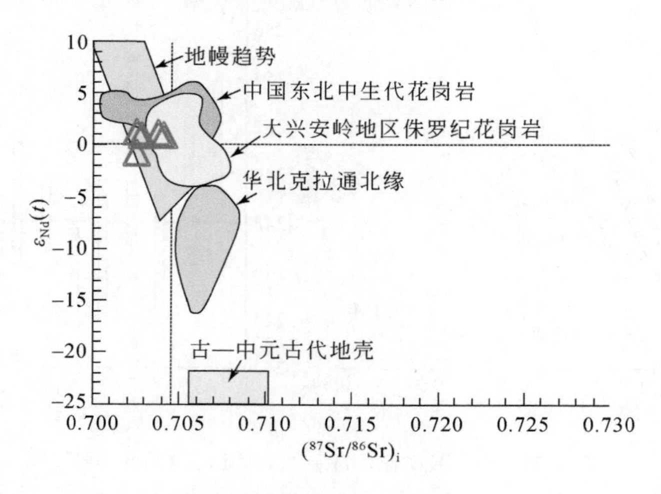

图 4-33　甲乌拉矿床成矿岩体的 Sr-Nd 同位素组成

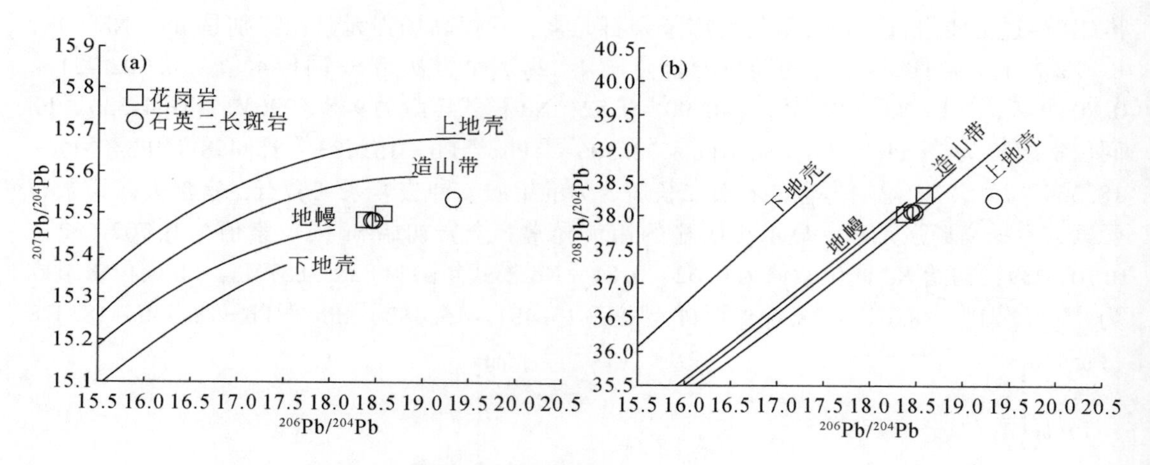

图 4-34　甲乌拉矿床侵入岩的 $^{206}Pb/^{204}Pb \sim ^{207}Pb/^{204}Pb$ (a) 和 $^{206}Pb/^{204}Pb \sim ^{208}Pb/^{204}Pb$ (b) 图解

本次工作选择甲乌拉矿床中石英二长斑岩、花岗斑岩、石英-黄铁矿脉、铅锌矿石中金属硫化物开展原位 LA-ICP-MS 微区微量元素分析。

硫化物微量元素组成带上，石英二长斑岩中的黄铁矿，其 Ti、Co、Zn 和 Se 含量变化范围较小，分别为 0.98 ~ 3.4ppm、15.7 ~ 157.61ppm、0.33 ~ 1.38ppm 和 11.87 ~ 30.57ppm (图 4-35)。但 Ni 含量变化范围较大，为 19.36 ~ 951.92ppm。Mg、As、Pb 和 Bi 的含量分别为 BDL ~ 2.71ppm、BDL ~ 1.21ppm、BDL ~ 1.04ppm 和 BDL ~ 2.30ppm。花

岗斑岩中的黄铁矿，其 Co 和 Ni 含量变化范围较大，分别为 0.04 ~ 387.69ppm 和 0.09 ~ 108.15ppm。Se 含量变化范围较小，为 3.51 ~ 16.76ppm。Ti、Zn、As、Te 和 Bi 的含量分别为 BDL ~ 4.16ppm、BDL ~ 1.49ppm、BDL ~ 1.46ppm、BDL ~ 9.43ppm 和 BDL ~ 7.40ppm。石英-黄铁矿脉中的黄铁矿，其 Ti、Cu、Ag 和 Ag 含量变化范围较小，分别为 1.28 ~

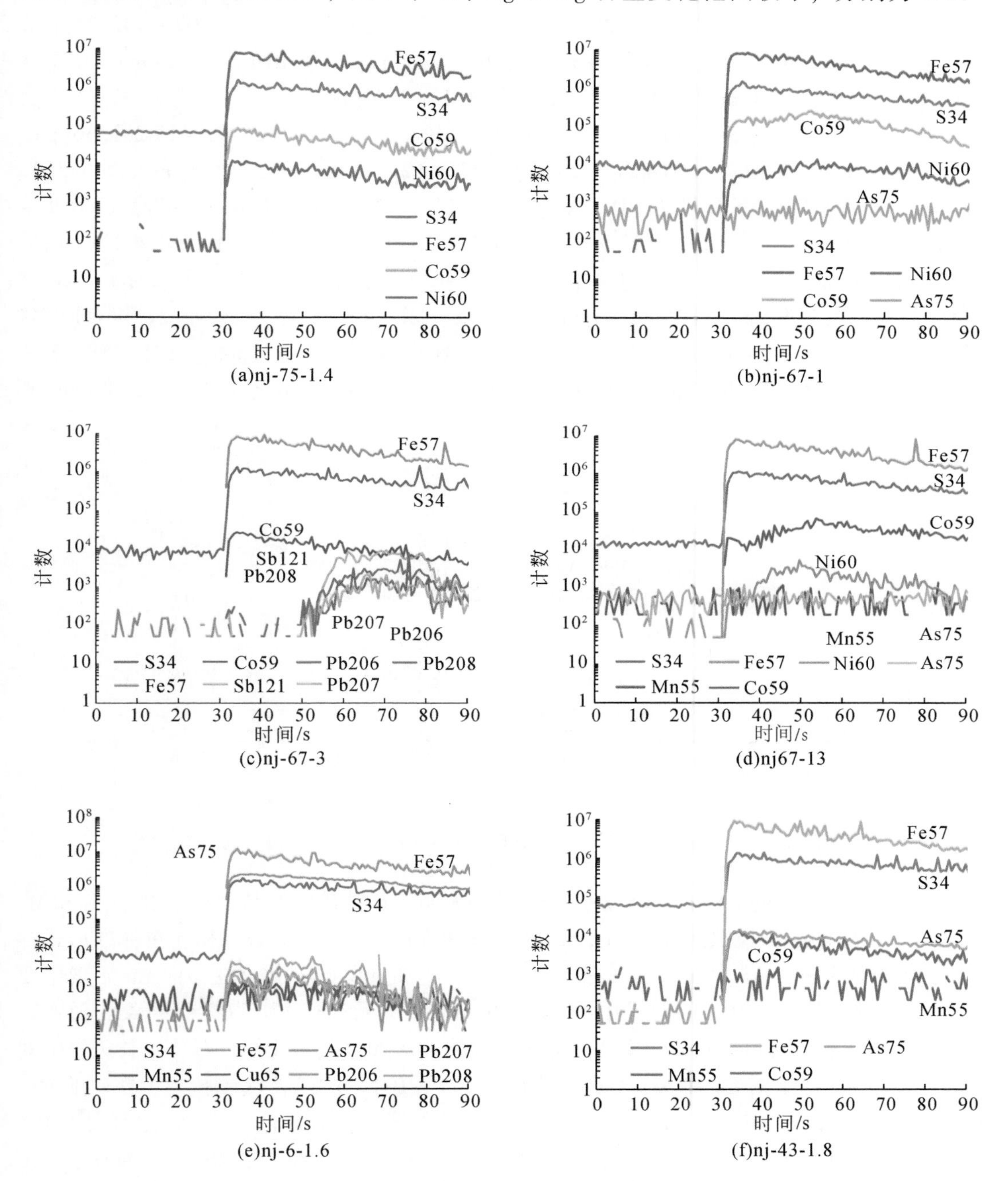

图 4-35 甲乌拉矿床中黄铁矿的 LA-ICP-MS 时间分辨率剖面图

3.97ppm、0.21 ~ 8.62ppm、0.01 ~ 5.38ppm 和0.83 ~ 68.79ppm。As 含量变化范围大，为 BDL ~ 20 440.80ppm。Mg、Mn、Co、Ni、Zn、Se、Cd 和 Tl 的含量分别为 BDL ~ 1.49ppm、BDL ~ 5.23ppm、BDL ~ 8.89ppm、BDL ~ 72.98ppm、BDL ~ 33.16ppm、BDL ~ 2.93ppm、BDL ~ 3.91ppm 和 BDL ~ 7.70ppm。铅锌矿石中的黄铁矿，其 Ti 和 As 含量变化范围较小，分别为 1.49 ~ 4.39ppm 和 0.31 ~ 54.25ppm。As 含量变化范围较大，为 4.07 ~ 142.31ppm。Co、Ni、Zn、Se、W 和 Pb 的含量分别为 BDL ~ 14.11ppm 和 BDL ~ 2.92ppm、BDL ~ 18.86ppm、BDL ~ 8.04ppm、BDL ~ 18.0ppm 和 BDL ~ 7.26ppm。

方铅矿的 Ag、Cd、Sn、Sb 和 Se 含量变化范围较小，分别为 1926.93 ~ 15 282.56ppm、17.73 ~ 23.69ppm、5.50 ~ 46.81ppm、1202.61 ~ 4723.62ppm 和 0.61 ~ 1.59ppm（图 4-36）。Fe、Cu、Zn 和 As 的含量分别为 BDL ~ 3.37ppm、BDL ~ 3.16ppm、BDL ~ 1.47ppm、BDL ~ 3.69ppm 和 BDL ~ 1.36ppm。闪锌矿的 Ag、Cd、Sn 和 Pb 含量变化范围较小，分别为 13.95 ~ 68.13ppm、4561.42 ~ 5238.90ppm、0.52 ~ 29.77ppm 和 0.39 ~ 13.52ppm。Cu 含量变化范围较大，为 95.39 ~ 2382.43ppm。Ti、Cr、Mn、Fe、Co、Se、Zr、Sb 和 Gd 的含量分别为 BDL ~ 3.66ppm、BDL ~ 1.15ppm、1633.47 ~ 2077.7ppm、101 258.65 ~ 117 565.71ppm、4.33 ~ 8.23ppm、BDL ~ 5.65ppm、BDL ~ 1.43ppm、BDL ~ 2.48ppm 和 BDL ~ 0.03ppm。

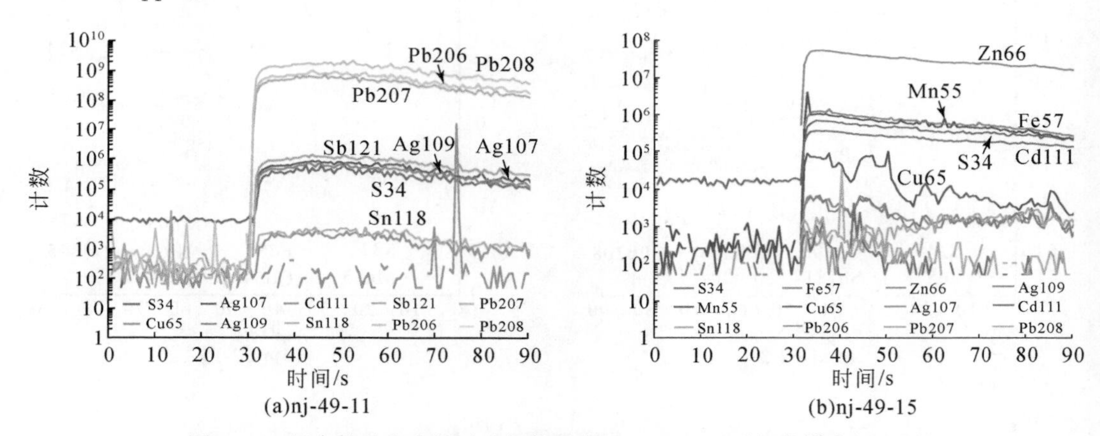

图 4-36　甲乌拉矿床方铅矿和闪锌矿的 LA-ICP-MS 时间分辨率剖面图

上述硫化物成分的 LA-ICP-MS 原位分析结果表明，黄铁矿中的 Fe、Co、Ni、As 和 Mn 等元素，主要以类质同象的形式存在，而 Sb、Pb 和 Cu 等元素主要以显微包裹体的形式存在。方铅矿中的 Sb、Ag、Sn 和 Cd 等元素，主要以类质同象的形式存在，而 Cu 元素主要以显微包裹体的形式存在。闪锌矿中的 Fe、Mn 和 Cd 等元素，主要以类质同象的形式存在，而 Cu、Sn、Ag 和 Pb 元素，主要以显微包裹体的形式存在。此外，石英二长斑岩中的黄铁矿具有中等含量的 Co 和 Ni，Co/Ni 比值为 0.1 ~ 10，石英-黄铁矿脉中黄铁矿的 Co/Ni 比值约为 0.1，铅锌矿石中的黄铁矿，其 Co 含量中等，Ni 含量低，Co/Ni 比值大于 10，而与铜钼矿化有关岩体中的黄铁矿则具有较高含量的 Co 和 Ni，Co/Ni 比值为 0.1 ~ 10（图 4-37）。因此，我们认为，低 Ni 含量（<0.1ppm）、高 Co/Ni 比值（10 ~ >100）的黄铁矿，可以作为额尔古纳地块寻找铅锌银矿的矿物勘查标识。

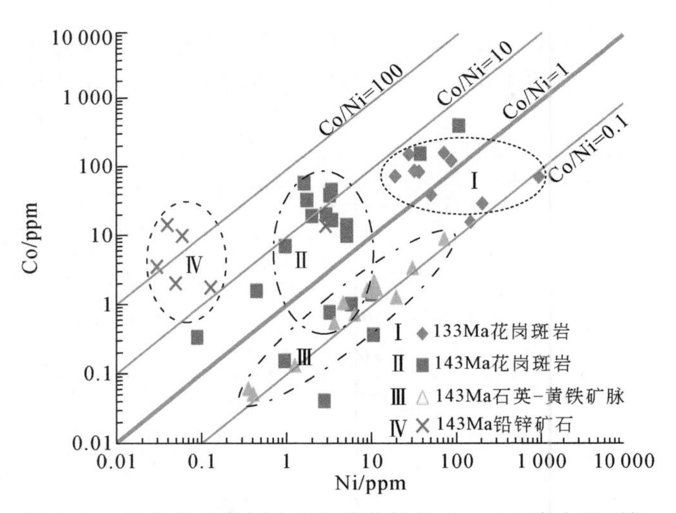

图 4-37　甲乌拉矿床侵入岩和硫化物的 Co-Ni 元素含量图解

流体包裹体方面，甲乌拉矿床的流体均一温度为 180 ~ 260℃，盐度为 0.18% ~ 12.62%，密度为 0.64 ~ 0.98g/cm³，估算的成矿深度为 0.5 ~ 1.5km，平均为 0.7km（翟德高等，2010）。因此，甲乌拉矿床的成矿流体属于中低温、低盐度、中等密度流体。甲乌拉矿床的硫化物 $\delta^{34}S$ 值变化范围为 -2.86‰ ~ +4.1‰，平均值为 2.7‰，计算得到的流体总硫 $\delta^{34}S$ 值为 0.9‰ ~ 1.4‰，指示硫为岩浆来源（李铁刚，2016）。矿石的 $^{206}Pb/^{204}Pb$ 比值为 18.229 ~ 18.758，$^{207}Pb/^{204}Pb$ 比值为 15.457 ~ 15.880，$^{208}Pb/^{204}Pb$ 比值为 37.841 ~ 38.934，显示出地幔和造山带铅同位素特征（潘龙驹和孙恩守，1992）。成矿流体的 $\delta^{18}O_{水}$ 值为 -11.8‰ ~ 13.1‰，$\delta D_{水}$ 值为 -109.6‰ ~ -139.7‰，显示出岩浆水与大气降水混合的氢氧同位素特征（翟德高等，2010）。此外，本次工作获得的甲乌拉矿床 10 件闪锌矿样品的锌同位素值（$\delta^{66}Zn$）为 -0.12‰ ~ +0.037‰，指示甲乌拉矿床的成矿流体具岩浆来源特征（图 4-38，图 4-39），且温压条件的剧烈变化，是导致流体沸腾、矿质沉淀最为关键的

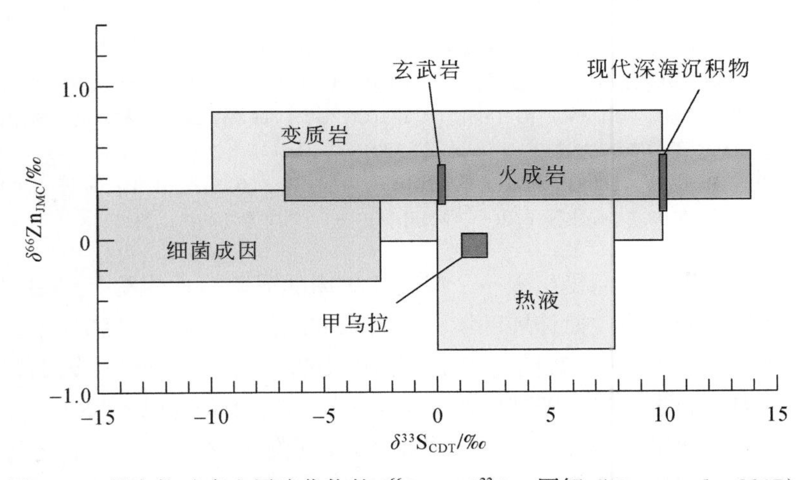

图 4-38　甲乌拉矿床金属硫化物的 $\delta^{66}Zn_{JMC}$-$\delta^{33}S_{CDT}$ 图解（Deng et al.，2017）

因素。6 件黄铁矿样品中流体包裹体的 $^{3}He/^{4}He$ 比值为 2.9～5.1Ra，指示地幔流体参与成矿作用比例为 32%～57%（图 4-40），说明地幔流体对甲乌拉矿床的铅锌银成矿具有重要物质贡献。

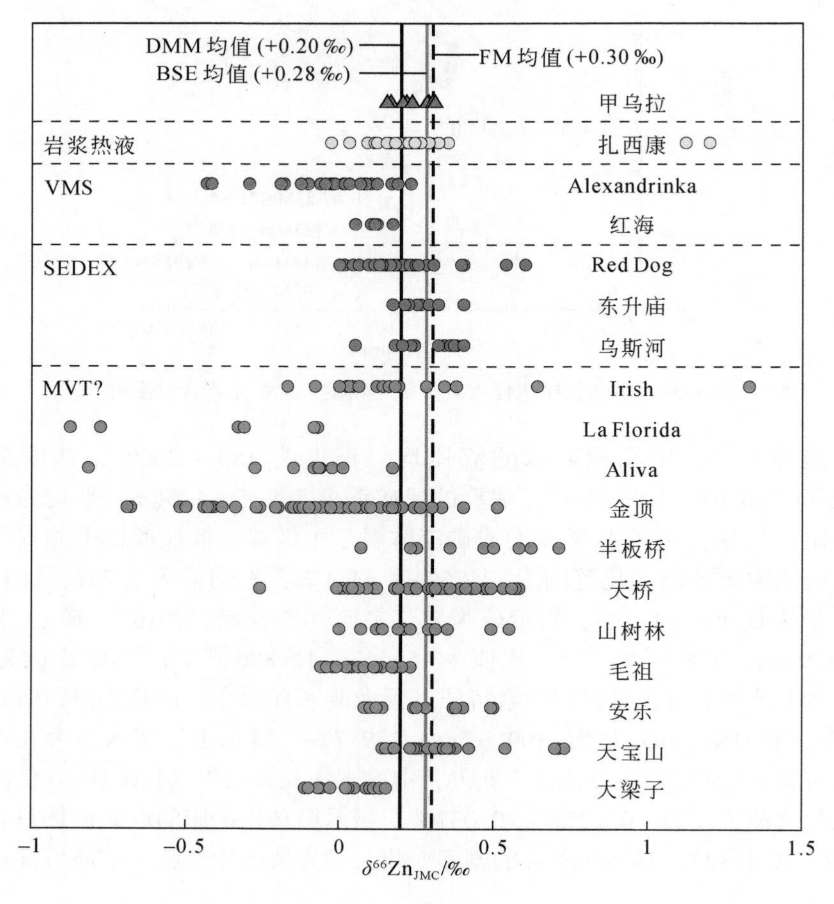

图 4-39　甲乌拉矿床以及全球不同类型铅锌矿的锌同位素组成

黑色实线、黑色虚线和红色实线分别代表：亏损地幔（DMM，0.20±0.05‰，Wang 等，2017b），新生地幔（FM，0.30±0.07‰，Doucet 等，2016）和地球岩石圈（BSE，0.28±0.05‰，Chen 等，2013）的锌同位素组成。铅锌矿床的锌同位素数据来自：Deng 等（2017，2019）、Duan 等（2016）、Gao 等（2018）、何承真等（2016）、Kelley 等（2009）、Li 等（2019）、Mason 等（2005）、Păsava 等（2014）、Wang 等（2017a）、Wilkinson 等（2005）、Zhang 等（2019）、Zhou 等（2014a，2014b，2016）、Zhu 等（2018，2020）

综合上述研究结果，我们提出了一个甲乌拉矿床的成矿概念模型：早白垩世，额尔古纳地块的满洲里地区处于后碰撞伸展环境。岩石圈的减薄导致软流圈物质上涌，触发强烈的壳幔相互作用，形成大量中–酸性次火山岩和火山岩。富含钼铅锌银铜的次火山热液沿火山机构中的放射状断裂或先存断裂构造向上运移，首先在靠近成矿岩体中心部位形成斑岩型铜钼矿化。成矿热液继续上涌，并与下渗的大气降水发生混合，加之与围岩相互作用，流体的成分和物理化学性质发生骤变，进而触发矿质的大量沉淀，形成甲乌拉、查干布拉根和额仁陶勒盖等浅成低温热液型铅锌银矿床（图 4-41）。

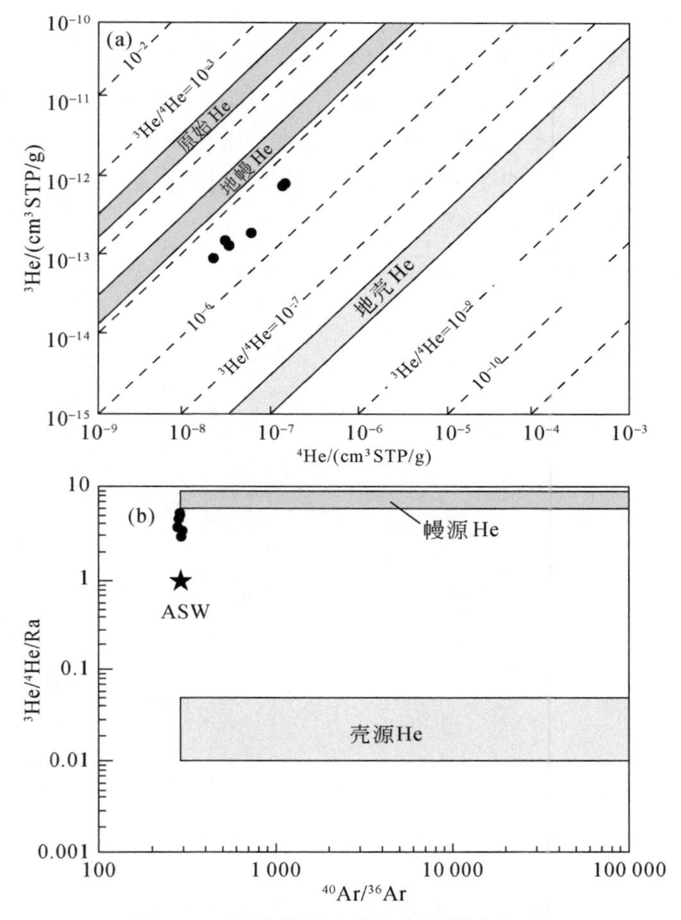

图 4-40　甲乌拉矿床的氦氩同位素组成

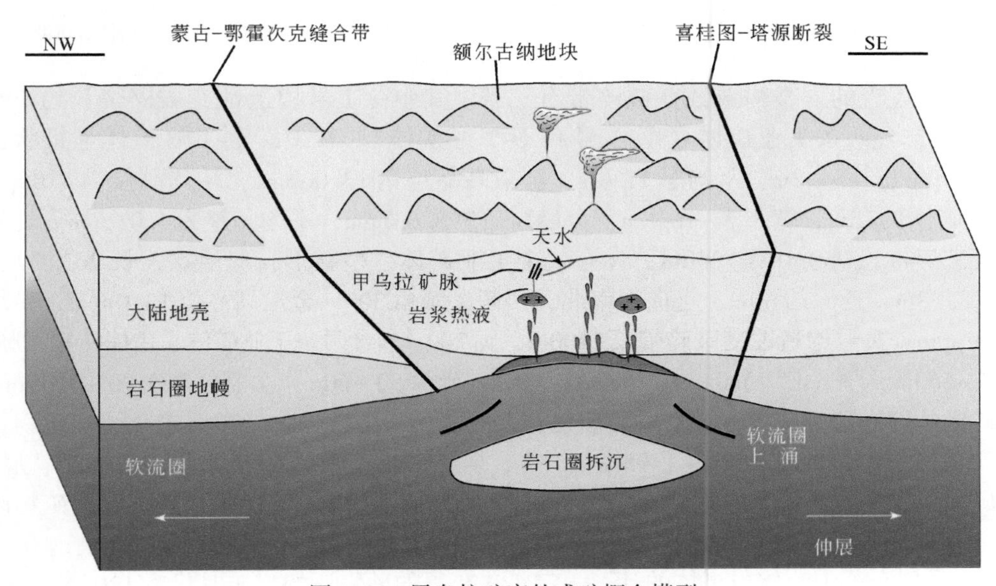

图 4-41　甲乌拉矿床的成矿概念模型

(2) 砂宝斯金矿

砂宝斯金矿位于黑龙江省漠河县西北约45km处，大地构造位置属于蒙古-鄂霍次克造山带东南缘的上黑龙江前陆盆地（图4-42）。砂宝斯金矿的赋矿围岩为中侏罗统二十二站组砂岩和粉砂岩。矿区内侵入岩不发育，主要为少量花岗闪长斑岩及石英斑岩、闪长玢岩和霏细岩等岩脉。金矿体主要受SN和NNW向断裂构造控制（图4-43）。容矿构造为近SN向的构造蚀变破碎带（齐金忠等，2000）。

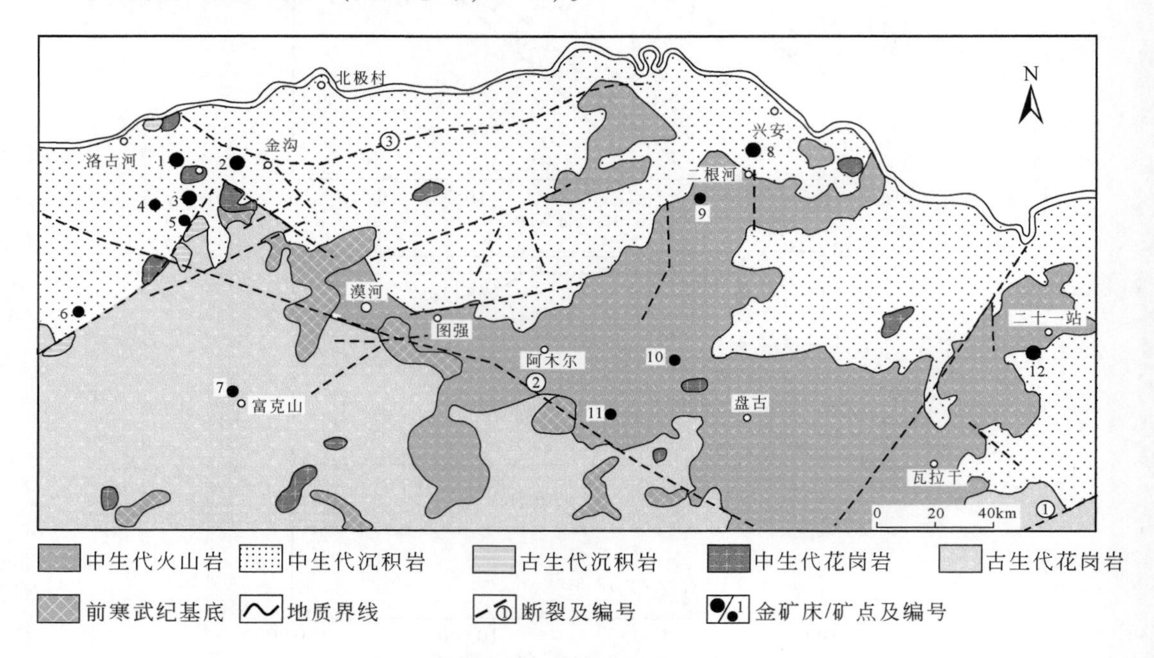

图4-42　上黑龙江盆地地质与矿产分布简图

1-砂宝斯林场；2-老沟；3-砂宝斯；4-三十二站；5-东马扎尔；6-虎拉林；7-富克山；8-二根河；9-页索库；10-马大尔；11-奥拉齐；12-二十一站；①-得尔布干断裂；②-西林吉-塔河断裂；③-漠河韧性剪切带

矿区已发现的含金构造蚀变破碎带有三条。其中，Ⅰ号构造蚀变破碎带长约750m，宽约200m，含两条工业矿体（Ⅰ-1号和Ⅰ-2号矿体）。其中，Ⅰ-1号矿体呈板状，长137.5m，宽15～34.2m，平均厚11.4m，金最高品位达13.06ppm，平均品位为4.06ppm。Ⅰ-2号矿体长75m，宽5.7～16.8m，金最高品位8.63ppm，平均品位为4.03ppm。Ⅱ号构造蚀变破碎带长950m，宽350m，含有一个工业矿体，呈鞍形，似层状，长262.5m，厚3.0～28.38m，延深约60m，走向近南北，西倾，倾角30°，金最高品位13.0ppm，平均品位4.09ppm。Ⅲ号构造蚀变破碎带长1400m，宽200m，含两条工业矿体。矿体陡倾，脉状，长170～560m，厚2.42～5.0m，产状270°～81°，延深50～60m，金品位为3.90～5.05ppm。

矿床的围岩蚀变较发育，主要为硅化、碳酸盐化和绢云母化。矿石中金属硫化物含量较少（占矿石总量的1.44%～1.95%）。主要金属矿物有黄铁矿、毒砂、辉锑矿、辰砂、闪锌矿、黄铜矿、方铅矿、辉钼矿、磁黄铁矿、磁铁矿、辉铋矿和纤锌矿。脉石矿物以石英为主，其次为长石、绿泥石、黏土矿物、方解石和石墨（齐金忠等，2000）。Liu等（2015）采用石英中流体包裹体的Ar-Ar定年法获得的砂宝斯的成矿时代为130.0±1.3Ma。

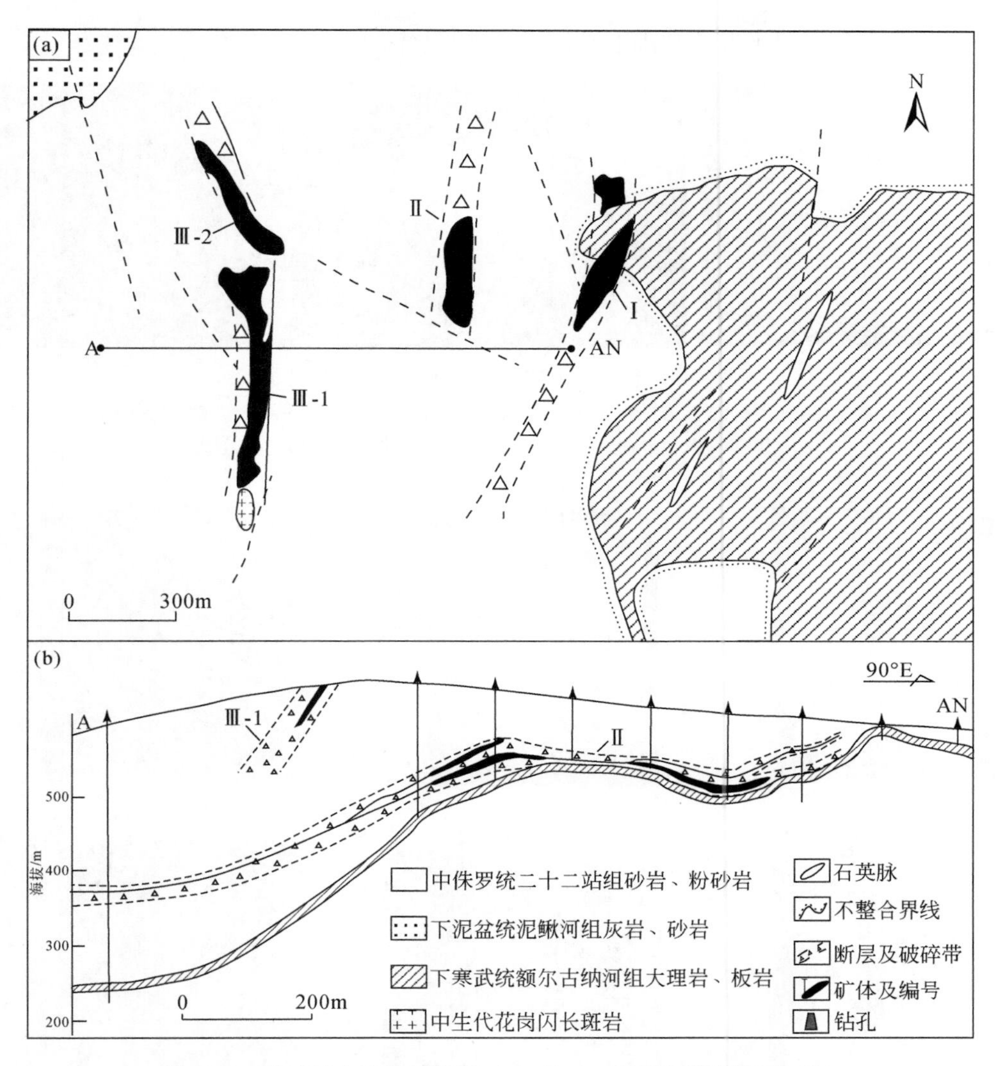

图4-43　砂宝斯金矿地质简图（a）及A-AN勘探线剖面图（b）

矿相学特征观察揭示，砂宝斯矿床中的载金黄铁矿具有明显的核边结构（图4-44，图4-45）。黄铁矿微量元素成分和硫同位素原位分析结果显示：①载金黄铁矿边部的Cr、Co、Ni、Cu、As、Au和Pb含量分别为0.43～8.04ppm、0.13～55.79ppm、1.91～48.40ppm、22.14～395.6ppm、8598～37 998ppm、1.49～13.25ppm和1.07～209.6ppm，硫同位素值（δ^{34}S）为-0.2‰～+4.5‰；②载金黄铁矿核部的Cr、Co、Ni、Cu、As、Au和Pb含量分别为1.12～29.38ppm、6.65～48.77ppm、5.82～56.14ppm、14.30～39.73ppm、12 834～38 174ppm、0.89～4.43ppm和3.92～848.3ppm，硫同位素值为+1.2‰～+2.5‰。此外，石英-黄铁矿脉中的黄铁矿Cr、Co、Ni、Cu、As、Au和Pb含量分别为0.51～1.75ppm、1.62～61.90ppm、6.53～46.63ppm、9.56～64.30ppm、5162～22 920ppm、0.95～2.73ppm和29.18～261.8ppm，硫同位素值为+2.4‰～+4.2‰。上述结果表明，砂宝斯金矿载金黄铁矿的核部为沉积成因，边部为岩浆热液成因。砂宝斯金矿金

的富集可能与早期地层来源金基础上叠加后期岩浆热液来源的金有关。

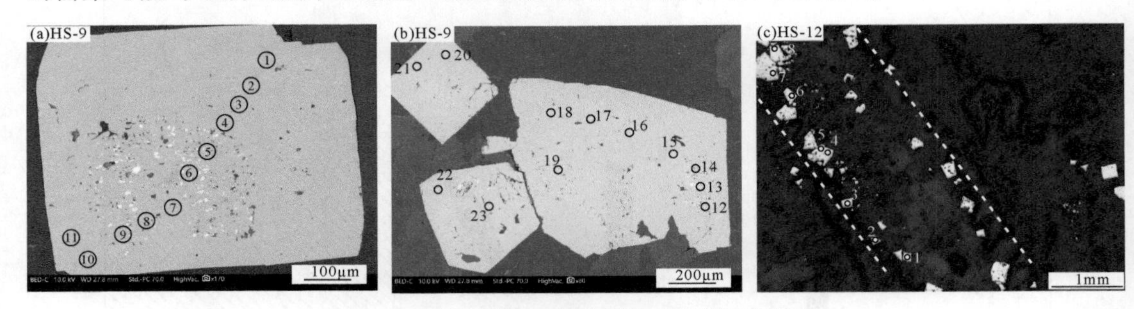

图 4-44　砂宝斯金矿载金黄铁矿显微结构特征

（a）和（b）为蚀变砂岩中粒状半自形-自形黄铁矿，呈现核-边结构，背散射特征；（c）为石英-黄铁矿细脉中粒状半自形-他形黄铁矿，反射光显微特征

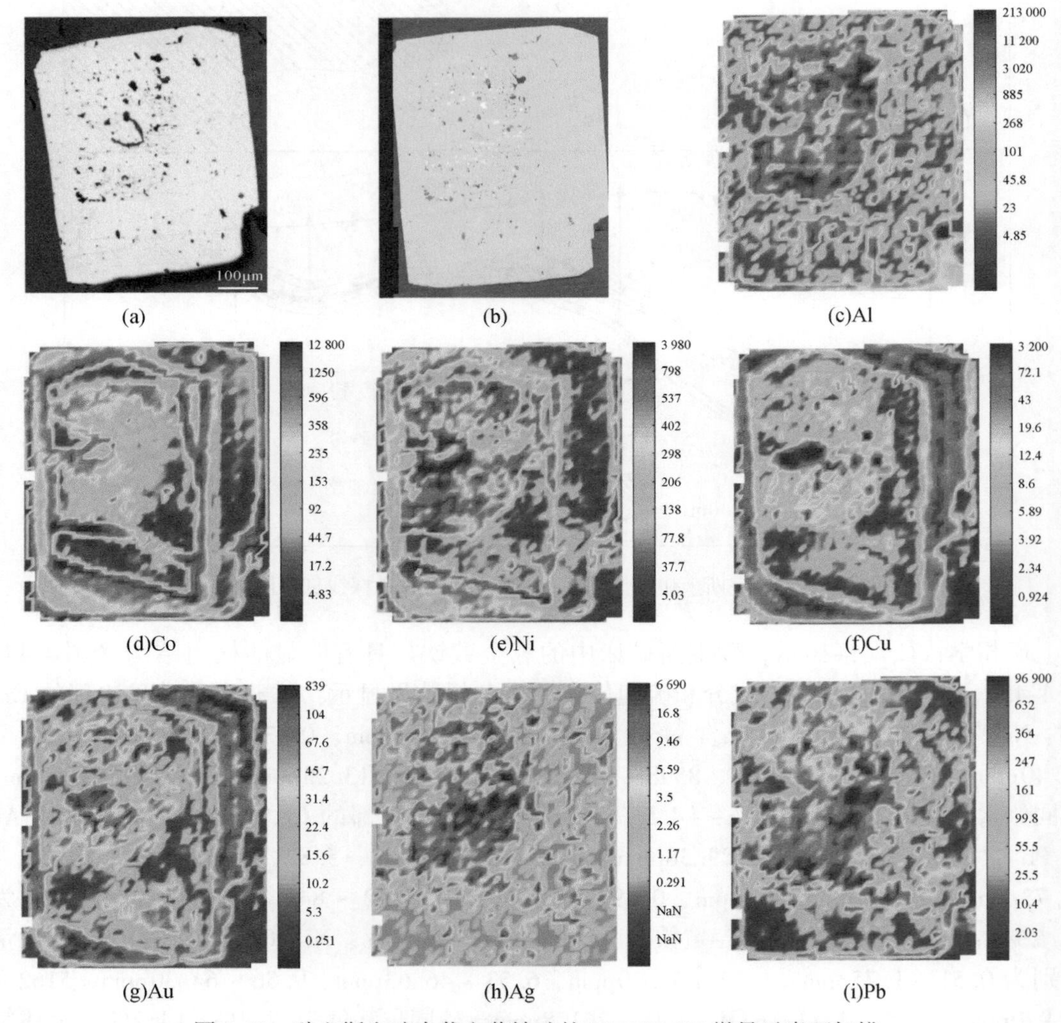

图 4-45　砂宝斯金矿中载金黄铁矿的 LA-ICP-MS 微量元素面扫描

已有研究揭示，蒙古–鄂霍次克造山带额尔古纳–后贝加尔地段可能在中三叠世末期—晚三叠世早期就已发生碰撞造山作用（余宏全等，2012），中侏罗世—晚侏罗世早期，在上黑龙江盆地形成了漠河逆冲推覆构造带和大量北倾的逆冲断层（Meng，2003；李锦轶等，2004）。早白垩世早期，上黑龙江盆地的早期断裂发生活化，促使断裂发生左行韧性走滑剪切（Li et al.，1999；武广等，2008）。漠河韧性剪切带内的黑云母$^{40}Ar/^{39}Ar$年代学数据证实，大兴安岭北段的韧性走滑构造变形的峰期时间为127～130Ma（李锦轶等，2004）。砂宝斯金矿形成于早白垩世，与漠河韧性剪切带左行韧性走滑构造变形的峰期年龄一致。这说明，砂宝斯金矿形成于蒙古–鄂霍次克造山带从挤压向伸展的转换阶段，并与造山带后碰撞期间的大规模走滑剪切作用有关。研究表明，造山过程中的挤压向伸展的转变阶段，具有明显的减压增温特点，是造山带地壳物质大规模熔融并形成花岗质岩浆的最佳时期（陈衍景，1996；Chen et al.，2007；Pirajno，2008）。在该背景下，减压导致先存加厚下地壳发生大规模部分熔融，使结晶基底内的金发生活化，并引起强烈的岩浆热液活动，为金成矿提供了热源和成矿物质。此外，先存的断裂构造还为成矿热液的运移提供了通道，同时韧性剪切带及其派生的次级压扭性和张扭性断裂为金矿体提供了赋存空间。

4.6 陆缘深部物质组成及其对成矿的制约

我们对已发表的有关额尔古纳地块燕山期岩浆活动的年龄及其锆石 Hf 同位素组成进行了系统的整理分析，涉及 310 个样品的 83 个锆石 Hf 同位素数据。锆石 U-Pb 年代学数据揭示，额尔古纳地块内的燕山期岩浆活动可分为三期，分别为：200～180Ma、165～155Ma 和 155～115Ma。此外，锆石 Hf 同位素数据揭示，额尔古纳地块内的燕山期岩浆岩，存在 1 个高 $\varepsilon_{Hf}(t)$ 和两个低 $\varepsilon_{Hf}(t)$ 值区域。高 $\varepsilon_{Hf}(t)$ 值区域位于额尔古纳地块南部的满洲里地区，$\varepsilon_{Hf}(t)$ 值为+0.5～+8.2，T_{DM}值为 668～1211Ma（图 4-46，图 4-47），显示岩浆源区具有中元古代—新元古代深部陆壳特征。低 $\varepsilon_{Hf}(t)$ 值区域位于额尔古纳地块中北段。其中，中段区域位于八大关–恩河–满归–七乾地区，其 $\varepsilon_{Hf}(t)$ 值为–1.6～+7.6，T_{DM}值为 728～1322Ma，表明岩浆源区具有中元古代—新元古代深部陆壳特征。北段区域位于上黑龙江盆地，其 $\varepsilon_{Hf}(t)$ 值为–0.1～+4.2，T_{DM}值为 969～1720Ma，指示岩浆源区具有古元古代—中元古代深部陆壳特征。

额尔古纳地块燕山期岩浆岩的锆石 Hf 同位素组成除在空间上存在较为明显的分区分带特征外，其 $\varepsilon_{Hf}(t)$ 值由南至北还显示出逐渐降低的趋势。这表明，由南至北，额尔古纳地块燕山期岩浆岩的岩浆源区古老陆壳的成分逐渐增多（图 4-48）。除此之外，额尔古纳地块燕山期的岩浆岩还存在较多继承锆石，其 U-Pb 年龄为 552～3022Ma（陈志广等，2010；孟恩等，2011；赵忠华等，2011；Wang Y H et al.，2015；Tang et al.，2016；冯洋洋等，2017；Han et al.，2020）。这与额尔古纳地块中北段和满洲里地区出露的古老基底岩石的锆石 U-Pb 年龄相一致（图 4-49）(孟恩等，2011；赵硕等，2016a，2016b，2020；Han et al.，2020；Liu H C et al.，2020；Liu J et al.，2021)。因此，我们认为，额尔古纳地块是一个具有古元古代—太古代结晶基底的古老微陆块。

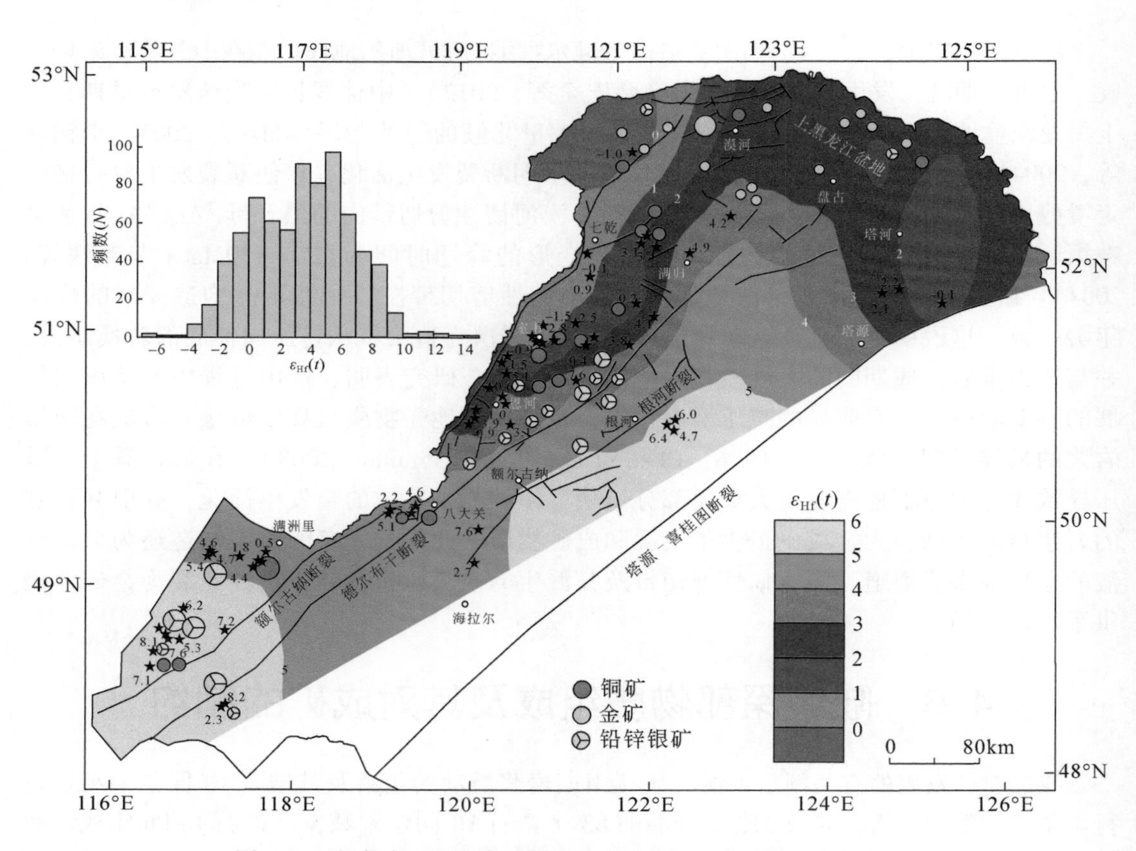

图 4-46　额尔古纳地块燕山期岩浆岩的锆石 Hf 同位素等值线图

额尔古纳地块中的斑岩型铜钼矿主要发育在南部的满洲里地区。这一地区具有较高的锆石 $\varepsilon_{Hf}(t)$ 值（+0.5 ~ +8.2），以及中元古代—新元古代 Hf 模式年龄（668 ~ 1211Ma）（图 4-46，图 4-47）。成矿岩体的锆石 $\varepsilon_{Hf}(t)$ 值为+0.5 ~ +6.8，Hf 模式年龄为 806 ~ 1211Ma，全岩初始 Sr 同位素值为 0.706 23 ~ 0.706 65，初始 Nd 同位素值为-0.1 ~ +0.9，Nd 模式年龄为 756 ~ 988Ma（陈志广等，2010；Chen et al.，2011；杨奇荻，2014；Wang et al.，2015；Zhang et al.，2016）。这说明，早侏罗世斑岩型铜钼矿床主要位于中元古代—新元古代陆壳区域，指示区域年轻下地壳的组构和分布制约了额尔古纳地块斑岩型铜钼矿床的形成。

额尔古纳地块中的浅成低温热液型铅锌银矿床主要分布在该地块的中部和南部地区，典型矿床分别为比利亚谷和得耳布尔，以及甲乌拉、查干布拉根和哈拉胜。这些区域具有变化较大的锆石 $\varepsilon_{Hf}(t)$ 值以及中元古代—新元古代的 Hf 模式年龄（图 4-46，图 4-47）。额尔古纳地块中部与铅锌银成矿有关岩浆岩的锆石 $\varepsilon_{Hf}(t)$ 值为+5.7 ~ +8.3，Hf 模式年龄为 683 ~ 847Ma。额尔古纳地块南部与铅锌银成矿有关岩浆岩的初始 Sr 同位素值为 0.7049 ~ 0.7062，初始钕同位素值为+0.5 ~ +1.0，Nd 模式年龄为 686 ~ 889Ma，锆石 $\varepsilon_{Hf}(t)$ 值为+4.3 ~ +7.6，Hf 模式年龄为 697 ~ 922Ma（李铁刚，2016；Han et al.，2020）。在铅构造图解中，中部和南部地区铅锌银矿床的 Pb 同位素比值均位于上地壳和地幔演化线之间或

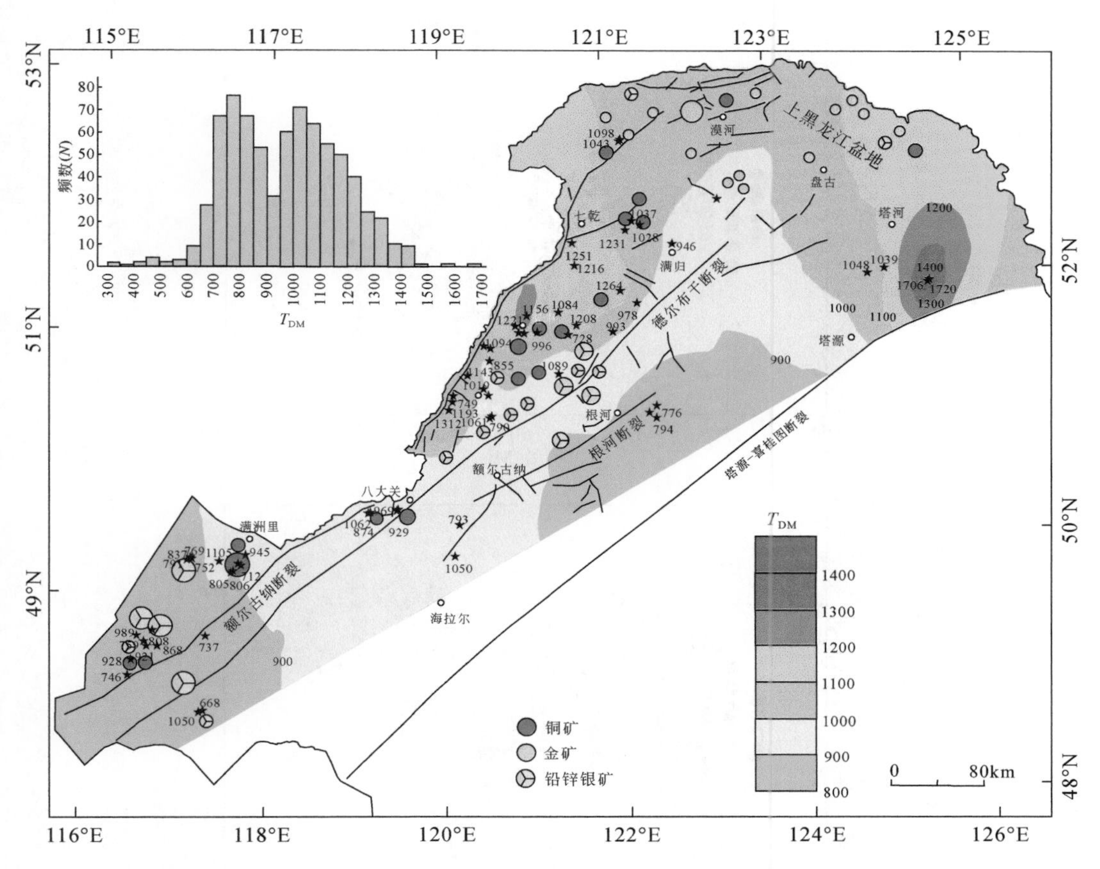

图 4-47　额尔古纳地块燕山期岩浆岩的锆石 Hf 模式年龄（T_{DM}）等值线

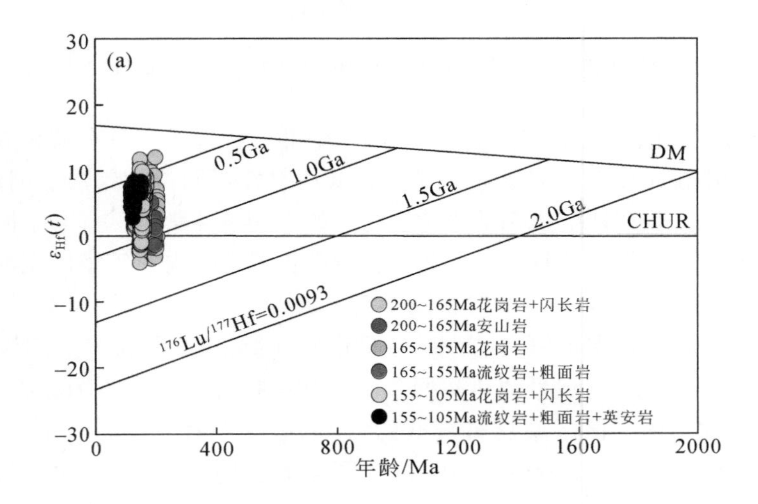

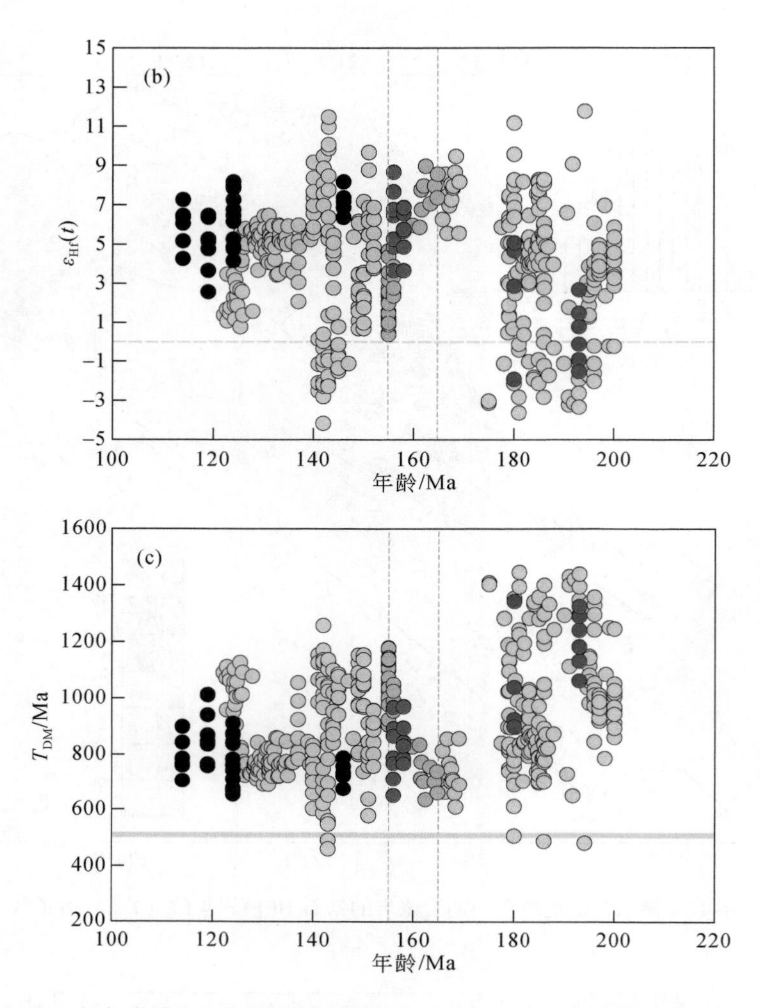

图 4-48　额尔古纳中生代岩浆岩的锆石 Hf 同位素和模式年龄随时代变化特征

造山带演化线附近（图 4-50）。但与南部不同，中部铅锌银矿床具有较高放射性铅同位素组成，而南部的则位于年轻地壳区域，显示较低放射性铅同位素组成。因此，我们认为，额尔古纳地块内铅锌银矿床受深部陆壳物质组成的不均一性影响，具有不同的成矿岩浆源区。与南部年轻陆壳区域内铅锌银矿床相比，中部古老陆壳内铅锌银矿床的成矿岩浆源区具有更多古老陆壳物质加入（图 4-51，图 4-52）。

额尔古纳地块的早白垩世斑岩-夕卡岩-型铜矿（如洛古河铜矿）、热液脉型金矿（如砂宝斯和老沟金矿）以及浅成低温热液型金矿（如虎拉林和四五牧场金矿），主要发育在北部的上黑龙江盆地内。该区域具有较低的锆石 $\varepsilon_{Hf}(t)$ 值（−0.1 ~ 4.2），以及古元古代—中元古代 Hf 模式年龄（969 ~ 1720Ma）（图 4-46，图 4-47）。其中，与铜成矿有关岩体的全岩初始 Sr 同位素值为 0.702 486 ~ 0.707 269，初始钕同位素值为 −3.45 ~ −2.64，Nd 模式年龄为 969 ~ 1131Ma。与金矿有关岩体的锆石 Hf 同位素值为 −1.6 ~ −0.77，Hf 模式年龄为 1043 ~ 1098Ma（张连昌等，2007；武广等，2009；毛安琦，2017；巩鑫等，

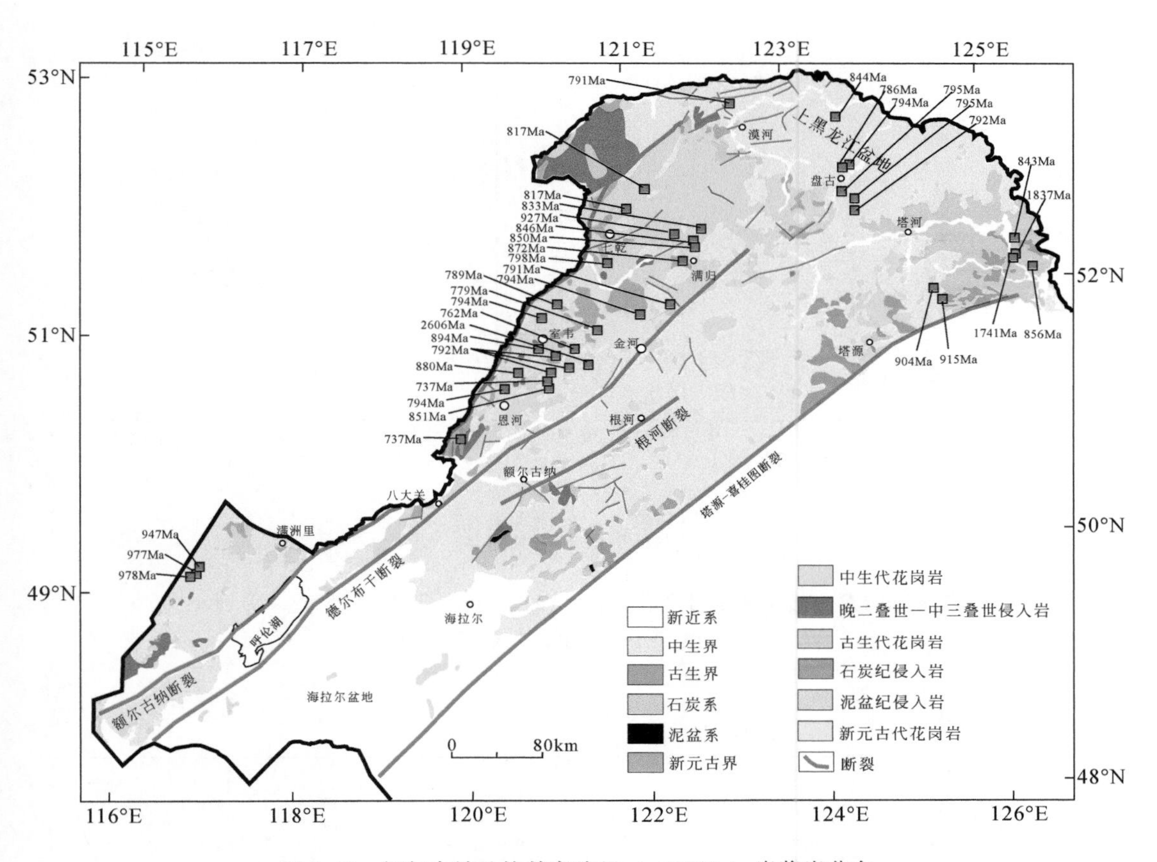

图 4-49 额尔古纳地块前寒武纪（>700Ma）岩浆岩分布

2020）。这说明，额尔古纳地块早白垩世矿床的形成与区域上古老下地壳物质的再活化作用有关，其成矿岩浆来源于下地壳物质部分熔融过程，成矿流体和物质来源于同期岩浆-热液活动（Liu et al.，2015）。

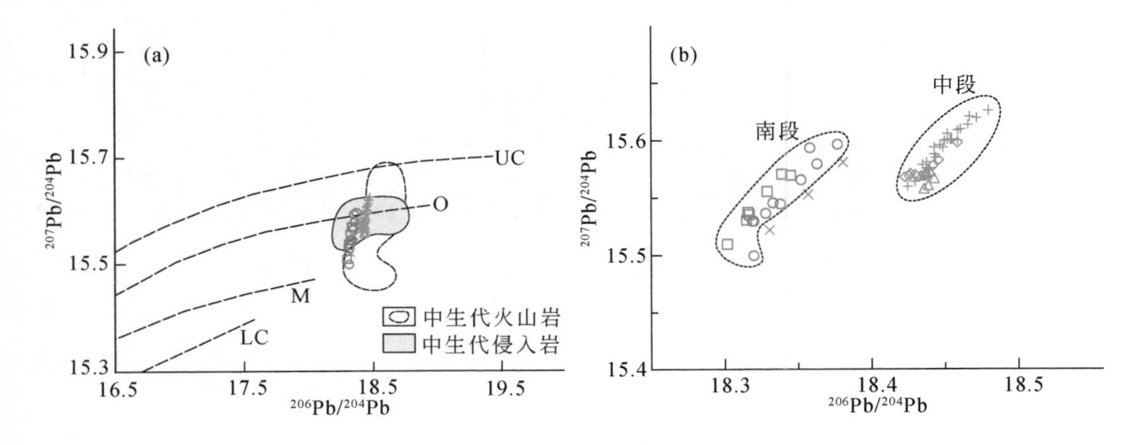

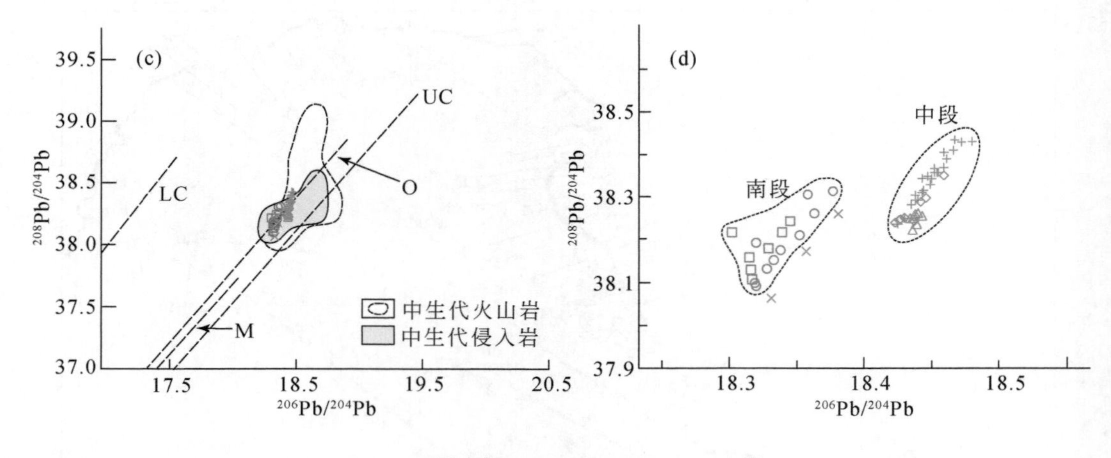

图 4-50 额尔古纳地块铅锌银矿床的$^{206}Pb/^{204}Pb \sim ^{207}Pb/^{204}Pb$（a~b）和$^{206}Pb/^{204}Pb \sim ^{208}Pb/^{204}Pb$图解

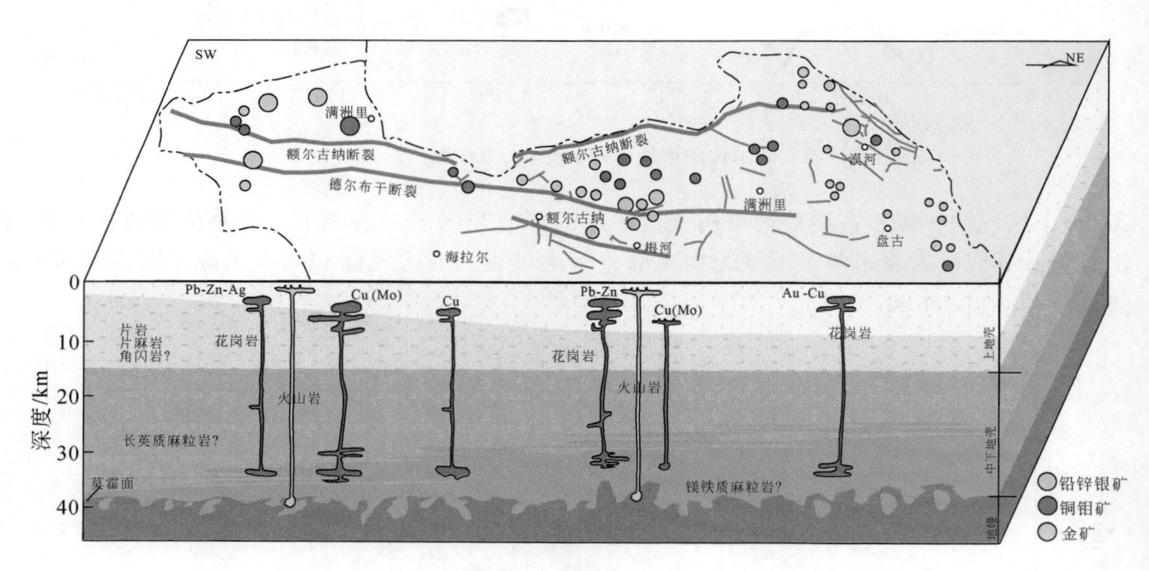

图 4-51 额尔古纳地块燕山期深部地壳结构与岩浆活动模型

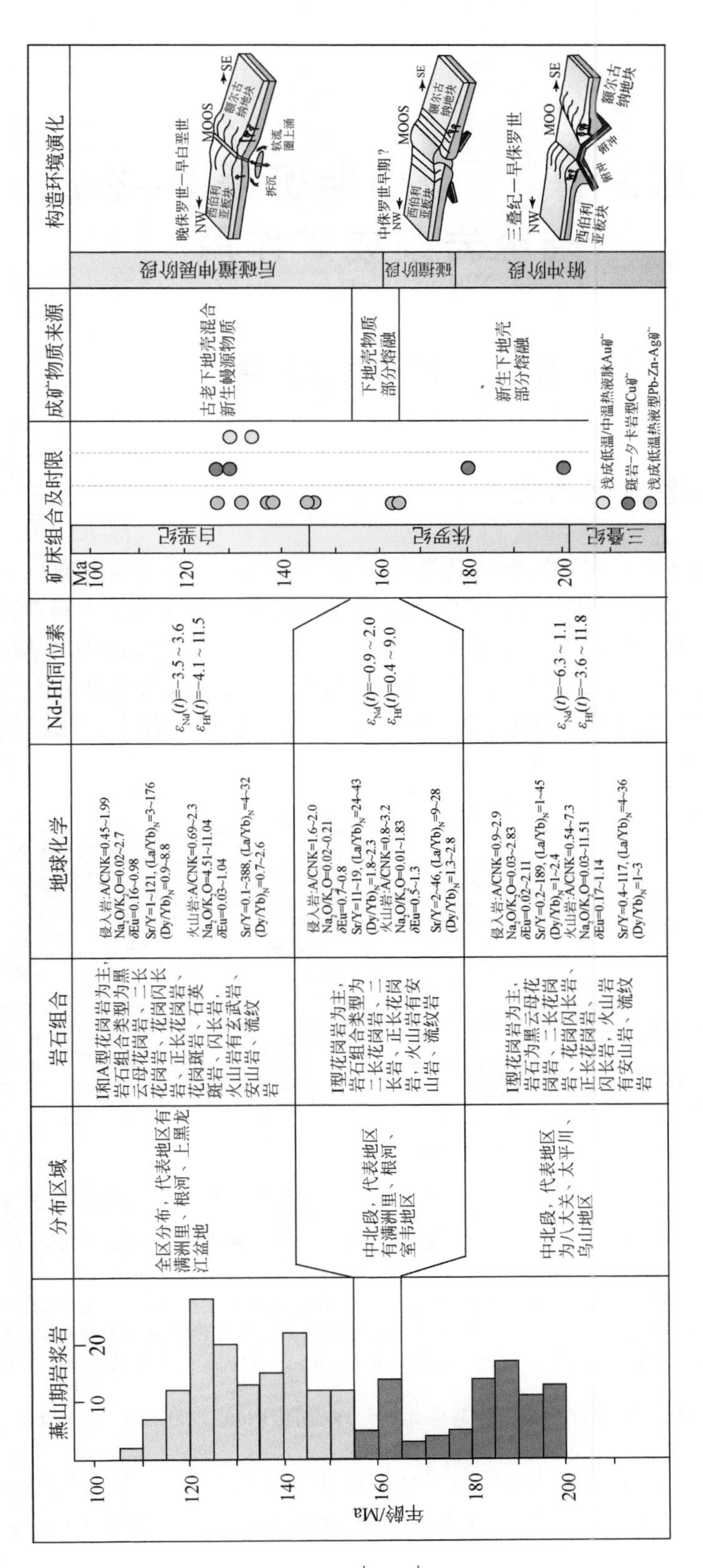

图4-52　额尔古纳地块燕山期成岩成矿过程综合信息

第5章 燕山期班公湖-怒江陆缘岩浆成矿作用

5.1 地质背景

5.1.1 区域构造演化简史

班公湖-怒江构造带是东特提斯构造域的重要组成部分，呈近东西向展布，在我国境内长达2000km。研究表明，班公湖-怒江构造带是在特提斯洋（古、中和新特提斯洋）演化过程中由不同地体地块碰撞拼接而成，具有多陆块、多岛弧的基本格架（Yin and Harrison，2000；Zhu et al.，2013；许志琴等，2016）。主要地块有北部的南羌塘地块、中部的北拉萨地块以及南部的中拉萨地块（图5-1）。这些地块大都来自冈瓦纳大陆的裂解（Zhu et al.，2011，2013；Xu et al.，2015）。

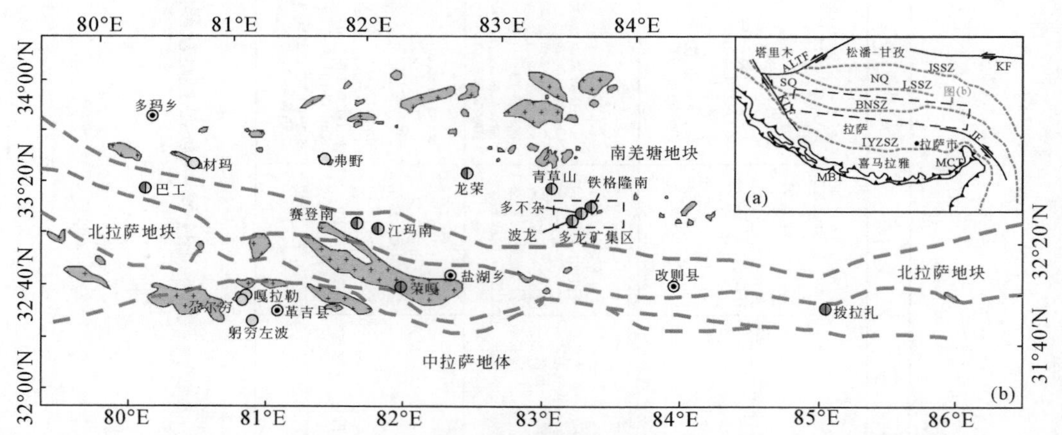

图5-1 班公湖-怒江构造带构造单元划分地质简图（修改自Li et al.，2017）

班公湖-怒江缝合带是南羌塘地块与北拉萨地块的构造分界线，记录了班公湖-怒江特提斯洋的俯冲-闭合过程，以及拉萨地体与南羌塘地体的碰撞过程（Yin and Harrision，

2000；Pan et al.，2012；Zhu et al.，2016；Li S M et al.，2016）。该缝合带由蛇绿岩碎片和上三叠统—下白垩统巨厚浊积岩及混杂岩组成。带内还夹有安多聂荣、嘉玉桥等微陆块（Kapp et al.，2005；Shi et al.，2008），并发育晚中生代侵入岩（Yin and Harrison，2000；Zhu et al.，2016）。锆石 U-Pb 年代学数据显示，班公湖-怒江缝合带的蛇绿岩形成时代介于 260～148Ma，以 190～160Ma 居多（Shi et al.，2008；Wang et al.，2016；Zhang et al.，2017；Zhong et al.，2017）。这表明，班公湖-怒江特提斯洋的打开时间应晚于二叠纪，而俯冲开始时间应晚于早侏罗世。关于班公湖-怒江特提斯洋的俯冲极性问题，早期研究认为是单向的北向俯冲（Girardeau et al.，1984；Yin and Harrision，2000；Kapp et al.，2003，2007）。近年来，班公湖-怒江缝合带的南北两侧均发现了大量白垩纪岩浆弧（如 Pan et al.，2012；Zhu et al.，2013；Deng et al.，2014；Fan et al.，2015）。这表明，班公湖-怒江特提斯洋的俯冲应该是南北双向的。班公湖-怒江特提斯洋的闭合时间，目前还存在争论。一种观点认为是晚侏罗世—早白垩世，其依据是上侏罗统—下白垩统沙木罗组角度不整合于木噶岗日岩群和蛇绿岩之上（Girardeau et al.，1984；Yin and Harrision，2000）。另一种观点则认为，班公湖-怒江特提斯洋在早白垩世时期仍是一个开阔的洋盆，其最终闭合时间可能发生在晚白垩世，主要依据为班公湖-怒江缝合带发育早白垩世洋底高原、洋岛和海山等洋壳物质（Fan et al.，2014；Metcalfe，2013；Liu D et al.，2014）。

狮泉河-纳木错蛇绿混杂岩带是北拉萨地体与中拉萨地体的构造分界线。该蛇绿岩带由蛇绿岩碎片和中生代地层构成，并被中生代岛弧型侵入岩侵入（Zhu et al.，2011，2013）。狮泉河-纳木错蛇绿混杂岩带的构造属性目前观点不一。一种观点认为，该带是班公-怒江缝合带的分支（熊盛青等，2001；Kapp et al.，2003）。另一种观点则认为，狮泉河-纳木错蛇绿混杂岩带是条独立的缝合带。其依据是，该带中蛇绿岩的形成时代大都集中在 178～160Ma，比班公湖-怒江缝合带蛇绿岩的形成时间约晚 10Ma（如王保弟等，2020）。此外，Peng 等（2021）认为，狮泉河-纳木错蛇绿岩带的形成可能与侏罗纪时期狮泉河-纳木错洋的打开，以及该洋盆在早白垩世晚期的关闭有关，该过程受班公湖-怒江特提斯洋的南向俯冲碰撞过程控制。

5.1.2 区域地层

班公湖-怒江构造带涉及南羌塘、北拉萨和中拉萨地块三大构造单元，分属不同的地层分区。下面分别就这三大构造单元的地层情况简单介绍。

南羌塘地块已知最古老的地层为新元古代达布热组碎屑岩夹玄武岩，具深水复理石建造特点，受晚期构造热事件的影响，地层发生低级绿片岩相变质（Wang et al.，2016）。奥陶系—泥盆系由浅变质灰岩和砂质灰岩组成，具稳定陆缘型沉积特征，但仅在南羌塘地块中部地区出露（李才等，2004）。石炭系—下二叠统主要由浅变质砂岩、板岩夹灰岩和基性火山岩组成，为一套巨厚的被动陆缘-裂谷型沉积建造（李才等，2008；Fan et al.，2015），大面积出露在南羌塘地块中部。中二叠统—三叠系由碳酸盐岩夹砂岩和泥岩组成，为一套稳定浅水台地相沉积建造，主要分布在南羌塘地块的北部和南部。侏罗系为一套次深海相砂岩、粉砂岩和泥页岩夹火山岩（耿全如等，2012），分布在南羌塘地块的南北边缘靠近缝合带区域。白垩系主要分布在南羌塘地块的最南段，因区段不同，岩性组合变化较大。比如，在洞错-扎噶一带，为一套砂岩和页岩，并夹有硅质岩、玄武岩和流纹岩的浊流沉积建造（Fan et al., 2015）；在多龙和青草山地区则为一套巨厚陆相火山岩建造，岩性为玄武岩、玄武安山岩、安山岩、英安岩和流纹岩（Zhu et al., 2016）。

北拉萨地块出露地层以中—上三叠统、侏罗系和白垩系为主。中三叠统—侏罗系为一套海相粉砂岩、砂岩和粉砂质泥岩，并夹有灰岩、硅质岩和火山岩（丁林等，2009）。白垩系包括下白垩统俄杀而补组、多尼组和朗山组，以及上白垩统竟柱山组。其中，俄杀而补组为一套深海复理石沉积建造，岩性为细粒石英砂岩和泥岩，主要出露于早色林错盆地的西南缘。多尼组为一套浅海-滨海相碎屑岩夹火山岩地层，在北拉萨地块广泛分布。朗山组为一套巨厚浅海台地相碳酸盐岩沉积建造，主要分布在班公湖-怒江缝合带南缘。竟柱山组为一套陆相磨拉石建造，角度不整合于蛇绿岩和海相地层之上，并显示出从河流相向湖泊相的转变。

与北拉萨地块不同，古生代地层在中拉萨地体大面积出露。其中，寒武系—泥盆系为一套火山沉积岩建造，出露在申扎东北部地区（潘桂棠等，2004）。石炭系—二叠系为一套冰海杂砾岩（Zhu et al., 2009）。早白垩统为一套火山沉积岩建造，在北拉萨地块广泛出露（康志强等，2008）。

5.1.3 区域构造

南羌塘地块发育一系列区域性大断裂，如NE—SW向的弗野断裂（又称木实热不卡断裂）、近EW向的磨盘山断裂、NW—SE向的青草山断裂以及NW—SE向的长梁山断裂（Yin and Harrision, 2000）。研究显示，弗野、磨盘山和青草山断裂带两侧的岩浆岩表现出截然不同的同位素组成特征（李世民，2018）。这说明，三条断裂构造可能是南羌塘地块内部块体的构造边界。

北-中拉萨地体发育的区域性大构造有狮泉河-纳木错蛇绿混杂岩带和洛巴堆-米拉山断裂带。其中，狮泉河-纳木错蛇绿混杂岩带为北拉萨地体与中拉萨地体的界线，洛巴堆-米拉山断裂带是中拉萨地体与南拉萨地体的界限（Zhu et al., 2011, 2013）。狮泉河-纳木错蛇绿混杂岩构造带呈北西西-东西-南西向展布，西段被喀喇昆仑断裂截切。此外，受大型逆冲和走滑断层的影响，狮泉河-纳木错蛇绿混杂岩构造带在北-中拉萨地体中断续出露，分散在阿里地区狮泉河、改则县拉果错、尼玛县阿索、申扎县永珠和嘉黎县凯蒙等地。

5.1.4 区域岩浆岩

南羌塘地块已知最古老岩浆岩的形成时代为寒武纪—中奥陶世，岩性为花岗质岩石。该期侵入岩大都已发生深变质作用，转变成花岗片麻岩，构成了南羌塘地块的结晶基地（胡培远等，2010；Zhao et al., 2017；Liu Y et al., 2016）。晚中生代，受班公湖-怒江特提斯洋演化的影响，南羌塘地块发生了强烈的岩浆活动，形成了一条近东西向展布的花岗质岩浆岩带。锆石U-Pb定年结果显示，南羌塘地块的岩浆活动集中发生在侏罗纪和早白垩世（Guynn et al.，2006；Liu D et al.，2014，2017；Zhu et al.，2016）。其中，侏罗纪岩浆岩大多以中-深成岩基形式产出，岩石组合类型为花岗闪长岩、二长花岗岩和正长花岗岩，少量为闪长岩、石英闪长岩、二长闪长岩和二长岩。同期的火山岩和镁铁质侵入岩较少。此外，侏罗纪侵入岩大都侵入至石炭系—下二叠统变质砂岩和板岩以及中二叠统—三叠系碳酸盐岩地层中。早白垩世岩浆岩多以中-浅成的岩株或岩脉形式产出，岩石组合类型以闪长岩、石英闪长岩和花岗闪长岩为主，少量为辉长闪长岩、二长闪长岩和二长岩，且伴有大量同时代的火山岩和辉长-辉绿岩墙（Fan et al.，2015；Wei et al.，2017）。该期侵入岩大都侵入至侏罗系砂岩和页岩中。

北-中拉萨地块已知最古老岩浆岩的形成时代为新元古代—寒武纪（Dong et al.，2011；Zhang Z et al.，2012；胡培远等，2019）。晚中生代，受班公湖-怒江特提斯洋演化影响，北拉萨地块发育大规模花岗质岩体及相应的火山岩，如阿翁错岩基、班戈岩基和盐湖火山岩（莫宣学，2011）。锆石 U-Pb 定年结果显示，北拉萨地块的岩浆活动集中发生在早白垩世（130 ~ 100Ma），峰期约为 113Ma（Zhu et al.，2011，2016）。岩石类型包括石英闪长岩、石英二长岩、花岗闪长岩、二长花岗岩、黑云母花岗岩和二云母花岗岩等（Zhu et al.，2011）。中拉萨地体的岩浆活动从晚三叠世开始，一直持续到新生代（230 ~ 13Ma；Zhu et al.，2009），但以晚侏罗世—早白垩世的为主。

5.1.5 区域矿产

班公湖-怒江构造带成矿环境优越，已发现矿床/点 100 余处，主要的矿种有铜、金、铁和铅锌，矿床类型以斑岩型和浅成低温热液型铜金矿为主［图 5-1（b）］。矿床大都分布在班公湖-怒江构造带北侧的扎普-多不杂岩浆弧（包括日土-弗野岩浆弧带和多龙岩浆弧带），以及其南侧的昂龙岗日-班戈岩浆弧带中。日土-弗野岩浆弧在班公湖-怒江构造带分布范围较广，从日土县北部的五峰尖一直延续至弗野一带，东西延长超 200km。目前，在该岩浆弧已发现弗野富磁铁矿和材玛铁锰多金属矿。班公湖-怒江构造带已发现的大型-超大型矿床大都集中在多龙岩浆弧，典型矿床如不杂、波龙、荣那和拿若等斑岩型铜金矿床，以及拿顿等高硫型浅成低温热液矿床。昂龙岗日-班戈岩浆弧属冈底斯北部的燕山期岩浆岩带，发育有荣嘎斑岩型铜钼矿，尕尔穷-嘎拉勒斑岩型-夕卡岩型铜金矿，以及巴工、赛登南和江玛南斑岩型铜金矿。

值得一提的是，班公湖-怒江构造带的矿床勘探工作目前还处于起步阶段。据目前的基础地质和勘探进展资料来看，该带成矿潜力巨大，有望成为我国乃至全球重要的斑岩型铜金成矿带。

5.2 陆缘岩浆岩时空分布与岩石组合

本次工作在系统收集前人数据基础上（数据量 350 个），将班公湖-怒江陆缘岩浆带的中生代岩浆活动分为四期，分别为：早—中三叠世（250 ~ 210Ma）、中—晚侏罗世（180 ~ 150Ma）、早白垩世（130 ~ 110Ma）和晚白垩世（100 ~ 80Ma）(图 5-2)。因地体不同，中生代岩浆活动的期次在各地体中也略有差异。其中，南羌塘地块的中生代岩浆活动期次可分为三期，分别为：早—中三叠世（250～210Ma）、中—晚侏罗世（180～150Ma）和早白垩世（130～110Ma）[图5-3（a）]；北-中拉萨地块的可分为：中—晚侏罗世（180～150Ma）、早白垩世（130～110Ma）和晚白垩世（100～80Ma）三期[图5-3（b）]。此外，依据班公湖-怒江陆缘岩浆带已有的构造演化、区域变质和岩石地球化学等方面的研究成果，我们将带内与陆缘弧有关的燕山期岩浆侵入活动划分为三期，分别为：中—晚侏罗世（180～150Ma）、早白垩世（130～110Ma）和晚白垩世（100～80Ma）。其中，中—晚侏罗世侵入岩主要分布在南羌塘地块西段。该期侵入岩与夕卡岩型铁多金属矿床关系密切。早白垩世侵入岩在南羌塘地块和北-中拉萨地块的西段分布广泛，与带内的斑岩型铜金和浅成低温热液型铜金矿化关系密切。晚白垩世侵入岩主要分布在北-中拉萨地块的西段，与该期侵入岩有关的金属矿化类型有斑岩型铜金和铜钼矿化，以及夕卡岩型铁多金属矿化。

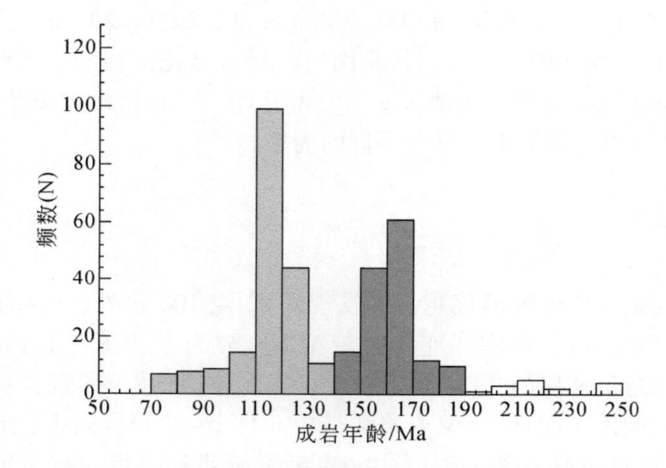

图5-2 班公湖-怒江构造带中生代岩浆活动的期次

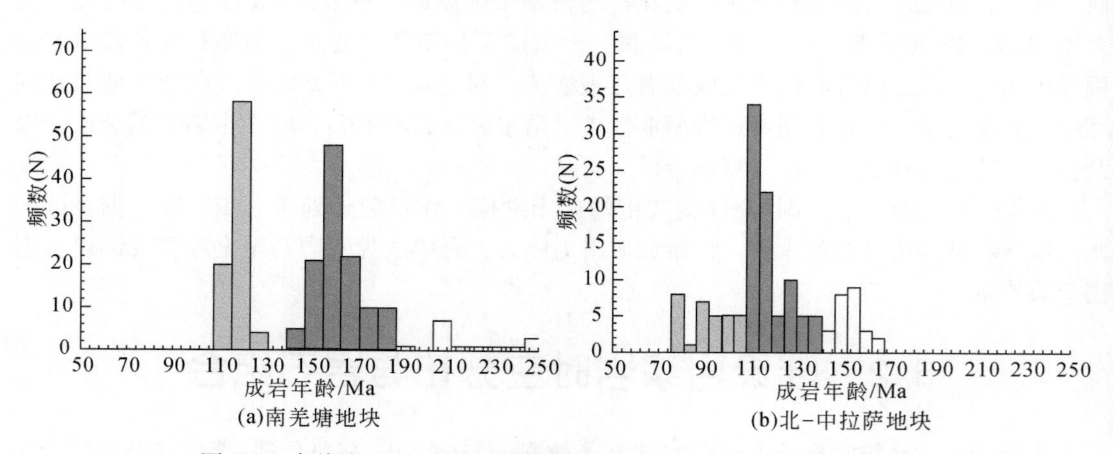

图5-3 南羌塘（a）和北-中拉萨地块（b）中生代岩浆活动的期次

岩石组合类型方面，中—晚侏罗世侵入岩的变化范围较大，从基性岩到酸性岩都有，其岩石组合类型有辉长闪长岩、闪长岩、花岗闪长岩、花岗岩和碱性花岗岩（图 5-4）。该期侵入岩大都被早白垩世的花岗质岩基侵入，呈残留体形式产出。早白垩世侵入岩的岩石组合类型因地体不同而略有差异。其中，在南羌塘地块，主要由闪长质-花岗闪长质岩石组成，在北-中拉萨地块则从基性的辉长岩至酸性的花岗岩都有。晚白垩世的侵入岩类型较为简单，主要为闪长岩和花岗闪长岩。该期侵入岩大都呈小岩株、岩枝或岩脉的形式产出，侵入至早白垩世的花岗质岩基中。

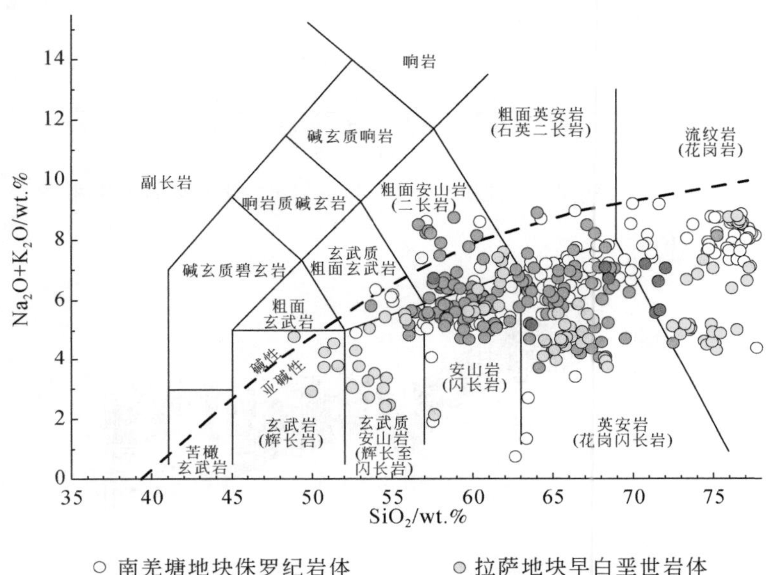

图 5-4 班公湖-怒江构造带陆缘岩浆岩石组合类型

5.3 陆缘岩浆岩地球化学特征

5.3.1 第一期（180～150Ma）岩浆岩地球化学

该期侵入岩中的闪长质-花岗闪长质岩石大都属高钾钙碱性系列岩石，而花岗质岩石则部分属于高钾钙碱性系列岩石，部分为钾玄岩系列岩石（图 5-5）。微量元素组成方面，各类岩石均富集大离子亲石元素，如 K、Rb、Cs、Ba 和 Sr 等，亏损高场强元素，如 Th、U、Zr、Hf、Ti、Nb 和 Ta 等。稀土元素标准化配分模式上，岩石均呈现出轻/重稀土元素分异明显的特征，但在 Eu 异常方面，部分侵入岩表现出 Eu 负异常不明显特征，部分则显示出明显的 Eu 负异常（图 5-6）。全岩 Sr/Y 比值和 Y 含量上，该期演化程度相对较低的岩石，如闪长岩和花岗质岩石，它们的 Sr/Y 比值变化范围较大，部分显示出高 Sr 低 Y 特征，部分则表现出低 Sr 高 Y 特征（图 5-7）。而该期演化程度相对较高的岩石，则无一例

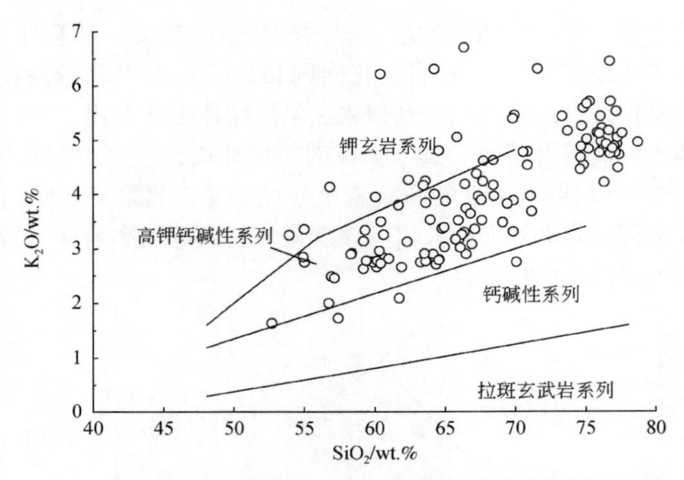

图 5-5　班公湖-怒江构造带中—晚侏罗世陆缘岩浆的硅碱图

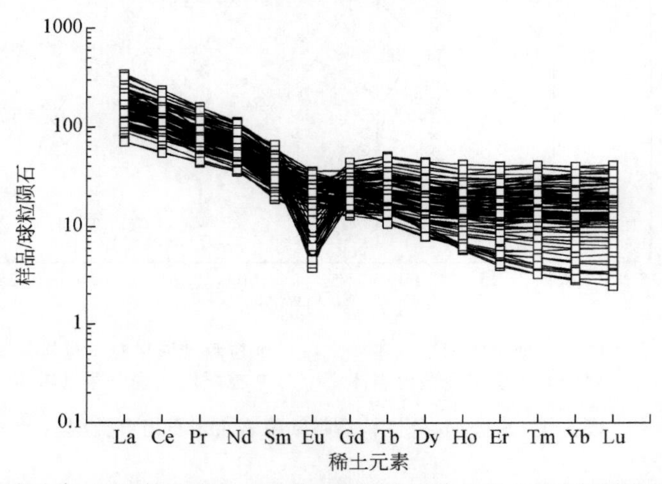

图 5-6　班公湖-怒江构造带中—晚侏罗世陆缘岩浆的稀土元素标准化配分模式

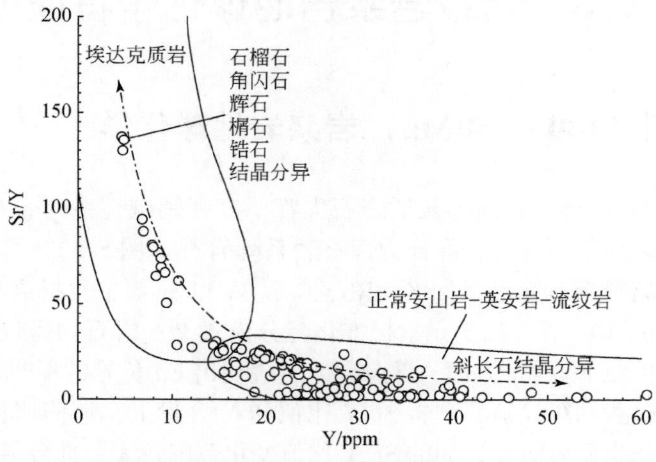

图 5-7　班公湖-怒江构造带中—晚侏罗世陆缘岩浆的 Y-Sr/Y 图解

外均显示出低 Sr 高 Y 特征。

5.3.2 第二期（130～110Ma）岩浆岩地球化学

该期侵入岩大都属钙碱性-高钾钙碱性系列岩石（图 5-8）。因地块不同，侵入岩的硅碱特征略有差别。比如，在南羌塘地块，岩石以高钾钙碱性系列为主，少部分为钙碱性系列岩石，而在北-中拉萨地块，大都为钙碱性系列岩石，少部分则为高钾钙碱性系列岩石。微量元素组成方面，该期侵入岩富集大离子亲石元素，如 K、Rb、Cs、Ba 和 Sr 等，亏损高场强元素，如 Th、U、Zr、Hf、Ti、Nb 和 Ta 等，表现出典型的弧岩浆岩特征。稀土元素标准化配分模式上，岩石均呈现出轻/重稀土元素分异明显的特征，但在 Eu 异常方面，部分侵入岩显示出 Eu 负异常不明显的特点，部分则具明显的 Eu 负异常（图 5-9）。该期侵入岩的 Sr/Y 比值变化范围较大（图 5-10），部分显示出高 Sr 低 Y 的特征，部分则具低 Sr 高 Y 特征。在南羌塘地块，该期侵入岩的 Y 含量大都小于 25ppm，Sr/Y 比值为 10～60，而在北-中拉萨地体，该期侵入岩的 Y 含量最高可达 60ppm，Sr/Y 比值常小于 35（图 5-10）。

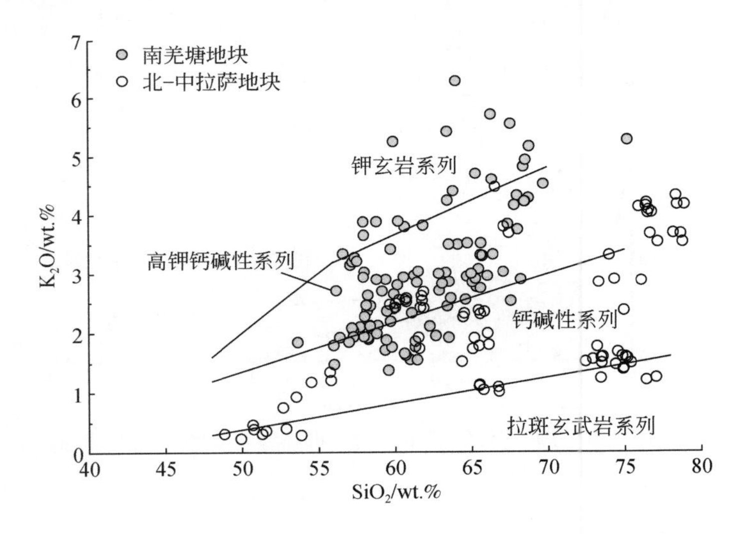

图 5-8 班公湖-怒江构造带早白垩世陆缘岩浆的硅碱图

5.3.3 第三期（100～80Ma）岩浆岩地球化学

该期岩浆活动事件的研究程度目前还比较低。依据现有的少量数据，可以看出，该期中性侵入岩属钙碱性系列岩石，而花岗质岩石则属高钾钙碱性系列岩石（图 5-11）。微量元素组成方面，该期侵入岩富集大离子亲石元素，如 K、Rb、Cs、Ba 和 Sr 等，亏损高场强元素，如 Th、U、Zr、Hf、Ti、Nb 和 Ta 等。稀土元素标准化配分模式上，该期侵入岩均呈现出轻/重稀土元素分异明显、Eu 负异常不明显的特征（图 5-12）。全岩的 Sr/Y 比值为 10～35，Y 含量为 10～15ppm，显示出典型埃达克岩石特征（图 5-13）。

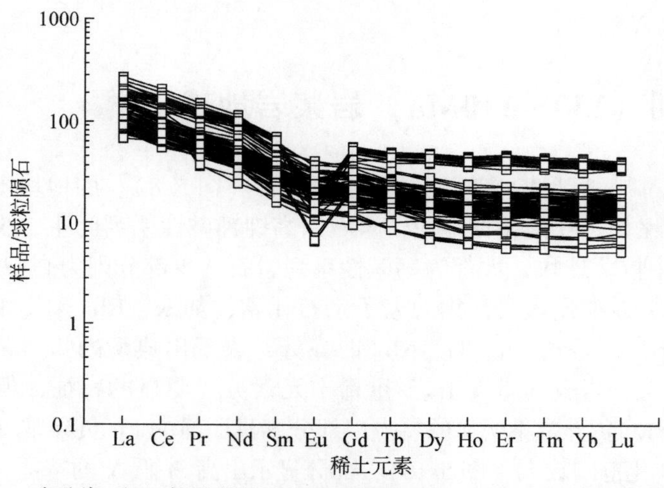

图 5-9 班公湖-怒江构造带早白垩世陆缘岩浆的稀土元素标准化配分模式

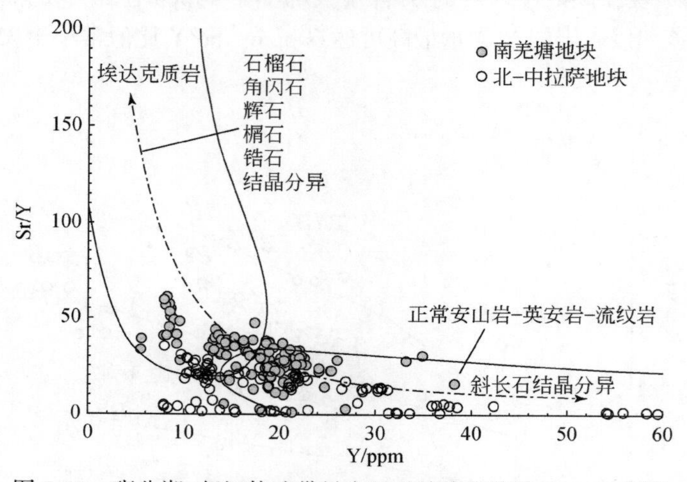

图 5-10 班公湖-怒江构造带早白垩世陆缘岩浆的 Y-Sr/Y 图解

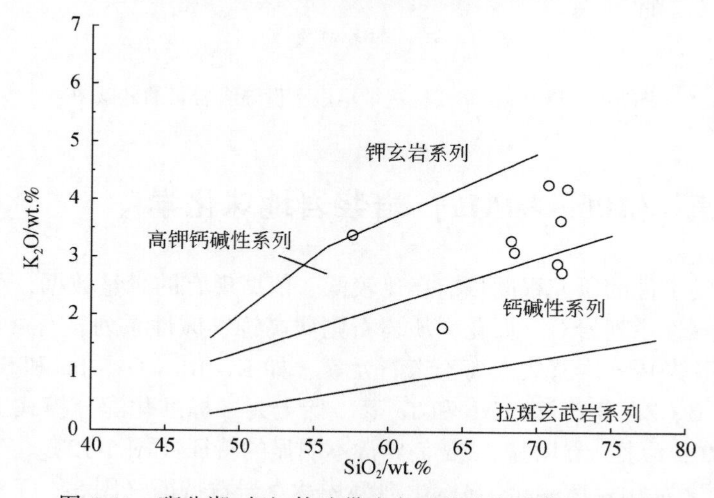

图 5-11 班公湖-怒江构造带晚白垩世陆缘岩浆的硅碱图

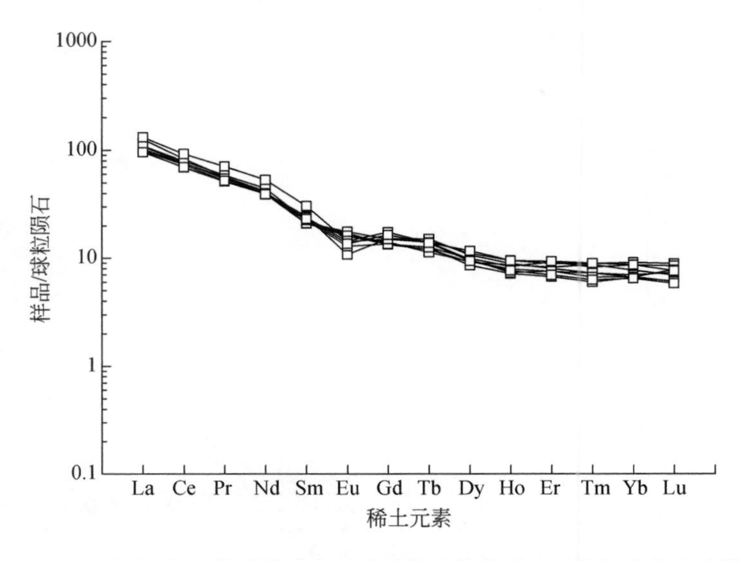

图 5-12　班公湖–怒江构造带晚白垩世陆缘岩浆的稀土元素标准化配分模式

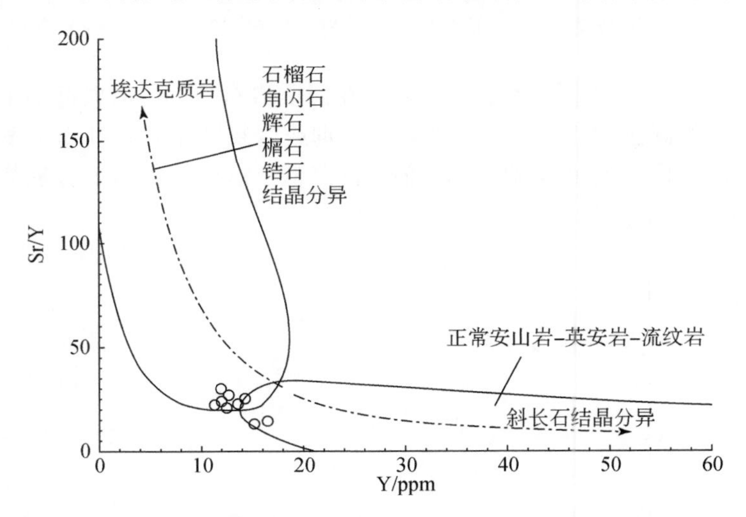

图 5-13　班公湖–怒江构造带晚白垩世陆缘岩浆的 Y-Sr/Y 图解

5.4　陆缘岩浆岩成因与物源演化

5.4.1　第一期（180～150Ma）陆缘岩浆成因

该期中–基性岩石的 Sr/Y 比值大都集中在 5～25，指示岩浆贫水且其源区无石榴子石的残留（图 5-14）。同期花岗质岩石的 Sr/Y 比值变化范围较大，最大值达 140，最小值则接近 0。此外，随 SiO_2 含量超过 65wt. %，花岗质岩石的 Sr/Y 比值呈现出逐渐降低趋势。该期侵入岩 Sr/Y 比值的变化，一定程度上反映了这些岩石的岩浆源区及其源区物质的部分熔融过程，可能存在较大差异。

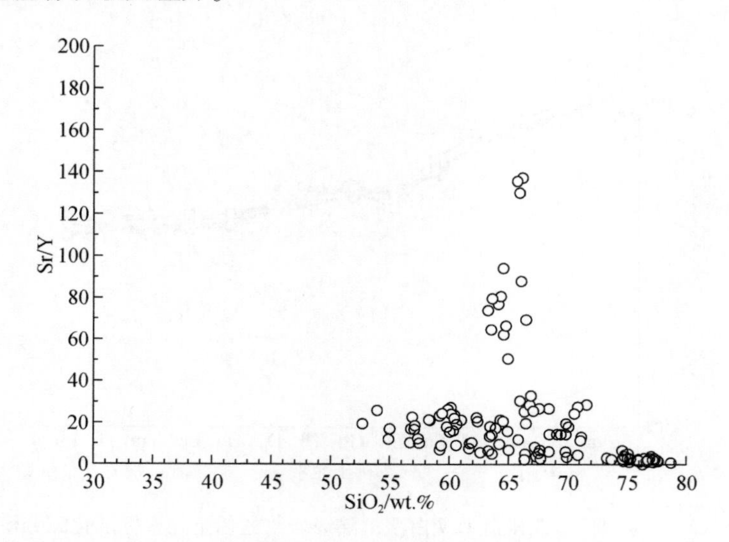

图 5-14　班公湖–怒江构造带中—晚侏罗世陆缘岩浆的 SiO_2-Sr/Y 图解

全岩 Eu 异常方面，该期中–基性侵入岩和花岗质岩石的 Eu* 值大都小于1（图5-15），指示源区物质部分熔融过程中有斜长石的残留，抑或岩浆结晶分异过程中发生了斜长石的分异。此外，伴随 SiO_2 含量的升高，Eu* 值逐渐降低，这可能指示了岩浆贫水条件下，斜长石发生了强烈的结晶分异。

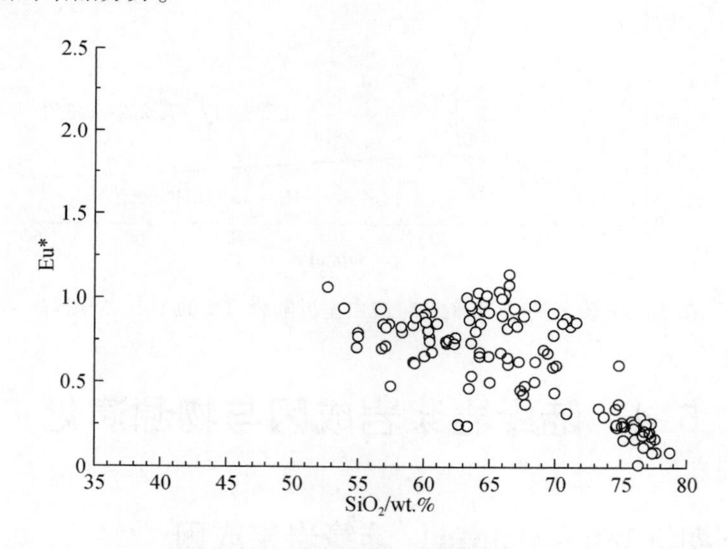

图 5-15　班公湖–怒江构造带中—晚侏罗世陆缘岩浆 SiO_2-Eu* 图解

全岩 $(La/Yb)_N$ 比值方面，该期侵入岩的大都集中在 5 ~ 15，且随 SiO_2 含量的升高 $(La/Yb)_N$ 比值基本不变（图5-16）。这可能说明，这些岩石的岩浆源区在部分熔融过程中有石榴子石或角闪石的残留，抑或岩浆演化过程中发生了石榴子石或角闪石的结晶分异。

少量花岗闪长质岩石的 $(La/Yb)_N$ 比值最高达50，说明这些岩石的岩浆源区在部分熔融过程中有大量石榴子石或角闪石的残留，抑或岩浆演化过程中发生了石榴子石或角闪石的大量结晶分异。

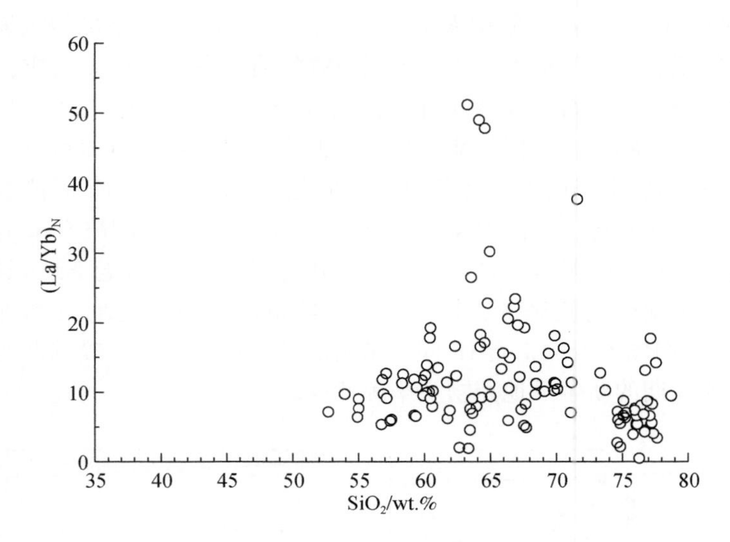

图5-16　班公湖-怒江构造带中—晚侏罗世陆缘岩浆 SiO_2-$(La/Yb)_N$ 图解

全岩 $(Dy/Yb)_N$ 比值方面，该期侵入岩的大都集中在1.0~1.3，且随 SiO_2 含量的升高基本未发生明显的变化（图5-17）。这说明，这些侵入岩未发生明显的中/重稀土元素分异，而这可能与其岩浆源区有角闪石的残留，抑或岩浆演化过程中发生了角闪石的结晶分异有关。部分花岗闪长质岩石的 $(Dy/Yb)_N$ 比值较大（介于1.5~3.0，图5-17），指示它们的岩浆源区在部分熔融过程中有大量石榴子石的残留，抑或岩浆演化过程中发生了大

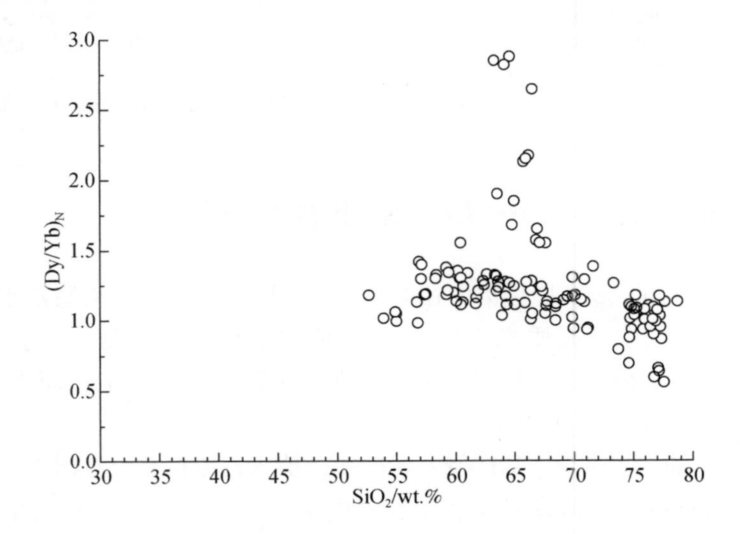

图5-17　班公湖-怒江构造带中—晚侏罗世陆缘岩浆 SiO_2-$(Dy/Yb)_N$ 图解

量石榴子石的结晶分异。

锆石 Hf 同位素组成方面，该期侵入岩的 $\varepsilon_{Hf}(t)$ 值变化范围很大，为-20.0～+19.0，且两端分化现象明显，部分位于1.1Ga（中元古代）演化线之下，部分则位于0.7Ga 演化线之上（图5-18）。锆石 $\varepsilon_{Hf}(t)$ 同位素组成落于1.1Ga 演化线之下的侵入岩，其岩浆源区可能是富集地幔物质、古老下地壳物质、亏损地幔物质加古老下地壳物质，抑或新生下地壳物质加古老地壳物质。锆石 $\varepsilon_{Hf}(t)$ 同位素组成落于0.7Ga 演化线之上的侵入岩，其岩浆源区可能是亏损地幔物质、新生下地壳物质，抑或亏损地幔物质加新生下地壳物质。该期侵入岩的锆石 Hf 同位素组成另一特点为：随时代变年轻，锆石 Hf 同位素组成有逐渐变亏损趋势。但这种变化趋势，在南羌塘地块和北-中拉萨地块之间略有差别。在南羌塘地块，该期侵入岩的锆石 Hf 同位素组成，从最开始的富集地幔或古老下地壳物质来源特点，转变成晚期的新生下地壳物质来源，抑或亏损地幔混染少量古老地壳物质来源特点。在北-中拉萨地块，该期侵入岩的锆石 Hf 同位素组成从早期的富集地幔或古老地壳物质来源特点，逐渐转变成晚期的新生下地壳物质来源特点。

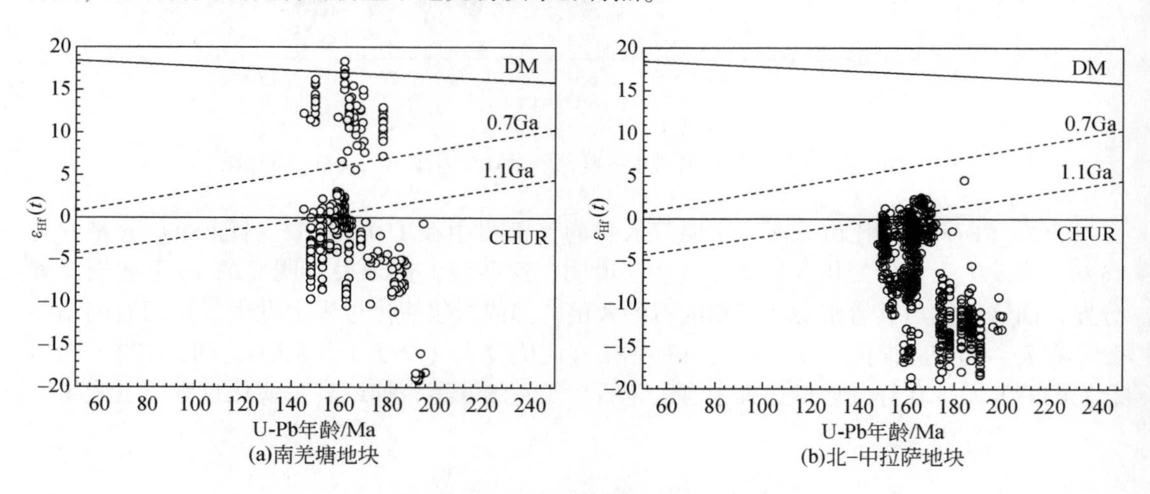

图5-18　班公湖-怒江构造带中—晚侏罗世陆缘岩浆锆石 Hf 同位素组成

5.4.2　第二期（130～110Ma）陆缘岩浆成因

该期中-基性岩石的 Sr/Y 比值集中在10～30（图5-19），指示岩浆富水且其岩浆源区有石榴子石的残留。同期花岗质岩石的 Sr/Y 比值则变化范围较大（介于0～60），且当 SiO_2 含量介于63wt.%～68wt.%时，其 Sr/Y 比值大都集中在10～60，而当 SiO_2 含量大于70wt.%时，Sr/Y 比值则大都小于5。

全岩 Eu 异常方面，该期中-基性侵入岩的 Eu^* 值大都维持在1.0附近，指示岩浆富水且岩浆源区无斜长石残留，抑或岩浆演化过程中未发生明显的斜长石结晶分异。当 SiO_2 介于63wt.%～68wt.%时，该期花岗质岩石未显示出明显的 Eu 负异常，这可能说明，由于岩浆富水，岩浆演化过程中未发生明显的斜长石结晶分异。当 SiO_2 含量大于70wt.%时，

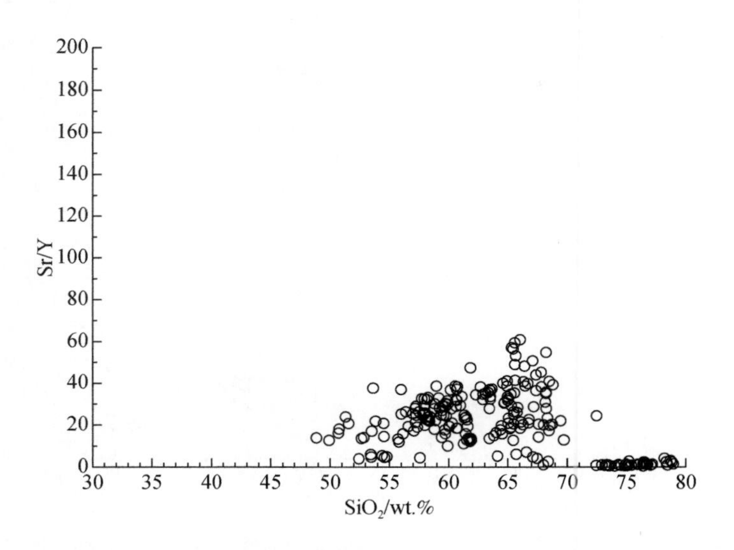

图 5-19　班公湖-怒江构造带早白垩世陆缘岩浆的 SiO_2-Sr/Y 图解

该期花岗质岩石则显示出明显的 Eu 负异常，这或许意味着岩浆演化过程中发生了明显的斜长石结晶分异（图 5-20）。

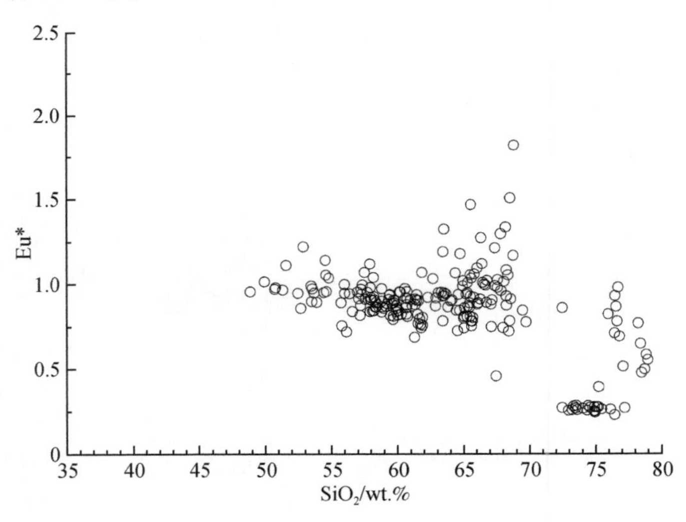

图 5-20　班公湖-怒江构造带早白垩世陆缘岩浆的 SiO_2-Eu^* 图解

全岩 $(La/Yb)_N$ 比值方面，该期中-基性侵入岩的大都集中在 2～15，且随 SiO_2 含量的升高，$(La/Yb)_N$ 比值有升高趋势，指示岩浆演化过程中有石榴子石或角闪石的结晶分异。当 SiO_2 含量介于 63wt. %～70wt. % 时，该期花岗质岩石的 $(La/Yb)_N$ 比值大都集中在 5～10。随着 SiO_2 含量的升高，该期花岗质岩石的 $(La/Yb)_N$ 比值逐渐降低（图 5-21）。

全岩 $(Dy/Yb)_N$ 比值方面，该期中-基性和花岗闪长质侵入岩的大都集中在 1.0～1.3，指示岩浆源区有角闪石的残留，抑或岩浆结晶分异过程中发生了角闪石的结晶分异。此

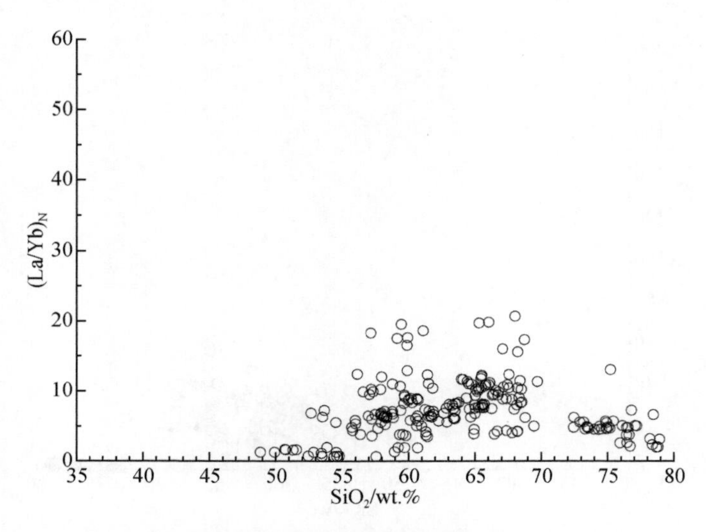

图 5-21 班公湖-怒江构造带早白垩世陆缘岩浆的 SiO_2-$(La/Yb)_N$ 图解

外，当 SiO_2 含量大于 70wt.% 时，该期花岗闪长质侵入岩的 $(Dy/Yb)_N$ 比值表现出逐渐降低趋势（图 5-22）。

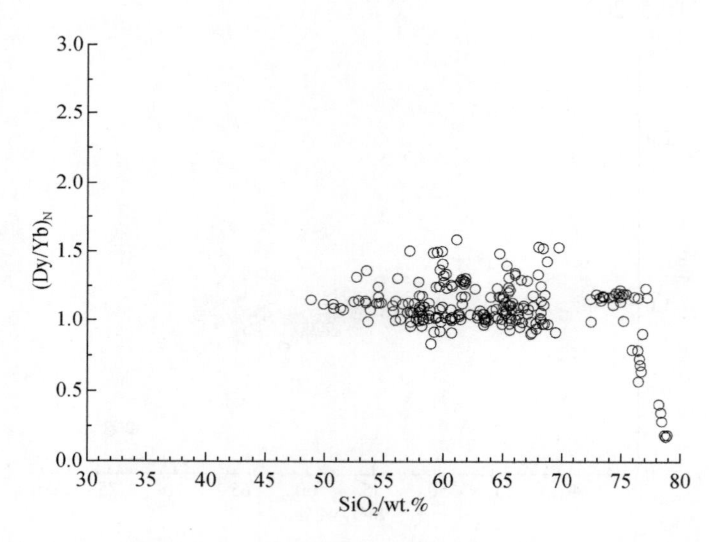

图 5-22 班公湖-怒江构造带早白垩世陆缘岩浆的 SiO_2-$(Dy/Yb)_N$ 图解

锆石 Hf 同位素组成方面，该期侵入岩表现出两极分化明显的特点。部分侵入岩的锆石 Hf 同位素组成介于 0～15.0，位于球粒陨石（CHUR）演化线之上，亏损地幔（DM）演化线之下（图 5-23），指示其岩浆源区以亏损地幔物质为主。部分侵入岩的锆石 Hf 同位素组成介于-13.0～0，位于球粒陨石（CHUR）演化线之下，指示其岩浆源区以古老下地壳物质为主。需指出，南羌塘地块和北-中拉萨地块的该期侵入岩，均表现出上述两极分化明显的特点。整体来看，该期侵入岩的锆石 Hf 同位素组成较大的变化范围，一定程度上反映了在该期岩浆活动过程中壳幔相互作用非常强烈，岩浆源区复杂多样。

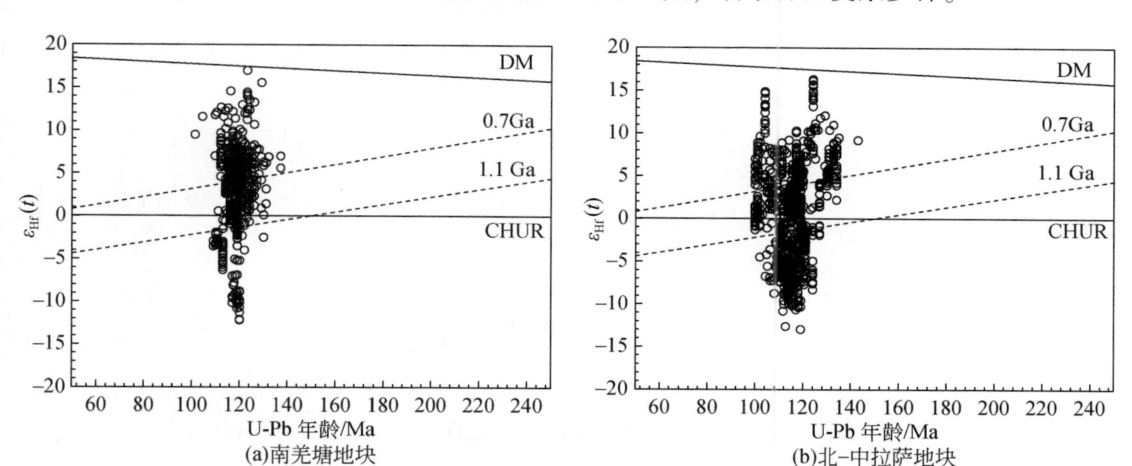

图 5-23　班公湖–怒江构造带早白垩世陆缘岩浆的锆石 Hf 同位素组成

5.4.3　第三期（100～80Ma）陆缘岩浆成因

该期中性侵入岩的 Sr/Y 比值约为 23，且随 SiO_2 含量的升高，Sr/Y 比值有逐渐降低趋势［图 5-24（a）］，指示岩浆可能贫水。全岩铕异常方面，该期中性侵入岩的集中在 1.0 附近，且随 SiO_2 含量的升高，Eu^* 值逐渐降低［图 5-24（b）］，指示岩浆演化过程中发生了斜长石的结晶分异。此外，随着 SiO_2 含量的升高，全岩的 $(La/Yb)_N$ 和 $(Dy/Yb)_N$ 比值逐渐增大［图 5-24（c）(d)］，指示岩浆演化过程中还发生了石榴子石的结晶分异。

锆石 Hf 同位素组成方面，该期侵入岩的锆石 Hf 同位素组成变化范围较大（图 5-25）。部分侵入岩的锆石 Hf 同位素组成位于球粒陨石（CHUR）演化线之下，指示其岩浆源区可能来源于古老下地壳物质的部分熔融。部分侵入岩的锆石 Hf 同位素组成则位于球粒陨石（CHUR）演化线之上，亏损地幔（DM）演化线之下，指示其岩浆可能来源于新生下地壳物质的部分熔融，抑或来源于亏损地幔并混染少量的古老地壳物质。

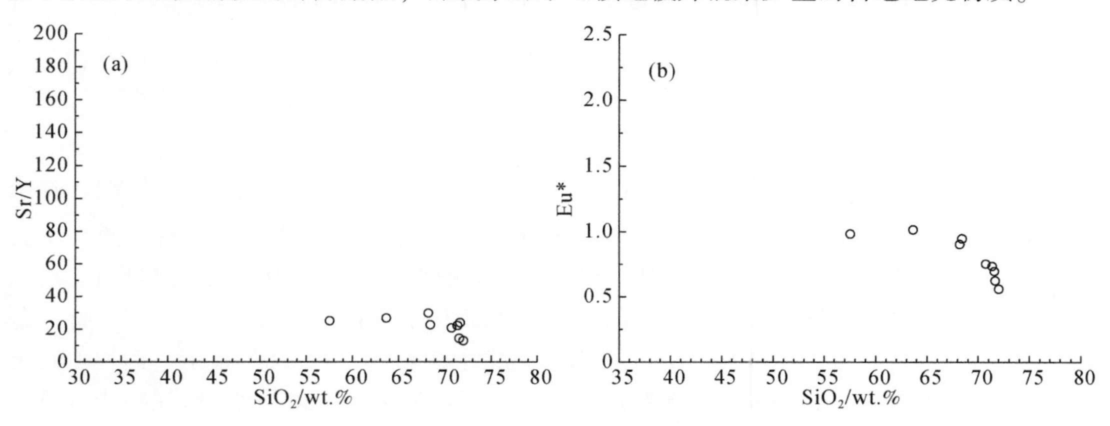

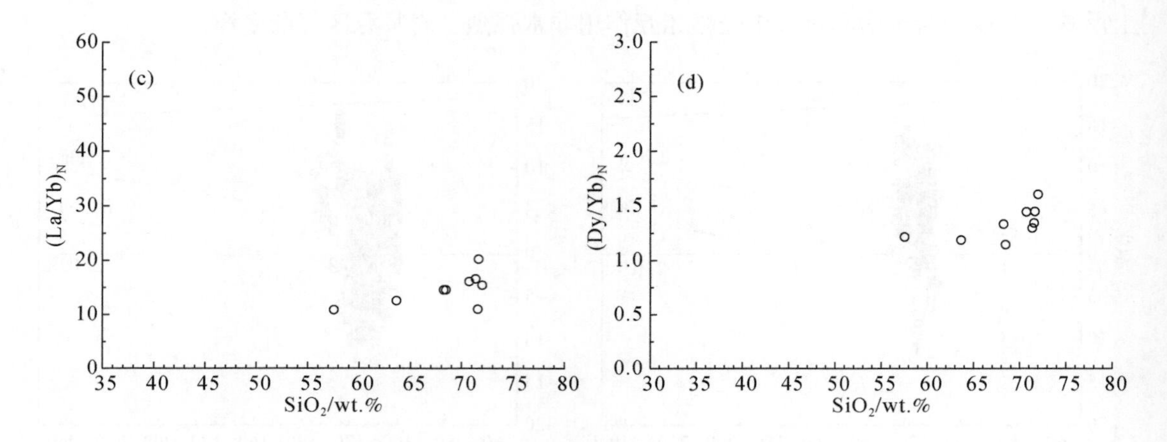

图 5-24　班公湖-怒江构造带晚白垩世陆缘岩浆的 SiO_2-Sr/Y（a）、SiO_2-Eu*（b）、SiO_2-$(La/Yb)_N$（c）和 SiO_2-$(Dy/Yb)_N$（d）图解

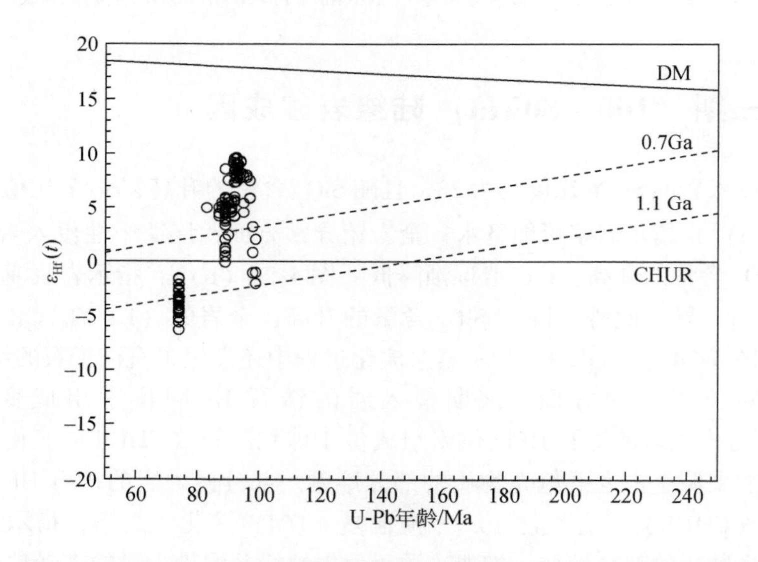

图 5-25　班公湖-怒江构造带晚白垩世陆缘岩浆锆石 Hf 同位素组成

5.4.4　陆缘岩浆物源演化

班公湖-怒江构造带早侏罗世侵入岩的锆石 $\varepsilon_{Hf}(t)$ 值集中在-20.0～-5.0（图 5-26），指示该期岩浆的源区物质组成主要为古老下地壳物质，抑或富集地幔。至中—晚侏罗世，班公湖-怒江构造带侵入岩的锆石 $\varepsilon_{Hf}(t)$ 值明显增大，集中在-10.0～+18.0（图 5-26），指示该期岩浆活动物质源区来自亏损地幔或新生地壳物质所占的比例有明显升高趋势。特别是在南羌塘地块，该期部分侵入岩的锆石 $\varepsilon_{Hf}(t)$ 值集中在+5.0～+18.0，指示它们的岩浆源区物质组成以亏损地幔，抑或亏损地幔加新生下地壳物质为主。班公湖-怒江构造带早白

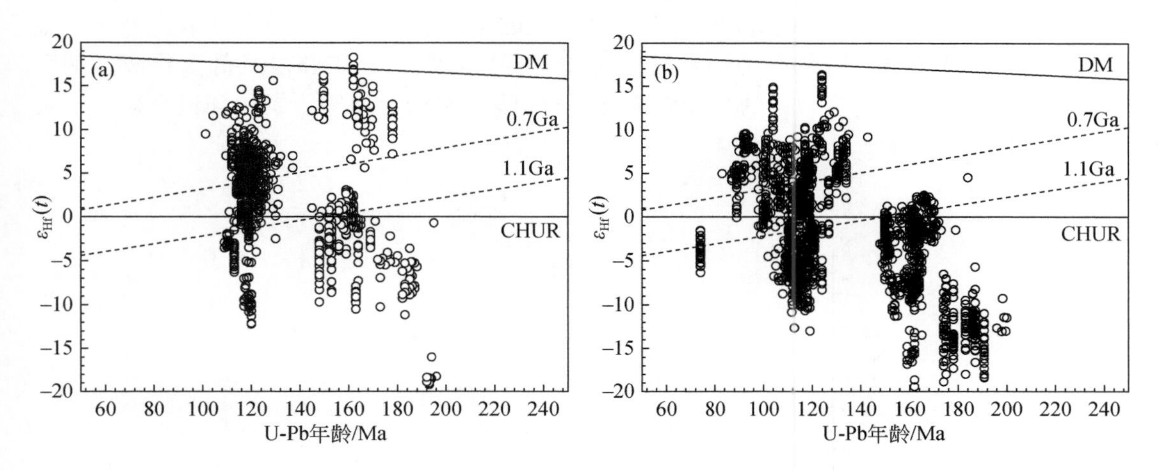

图 5-26　南羌塘地块（a）和北-中拉萨地块（b）陆缘岩浆的锆石 Hf 同位素组成

垩世侵入岩的锆石 $\varepsilon_{Hf}(t)$ 值集中在-11.0～+14.0，这与该区中—晚侏罗世侵入岩的锆石 $\varepsilon_{Hf}(t)$ 值基本相似，指示该期侵入岩的岩浆源区多样，部分可能为古老下地壳物质加新生下地壳物质，部分可能为新生下地壳物质加古老地壳物质，还有部分则可能为亏损地幔物质加少量古老地壳物质。晚白垩世时期的侵入岩，其锆石 $\varepsilon_{Hf}(t)$ 值变化范围为-6.0～+10.0，指示该期侵入岩的岩浆源区也复杂多样。此外，在北-中拉萨地块，该期侵入岩的锆石 $\varepsilon_{Hf}(t)$ 值随时代变年轻，有逐渐降低趋势。综上所述，班公湖-怒江构造带燕山期陆缘岩浆作用的物质源区从最开始的（早侏罗世）可能以古老下地壳物质抑或富集地幔为主的源区，演化成复杂多样的亏损地幔源、新生下地壳源和古老下地壳源的多来源物质源区（早白垩世），再演化成晚期的（晚白垩世）逐渐以古老下地壳源为主的岩浆源区。在这些过程中，由俯冲板片的撕裂、断离或折返造成的幔源物质上涌或幔源岩浆活动的减弱，可能起着非常关键的作用。

5.5　班公湖-怒江陆缘岩浆成矿作用

5.5.1　与陆缘岩浆有关的金属矿产类型与时空分布

班公湖-怒江构造带现已发现大型-超大型斑岩型铜金矿床 6 处，中型斑岩型铜、铜金和铜钼矿床 5 处，中-小型夕卡岩型铁多金属矿床 3 处，小型浅成低温热液型铜金矿床 1 处，总探明铜储量大于 19.0Mt，金储量大于 220t，已成为我国重要的铜和金金属产地。典型斑岩型铜金矿床有多不杂、波龙、拿若、铁格隆南、尕尔穷和嘎拉勒等，典型夕卡岩型铁多金属矿床有材玛、佛野和更乃等。

我们系统总结了班公湖-怒江构造带与陆缘岩浆有关金属矿床的辉钼矿 Re-Os 和锆石 U-Pb 年龄，结果显示，班公湖-怒江构造带与陆缘岩浆有关的金属矿床成矿作用可分为中—晚侏罗世（165～155Ma）、早白垩世（120～110Ma）和晚白垩世（95～75Ma）三期

（图5-27）。其中，与中—晚侏罗世陆缘岩浆有关的金属矿床类型主要为夕卡岩型铁多金属矿，与早白垩世陆缘岩浆有关的金属矿床类型有斑岩型铜金矿和浅成低温热液型铜金矿，与晚白垩世陆缘岩浆有关的金属矿床类型有斑岩-夕卡岩型铜、铜钼和铜金矿，以及夕卡岩型铁多金属矿。

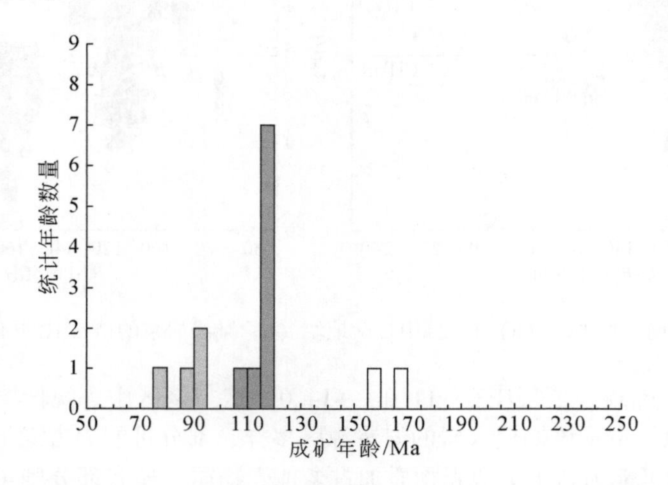

图5-27　班公湖-怒江构造带与陆缘岩浆有关金属矿床的成矿期次

矿床的空间分布特征方面，中—晚侏罗世的夕卡岩型铁多金属矿主要分布在南羌塘地体西段的日土-弗野岩浆弧带，早白垩世的斑岩型铜金矿和浅成低温热液型铜金矿主要分布在南羌塘地块西段的多龙岩浆弧带，晚白垩世的斑岩-夕卡岩型铜、铜钼和铜金矿及夕卡岩型铁多金属矿主要分布在北-中拉萨地块中的昂龙岗日-班戈岩浆弧带（图5-1）。

5.5.2　第一期（165～155Ma）成矿作用

（1）第一期成矿作用基本特征

该期成矿作用以夕卡岩型铁多金属矿化为特点，但成矿规模和矿化强度均较弱，已发现的矿床均为小型规模。夕卡岩型铁多金属矿化大都发育在中—晚侏罗世花岗闪长质-花岗质岩体与二叠系碳酸盐岩的接触带附近，典型矿床有弗野和材玛等。与成矿有关的岩石组合类型有黑云石英闪长岩、角闪黑云花岗闪长岩、黑云角闪二长花岗岩和二长花岗岩等，大都以复式（杂）岩体形式产出，地表出露面积较小。成矿岩体属高钾钙碱性系列岩石，富集大离子亲石元素，如K、Rb、Cs、Ba和Sr等，亏损高场强元素，如Th、U、Zr、Hf、Ti、Nb和Ta等（图5-28）。稀土元素标准化配分模式上，成矿岩体富集轻稀土元素，亏损重稀土元素，中/重稀土分异不明显，铕负异常明显。成矿岩体的Sr/Y比值较低，集中在5～20范围内，与正长安山岩-英安岩-流纹岩的Sr/Y比值相当（图5-29）。成矿岩石的锆石Hf同位素值大都位于0.7Ga演化线之下（图5-30），球粒陨石（CHUR）演化线附近，指示成矿岩浆来源于新生下地壳物质的部分熔融，并混染少量古老地壳物质，抑或亏损地幔来源，并混染大量古老地壳物质。

该期成矿作用具经济价值的金属矿物为磁铁矿和赤铁矿，并伴生黄铜矿、闪锌矿、含

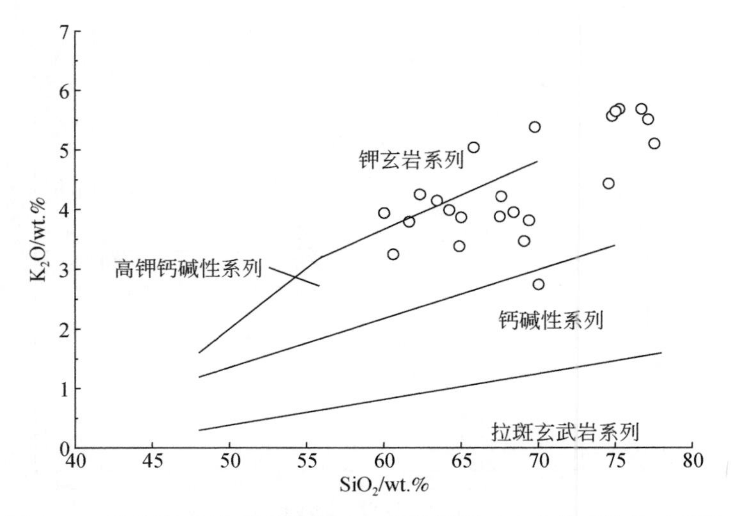

图 5-28 班公湖-怒江构造带与中—晚侏罗世矿床有关岩体的硅碱图

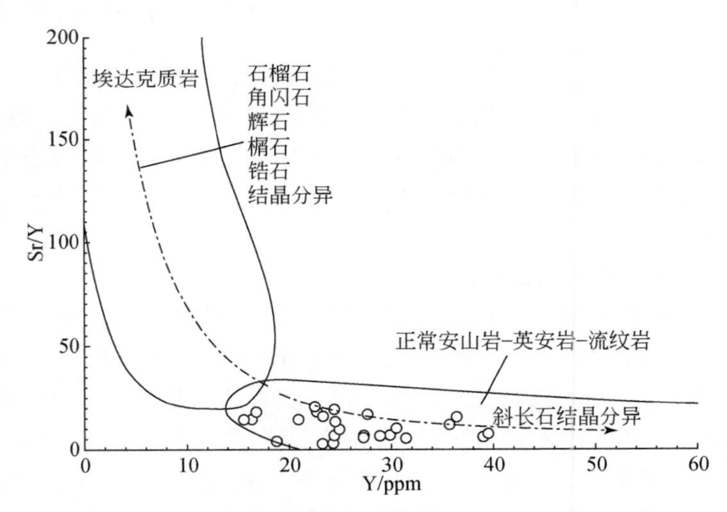

图 5-29 班公湖-怒江构造带与中—晚侏罗世矿床有关岩体的 Y-Sr/Y 图解

银矿物、方铅矿、水锰矿和辉锑矿等，但不具综合利用价值。磁铁矿和赤铁矿常以块状形式产出，黄铜矿、闪锌矿、含银矿物、方铅矿、水锰矿和辉锑矿则多以网脉形式出现，并切穿早期的磁铁矿-赤铁矿矿石。主要的脉石矿物有石榴子石、辉石、蛇纹石、方解石、绿帘石、符山石、绿泥石、石英、水镁石、绢云母和方解石。成矿作用可划分为四个阶段：①夕卡岩阶段。主要形成夕卡岩类矿物，如石榴子石和辉石等，此阶段为贫矿阶段。②磁铁矿-赤铁矿阶段。此阶段以形成磁铁矿和赤铁矿矿物为特征，是铁矿化的主要阶段。③石英-硫化物阶段。此阶段主要形成石英、黄铜矿、闪锌矿、方铅矿、黄铁矿、辉锑矿和水锰矿，这些矿物交代早期形成的夕卡岩、磁铁矿和赤铁矿。④方解石阶段。此阶段是成矿的最后阶段，不含矿，主要形成方解石。

成矿金属元素在空间上常具明显的分带性。靠近岩体与碳酸盐岩接触带附近，以铁矿

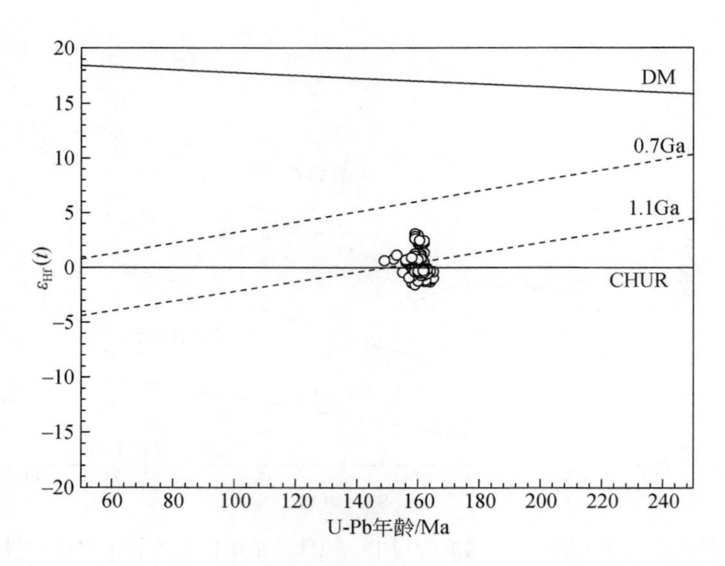

图 5-30 班公湖-怒江构造带与中—晚侏罗世矿床有关岩体的锆石 Hf 同位素组成

化为主，以块状磁铁矿和赤铁矿形式产出。远离接触带，则以铜、铅、锌、银、金、锑和锰为主，以石英-硫化物脉的形式产出。此外，蚀变矿物组合在空间上也具明显的分带性。在岩体与碳酸盐岩接触带附近，主要为块状夕卡岩化，夕卡岩类矿物以石榴子石为主，辉石类矿物次之，远离接触带则主要为脉状夕卡岩化，夕卡岩类矿物以辉石类矿物为主，石榴子石次之。

（2）典型矿床-弗野铁多金属矿床

弗野铁多金属矿床位于日土县东约 180km 处，是一个以铁为主，伴生铜、金和银的夕卡岩型矿床，已探明铁储量 9.1Mt，铁品位 57.3%~63.5%（冯国胜等，2007）。矿区出露地层较简单，主要由二叠系中统吞龙共巴组砂岩、页岩和泥灰岩，以及二叠系中统龙格组灰岩组成（图 5-31）。矿区侵入岩较发育，岩体呈近东西向带状分布，以岩基或岩株形式产出。岩石类型有中细粒黑云石英闪长岩、角闪黑云花岗闪长岩和黑云角闪二长花岗岩。其中，中细粒黑云石英闪长岩被角闪黑云花岗闪长岩穿切，角闪黑云花岗闪长岩被黑云角闪二长花岗岩穿切。LA-ICP-MS 锆石 U-Pb 测年结果显示，中细粒黑云角闪二长花岗岩的形成时代为 151.4±1.4Ma，中细粒角闪黑云花岗闪长岩的为 157.4±3.1Ma（冯国胜等，2007）。

弗野矿床的金属矿化大都产在石英闪长岩-花岗闪长岩杂岩体与二叠系中统龙格组碳酸盐岩接触带附近。金属矿化类型主要为磁铁矿化，铜、金和银矿化次之。矿区已圈定铁矿体 3 条，呈脉状、团块状或透镜状产出。矿石矿物主要为磁铁矿，其次为赤铁矿。脉石矿物有石榴子石、透辉石、符山石、绿泥石、石英、水镁石、绢云母和方解石。铜矿化主要产于岩体与大理岩接触处。矿石矿物主要为黄铜矿、闪锌矿、磁黄铁矿、赤铁矿和孔雀石。脉石矿物主要有石榴子石、绿帘石、方解石、石英、阳起石和透辉石。金和银矿化主要产于粗晶大理岩与石英闪长玢岩的外接触带。矿石矿物为赤铁矿、磁铁矿、褐铁矿、黄铁矿和方铅矿。脉石矿物有石英、葡萄石和方解石等。

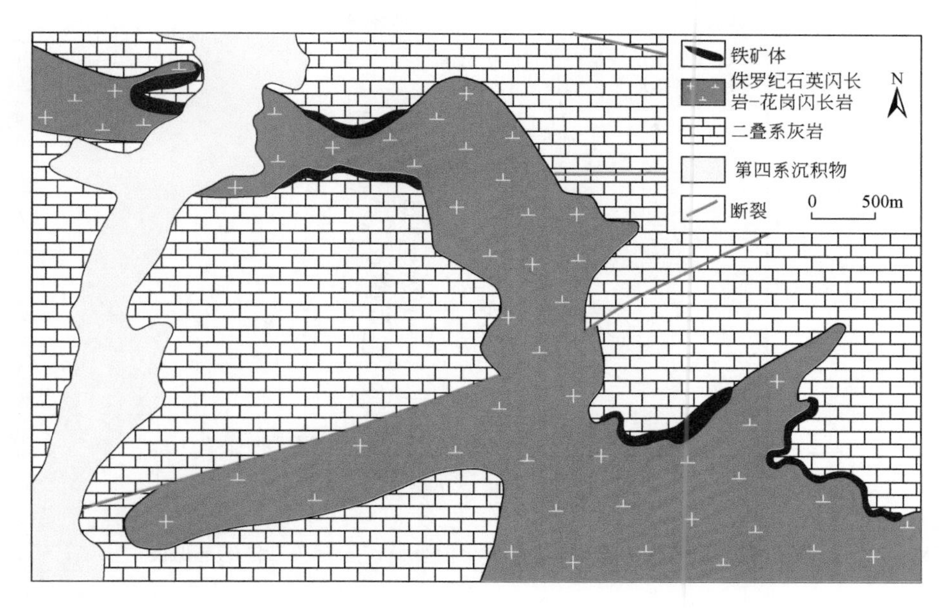

图 5-31　弗野矿床地质图（修改自 Li X K et al., 2018）

5.5.3　第二期（120～110Ma）成矿作用

（1）第二期成矿作用基本特征

该期成矿作用类型丰富，包括斑岩型、夕卡岩型和浅成低温热液型，且强度大、范围广，在南羌塘地块和北-中拉萨地块均有发育。其中，南羌塘地块的大都达大型规模以上，以斑岩型和浅成低温热液型矿化为主，典型矿床有拿若铜金矿（2.4Mt Cu，76t Au）、多不杂铜金矿（2.7Mt Cu，13t Au）、铁格隆南铜金矿（11.0Mt Cu，30t Au）和波龙铜金矿（2.6Mt Cu，28t Au）。北-中拉萨地块的矿床大都为中-小型，以斑岩型和夕卡岩型为主，典型矿床有雄梅斑岩型铜矿和舍索夕卡岩型铜矿。

该期成矿作用的铜金或铜矿化大都产在花岗质复式杂岩体或其与碳酸盐岩的接触带附近，成因上与较期侵位的小岩体有关。与成矿有关岩石类型有花岗闪长岩和花岗闪长斑岩。成矿岩体的主要造岩矿物有斜长石、石英、钾长石、黑云母和角闪石，副矿物有磷灰石、锆石、榍石和磁铁矿等。岩石地球化学特征方面，南羌塘地块中与成矿有关的岩体属钙碱性-高钾钙碱性系列岩石，而在北-中拉萨地块则为钙碱性系列岩石（图 5-32）。成矿岩体富集大离子亲石元素，如 K、Rb、Cs、Ba 和 Sr 等，亏损高场强元素，如 Th、U、Zr、Hf、Ti、Nb 和 Ta 等，与典型弧岩浆的特征相似。在稀土元素标准化配分模式上，成矿岩体富集轻稀土元素，亏损重稀土元素，中/重稀土分异及铕负异常不明显。此外，成矿岩体的 Sr/Y 比值较高，集中在 20～50，与典型埃达克质岩石的 Sr/Y 比值相当（图 5-33）。

成矿岩体的锆石 Hf 同位素组成方面，除青草山矿床外，成矿岩体的锆石 Hf 同位素均位于球粒陨石演化线之上，亏损地幔演化线之上（图 5-34）。此外，成矿岩体锆石 Hf-O 同位素均落在亏损地幔与循环地壳物质的演化线之上（图 5-34）。估算得到的循环

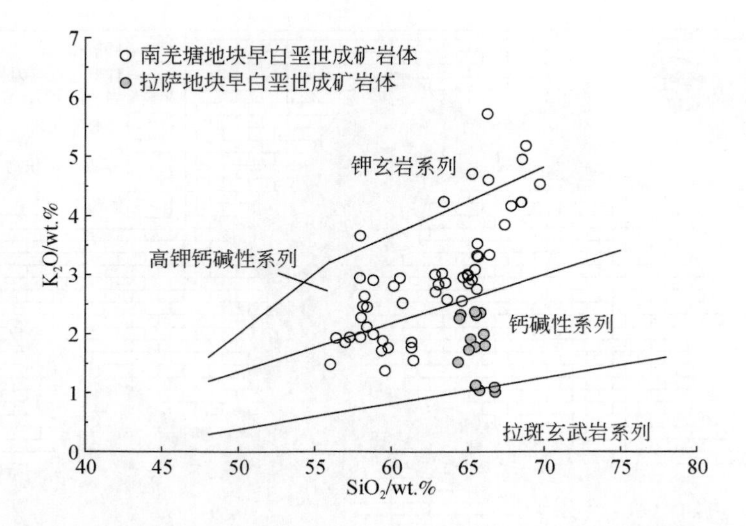

图 5-32　班公湖-怒江构造带与早白垩世矿床有关岩体的硅碱图

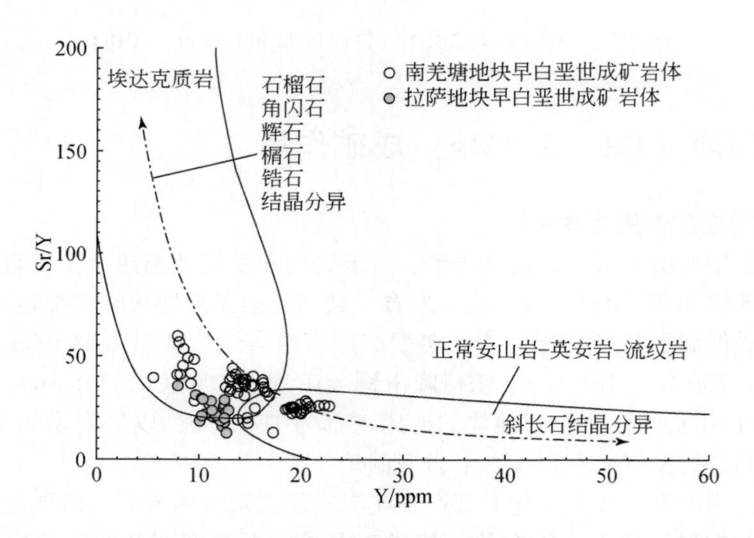

图 5-33　班公湖-怒江构造带与早白垩世矿床有关岩体的 Y-Sr/Y 图解

地壳物质所占的比例为 15%~25%。这说明，与该期成矿作用有关的岩浆源区可能来源于亏损地幔并混染有部分古老地壳物质，抑或来源于新生下地壳物质并混染有部分古老地壳物质。

与该期成矿作用有关的斑岩型矿床，其含有的具经济价值的金属矿物为黄铜矿和自然金，伴生金属矿物有黄铁矿、辉钼矿、方铅矿和闪锌矿等，但钼、铅和锌的综合利用价值不大。黄铜矿常以石英-黄铜矿-黄铁矿、石英-黄铜矿-黄铁矿-辉钼矿或石英-黄铜矿-黄铁矿-磁铁矿网脉的形式，产于花岗闪长斑岩中。主要的脉石矿物有石英、绿泥石和高岭石。依据热液脉体形成的先后顺序及其共生矿物组合，可将矿床中的热液脉体类型归类成三种：①早期贫矿的高温磁铁矿脉和钾长石-石英脉；②中期富矿的石英-黄铜矿-黄铁

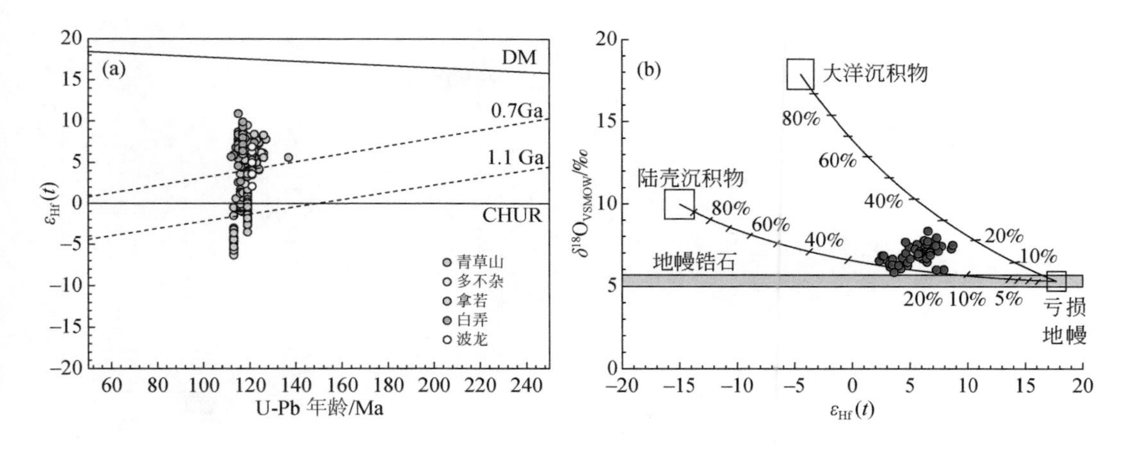

图 5-34　班公湖-怒江构造带与早白垩世矿床有关岩体的锆石 Hf-O 同位素组成

矿、石英-黄铜矿-黄铁矿-辉钼矿和石英-黄铜矿-黄铁矿-磁铁矿脉；③晚期贫矿的石英-黄铁矿脉、黄铁矿脉和石英-黄铁矿-高岭石脉。其中，早期的热液脉体常伴有高温的钾化蚀变，主要发育在成矿岩体中，中期的热液脉体常伴有黄铁绢英岩化，多发育在成矿早期的非成矿岩体中，晚期的热液脉体则常伴有青磐岩化，主要发育在矿床的浅部或远离成矿岩体位置。此外，与该期成矿作用有关的大型-超大型斑岩型矿床常显示出多期岩浆-热液活动的特征，例如，同一矿床中发育多期成矿岩体，并伴有异常的热液脉体穿插现象，以及多个成矿中心。

（2）典型矿床-多龙铜金矿集区

多龙铜金矿集区目前已发现大大小小的斑岩-浅成低温热液型铜金矿 11 处，探明铜储量大于 18.7Mt，金储量大于 148t，主要矿床有：波龙斑岩型铜金矿、多不杂斑岩型铜金矿、拿若斑岩型铜金矿、铁格隆南斑岩型铜金矿和拿顿浅成低温热液型铜金矿（图 5-35）。下面简要介绍下波龙斑岩型铜金矿、多不杂斑岩型铜金矿，以及拿若斑岩型铜金矿的矿床地质特征。

波龙斑岩型铜金矿：该矿床为多龙矿集区较早发现的斑岩型矿床，已探明铜储量 2.6Mt，金储量 28t，铜平均品位 0.65%，金平均品位 0.25g/t。矿区出露地层有中侏罗统曲色组和第四系沉积物（图 5-36）。中侏罗统曲色组由浅绿灰色至浅黄褐色的变长石石英砂岩组成。第四系由松散砾石和砂土组成，分布在矿区南侧的干沟和北东向的支沟中。与成矿有关的侵入岩为花岗闪长斑岩。岩石呈灰绿色，斑状结构，块状构造，局部发育钾化和绿泥石化蚀变。斑晶以斜长石、石英和角闪石为主，黑云母少量。基质为显微隐晶质，由石英、斜长石、黑云母和磁铁矿组成。Li 等（2013）获得的花岗闪长斑岩体的 LA-ICP-MS 锆石 U-Pb 年龄为 117.5 ~ 118.5±1.0Ma。该年龄与祝向平等（2011）获得的钾长石 $^{40}Ar/^{39}Ar$ 坪年龄（118.3±0.6Ma）和辉钼矿 Re-Os 等时线年龄（119.4±1.3Ma）以及孙嘉（2015）获得的绢云母 $^{40}Ar/^{39}Ar$ 坪年龄（117.9±0.7Ma）在误差范围内基本一致。

与全球其他地区典型的斑岩型铜金矿相似，波龙矿床的矿化蚀变也可分为：早期的钾化蚀变，蚀变矿物组合为钾长石、黑云母、磁铁矿和石英；中期的绿泥石化蚀变，蚀变矿

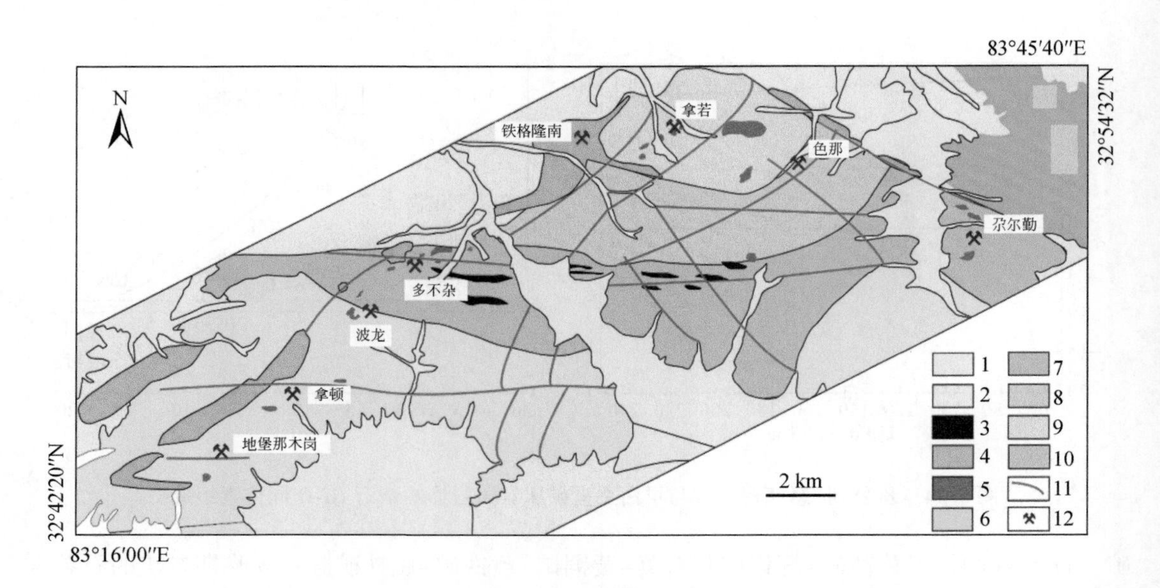

图 5-35　多龙矿集区大地构造位置示意图和地质简图

1-第四系沉积物；2-新近系康托组；3-早白垩世高 Nb 玄武岩；4-早白垩世美日切错组火山岩；5-早白垩世中酸性侵入岩；6-侏罗系曲色组一段；7-侏罗系曲色组二段；8-侏罗系色哇组一段；9-侏罗系色哇组二段；10-三叠系日干配错组；11-断层；12-斑岩型和浅成低温热液型矿床

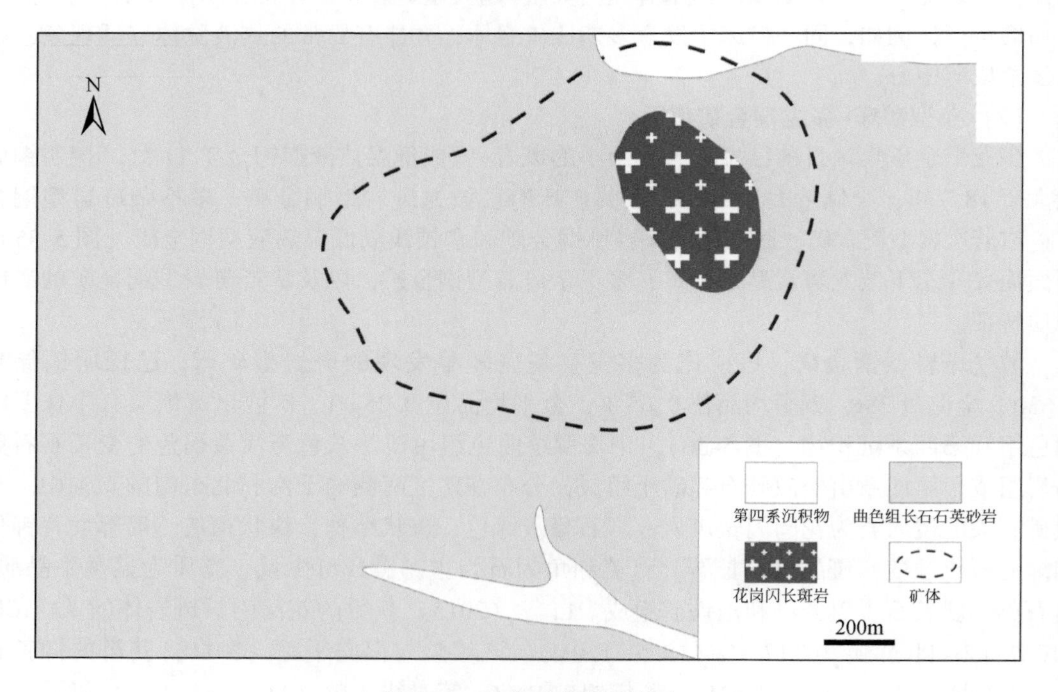

图 5-36　波龙矿床地质简图

物组合为绿泥石、石英和绢云母；晚期的绢云岩化蚀变，蚀变矿物组合为绢云母、石英和黄铁矿（图 5-37）。其中，钾化阶段形成的热液脉体主要有钾长石–石英细脉和磁铁矿–石英±黄铜矿细脉，绿泥石化阶段形成的热液脉体为石英-黄铜矿-黄铁矿脉，绢云岩化阶段形成的热液脉体有绢云母-黄铁矿-石英±黄铜矿脉。

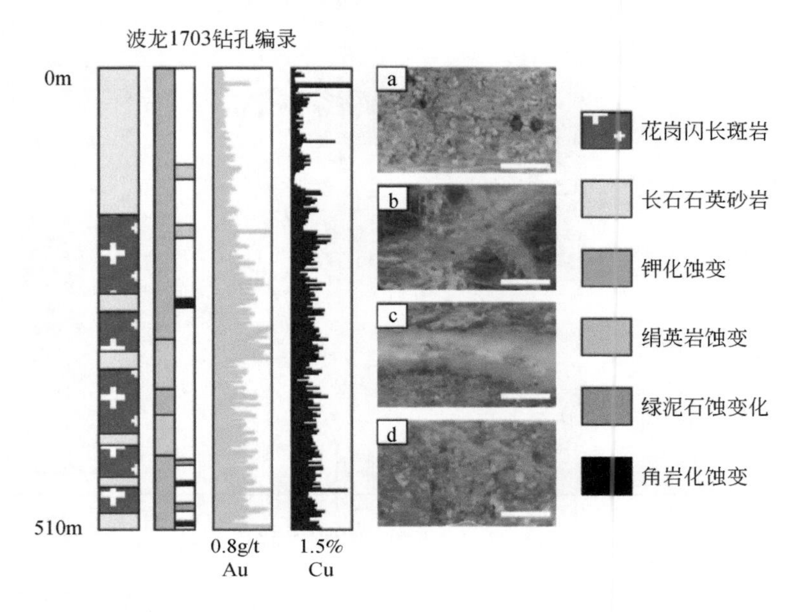

图 5-37　波龙矿床的蚀变矿化特征

多不杂斑岩型铜金矿：该矿床已探明铜储量 2.7Mt，金储量 13t，铜平均品位 0.64%，金平均品位 0.12g/t（曲晓明和辛洪波，2006）。矿区出露地层有中侏罗统曲色组、下白垩统美日切错组、新近系康托组和第四系（图 5-38）。中侏罗统曲色组主要出露在矿区中部和南部，为一套长石石英砂岩，是矿体的主要赋矿围岩。下白垩统美日切错组为一套紫红色安山岩，与下伏曲色组呈平行不整合。新近系康托组仅在矿区的北部出露，为一套紫红色砂砾岩、杂色泥岩和粉砂岩，夹少量基性火山岩，与上覆的曲色组呈角度不整合。矿区侵入岩有花岗闪长斑岩和石英闪长斑岩。其中，花岗闪长斑岩为多不杂矿床的成矿岩体。该岩体呈肉红色，斑状结构，块状构造。斑晶有斜长石、角闪石和石英。Li 等（2013）和祝向平等（2015）获得的花岗闪长斑岩的 LA-ICP-MS 锆石 U-Pb 年龄为 115±1.1～118.3±0.79Ma。该年龄与佘宏全（2009）获得的辉钼矿 Re-Os 等时线年龄（118.0±1.5Ma）及李金祥等（2010）获得的绢云母$^{40}Ar/^{39}Ar$坪年龄（115±1.2Ma）在误差范围内基本一致。石英闪长斑岩的侵位晚于花岗闪长斑岩。该岩石呈灰绿色，斑状结构，块状构造。斑晶由斜长石、角闪石和石英组成。基质由显微隐晶质的石英、斜长石、黑云母、角闪石和磁铁矿组成。

多不杂斑岩矿床的蚀变从早到晚可分为：钾长石化、绿泥石化、绢英岩化和高级泥化蚀变，围岩中局部还可见角岩化和青磐岩化。钾化蚀变主要见于两期斑岩体中，围岩中仅局部可见。与钾化蚀变有关的矿物为钾长石、黑云母、磁铁矿和石英。绿泥石化蚀变在斑岩体中广泛发育，蚀变矿物以绿泥石为主，绢云母和石英少量。与该期蚀变有关的热液脉体不发育，仅有少量石英脉产出。绢英岩化蚀变主要产于岩体顶部，蚀变矿物

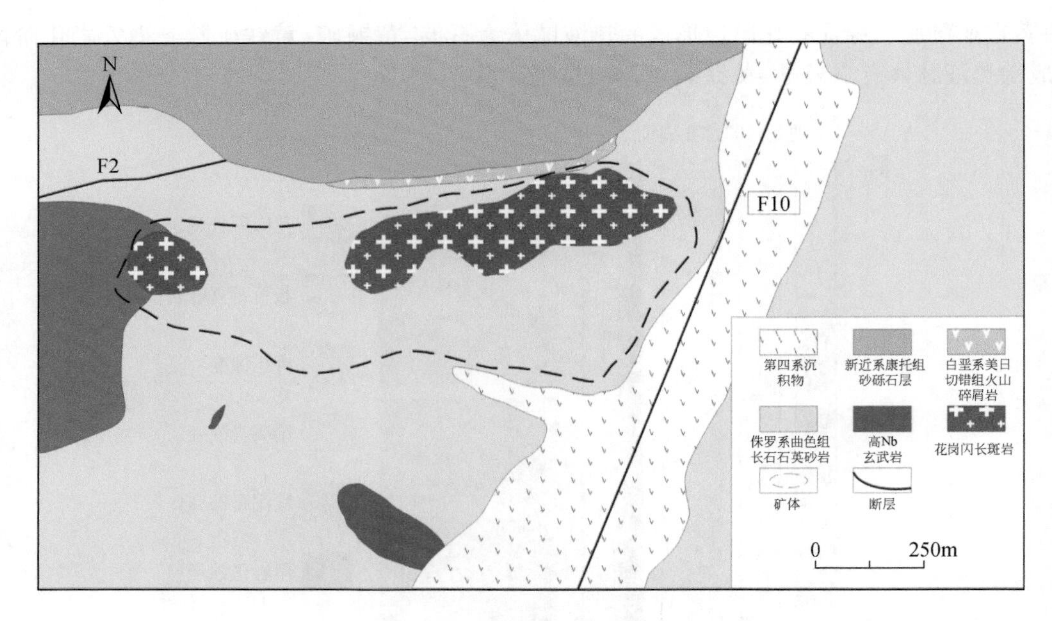

图 5-38　多不杂矿床地质简图

以绢云母、石英和黄铁矿为主，呈浸染状交代造岩矿物及早期蚀变矿物。与该期蚀变有关的热液脉体发育，以绢云母-石英-黄铁矿的形式产出。高级泥化蚀变在多不杂矿床中不发育，仅见少量明矾石-石英-黄铁矿脉产出。角岩化蚀变仅见于长石石英砂岩中。蚀变矿物以黑云母和磁铁矿为主。黑云母和磁铁矿主要呈浸染状交代长英质矿物，同时还有少量黑云母呈细脉状产出。青磐岩化蚀变在长石石英砂岩中广泛发育。蚀变矿物以绿泥石为主，绿泥石以浸染状交代中长英质矿物。

多不杂矿床的热液脉体类型丰富。其中，与钾化蚀变有关的热液脉体类型有：钾长石-石英±磁铁矿±黄铜矿±斑铜矿脉、黑云母-石英-磁铁矿脉，以及磁铁矿±石英±黄铜矿±斑铜矿细脉（图 5-39）。与绿泥石化蚀变有关的热液脉体仅为少量石英脉。与绢英岩化蚀变有关的热液脉体有：绢云母-石英-黄铁矿±黄铜矿细脉、石英-绢云母-黄铁矿-黄铜矿-方铅矿-闪锌矿脉，以及石英脉。与角岩化蚀变有关的热液脉体仅为少量的黑云母-

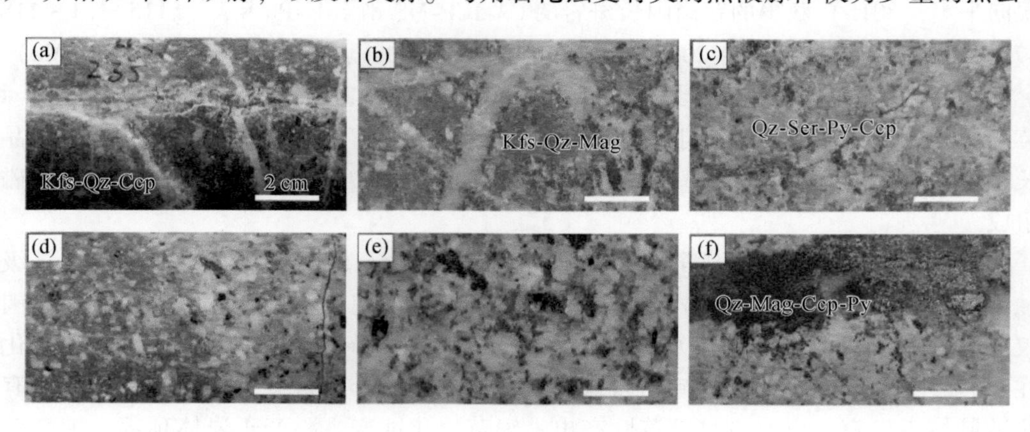

图 5-39　多不杂含矿斑岩体的蚀变特征

a ~ b 石英闪长斑岩中共生的钾化和绿泥石化蚀变；c 石英闪长斑岩中的绢英岩化蚀变；d 石英闪长斑岩和花岗闪长斑岩接触界限；e ~ h 花岗闪长斑岩中的钾化蚀变；i 花岗闪长斑岩中的绢英岩化蚀变；j 绿泥石化蚀变；k ~ l 花岗闪长斑岩中的绢英岩化蚀变。Qz-石英；Kfs-钾长石；Ccp-黄铜矿；Bn-斑铜矿；Ser-绢云母；Mag-磁铁矿；Chl-绿泥石；Py-黄铁矿；Bn-斑铜矿；Sph-闪锌矿；Gal-方铅矿；Gy-硬石膏

磁铁矿脉。与青磐岩化有关的热液脉体主要有石英脉和石英-绿泥石-黄铁矿±黄铜矿细脉。与高级泥化蚀变有关的热液脉体为石英-明矾石-黄铁矿脉。

拿若斑岩型铜金矿：该矿床已探明铜储量 2.4Mt，金储量 76t，Cu 平均品位 0.42%，Au 平均品位 0.18g/t。矿区出露地层有中侏罗统色哇组、下白垩统美日切错组和第四系（图 5-40）。中侏罗统色哇组为一套浅绿灰色至浅黄褐色的变长石石英砂岩。该套地层在矿区中北部大面积出露，与上覆下白垩统呈不整合接触。下白垩统美日切错组为一套褐红色安山岩和安山质角砾岩，主要分布在矿区南侧和北侧。花岗闪长斑岩是拿若矿床的主要含矿岩体。岩体呈灰绿色，斑状结构，块状构造，局部发育绿泥石化和绢云母化。斑晶为斜长石、角闪石和石英。基质为显微隐晶质，由石英、斜长石、角闪石和磁铁矿组成。祝向平等（2015）获得的花岗闪长斑岩的 LA-ICP-MS 锆石U-Pb年龄为 119.8±1.4Ma。该年龄与 Sun 等（2017）获得的辉钼矿 Re-Os 等时线年龄（119.5±3.2Ma）在误差范围内基本一致。

拿若矿床发育典型的斑岩型矿床的矿化蚀变特征。按蚀变矿物组合，大致分为：①钾化。见于岩体内部。蚀变矿物组合为钾长石、石英、磁铁矿和黑云母。与钾化蚀变有关的热液脉体有磁铁矿细脉、石英-钾长石±黄铜矿脉和石英-磁铁矿±黄铜矿±辉钼矿脉。②绿泥石化。见于岩体内部。蚀变矿物组合以绿泥石为主，石英和绢云母少量，叠加在早期的钾化蚀变之上。该蚀变阶段热液脉体不发育。③绢英岩化。见于岩体上部。蚀变矿物组合为绢英母、石英和黄铁矿，叠加在早期的钾化和青磐岩化蚀变之上。与绢英岩化蚀变有关的热液脉体有绢云母-石英-黄铁矿脉。④青磐岩化。见于岩体与围岩的接触带附近。蚀变矿物以绿帘石和绿泥石为主，石英少量。该蚀变阶段热液脉体不发育。⑤角岩化。蚀变矿物组合以黑云母和绿泥石为主（图 5-41）。

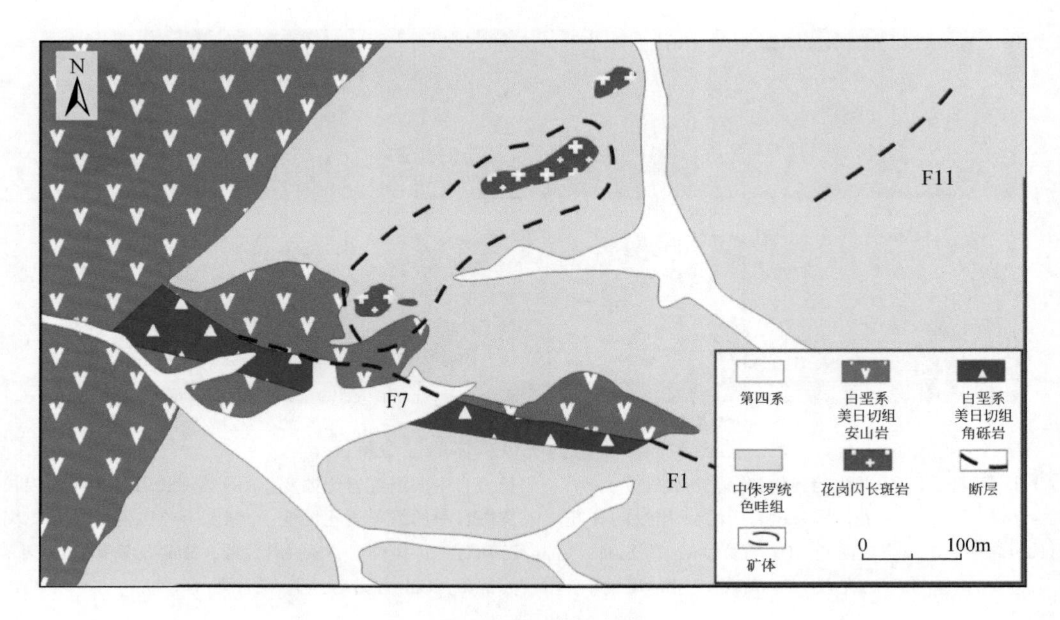

图 5-40　拿若矿床地质简图

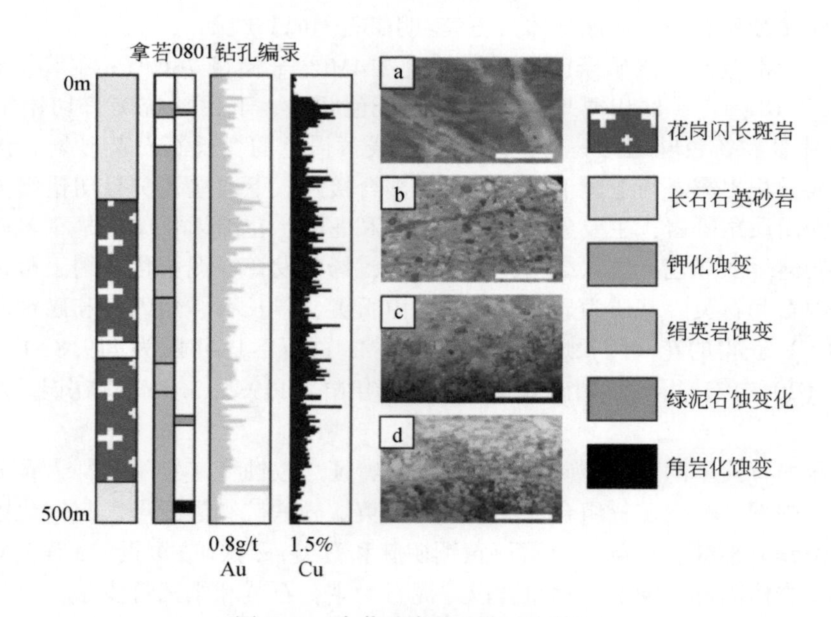

图 5-41　拿若矿床的矿化蚀变特征

5.5.4　第三期（95～75Ma）成矿作用

(1) 第三期成矿作用基本特征

与该期成矿作用有关的矿床主要分布在北-中拉萨地块，典型矿床有尕尔穷、嘎拉勒、拨拉扎和更乃等。矿床类型主要有斑岩型和夕卡岩型。成矿金属元素组合有 Cu-Mo、Cu-Ag、Cu 和 Cu-Fe，但以 Cu-Ag 和 Cu 组合最为普遍。与成矿有关的侵入岩类型有闪长玢岩、石英闪长岩、花岗闪长岩和花岗斑岩。岩体均属钙碱性–高钾钙碱性系列岩石（图 5-42），富集大离子亲石元素，如 K、Rb、Cs、Ba 和 Sr 等，亏损高场强元素，如 Th、U、Zr、Hf、Ti、Nb 和 Ta 等。岩体富集轻稀土元素，亏损重稀土元素，中/重稀土分异不明显，显示出轻微的铕负异常。全岩 Sr/Y 比值较大，但大都大于 20，与典型埃达克质岩的 Sr/Y 比值相似（图 5-43）。成矿岩体的锆石 Hf 同位素组成大都位于球粒陨石演化线之上，亏损地幔演化线之上。在锆石 Hf-O 同位素组成图解上，成矿岩体大都落在亏损地幔与循环地壳物质演化线之上（图 5-44），估算得到的循环地壳物质所占的比例为 10%~25%。这说明，与该期成矿作用有关岩体的岩浆源区可能来源于亏损地幔的部分熔融并混染有古老地壳物质，抑或新生下地壳物质的部分熔融并混染有古老地壳物质。

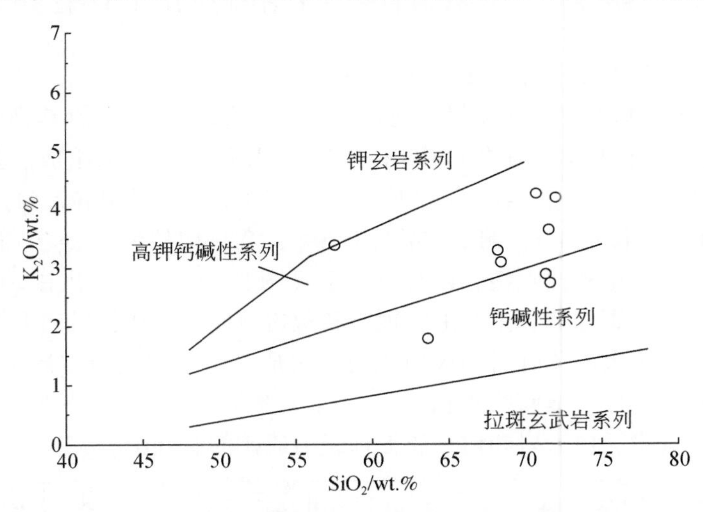

图 5-42　班公湖–怒江构造带与晚白垩世矿床有关岩体的硅碱图

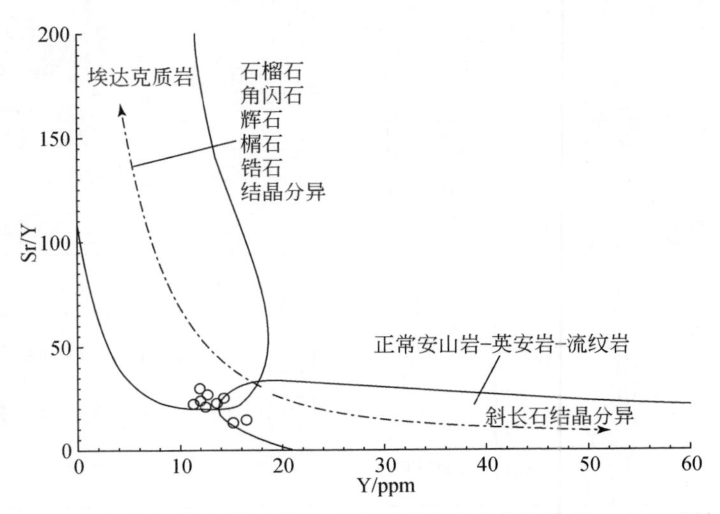

图 5-43　班公湖–怒江构造带与晚白垩世矿床有关岩体的 Y-Sr/Y 图解

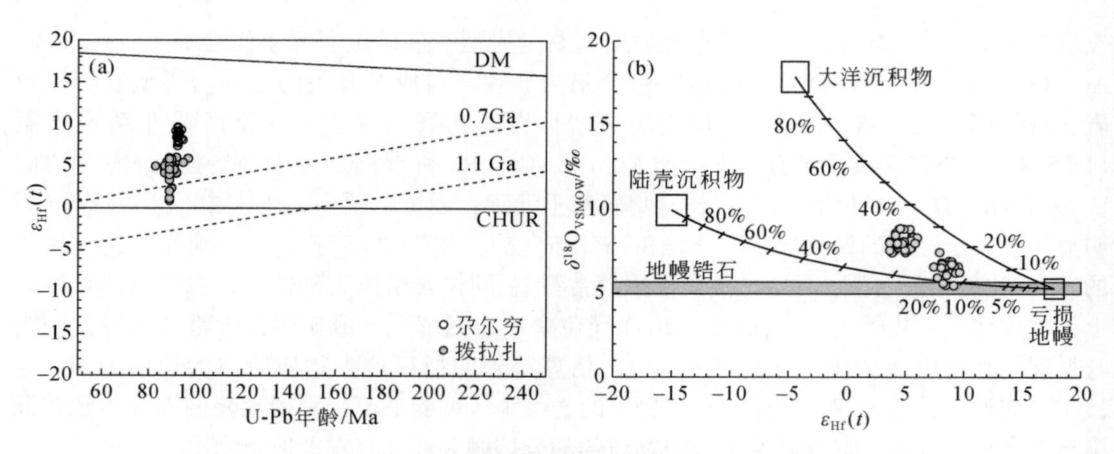

图 5-44 班公湖-怒江构造带晚白垩世成矿岩体的锆石 Hf-O 同位素组成

(2) 典型矿床-尕尔穷-嘎拉勒铜金矿集区

尕尔穷-嘎拉勒矿集区是近年来继多龙矿集区后，在班公湖-怒江构造带新识别的一个斑岩型-夕卡岩型铜金矿集区。矿集区由尕尔穷和嘎拉勒两个矿床组成。其中，尕尔穷矿床探明铜储量 0.09Mt，金储量 24t，铜平均品位 0.94%，金平均品位2.61g/t；嘎拉勒矿床探明铜储量 0.3Mt，金储量 40t，铜平均品位 0.8%，金平均品位 2.8g/t。矿集区出露地层有白垩系多爱组、朗久组和捷嘎组，以及第四系（图 5-45）。多爱组主要由碳酸盐岩及火山碎屑岩组成。其中，碳酸盐岩主要由大理岩和灰岩组成，为矿体的有利赋矿围岩；火山碎屑岩主要由凝灰岩、火山角砾岩和火山集块岩组成。朗久组由流纹质-英安质火山碎屑岩和角闪石英粗安岩组成。捷嘎组由白云岩、白云质大理岩、泥晶灰岩、生物介壳灰岩，以及砂砾岩组成。其中，白云岩和白云质大理岩为成矿的有利围岩。

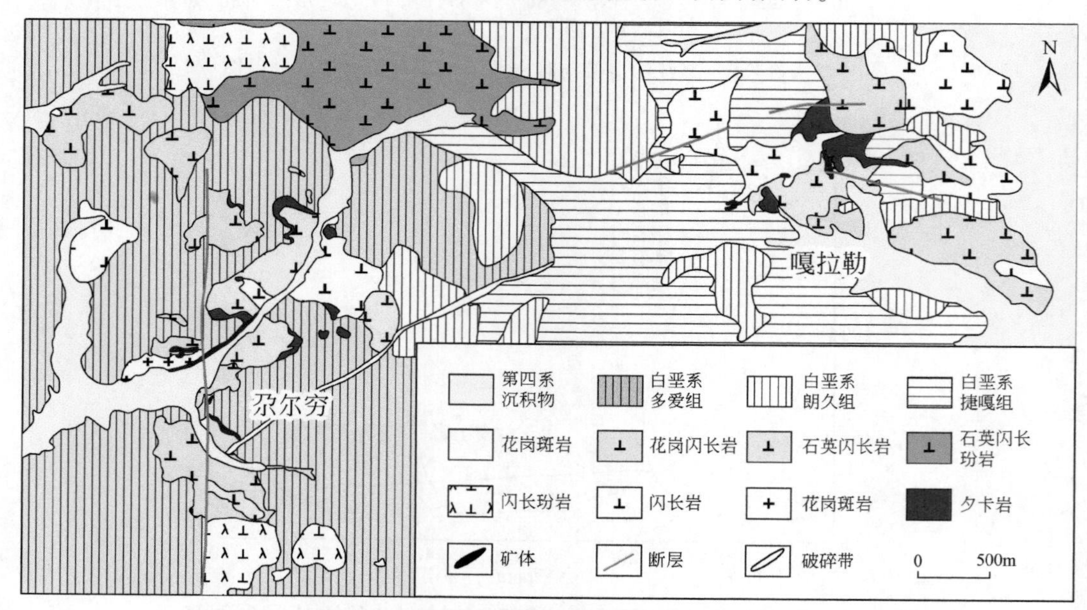

图 5-45 尕尔穷-嘎拉勒铜金矿集区地质图（修改自张志等，2018）

尕尔穷–嘎拉勒矿集区内的侵入岩主要为燕山晚期的中–酸性花岗岩类，主要岩性有：石英闪长岩、闪长玢岩、花岗闪长岩和花岗斑岩，多以岩株形式产出。其中，石英闪长岩和花岗闪长岩与成矿关系最为密切，花岗斑岩为成矿后侵位，对前期形成的夕卡岩型矿体具有一定的破坏作用。夕卡岩型铜金矿化产于石英闪长岩或花岗闪长岩与大理岩或灰岩接触带的夕卡岩内。姚晓峰等（2013）获得的尕尔穷矿床石英闪长岩的 LA-ICP-MS 锆石 U-Pb 年龄为 87.1±0.4Ma。该年龄与李志军等（2011）获得的尕尔穷矿床辉钼矿的 Re-Os 等时线年龄（86.9±0.5Ma）在误差范围内基本一致。此外，吕立娜（2012）和张志等（2017）获得的嘎拉勒矿床花岗闪长岩的 LA-ICP-MS 锆石U-Pb年龄为 86.5Ma。

尕尔穷矿床目前已发现矿体 3 条。Ⅰ号矿体为主矿体，其上部为夕卡岩型铜金矿体，产于石英闪长岩与大理岩或灰岩的接触带，下部为斑岩型钼铜矿体，产于闪长玢岩岩体内。II 号矿体产于石英闪长玢岩与大理岩内接触带。III 号矿体赋存于断层构造破碎带内，为铁氧化物铜金矿体。金属矿物主要有黄铜矿、斑铜矿、磁铁矿、赤铁矿、辉钼矿、自然金和金银矿物。脉石矿物主要为石榴子石、透辉石、硅镁石、石英和方解。围岩蚀变主要有夕卡岩化、大理岩化、青盘岩化以及角岩化。嘎拉勒矿床已发现铜金矿体 3 条，均为夕卡岩型矿体。矿体产于花岗闪长岩与白云岩接触带夕卡岩内。金属矿物有磁铁矿、黄铜矿、斑铜矿、辉铜矿、兰辉铜矿、铜兰、褐铁矿、钛铁矿、赤铁矿和金银矿物。围岩蚀变有夕卡岩化、大理岩化、硅化、绿泥石化、绿帘石化和角岩化。

5.6 陆缘深部物质组成及其对成矿的制约

如前文所述，班公湖–怒江构造带发育三期与陆缘岩浆有关的成矿事件，分别为：中—晚侏罗世（165～155Ma）、早白垩世（120～110Ma）和晚白垩世（95～75Ma）。其中，中—晚侏罗世成矿事件以夕卡岩型铁多金属矿化为主，与之有关的岩体为高钾钙碱性–钾玄岩系列的花岗闪长质–花岗质岩石（图 5-46）。早白垩世成矿事件以斑岩型、夕卡

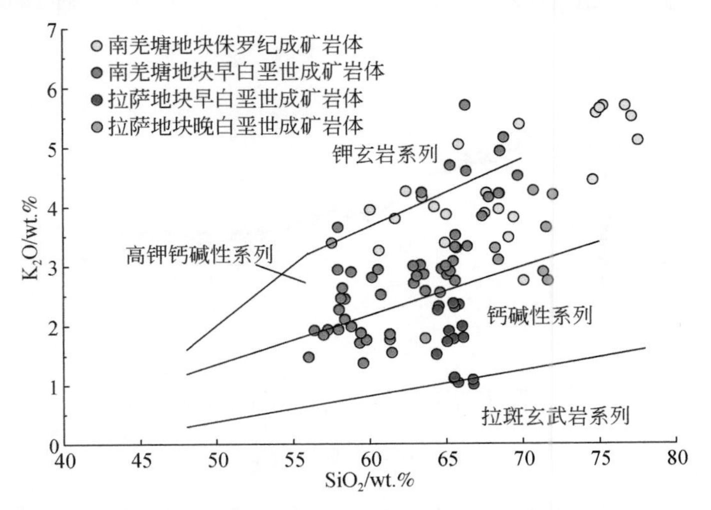

图 5-46　班公湖–怒江构造带陆缘岩浆的岩石组合类型

岩型及浅成低温热液型铜金矿化为主。其中，在南羌塘地块，与之有关的岩体为钙碱性-高钾钙碱性系列的闪长质-花岗闪长质岩石，在拉萨地块，则为钙碱性系列花岗闪长质岩石。晚白垩世成矿事件虽然也以斑岩型和夕卡岩型铜金矿化为主，但其成矿岩体属高钾钙碱性系列的花岗闪长质岩石，且该期成矿事件的强度明显要弱于早白垩世的。

班公湖-怒江构造带与三期成矿事件有关的岩体，它们在岩石地球化学特征上也存在较大差别。比如，在稀土元素球粒陨石标准化配分模式上，虽然三期成矿事件的成矿岩体均以富集轻稀土，轻/重稀土分异明显为特征，但它们在 Eu 负异常程度以及 Sr/Y 比值上，均存在较为明显的差别（图 5-47，图 5-48）。其中，与中—晚侏罗世成矿事件有关的岩体显示出较为明显的负 Eu 异常（Eu* 值大都集中在 0.5 ~ 0.75），与早白垩世成矿事件有关的岩体 Eu 负异常不明显，而与晚白垩世成矿事件有关的岩体则显示出微弱的负 Eu 异常（图 5-47）。在 Sr/Y 比值方面，与中—晚侏罗世夕卡岩型铁多金属矿有关的岩体其 Sr/Y 比值大都集中在 5 ~ 20，与晚白垩世斑岩型-夕卡岩型铜金矿有关的岩体其 Sr/Y 比值集中在 20 ~ 30，而与早白垩世斑岩型、夕卡岩型和浅成低温热液型铜金矿有关岩体的 Sr/Y 比值最大，集中在 20 ~ 45，对应的成矿强度也是最为强烈。

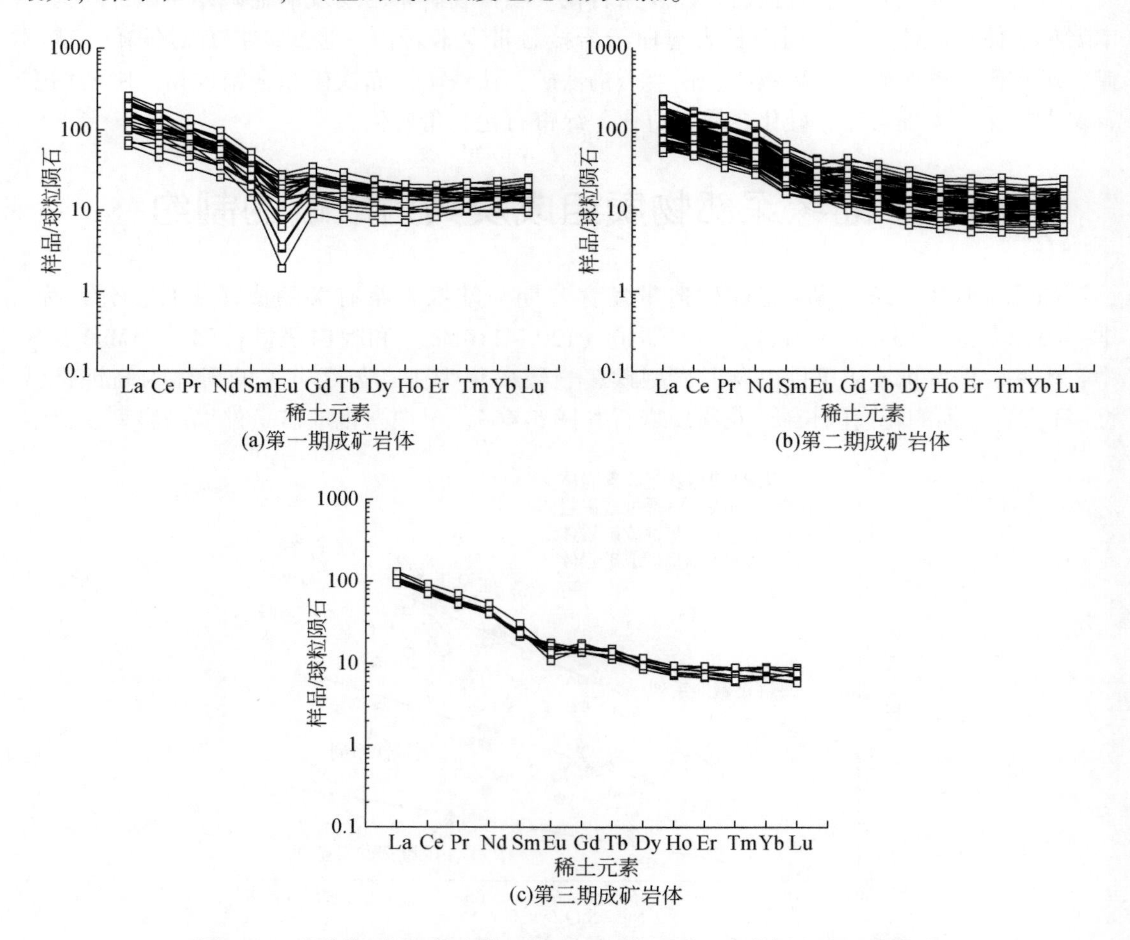

(a)第一期成矿岩体　(b)第二期成矿岩体　(c)第三期成矿岩体

图 5-47　班公湖-怒江构造带三期成矿岩体的稀土元素标准化配分模式

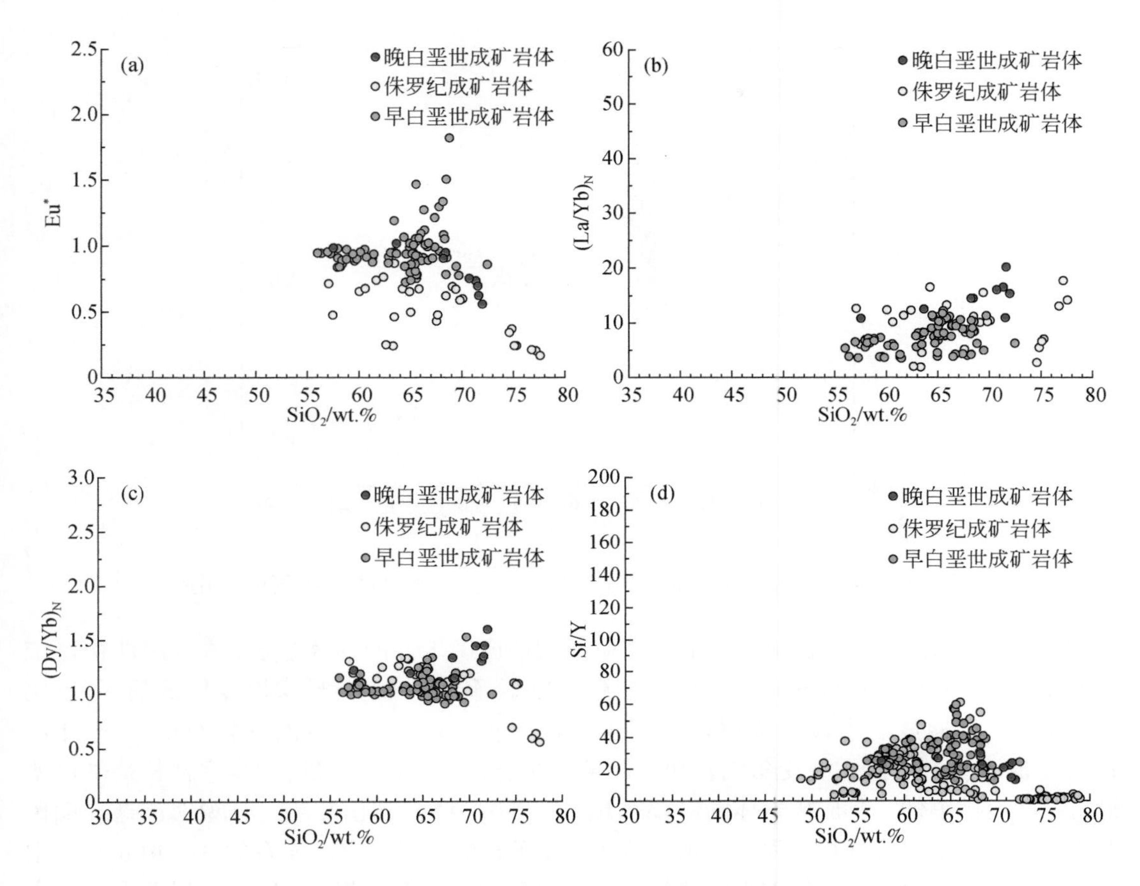

图 5-48　班公湖–怒江构造带三期成矿事件的成矿岩体其 SiO_2-Eu*、SiO_2-$(La/Yb)_N$、SiO_2-$(Dy/Yb)_N$和 SiO_2-Sr/Y 图解

锆石 Hf 同位素组成方面，中—晚侏罗世成矿岩体的锆石 $\varepsilon_{Hf}(t)$ 值集中在–2 ~ +3（图 5-49），表明该期成矿岩体的岩浆源区混染有较大比例的古老地壳物质。早白垩世和晚白垩世二期成矿事件的成矿岩体其锆石 $\varepsilon_{Hf}(t)$ 值明显偏高，最高达+11.5，指示这两期成矿事件的成矿岩浆的物质源区有明显的年轻物质，即幔源物质或新生下地壳物质的参与。整体来看，班公湖–怒江三期与陆缘岩浆有关的成矿作用具有如下特点：以夕卡岩型铁多金属矿化为特点的中—晚侏罗世成矿事件，其成矿岩浆的物质源区有较大比例的古老地壳物质的参与，以斑岩型、夕卡岩型和浅成低温热液型铜金矿化为特点的早白垩世和晚白垩世成矿事件，其成矿岩浆的物质源区具有较大比例的幔源物质或新生下地壳物质的参与。这表明，幔源物质或新生下地壳物质的参与比例，制约着陆缘岩浆成矿作用表现形式，即当幔源物质或新生下地壳物质的参与比例较大时，有利于形成铜金矿，反之则可能主要形成铁多金属矿。

此外，虽然班公湖–怒江构造带的早白垩世和晚白垩世两期成矿事件均以铜金矿化为主，且两期成矿事件的成矿岩体，其 $(La/Yb)_N$和 $(Dy/Yb)_N$比值相当，但它们在 Eu 异常和 Sr/Y 比值上存在较为明显的差别。其中，早白垩世成矿事件的成矿岩体以无明显的

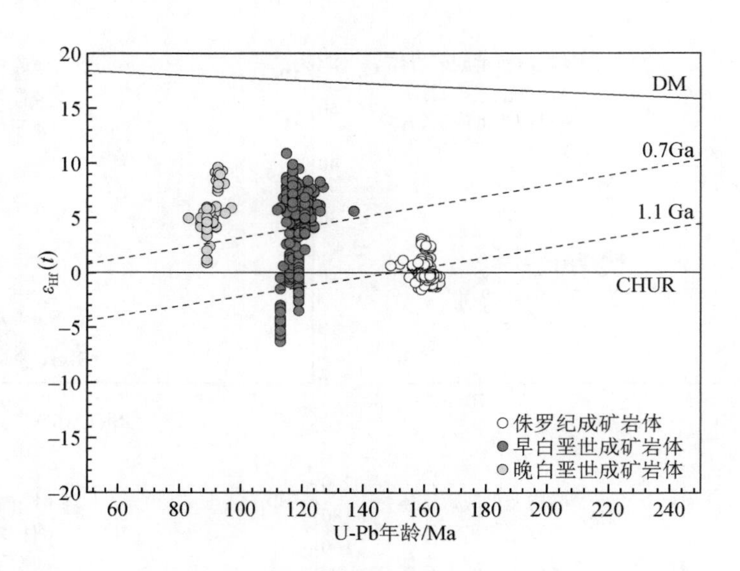

图 5-49　班公湖-怒江构造带三期成矿事件的成矿岩体的锆石 Hf 同位素组成

Eu 负异常、较大的 Sr/Y 比值为特征。相应，该期成矿事件的强度在班公湖-怒江构造带最为强烈。而晚白垩世成矿事件的成矿岩体，则显示出弱 Eu 负异常以及偏低的 Sr/Y 比值。相应，该期成矿事件的强度明显弱于早白垩世。通常，岩石的（La/Yb）$_N$和（Dy/Yb）$_N$比值以及 Y 含量主要受角闪石和石榴子石的结晶分异控制。班公湖-怒江构造带白垩纪的二期成矿事件，其成矿岩体的（La/Yb）$_N$和（Dy/Yb）$_N$比值相当。这说明，这二期矿事件的成矿岩浆经历过相似程度的角闪石或石榴子石的结晶分异。岩石的 Sr 和 Eu 含量主要受斜长石含量的控制。斜长石的结晶分异会引起残余岩浆亏损 Eu 和 Sr。但在岩浆富水的条件下，斜长石的结晶分异将受到抑制，致使残余岩浆富集 Sr 和 Eu。这表明，与早白垩世成矿事件有关的岩体，显示出无明显的 Eu 负异常以及较高的 Sr/Y 比值，可能主要与该期成矿事件的成矿岩浆富水有关。而与晚白垩世成矿事件有关的岩体，显示出 Eu 负异常以及偏低的 Sr/Y 比值，则可能与该期成矿事件的成矿岩浆贫水有关。鉴于班公湖-怒江构造带与早白垩世成矿事件有关的岩体，比晚白垩世的更为富水，且早白垩世成矿事件在班公湖-怒江构造带最为强烈，我们认为，在陆缘岩浆构造带，来自亏损地幔的岩浆，如果其更为富水，则可能有利于产生强烈的铜金成矿作用，反之则倾向于形成中小型铜金矿。

第6章 燕山期陆缘岩浆成矿作用的深部过程、成矿规律与成矿预测

燕山期，中国东部陆缘（包括吉-黑东部和东南沿海陆缘）处于与古太平洋板块演化有关的俯冲-增生阶段，额尔古纳陆缘处于与蒙古-鄂霍次克洋演化有关的俯冲晚期到后碰撞阶段，班公湖-怒江陆缘则处于与班公湖-怒江洋演化有关的俯冲阶段（董树文等，2019；Li S Z et al.，2019；Peng et al.，2021；Mao et al.，2021a）。不同陆缘岩浆带，因其所处的构造演化阶段不同，产生的岩浆及相关的成矿作用也不尽相同。我们在前人研究基础上，编制了我国燕山期陆缘岩浆成矿作用分布图（图6-1），直观地反映了上述三个陆缘汇聚带的岩浆作用和成矿作用的特征。本章从对比这三个陆缘带的岩浆作用和成矿作用入手，分析和讨论不同陆缘演化阶段的成岩成矿特征，及其与深部过程的耦合关系，以期揭示我国燕山期陆缘岩浆成矿作用的规律，并对未来的找矿方向进行初步的探讨。

6.1 燕山期不同陆缘岩浆成矿特征及深部过程

6.1.1 不同陆缘带岩浆作用特征

图6-2展示了我国燕山期不同陆缘带的岩浆活动期次。从中可以看出，我国东部陆缘的吉-黑东部和东南沿海、与蒙古-鄂霍次克洋演化有关的额尔古纳陆缘，以及班公湖-怒江陆缘，它们在燕山期岩浆侵入活动的启动和结束时间以及峰期等方面均存在较为明显的差别。例如，在东部陆缘的吉-黑东部，燕山期岩浆侵入活动集中发生在晚三叠世—中侏罗世（210～160Ma）和早白垩世晚期（130～100Ma）两个时期，以晚三叠世—中侏罗世占主要。在同一陆缘的东南沿海地区，燕山期岩浆侵入活动则集中发生在早侏罗世（196～185Ma）、中—晚侏罗世（176～155Ma）、晚侏罗世—早白垩世（155～125Ma）和早白垩世—晚白垩世（120～80Ma）四个时期，以中—晚侏罗世占主要。在额尔古纳陆缘，燕山期岩浆侵入活动集中发生在晚三叠世—早侏罗世（210～180Ma）和晚侏罗世—早白垩世（150～125Ma）两个时期。在班公湖-怒江陆缘，燕山期岩浆侵入活动则集中发生在中—晚侏罗世（180～150Ma）、早白垩世（130～110Ma）和晚白垩世（100～80Ma）三个时期，并以早白垩世占主要。

我国燕山期各陆缘带的岩浆侵入活动所形成的岩石组合类型也存在较大差别，这种差别甚至在同一陆缘带不同期次形成的侵入岩中也较为明显。比如，在东部陆缘的吉-黑东部带，晚三叠世—中侏罗世时期形成的侵入岩，以二长花岗质岩石为主，而早白垩世晚期形成的侵入岩则以闪长质-花岗闪长质岩石为主。在东部陆缘的东南沿海带，早侏罗世时期形成的侵入岩以二长花岗质岩石为主，中—晚侏罗世时期的则为闪长质-花岗闪长质岩石，而早白垩世晚期—晚白垩世时期的则以花岗闪长质-二长花岗质岩石为主。在额尔古纳陆缘，晚三叠世—早侏罗世时期形成的侵入岩以花岗闪长质-二长花岗质岩石为主，而晚侏罗世—早白垩世时期的则以二长花岗岩和碱性长石花岗岩为主。在班公湖-怒江陆缘，中—晚侏罗世时期形成的侵入岩以花岗闪长质岩石为主，而早白垩世和晚白垩世时期的以闪长质-花岗闪长质岩石为主。

岩石地球化学特征方面，在东部陆缘的吉-黑东部带，晚三叠世—中侏罗世时期形成的侵入岩为高钾钙碱性-钾玄岩系列岩石，而早白垩世时期的则为钙碱性-高钾钙碱性系列岩石。在东部陆缘的东南沿海，早侏罗世时期形成的侵入岩属高钾钙碱性系列岩石，中—晚侏罗世时期的则为钙碱性-高钾钙碱性系列岩石，而早白垩世晚期—晚白垩世时期的则为高钾钙碱性系列岩石。在额尔古纳陆缘，晚三叠世—早侏罗世时期形成的侵入岩为高钾钙碱性系列岩石，晚侏罗世—早白垩世时期的则为高钾钙碱性-钾玄岩系列岩石。在班公湖-怒江陆缘，中—晚侏罗世时期形成的侵入岩为高钾钙碱性-钾玄岩系列岩石，早白垩世时期的为高钾钙碱性系列岩石，而晚白垩世时期的则为钙碱性系列岩石。

锆石 Hf 同位素组成方面，在东部陆缘的吉-黑东部带，晚三叠世—中侏罗世以及早白垩世时期形成的侵入岩，它们的锆石 Hf 同位素值大都位于球粒陨石演化线之上，指示岩浆源区以年轻物质（即亏损地幔或新生下地壳物质）为主（图 6-3）。在东部陆缘的东南沿海，早侏罗世时期形成的侵入岩，其锆石 $\varepsilon_{Hf}(t)$ 值集中在+8 ~ +12，指示岩浆源区物质以亏损幔源为主；中—晚侏罗世时期形成的侵入岩，其锆石 $\varepsilon_{Hf}(t)$ 值大都位于球粒陨石演化线之下，指示岩浆源区以古老下地壳物质为主；早白垩世晚期—晚白垩世时期形成的侵入岩，其锆石 $\varepsilon_{Hf}(t)$ 值显示出向球粒陨石演化线之上演化的特征，指示亏损幔源物质在该期岩浆的形成过程中，所占的比重有升高趋势。在额尔古纳陆缘，晚三叠世—早侏罗世时期，以及晚侏罗世—早白垩世时期形成的侵入岩，它们的锆石 $\varepsilon_{Hf}(t)$ 值均位于球粒陨石演化线之上，指示岩浆源区以亏损地幔或新生下地壳物质为主，但较之东部陆缘的吉-黑东部带，亏损地幔或新生下地壳物质所占的比重偏低。在班公湖-怒江陆缘，中—晚侏罗世时期形成的侵入岩，其锆石 $\varepsilon_{Hf}(t)$ 值大都位于球粒陨石演化线之下，显示出富集地幔或古老下地壳源区特征；早白垩世时期形成的侵入岩，其锆石 $\varepsilon_{Hf}(t)$ 值部分位于球粒陨石演化线之下，部分则位于球粒陨石演化线之上，指示在该期岩浆侵入活动过程中，发生过强烈的壳幔相互作用；晚白垩世时期形成的侵入岩，其锆石 Hf 同位素组成，尽管也显示出以年轻物质为主的特征，但较之早白垩世时期的侵入岩，年轻物质在该期岩浆活动中所占的比例有明显下降趋势。

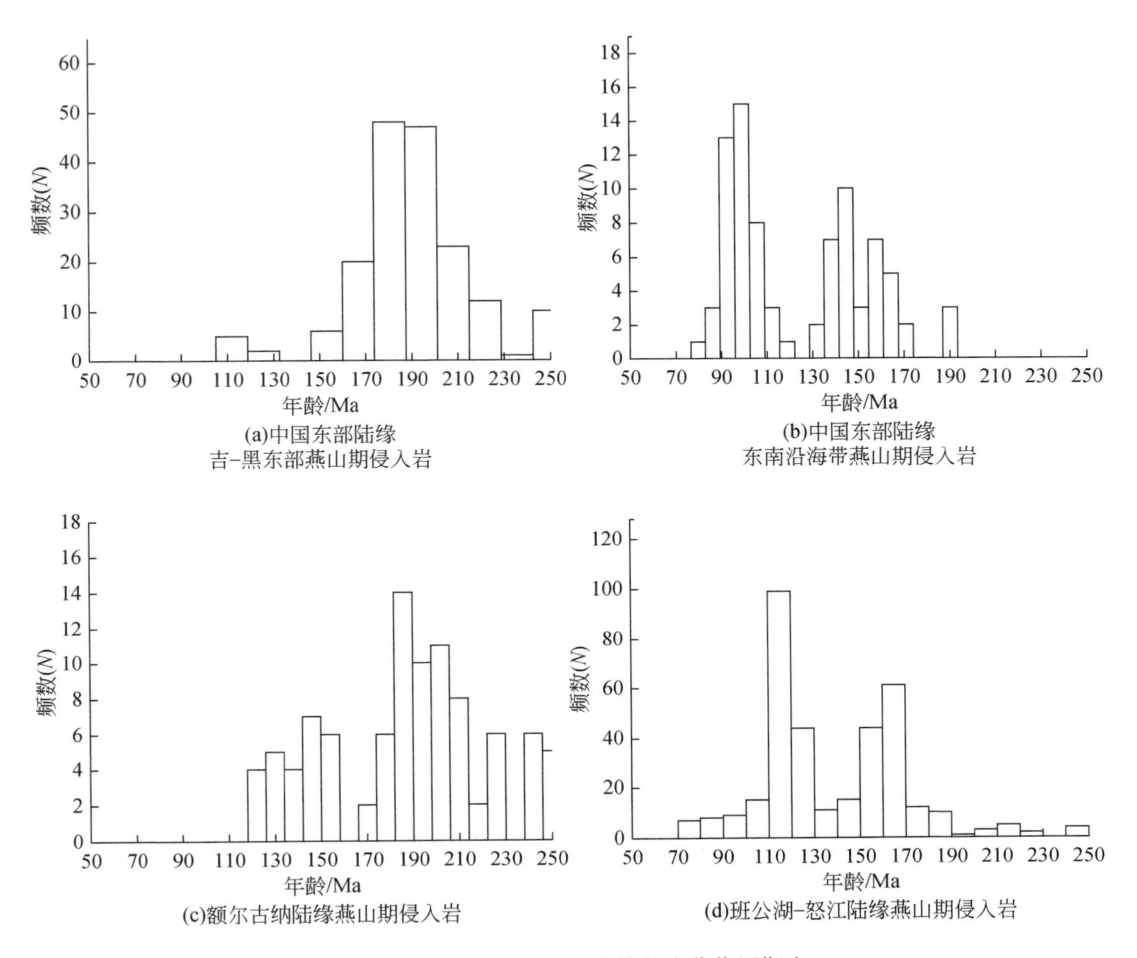

图 6-2　我国燕山期不同陆缘的岩浆作用期次

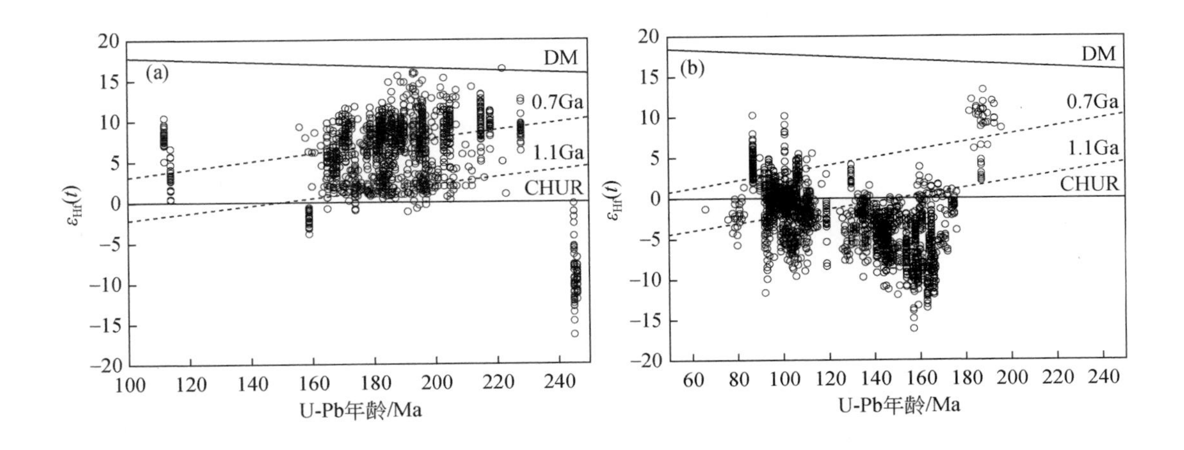

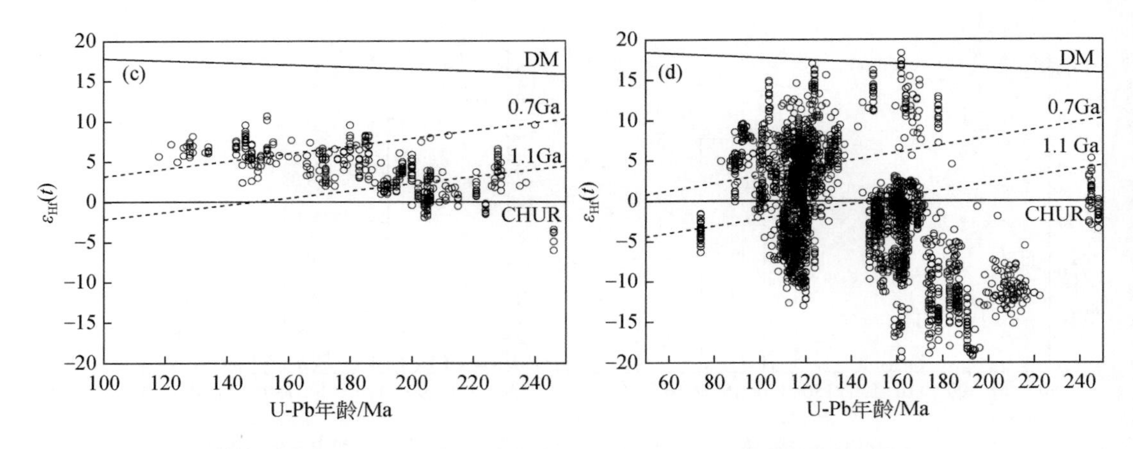

图 6-3 我国燕山期不同陆缘的侵入岩锆石 Hf 同位素组成

(a) 中国东部陆缘吉-黑东部；(b) 中国东部陆缘东南沿海；(c) 额尔古纳陆缘；(d) 班公湖-怒江陆缘

6.1.2 不同陆缘带成矿作用特征

图 6-4 展示了我国燕山期不同陆缘带的成矿作用期次，以及各期成矿作用的成矿金属元素组合特征。从中可以看出，我国东部陆缘的吉-黑东部、东部陆缘的东南沿海、额尔古纳陆缘，以及班公湖-怒江陆缘的燕山期成矿作用的期次及成矿金属元素组合均存在较大差别。比如，在东部陆缘的吉-黑东部带，成矿作用集中发生在晚三叠世—中侏罗世（210～160Ma）和早白垩世晚期（115～100Ma）两个时期。其中，晚三叠世—中侏罗世成矿作用以形成低氟型斑岩型钼矿为特点，早白垩世晚期的则主要形成斑岩型和浅成低温热液型金铜矿。在东部陆缘的东南沿海，成矿作用集中发生在中—晚侏罗世（165～150Ma）、早白垩世早期（144～136Ma）和早白垩世晚期—晚白垩世（115～100Ma）三个时期。其中，中—晚侏罗世及早白垩世晚期—晚白垩世两个时期的成矿作用，均以形成斑岩型铜金钼矿为特点，而早白垩世早期的则主要形成斑岩型和云英岩型钨锡矿。在额尔古

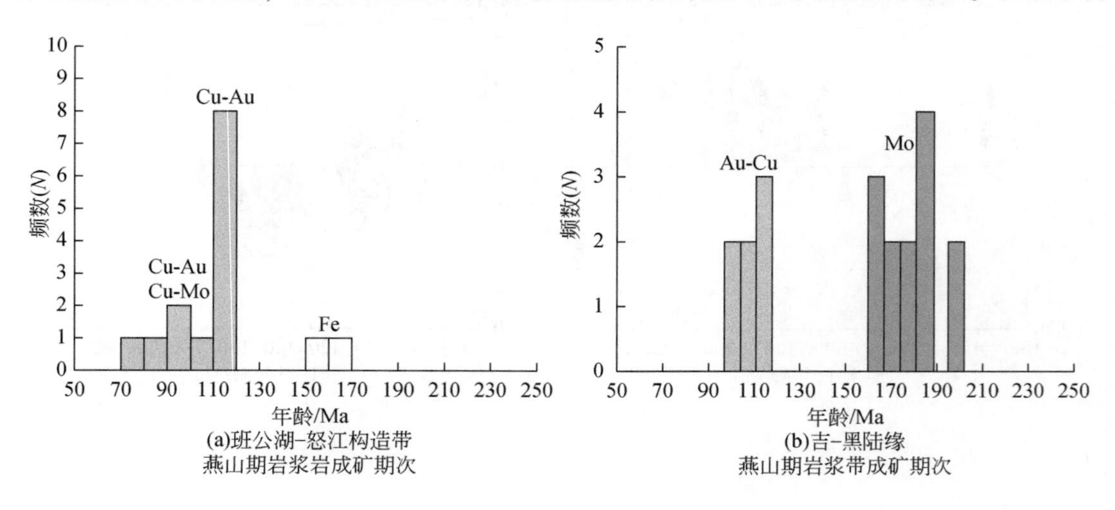

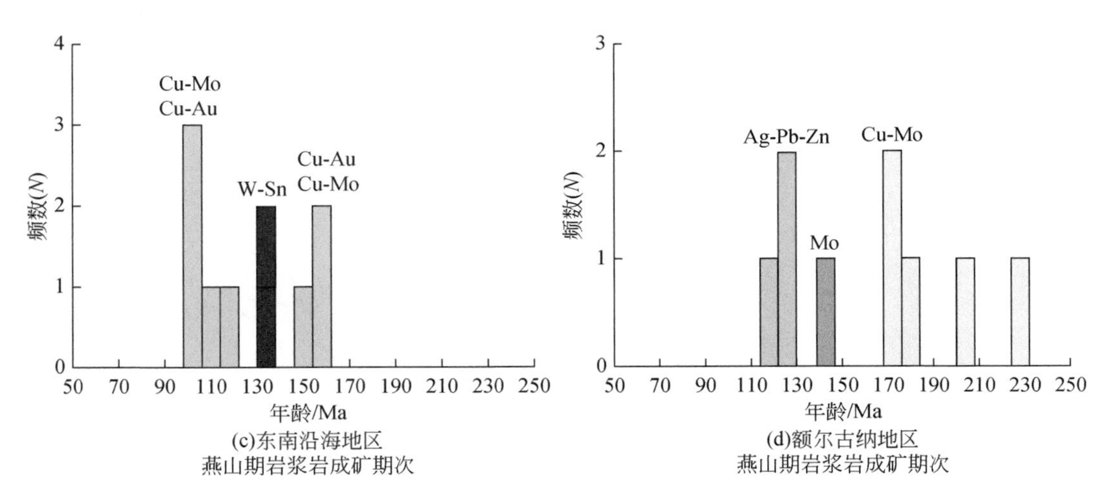

图 6-4 我国燕山期不同陆缘带的成矿作用期次及其成矿金属元素组合

纳陆缘，成矿作用集中发生在晚三叠世—早侏罗世（210～170Ma）和晚侏罗世—早白垩世（145～122Ma）两个时期。其中，第一期成矿作用以形成斑岩型铜钼矿为特点，第二期则主要形成高氟斑岩型钼矿和热液脉型银铅锌矿。在班公湖-怒江陆缘，成矿作用主要发生在中—晚侏罗世（165～155Ma）、早白垩世（120～110Ma）和晚白垩世（95～80Ma）三个时期。其中，中—晚侏罗世成矿作用以形成夕卡岩铁矿为特点，而早白垩世和晚白垩世时期，则以形成斑岩型和浅成低温热液型铜金矿为特点。

成矿岩体的岩石组合类型方面，东部陆缘的吉-黑东部带中，与低氟型斑岩型钼矿有关的岩体为花岗闪长质-二长花岗质岩石，而与斑岩型和浅成低温热液型金铜矿有关的岩体主要为花岗闪长质岩石。东部陆缘的东南沿海带中，与斑岩型铜钼矿和铜金矿有关的岩体为闪长质-花岗闪长质岩石，而与斑岩型和云英岩型钨锡矿有关的岩体主要为高分异花岗岩。在额尔古纳陆缘，与斑岩型铜钼矿有关的岩体主要为花岗闪长质岩石，而与高氟型斑岩型钼矿和热液脉型银铅锌矿有关的岩体，主要为高分异花岗岩。在班公湖-怒江陆缘，与夕卡岩型铁矿、斑岩型铜金或铜钼矿以及浅成低温热液型铜金矿有关的岩体主要为闪长质-花岗闪长质岩石（图 6-5）。

成矿岩体的硅碱含量方面，东部陆缘的吉-黑东部带中，与低氟型斑岩型钼矿和斑岩型金铜矿有关的岩体，SiO_2 含量大于 65wt. %，属高钾钙碱性-钾玄岩系列岩石（图 6-6）。东部陆缘的东南沿海，与斑岩型铜金和铜钼矿有关的岩体，SiO_2 含量变化范围较大（SiO_2 = 56wt. %～72wt. %），属钙碱性-高钾钙碱性系列岩石；与斑岩型和云英岩型钨锡矿有关的岩体，SiO_2 含量高达 75wt. %，属钾玄岩系列岩石。在额尔古纳陆缘，与斑岩型铜钼矿有关的岩体，SiO_2 含量大于 63wt. %，属钙碱性-高钾钙碱性系列岩石；与高氟型斑岩型钼矿和热液脉型银铅锌矿有关的岩体，SiO_2 含量大于 72wt. %，属钾玄岩系列岩石。在班公湖-怒江陆缘，与斑岩和浅成低温热液型铜金矿有关的岩体，SiO_2 含量为 57wt. %～68wt. %，属钙碱性-高钾钙碱性系列岩石。

成矿岩体的锆石 Hf 同位素组成方面，东部陆缘的吉-黑东部带中，与晚三叠世—中侏

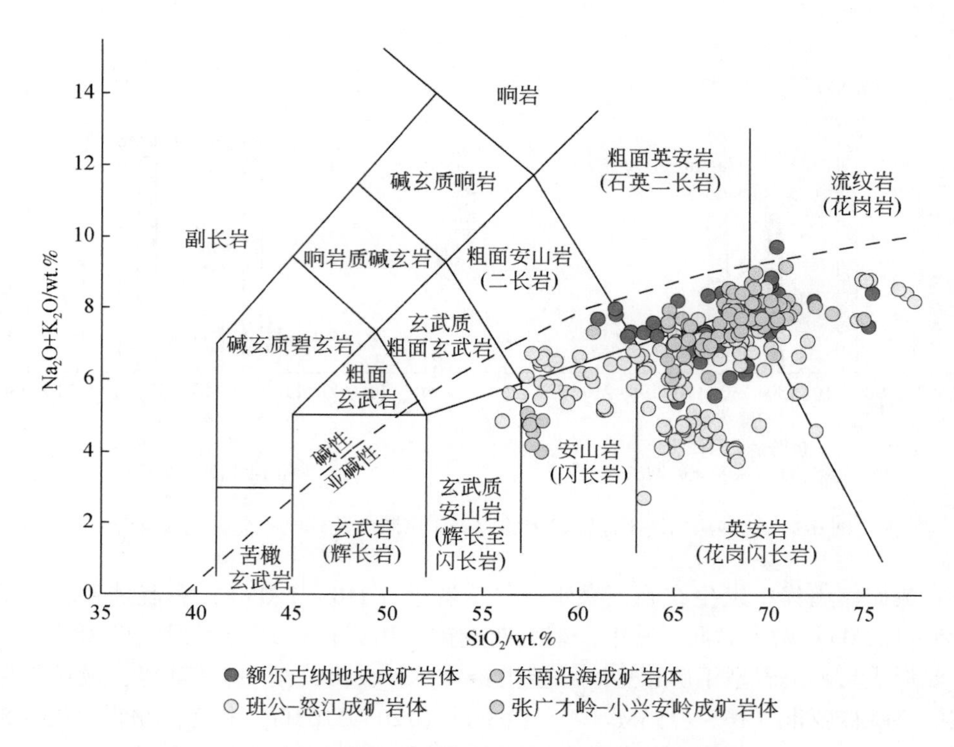

图 6-5　燕山期不同陆缘带成矿岩体的岩石组合类型

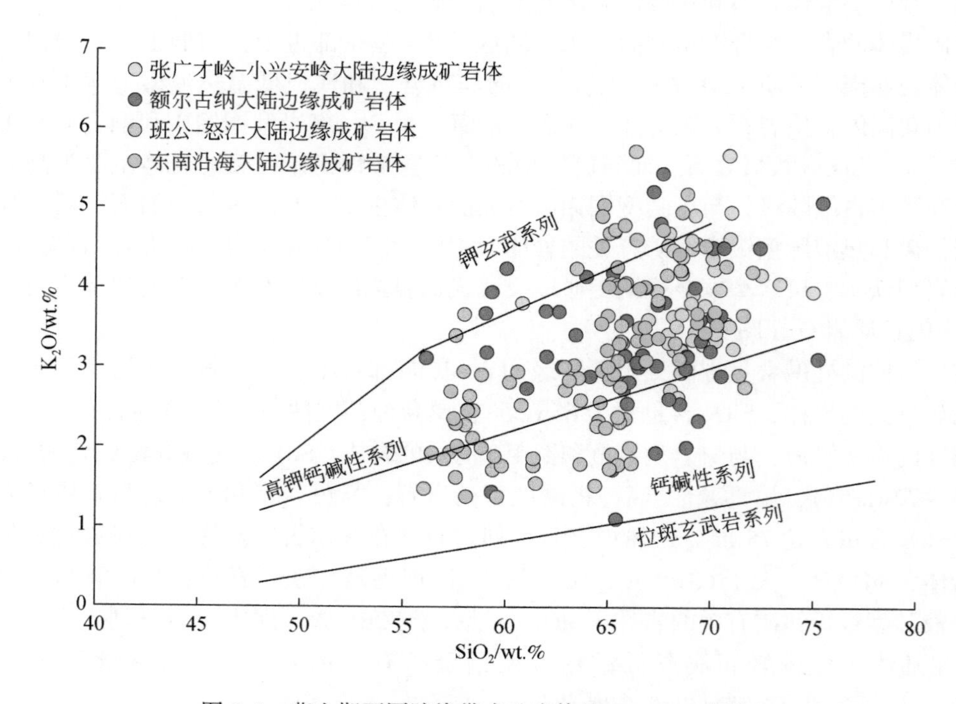

图 6-6　燕山期不同陆缘带成矿岩体的 SiO_2-K_2O 图解

罗世斑岩型钼矿有关的岩体，以及与早白垩世晚期斑岩型和浅成低温热液型金铜矿有关的岩体，它们的锆石 Hf 同位素值均位于球粒陨石演化线之上（图 6-7），指示成矿岩浆的物质源区以亏损地幔或新生下地壳物质为主。在东部陆缘的东南沿海，与中—晚侏罗世斑岩型铜钼矿和铜金矿有关的岩体，以及与早白垩世晚期—晚白垩世斑岩型铜钼矿有关的岩体，它们锆石 Hf 同位素值大都位于球粒陨石演化线之下，指示这两期成矿事件的岩浆源区均为富集地幔；该区与早白垩世早期斑岩型和云英岩型钨锡矿有关的岩体，其锆石 Hf 同位素明显更为富集，指示其岩浆源区以古老下地壳物质为主。在额尔古纳陆缘，与晚三叠世—早侏罗世斑岩型铜钼矿有关的岩体，以及与晚侏罗世—早白垩世高氟型斑岩型钼矿和热液脉型银铅锌矿有关的岩体，它们的锆石 Hf 同位素值均位于球粒陨石演化线之上，指示这两期成矿事件的岩浆源区为亏损地幔或新生下地壳物质。在班公湖–怒江陆缘，与中—晚侏罗世夕卡岩铁矿有关的岩体，其锆石 Hf 同位素组成位于球粒陨石演化线附近，显示出壳幔混源的特点；与早白垩世斑岩型和浅成低温热液型铜金矿有关的岩体，其锆石 Hf 同位素值部分位于球粒陨石演化线之上，部分则位于球粒陨石演化线之下，指示该期成矿事件的岩浆源区的变化较大，部分为亏损地幔或新生下地壳物质，部分则可能主要为富集地幔物质；与晚白垩世斑岩型和浅成低温热液型铜金矿有关的岩体，其锆石 Hf 同位素组成均位于球粒陨石演化线之上，指示该期成矿事件的岩浆源区以亏损地幔或新生下地壳物质为主。

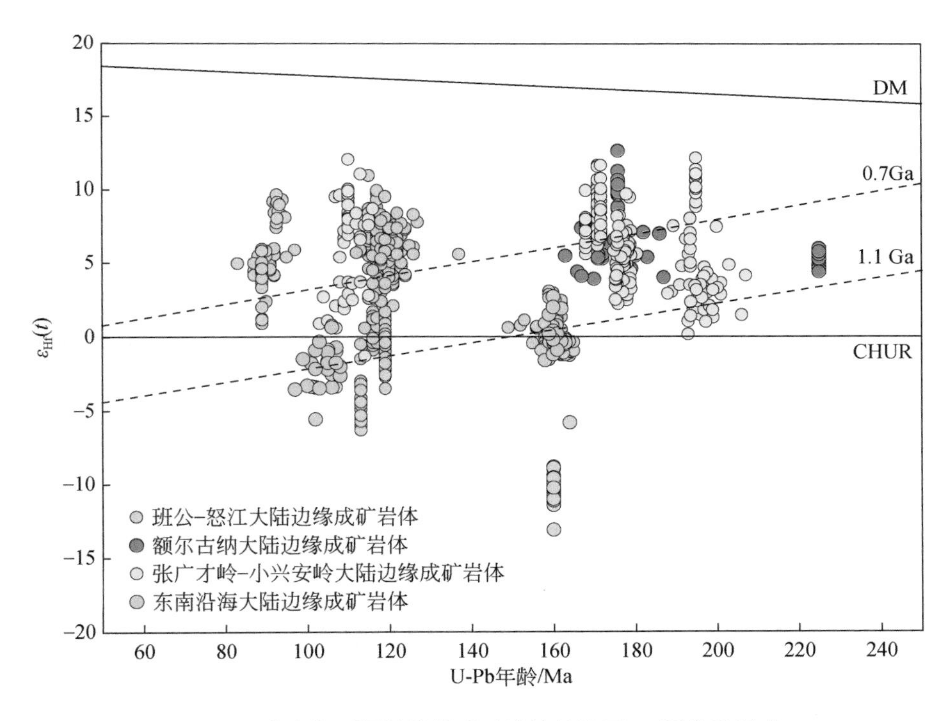

图 6-7　燕山期不同陆缘带成矿岩体的锆石 Hf 同位素组成

成矿岩体的 Sr/Y 比值方面，东部陆缘的吉–黑东部和东南沿海、额尔古纳及班公湖–怒江，与低氟型斑岩型钼矿、斑岩型铜钼矿及斑岩型和浅成低温热液型铜金矿有关的岩体

Sr/Y 比值均较大（大于20）(图6-8)。其中，在东部陆缘的吉-黑东部带，与晚三叠世—中侏罗世低氟型斑岩型钼矿有关的岩体，Sr/Y 比值集中在40～60，而与早白垩世晚期斑岩型和浅成低温热液型金铜矿有关的岩体 Sr/Y 比值较小，为 20～40。在东部陆缘的东南沿海，与中—晚侏罗世斑岩型铜钼矿有关的岩体 Sr/Y 比值介于 40～80，而与斑岩型铜金矿有关的岩体 Sr/Y 比值较小，为 20～40。在额尔古纳陆缘，与晚三叠世—早侏罗世斑岩型铜钼矿有关的岩体，Sr/Y 比值约为 30。在班公湖-怒江陆缘，与早白垩世和晚白垩世斑岩型及浅成低温热液型铜金矿有关的岩体，它们的 Sr/Y 比值大都集中在 20～40。此外，额尔古纳带和东部陆缘的东南沿海，与高氟型斑岩型钼矿、热液脉型银铅锌矿及斑岩型和云英岩型钨锡矿有关的岩体，均具有较低的 Sr/Y 比值（小于10）。

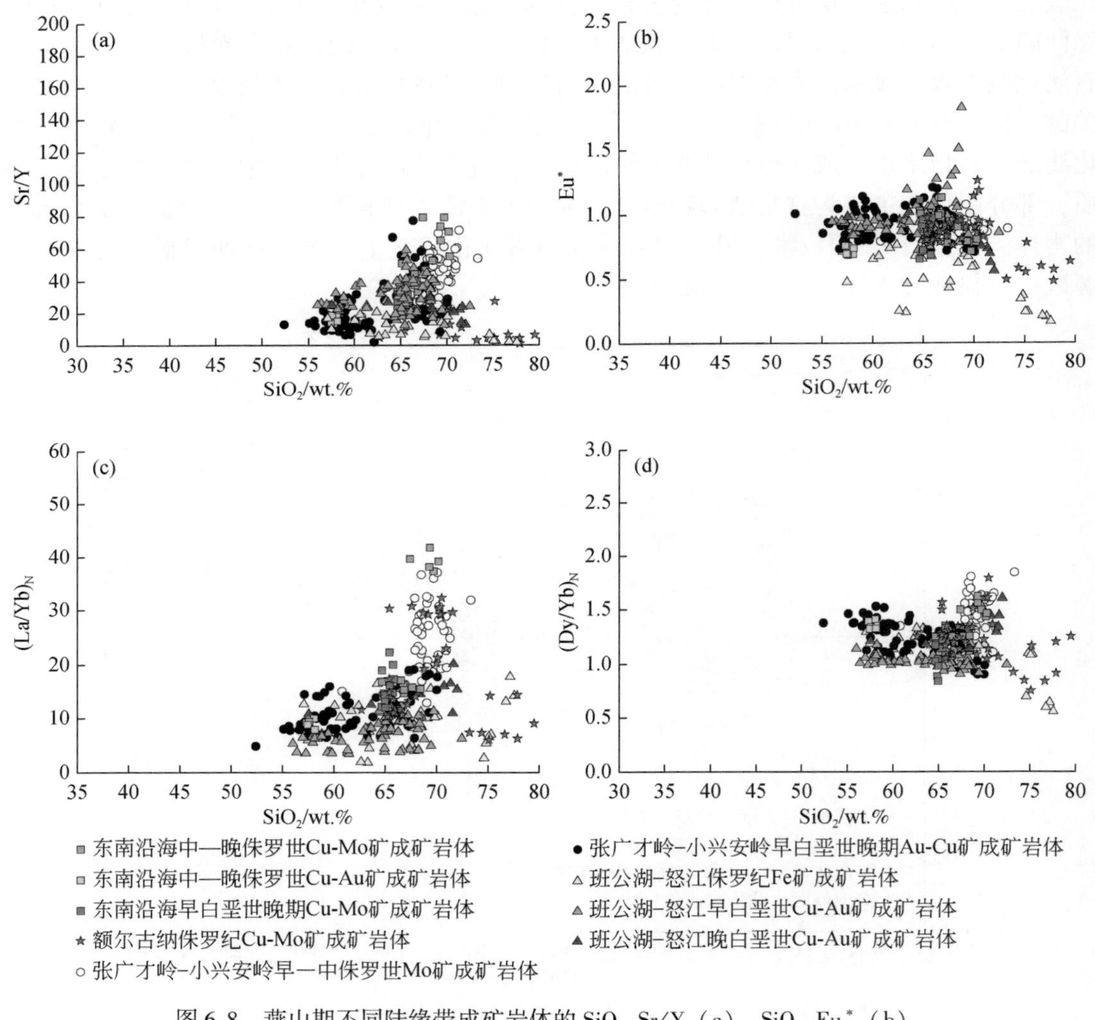

图 6-8　燕山期不同陆缘带成矿岩体的 SiO_2-Sr/Y（a）、SiO_2-Eu^*（b）、SiO_2-$(La/Yb)_N$（c）和 SiO_2-$(Dy/Yb)_N$（d）图解

成矿岩体的 Eu 负异常方面，东部陆缘的吉-黑东部带中，与晚三叠世—中侏罗世低氟型斑岩型钼矿有关的岩体显示出弱 Eu 负异常，而早白垩世晚期与斑岩型-浅成低温热液型金铜矿有关的岩体 Eu 负异常不明显（图 6-8）。东部陆缘的东南沿海，与中—晚侏罗世斑岩型铜钼矿有关的岩体显示出弱 Eu 负异常，而同期与斑岩型铜金矿有关的岩体则显示出明显的 Eu 负异常；早白垩世晚期—晚白垩世与斑岩型铜钼矿有关的岩体显示出明显的 Eu 负异常。在额尔古纳陆缘，与晚三叠世—早侏罗世斑岩型铜钼矿有关的岩体显示出弱 Eu 负异常。在班公湖-怒江陆缘，与早白垩世斑岩型和浅成低温热液型铜金矿有关的岩体 Eu 负异常不明显或显示出弱 Eu 负异常；晚白垩世与斑岩型和浅成低温热液型铜金矿有关的岩体 Eu 负异常不明显。此外，东部陆缘的东南沿海及额尔古纳陆缘中，与斑岩型和云英岩型钨锡矿、高氟型斑岩型钼矿，以及热液脉型银铅锌矿有关的岩体 Eu 负异常明显。

成矿岩体的 $(La/Yb)_N$ 比值方面，东部陆缘的吉-黑东部带中，与晚三叠世—中侏罗世低氟型斑岩型钼矿有关的岩体 $(La/Yb)_N$ 比值集中在 20 ~ 35，而早白垩世晚期与斑岩型和浅成低温热液型金铜矿有关的岩体 $(La/Yb)_N$ 比值较小，介于 10 ~ 15（图 6-8）。东部陆缘的东南沿海，与中—晚侏罗世和早白垩世晚期—晚白垩世二期斑岩型铜钼成矿事件有关的岩体 $(La/Yb)_N$ 比值相当，变化范围为 15 ~ 40，而与中—晚侏罗世斑岩型铜金矿有关的岩体 $(La/Yb)_N$ 比值较小，集中在 10 左右。在额尔古纳陆缘，与晚三叠世—早侏罗世斑岩型铜钼矿有关的岩体 $(La/Yb)_N$ 比值变化范围较大，为 10 ~ 30。在班公湖-怒江陆缘，与早白垩世和晚白垩世二期斑岩型和浅成低温热液型铜金矿有关的岩体 $(La/Yb)_N$ 比值大都集中在 5 ~ 15。此外，东部陆缘的东南沿海及额尔古纳陆缘中，与斑岩型和云英岩型钨锡矿、高氟型斑岩型钼矿，以及热液脉型银铅锌矿有关的岩体 $(La/Yb)_N$ 比值均较小。

成矿岩体的 $(Dy/Yb)_N$ 比值方面，东部陆缘的吉-黑东部带中，与晚三叠世—中侏罗世低氟型斑岩型钼矿有关的岩体 $(Dy/Yb)_N$ 比值集中在 1.5 ~ 1.75，而与早白垩世晚期斑岩型和浅成低温热液型金铜矿有关的岩体 $(Dy/Yb)_N$ 比值较小，介于 1.0 ~ 1.5（图 6-8）。东部陆缘的东南沿海，与中—晚侏罗世和早白垩世晚期—晚白垩世二期斑岩型铜钼矿有关的岩体 $(Dy/Yb)_N$ 比值相当，变化范围为 1.0 ~ 1.5，而与中—晚侏罗世斑岩型铜金矿有关的岩体 $(Dy/Yb)_N$ 比值集中在 1.5 左右。在额尔古纳陆缘，与晚三叠世—早侏罗世斑岩型铜钼矿有关的岩体 $(Dy/Yb)_N$ 比值变化范围较大，为 1.0 ~ 1.75。在班公湖-怒江陆缘，与早白垩世和晚白垩世二期斑岩型和浅成低温热液型铜金矿有关的岩体 $(Dy/Yb)_N$ 比值相当，集中在 1.0 ~ 1.5。此外，东部陆缘的东南沿海及额尔古纳陆缘中，与斑岩型和云英岩型钨锡矿、高氟型斑岩型钼矿，以及热液脉型银铅锌矿有关的岩体 $(Dy/Yb)_N$ 比值均较小。

6.1.3 不同陆缘带成矿作用的深部过程

侏罗纪之前，南羌塘地块和北-中拉萨地块被班公-怒江特提斯洋分隔（Liu H et al., 2020；Peng et al., 2021）。中侏罗世时期（170 ~ 145Ma），班公-怒江特提斯洋板片开始北向俯冲于南羌塘地块之下，该过程可能持续至早白垩世。俯冲早阶段，幔源岩浆上侵，导致古老下地壳物质发生部分熔融，形成中侏罗世的日土-弗野岩浆弧带及相关的夕卡岩型铁多金属矿（图6-9）。约135Ma，北向俯冲的班公-怒江特提斯洋板片发生断离，幔源岩浆沿板片窗大量上侵，诱发大规模幔源岩浆活动，形成多龙岩浆弧带及有关的斑岩型和浅成低温热液型铜金矿（图6-9）。与此同时，班公-怒江特提斯洋板片开始南向俯冲于北-中拉萨地块之下，俯冲流体交代的软流圈物质部分熔融并上侵到壳幔边界发生MASH过程后，岩浆上侵至地壳浅部，形成昂龙岗日-班戈岩浆弧带，以及相关的斑岩型和夕卡岩型铜金矿。95～75Ma（Peng et al.，2021），伴随班公-怒江特提斯洋的闭合，南羌塘地块与北-中拉萨地块最终拼合（图6-9）。综上可知，班公湖-怒江构造带的三期成矿作用应该形成于与班公-怒江特提斯洋演化有关的俯冲-碰撞背景。

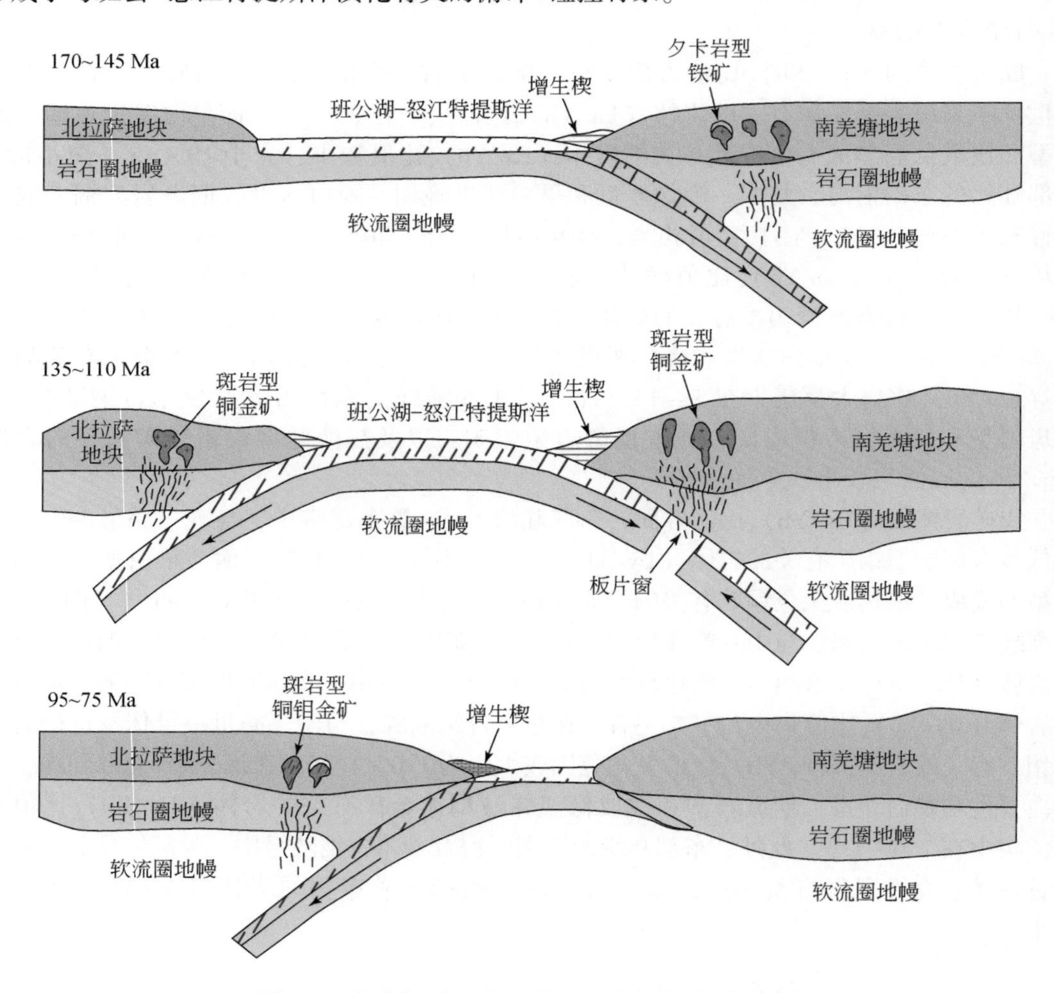

图6-9　班公湖-怒江构造带中生代成矿动力学模型

三叠纪早期，额尔古纳地体与西伯利亚克拉通之间，存在一个古亚洲洋闭合后残留的洋盆，即蒙古-鄂霍次克洋（Xu et al., 2013）。通常认为，蒙古-鄂霍次克洋向南俯冲于额尔古纳地块的起始时间为三叠纪，额尔古纳地块在早侏罗世时期可能便已进入俯冲晚期或后碰撞环境（Xu et al., 2013）。因此，额尔古纳地块中的三叠纪—早侏罗世斑岩型铜钼矿成矿作用可能形成于俯冲晚期-后碰撞背景，岩浆源区来源于早期俯冲流体交代的岩石圈地幔物质的部分熔融（图 6-10）。中侏罗世时期，额尔古纳地块开始出现双峰式岩浆岩、变质核杂岩和伸展盆地，并在早白垩世时期达到高峰。这说明，额尔古纳地块自中侏罗世开始便已进入与蒙古-鄂霍次克洋闭合有关的后碰撞伸展环境。因此，额尔古纳构造带中的中侏罗世—早白垩世高氟型斑岩型钼矿和热液脉型银铅锌矿可能形成于与蒙古-鄂霍次克洋闭合有关的后碰撞伸展环境（图 6-10）。

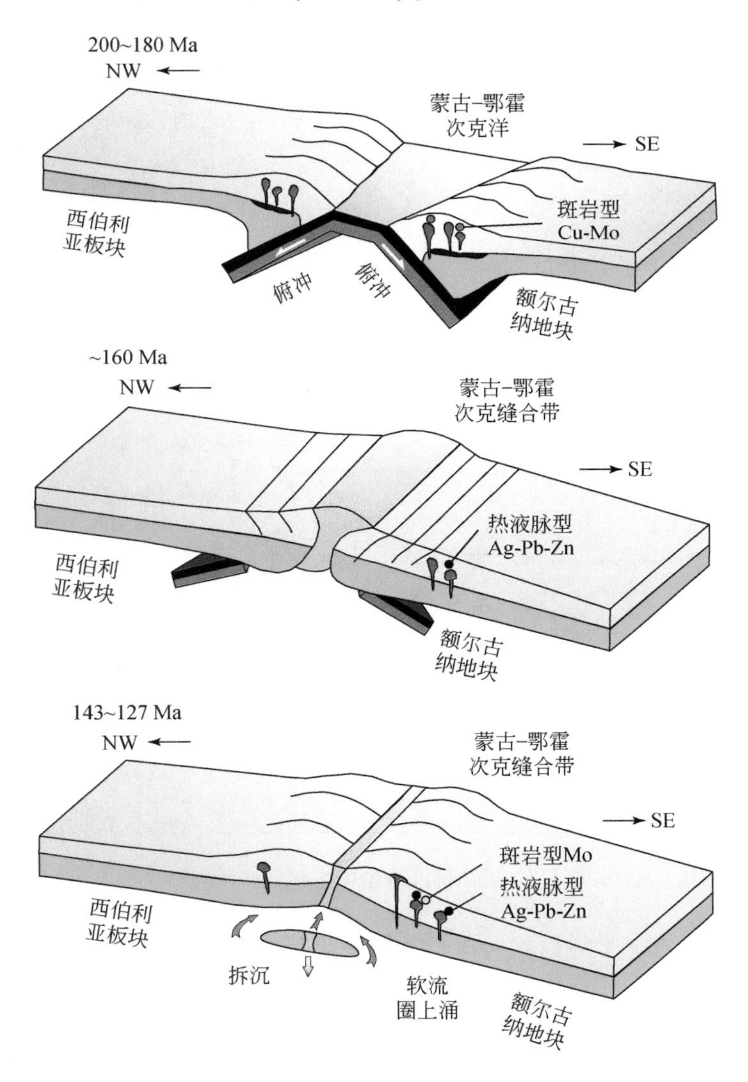

图 6-10　额尔古纳地块中生代成矿动力学模型

早侏罗世时期，伊泽奈崎板块（即古太平洋板块的组成部分）的运动方向发生调整，从平行于兴蒙造山带转变成斜近垂直于兴蒙造山带，即伊泽奈崎板块向北西方向俯冲于兴蒙造山带之下（Xu et al.，2013）。俯冲流体交代的软流圈物质部分熔融并上侵至壳幔边界，发生幔源与壳源岩浆的 MASH 过程，之后上侵至地壳浅部，形成张广才岭-小兴安岭岩浆弧带，以及与之有关的低氟型斑岩型钼矿（图 6-11）。早白垩世时期，古太平洋板块再次俯冲于兴蒙造山带之下（Tang J et al.，2018），俯冲流体交代的软流圈物质部分熔融并上侵，在吉林和黑龙江东部形成岩浆弧，以及与之有关的斑岩型金铜矿和浅成低温热液型金矿（图 6-11）。综上可知，东部陆缘的吉-黑东部带，在燕山期应该处于与古太平洋俯冲有关的俯冲增生环境。

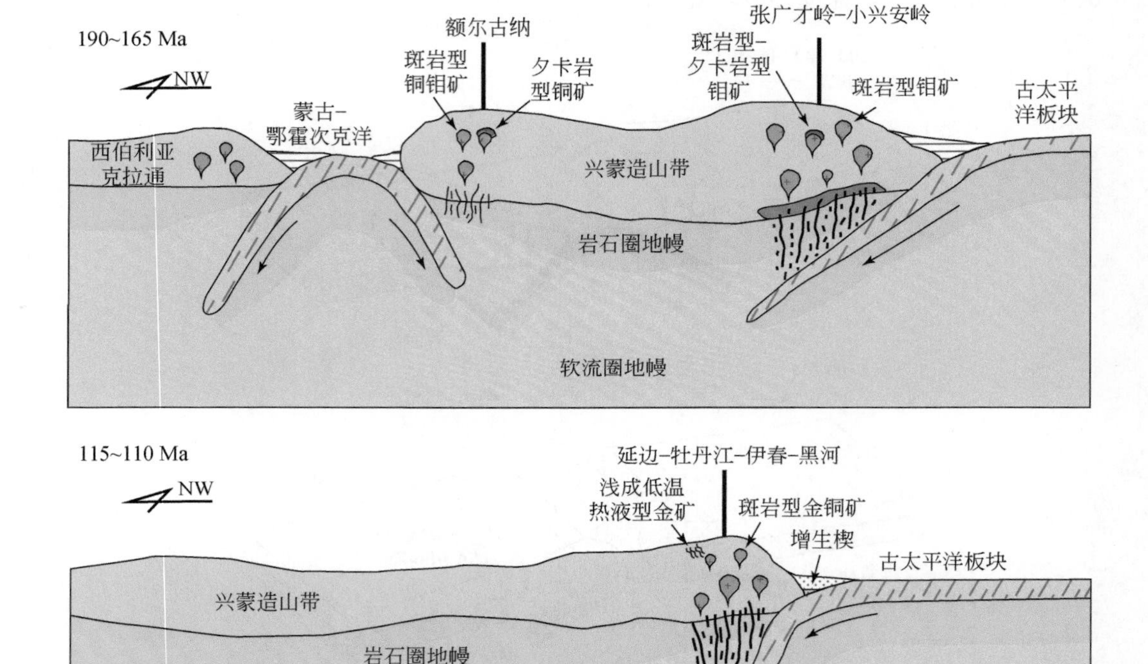

图 6-11　吉-黑东部陆缘带中生代成矿动力学模型

早侏罗世之前，古太平洋板块向西平板俯冲于华南板块之下（董树文等，2019）。中侏罗世时期，由于古太平洋板块运动方向发生调整（即从平行于华南板块调整至斜向-垂直华南板块），俯冲方式也从之前的平板俯冲转变成陡俯冲，导致在靠近海沟位置发生俯冲流体交代的古老下地壳物质的部分熔融，并在东南沿海形成中—晚侏罗世岩浆弧带，以及相关的斑岩型铜钼和铜金矿（图 6-12）。晚侏罗世—早白垩世时期，受地幔熔融的影响，弧后地区的岩石圈地幔发生破坏和减薄，导致古老下地壳物质的部分熔融，形成与之有关的斑岩型和云英岩型钨锡矿（Mao et al., 2021a）。早白垩世晚期，古太平洋板片再次向华南板块之下俯冲，并在东南沿海位置形成斑岩型和浅成低温热液型金铜矿（图 6-12）。综上可知，东部陆缘的东南沿海，在燕山期应该处于与古太平洋俯冲有关的俯冲增生环境。

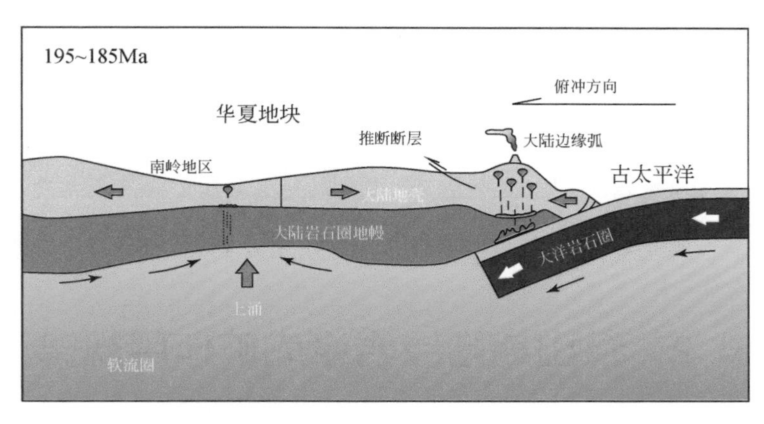

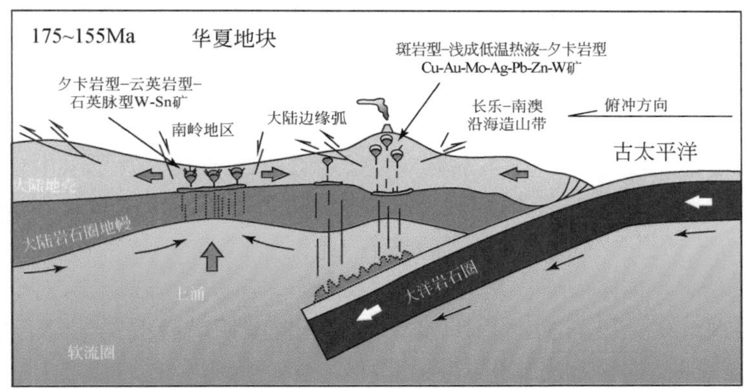

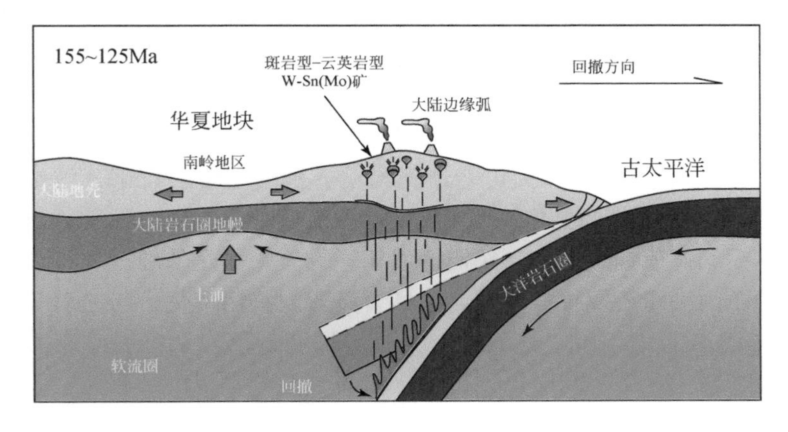

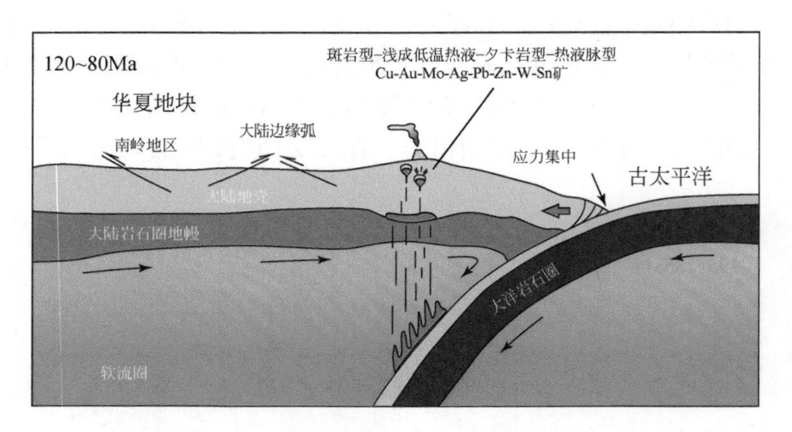

图 6-12　东南沿海中生代成矿动力学模型

6.2　燕山期陆缘岩浆成矿作用规律

在班公湖–怒江陆缘，除中侏罗世夕卡岩型铁多金属矿及少量早白垩世斑岩型铜金矿外，该区白垩纪时期的大部分斑岩型铜金矿，它们的成矿岩体的锆石 Hf 同位素均位于球粒陨石演化之上、亏损地幔演化线之下，表明成矿岩体的岩浆源区以年轻物源为主。在额尔古纳陆缘，与早—中侏罗世斑岩型铜钼矿有关岩体的锆石 Hf 同位素也位于球粒陨石演化之上、亏损地幔演化线之下。在东部陆缘的吉–黑东部带，尽管早—中侏罗世低氟型斑岩型钼矿以及早白垩世斑岩型和浅成低温热液型金铜矿这两期成矿事件在成矿金属元素组合上存在较大差别，但与之有关的岩体的锆石 Hf 同位素组成均位于球粒陨石演化之上、亏损地幔演化线之下。整体来看，班公湖–怒江陆缘、额尔古纳陆缘及东部陆缘的吉–黑东部带，与斑岩型铜金矿、斑岩型铜钼矿和低氟型斑岩型钼矿有关的岩体，它们的锆石 Hf 同位素组成基本相似，均显示出成矿岩浆的源区以年轻物质为主的特点。

但与上述地区不同，东部陆缘东南沿海发育的二期斑岩型铜金和铜钼成矿事件，它们的成矿岩体的锆石 Hf 同位素组成均位于球粒陨石演化线之下，指示成矿岩体的岩浆源区以古老地壳物质或富集地幔为主。现有勘探资料显示，东南沿海的二期斑岩型铜金和铜钼成矿事件，在成矿强度和矿床规模上均明显小于班公–怒江陆缘、额尔古纳陆缘和东部陆缘的吉–黑东部带。这说明，源区为古老地壳物质或富集地幔的岩浆，虽然也可形成斑岩型铜钼矿或铜金矿，但其成矿强度和矿床规模均可能偏小，亦即，在陆缘岩浆带，要形成经济价值较大的铜钼矿或铜金矿，岩浆源区以年轻物质为主是基础。

东部陆缘的东南沿海还发育一期斑岩型和云英岩型钨锡矿化，与之有关的岩体显示出明显富集的锆石 Hf 同位素组成。这表明，与斑岩型和云英岩型钨锡矿有关的岩体，其岩浆源区以古老地壳物质为主。众多研究揭示，与高氟型斑岩型钼矿有关岩体的岩浆源区通常为古老下地壳物质，但在额尔古纳地块，与高氟型斑岩型钼矿有关岩体的锆石 Hf 同位素组成显示出明显亏损的特点，指示成矿岩浆的源区以年轻物质为主。这说明，与高氟型斑岩型钼矿有关的岩浆，其源区既可以是古老下地壳物质，也可以是年轻物质，岩浆源区的物质组成可能不是制约高氟型斑岩型钼矿形成的关键因素。

在班公湖-怒江陆缘，与斑岩型铜金和铜钼矿有关的岩体 Sr/Y 比值集中在 20 ~ 45；在额尔古纳陆缘，与斑岩型铜钼有关的岩体 Sr/Y 比值集中在 25 ~ 65；在东部陆缘的吉-黑东部带，与斑岩型金铜矿和低氟型斑岩型钼矿有关的岩体 Sr/Y 比值集中在 20 ~ 60；在东部陆缘的东南沿海，与斑岩型铜金矿和铜矿有关的岩体 Sr/Y 比值集中在 15 ~ 40。这说明，燕山期各陆缘的成铜钼和铜金矿以及成低氟型钼矿的岩浆，均以富水为特点。岩浆富水的特点在稀土元素标准化配分模式上也有体现。例如，与铜钼和铜金矿以及低氟型钼矿有关的岩体均显示出 Eu 负异常不明显的特点。东部陆缘的东南沿海与斑岩型和云英岩型钨锡矿有关的岩体，以及额尔古纳陆缘与高氟型斑岩型钼矿有关的岩体均显示出低 Sr/Y 比值和 Eu 负异常明显的特征，指示它们的成矿岩浆贫水。

综上可知，班公湖-怒江陆缘、额尔古纳陆缘及东部陆缘的吉-黑东部带和东南沿海，与斑岩型铜金和铜钼矿以及与低氟型斑岩型钼矿有关的岩浆均以富水为特点，且岩浆源区均以年轻物质为主。这表明，斑岩型铜金、铜钼或钼矿的形成，对岩浆的水含量及其源区物质组成有较强的要求。但对于斑岩型和云英岩型钨锡矿而言，它们对岩浆源区物质组成的依赖性可能较低。

如前文所述，班公湖-怒江陆缘与斑岩型铜金和铜钼矿有关的岩体 SiO_2 含量集中在 57wt. %~68wt. %；额尔古纳陆缘与斑岩型铜钼矿有关的岩体 SiO_2 含量集中在 63wt. %~69wt. %，而与高氟型斑岩型钼矿和热液脉型银铅锌矿有关的岩体 SiO_2 含量大都大于 75wt. %；东部陆缘的吉-黑东部带与低氟型斑岩型钼矿有关的岩体 SiO_2 含量集中在 68wt. %~71wt. %，而与斑岩型和浅成低温热液型金铜矿有关的岩体 SiO_2 含量则集中在 66wt. %~68wt. %；东部陆缘的东南沿海与斑岩型铜金矿有关的岩体 SiO_2 含量集中在 57wt. %~59wt. %，与斑岩型铜钼矿有关的岩体 SiO_2 含量集中在 65wt. %~70wt. %，而与斑岩型和云英岩型钨锡矿有关的岩体 SiO_2 含量大都大于 75wt. %。由上可知，燕山期各陆缘以及同一陆缘的不同成矿期，它们在成矿金属元素组合上的差异与成矿岩石类型，或者说是岩浆演化程度关系密切。其中，与斑岩型和浅成低温热液型铜金矿有关的岩体多为闪长质-花岗闪长质岩石，与斑岩型铜钼矿有关的岩体为中偏酸性的花岗闪长质岩石，与低氟型斑岩型钼矿有关的岩体为酸性的花岗闪长质-二长花岗质岩石，而与斑岩型和云英岩型钨锡矿及高氟型斑岩型钼矿有关的岩体则多高分异花岗岩。这自然引出这样的问题：各陆缘带的成矿岩体，在分异程度上的差异，是由什么原因造成的？

我们认为，这可能与各陆缘所处于的构造演化阶段存在差异有关。例如，东部陆缘的东南沿海，在晚侏罗世—早白垩世时期，处于古太平洋板片俯冲后撤阶段。在该背景下，软流圈物质在弧后地区的大面积上涌，引起古老地壳物质的部分熔融，倾向于形成与高分异花岗岩有关的斑岩型和云英岩型钨锡矿。额尔古纳陆缘在晚侏罗世—早白垩世时期，处于蒙古鄂霍次克洋闭合后的后碰撞伸展环境。在该背景下发生的软流圈物质上涌，引起新生下地壳的部分熔融，倾向于形成与高分异花岗岩有关的高氟型斑岩型钼矿和热液脉型银铅锌矿。而对各陆缘带的斑岩型铜金矿、斑岩型铜钼矿和低氟型斑岩型钼成矿作用而言，情况则可能有所不同。我们认为，陆缘岩浆形成铜金、铜钼还是钼矿，可能与各陆缘带在不同地质历史时期所处的构造演化阶段不同导致的岩石圈厚度存在差异有一定的联系。其依据主要有以下四点：①已有研究揭示，岩石圈厚度大，有利于石榴子石发生结晶分异，该环境下形成的岩浆将显示出高Sr/Y、（La/Yb）$_N$和（Dy/Yb）$_N$比值特征（Lee and Tang，2020），当岩石圈厚度较小时，陆缘岩浆将以角闪石的结晶分异为主，形成的岩浆具有偏低的Sr/Y、（La/Yb）$_N$和（Dy/Yb）$_N$比值（Richards，2015）；②在班公湖–怒江陆缘，成铜金矿岩体的Sr/Y、（La/Yb）$_N$和（Dy/Yb）$_N$比值较小，说明岩石圈厚度小，这与该区斑岩型铜金矿形成于俯冲增生环境相吻合；③在东部陆缘的吉–黑东部带，低氟型钼矿岩体的Sr/Y、（La/Yb）$_N$和（Dy/Yb）$_N$比值较大，说明岩石圈厚度大，这与该区低氟型斑岩型钼矿形成于俯冲–碰撞环境相吻合；④在额尔古纳陆缘，成铜钼矿岩体的Sr/Y、（La/Yb）$_N$和（Dy/Yb）$_N$比值中等，说明岩石圈厚度中等，这与该区斑岩型铜钼矿形成于俯冲晚期–后碰撞环境相吻合。

6.3 燕山期陆缘岩浆作用的找矿方向和勘探方法组合初探

如前文所述，我国燕山期各陆缘的成铜金、铜钼和钼矿岩体，均显示出富水且年轻物源为主的特征；陆缘弧环境的斑岩型铜金、铜钼或钼矿，它们在成矿金属元素组合上的差异，与地壳厚度差异导致的岩浆分异程度存在差别有关。因此，富水岩浆、年轻物源及岩浆分异程度，可用来指导陆缘弧环境的找矿勘查工作。实际工作中发现，陆缘弧环境中以年轻物源为特征的富水闪长质–二长花岗质岩浆较常见，但并不都能形成铜金、铜钼或钼矿。这说明，除富水岩浆、年轻物源及岩浆分异程度外，还有其他更为重要的因素制约着陆缘岩浆是否成矿。

岩浆–热液矿床的成矿金属元素来源于岩浆及相关的热液，因此成矿岩浆和成矿流体的金属元素含量，一直是矿床学家关心的问题。Richards（2015）统计了全球主要陆缘带基性至酸性岩浆岩的铜含量。结果显示，陆缘带岩浆岩的铜含量并不高，集中在50～75ppm。该结果与Zhang和Audétat（2017）采用LA-ICP-MS方法获得的斑岩型铜钼矿中熔体包裹体的铜含量一致。这说明，与陆缘岩浆有关的斑岩型矿床的成矿岩浆并不富集铜。我们采用LA-ICP-MS方法，对东部陆缘吉–黑东部带中低氟型斑岩型钼矿的熔体包裹体开展了成分分析。结果显示，该带中成矿岩浆的钼含量低（小于5ppm）（图6-13）。这说明，与陆缘岩浆有关的斑岩型矿床的成矿岩浆也不富集钼。在成矿流体的金属元素含量方面，Lerchbaumer和Audétat（2013）以及Audétat（2019）的研究表明，斑岩型铜矿及斑岩型钼矿的初始出溶流体的铜和钼含量并不高，分别为约190ppm和50ppm。依据陆缘弧环境成矿岩浆的铜和钼的含量，根据质量平衡原理，假设铜和钼从岩浆进入到流体中的效率为50%，要形成一个大型斑岩型铜矿（50万t）或大型斑岩型钼矿（10万t）需要的岩浆量分别为8.3km^{3}和16.7km^3。此外，依据初始出溶流体的铜和钼含量，假设铜和钼从流体中沉淀的效率为50%，要形成一个大型斑岩型铜矿或大型斑岩型钼矿需要的流体量分别为4.8km^{3}和1.9km^3。这说明，在陆缘弧环境，要形成一定规模的斑岩型铜矿或钼矿，大量的富水岩浆是基础。

陆缘弧环境中的斑岩型铜金、铜钼或钼矿，它们的成矿岩体通常以小岩株或岩枝的形

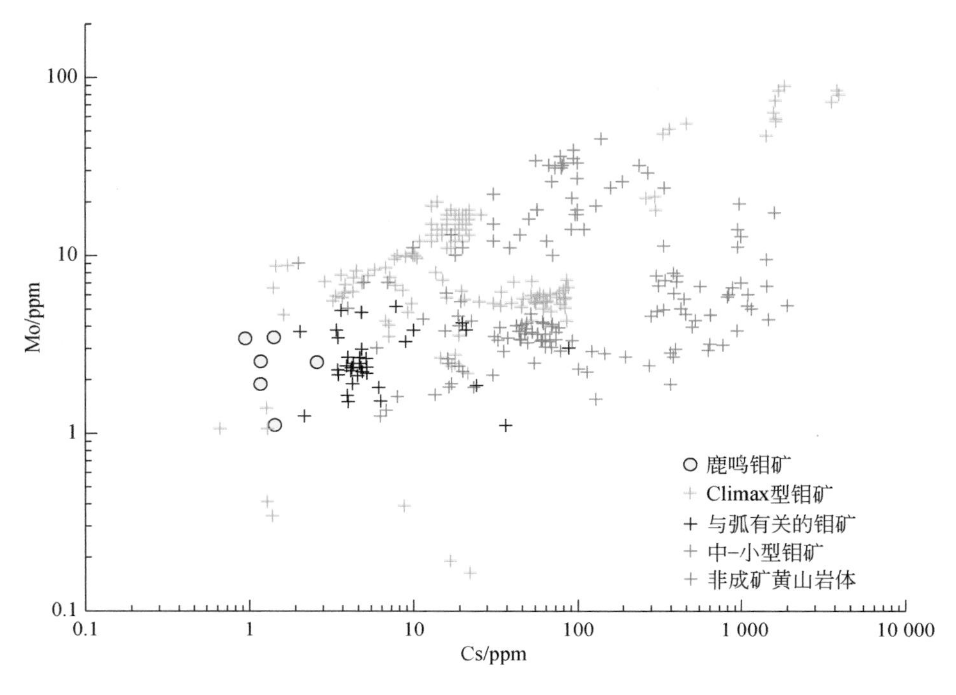

图 6-13 岩浆 Mo 含量

式产出，即小岩体成矿。例如，东部陆缘吉-黑东部带中的鹿鸣超大型斑岩型钼矿，其成矿岩体就以隐伏的小岩枝形式产出。小岩体成矿在班公湖-怒江陆缘也很普遍。例如，Lin 等（2019）对班公湖-怒江陆缘中的铁格隆南-拿若斑岩型铜金矿的研究结果显示，该矿床中的斑岩型和角砾岩型铜金矿化均产在花岗闪长斑岩小岩株的顶部。此外，南美安第斯陆缘中的 Chuquicamata、El Teniente 和 Bajo de la Alumbrera 等超大型斑岩型铜矿的成矿岩体，均以小岩株或岩枝的形式产出（Vry et al.，2010；Buret et al.，2016）。类似情况在巴布亚新几内亚-菲律宾陆缘以及北美西部科迪勒拉陆缘中也很常见。例如，Rohrlach 等（2005）对菲律宾 Tampakan 超大型斑岩-浅成低温热液型铜金矿的研究显示，该矿床的形成与闪长质小岩体有关；Large 等（2018）对巴布亚新几内亚 Ok Tedi 超大型斑岩型金铜矿的研究显示，该矿床的形成与二长闪长斑岩小岩体有关；Dilles 等（2000）对北美西部科迪勒拉陆缘的 Yerington 岩基研究结果显示，与该岩基有关的四个斑岩型铜矿均产在小斑岩体的顶部。上述众多矿床实例表明，在陆缘岩浆带，小岩体可作为寻找斑岩型矿床的直接找矿标志。需指出的是，由于小岩体规模小，不足以为成矿提供足够的金属元素和成矿流体。因此，小岩体在成矿过程中，实际上只扮演着深部岩浆房来源的岩浆和流体向上运移通道的角色。

已有勘探工程揭示，全球三大超大型斑岩型矿床，即 Bingham、Chuquicamata 和 EI Teniente，它们均由多个与小岩体有关的成矿中心组成。例如，Bingham 矿床由 5 个成矿中心组成，Chuquicamata 矿床由 3 个成矿中心组成，EI Teniente 矿床由 4 个成矿中心。我国的大型-超大型斑岩型矿床也含有多个成矿中心。例如，德兴斑岩型铜钼金矿、乌奴格吐山斑岩型铜钼矿以及鹿鸣斑岩型钼矿，均含 2～3 个与小岩体有关的成矿中心。上述矿床实例表明，大型-超大型斑岩型矿床均具有多个与小岩体有关的成矿中心。因此，聚焦我国燕山期陆缘岩浆带，在已知斑岩型矿床的深部或外围，特别是中-小型斑岩型矿床的深部或外围，围绕小岩体开展找矿，应引起足够的重视。

小岩体成矿的本质是小岩体为深部大岩浆房来源的流体向上运移的通道。因此，利用小岩体找矿的关键是确定小岩体深部岩浆房和断裂构造的三维结构，进而揭示小岩体的就位通道和成矿潜力。对于小岩体深部岩浆房的三维结构确定，可采用大地电磁和高精度重磁方法，对于深部断裂构造的三维结构确定，则可采用反射地震方法。如果小岩体深部连接着大岩浆房，小岩体成大矿的潜力大。反之，如果小岩体是孤立的，抑或小岩体深部连接的岩浆房较小，小岩体成矿或成大矿的潜力则较小。

第7章 总结与展望

7.1 总　　结

本书在前人研究基础上，进一步研究了中国大陆燕山期三大板块汇聚带（古太平洋俯冲陆缘带、蒙古-鄂霍次克俯冲-碰撞带和班公湖-怒江俯冲-碰撞带）关键地区的侏罗纪—白垩纪岩浆作用及相关典型矿床的岩石学、矿物学、矿床学、元素地球化学、同位素地质学和地质年代学，阐明了岩浆与成矿作用的时空分布、发育规律和物质来源及其深部地质背景，揭示了不同汇聚带物质组成和动力学的异同及其对成矿作用和成矿元素组合的影响。

1）进一步厘定了古太平洋俯冲陆缘南段东南沿海地区，燕山期成岩成矿的时空发育规律，揭示了深部物质组成对成岩成矿的制约规律。

根据实测的28件和收集的263件锆石U-Pb年龄，结合区域地质特征，将我国东南沿海燕山期陆缘岩浆作用划分为四期：195～185Ma、175～155Ma、155～125Ma和120～80Ma。第一期在研究区零星分布，第二期主要分布在长乐-南澳断裂以西的粤东地区，第三期和第四期全区广泛发育，且从北向南、从陆缘向内陆，年龄有变新趋势。第一期岩石组合以二长花岗岩和中酸性流纹岩为主；第二期侵入岩为石英闪长岩、花岗闪长岩、（斑状）二长花岗岩和基性岩脉，火山岩为英安岩和（流纹质）凝灰岩；第三期侵入岩为二长花岗岩、花岗闪长岩、花岗斑岩及少量的石英斑岩和正长花岗岩，火山岩为流纹岩和熔结凝灰岩及少量英安岩；第四期侵入岩为二长花岗岩、花岗岩、花岗闪长（斑）岩、（晶洞）碱长花岗岩及少量花岗斑岩、闪长岩、石英闪长岩和中基性岩脉，火山岩为流纹岩和流纹质凝灰岩及少量英安岩。从早到晚，岩石组合有由相对基性向相对酸性再到相对基性的演化趋势，各期岩石的地球化学特征均显示出弧岩浆特征。

东南沿海燕山期成矿作用可分三期：170～150Ma、145～135Ma和120～90Ma。第一期主要为斑岩型铜金和铜钼矿，代表性矿床为桐村铜钼矿、姑田铜钼矿、新寮岽铜金矿、鸿沟山铜金矿、钟丘洋铜矿及鹅地铜金矿，成矿岩体的岩性为石英闪长岩和花岗闪长岩。第二期为斑岩型和云英岩型钨锡矿及热液脉型铅锌银矿，代表性矿床有飞鹅山钨锡矿、西岭锡矿、莲花山钨矿、长埔锡矿、厚婆坳锡铅锌银矿、淘锡湖锡矿及金坑锡矿，成矿岩体的岩性为二长花岗岩、花岗闪长岩、花岗岩及花岗斑岩。第三期为斑岩型和浅成低温热液型铜金钼矿及斑岩型铜钼矿，以紫金山矿田中的罗卜岭斑岩型铜钼矿、紫金山高硫型铜金矿和悦洋低硫型银铅锌矿为代表，成矿岩体的岩性为花岗闪长岩、二长花岗岩及英安玢岩。整体来看，东南沿海燕山期成矿作用显示出早期和晚期以形成铜金和铜钼矿，中期以形成钨和钨锡矿为特征。

利用花岗质岩石的锆石 Hf 同位素组成，示踪了东南沿海深部地壳组成及演化，结果显示：①在内陆华夏地块，175～125Ma 岩浆岩的锆石 T_{DM}=1.96～1.22Ga，表明其源区以较古老的组分为主。120～80Ma 的 T_{DM}=1.51～1.22Ga，表明其源区有更多的年轻组分加入。②在沿海华夏地块，第一期花岗岩的锆石 T_{DM}=1.09～0.35Ga，表明其源区是以年轻组分为主，古老组分较少。第二和第三期的 T_{DM}平均值范围为 1.96～0.92Ga，表明源区以较古老的组分为主，年轻组分较少。第四期的 T_{DM}=1.98～0.51Ga，表明源区物质组成复杂，有更多的年轻组分加入。花岗质岩石的锆石 Hf 同位素填图结果显示，东南沿海有三个 Hf 同位素省（区）。从沿海到内陆，最年轻的 Hf 同位素省分布在沿海华夏地块，最古老的分布在内陆华夏地块，相对较年轻的则分布在二者的过渡带。自沿海向内陆，花岗质岩石的锆石 Hf 同位素值由正变负，锆石 T_{DM}由新变老。上述结果表明：内陆华夏地块深部地壳以相对古老的壳源物质为主，并混有少量年轻组分；沿海华夏地块南西侧深部地壳以年轻组分为主，并混有少量较为古老的壳源物质，北东侧深部地壳的年轻组分比例最高；政和-大埔沿线的过渡区域，花岗质岩石的源区物质组成比较复杂，指示该区深部可能发生了强烈的壳幔相互作用。

花岗质岩石的锆石 Hf 同位素填图结果显示，东南沿海的斑岩型铜金矿分布在年轻地壳为主的地区，斑岩型铜钼矿分布在改造的古老地壳块体和块体边界的断裂附近，斑岩型和云英岩型钨锡矿发育于古老地壳区域，与基底的重熔/改造有关。在时间上，从侏罗纪到白垩纪，成矿物质中年轻物质的参与比例先由高到低，再不断升高，显示出早期和晚期的年轻物质较多，形成铜钼矿和铜金矿，中期的古老物质较多，形成钨锡矿。这说明，深部物质组成控制着东南沿海的矿床类型及其空间分布。研究还显示，政和-大埔断裂带沿线可能具有寻找与燕山期岩浆混合作用有关的夕卡岩型铁矿的潜力，沿海华夏地块北东侧，即漳州以北地区，具有寻找与隐伏花岗质岩体有关的斑岩型铜金矿的潜力。

典型矿床解剖揭示：①钨锡矿不仅发育在华南的内陆地区，在其东南沿海地区也发育钨锡成矿事件，成矿时代约为 130Ma，且成矿岩体的物源年轻组分的比例要明显高于华南陆内；②东南沿海斑岩型铜钼矿的形成与幔源岩浆的底侵关系密切，幔源岩浆底侵使下地壳物质发生部分熔融，并与壳源岩浆发生混合，形成成矿斑岩岩浆，这种岩浆具有高氧逸和富水的特点。

2）进一步厘定了古太平洋俯冲陆缘北段的吉-黑东部地区燕山期成岩成矿的时空发育规律，揭示了形成（大型）低氟型斑岩钼矿的主要控制因素。

古太平洋俯冲陆缘北段吉-黑东部地区的燕山期陆缘岩浆作用可分为 210～160Ma 和 130～100Ma 两期，成矿作用也可分为两期，分别为 200～165Ma 和 115～100Ma。第一期成矿作用主要形成低氟型斑岩钼矿，与成矿有关的岩石为花岗闪长质和二长花岗质岩石。第二期成矿作用主要形成斑岩型和浅成低温热液型金铜矿，与成矿有关的岩石为闪长质和花岗闪长质岩石。元素地球化学特征上，与第一期成矿作用有关的岩石显示出微弱的 Eu 负异常，Sr/Y 比值为 40～60，与第二期成矿作用有关的岩石 Eu 负异常不明显，Sr/Y 比值为 20～40。成矿岩体的锆石铪氧同位素结果显示，吉-黑东部地区两期与陆缘岩浆作用有关的成矿事件，年轻物质组分参与的比例均较大（50%～90%）。

熔体包裹体成分的LA-ICP-MS原位分析结果显示，与第一期低氟型斑岩钼矿有关的成矿岩浆不富集钼。典型矿床解剖工作揭示，吉-黑东部地区的大型-超大型低氟型斑岩钼矿，均具有多期岩浆-热液活动叠加成矿的特点。磷灰石成分的电子探针分析结果显示，吉-黑东部地区与低氟型斑岩钼矿有关岩体中的岩浆成因磷灰石，其硫和氯含量明显低于其他陆缘中与斑岩型铜金、铜和铜钼矿有关岩体中的岩浆成因磷灰石。上述结果表明：①低氟型斑岩钼矿的形成不取决于成矿岩浆钼含量的多少；②成矿小岩体与大岩浆房相连，并且成矿作用能“多期次脉动式”进行，是形成大型-超大型低氟型斑岩钼矿的重要因素；③成矿岩浆的硫和氯含量是制约斑岩矿床形成钼矿化或铜钼矿化的重要因素，岩浆成因磷灰石的硫和氯可用来识别成钼矿和成铜矿岩体。

3）厘定了蒙古-鄂霍次克汇聚带额尔古纳地块中，燕山期成岩成矿的时空分布规律，揭示了深部物质组成对成岩成矿的制约规律。

额尔古纳地块燕山期的成岩成矿作用可分为200～165Ma、165～155Ma和155～105Ma三期。第一期岩浆活动形成的侵入岩有花岗岩、花岗闪长岩和二长花岗岩，火山岩以中-基性岩石为主，与之有关的矿床类型主要为斑岩型铜钼矿，代表性矿床为乌奴格吐山铜钼矿。第二期岩浆活动形成的岩石有二长花岗岩、二长闪长岩和二长岩以及中-基性火山岩，与之有关的矿床类型主要为浅成低温热液型铅锌银矿，代表性矿床有得耳布尔铅锌银矿、比利亚谷铅锌银矿和二道河子铅锌矿。第三期岩浆活动形成的岩石有正长花岗岩、碱性花岗岩和二长花岗岩以及基性-酸性火山岩，与之有关的矿床类型主要为斑岩型铜金矿、浅成低温热液型铅锌银矿、中温热液脉型和浅成低温热液型金矿，代表性矿床有洛古河铜钼矿和二十一站铜金矿。空间上，额尔古纳地块的燕山期矿床主要分布在得尔布干断裂的北西侧，该断裂北西侧的南部主要发育铜钼矿和铅锌银矿，中部主要为铅锌银矿，北部主要为金矿。

花岗质岩石的锆石Hf同位素填图揭示，额尔古纳地块的深部物质组成，以塔源-喜桂图断裂带为界，西部地区年轻物质的比例比东部地区高。此外，西部地区由北向南，年轻物质的比例有逐升高趋势。黄铁矿中流体包裹体的氦氩同位素结果表明，塔源-喜桂图断裂带西部地区的矿床，地幔流体参与成矿的比例比东部地区的高。综合来看，额尔古纳地块中的铜钼和铅锌银矿主要分布在年轻物质占比较多的额尔古纳地块南部，而金矿主要出现在额尔古纳地块北部古老地壳组分为主的地区。

典型矿床解剖揭示：①甲乌拉矿床存在二期矿化事件，分别为约143Ma的铅锌银矿化和约133Ma的铜钼矿化，地幔流体的参与对铅锌银成矿有重要物质贡献，低Ni含量（小于0.1ppm）、高Co/Ni比值（大于10）的黄铁矿是寻找铅锌银矿的矿物勘查标识；②乌奴格吐山铜钼矿的成矿岩浆来源于加厚下地壳物质的部分熔融并混合有部分年轻物质，成矿高峰期发生在成矿流体从封闭体系到开放体系的转换阶段，温压条件剧烈变化是矿质卸载的最重要的控矿因素；③比利亚谷和二道河子铅锌银矿形成于中侏罗世，成矿流体主要为岩浆热液并有幔源流体混入，成矿中期热卤水的加入促进了铅锌银的运移和富集；④砂宝斯金矿具有多期矿化特点，金部分来源于地层并叠加有岩浆热液来源金。

4）进一步厘定了班公湖-怒江带燕山期成岩成矿的时空分布规律，提出进一步找矿勘查的依据。

班公湖–怒江带发育的燕山期岩浆作用可分为三期，分别为：180 ~ 150Ma、130 ~ 110Ma 和 100 ~ 80Ma 三期。成矿作用也可分为三期，分别为：165 ~ 155Ma、120 ~ 110Ma 和 95 ~ 75Ma 三期。第一期成矿作用主要形成夕卡岩型铁多金属矿，与之有关的岩体主要为闪长质–花岗闪长质岩石，成矿岩体的岩浆源区混染有较大比例的古老地壳物质。第二期成矿作用主要形成斑岩型铜金矿床和浅成低温热液型铜金矿，与之有关的岩体主要为花岗闪长质岩石，成矿岩浆的物质源区具有较大比例的幔源物质或新生下地壳物质的参与。第三期成矿作用主要形成斑岩型和夕卡岩型铜钼矿及铜金矿，与之有关的岩体主要为石英闪长岩和花岗闪长岩，成矿岩浆的物质源区也具有较大比例的幔源物质或新生下地壳物质的参与。幔源物质或新生下地壳物质的参与比例，制约着班公湖–怒江带成矿作用的表现形式。当幔源物质或新生下地壳物质的参与比例较大时，有利于形成铜金或铜钼矿，反之则可能主要形成铁多金属矿。多龙矿集区主成矿阶段的硫化物具较低的硫同位素值，硫主要来源于高氧化性的富水岩浆。岩体中暗色包体越发育、角闪石含量越多、磁铁矿的 V 和 Ti 含量越高以及流体的氧化性越高，越有利于形成铜金矿。

5）编制了我国燕山期陆缘岩浆成矿分布图，揭示了各陆缘汇聚带的岩浆作用和成矿作用与深部过程的耦合关系。

在前人研究和资料积累基础上，本次工作建立了我国燕山期陆缘汇聚带的岩浆作用和成矿作用数据库，并编制了 1 : 400 万我国燕山期陆缘岩浆成矿分布图，直观地反映了古太平洋带、蒙古–鄂霍次克带和班公湖–怒江带岩浆作用和成矿作用的分布特征，为今后的进一步研究提供了基础和平台。

古太平洋带、蒙古–鄂霍次克带和班公湖–怒江带的燕山期岩浆作用和成矿作用的整体特征显示，白垩纪时期的岩浆作用和成矿作用比侏罗纪时期的强烈，成矿种类也更加丰富。不同陆缘汇聚带，甚至同一陆缘汇聚带不同区段，岩浆作用和成矿作用的期次及类型均存在差异。其中，蒙古–鄂霍次克带的额尔古纳地块发育三期岩浆作用和成矿作用，以形成铜钼矿、钼矿、铅锌银矿和金矿为主；班公湖–怒江带发育三期岩浆作用和成矿作用，主要形成铜金矿，其次是铁矿和铜钼矿；古太平洋带的东南沿海段发育四期岩浆作用和成矿作用，而吉–黑东部仅有二期，分别以形成铜金矿和钨锡矿以及钼矿和金矿为特点。

燕山期，古太平洋带、蒙古–鄂霍次克带和班公湖–怒江带的构造环境、深部物质组成和动力学背景明显不同，制约了各自的成矿特点。班公–怒江带在燕山期处于俯冲–碰撞阶段，岩浆作用是典型的岛弧型，与之有关的矿产主要是铜金矿。蒙古–鄂霍次克带在燕山期主要为碰撞–后碰撞伸展阶段，与之有关的矿产种类较多，主要为铜钼矿、钼矿、铅锌银矿和金矿。古太平洋带在燕山期为以俯冲和后撤为主的陆缘环境，主要形成铜金矿、铜钼矿、钼矿、金矿和钨锡矿，其东北段和东南沿海段的成矿种类和成矿元素组合不同，前者以钼矿和金矿为主，后者以铜金矿、铜钼矿和钨锡矿为主，显示了与其所在区段的物质组成和深部过程有关。另外，同一汇聚带的同一块体内，矿床种类和成矿元素组合在空间上也与深部物质组成有关。如在东南沿海陆缘，铜金矿、铜钼矿和金矿主要位于深部物质组成相对年轻的地壳区，钨锡矿则出现在古老的地壳区；在额尔古纳地块，铜钼矿出现在该地块的深部物质组成较年轻的西南部地区，金矿则出现在古老地壳为主的北西部地区。

6）确定了燕山期陆缘成矿岩体的主要特征，提出了不同类型矿床的勘探方法组合。

对燕山期各陆缘成矿岩体物质来源和岩浆演化综合分析和研究认为，年轻物源、富水的岩体是成矿岩体最基本的特征；陆缘演化阶段决定成矿金属元素组合，如古太平洋板块前进式俯冲形成铜矿、铜金矿和铜钼矿，后退俯冲则形成钨锡矿和铅锌矿，后碰撞和伸张阶段形成的矿床种类丰富；岩体是否成矿及成矿的规模与岩浆–热液活动期次、岩浆演化程度及岩体大小有关，岩浆–热液活动的多次叠加、小岩体与大岩体的关系越密切，越有利于成矿。通过典型斑岩型矿床的解剖认为，小岩体可作为寻找斑岩型矿床的直接找矿标志，其在成矿过程中起到岩浆房来源的岩浆和流体向上运移通道的作用。利用小岩体找矿需要确定其与深部岩浆房和断裂构造的三维结构。可采用大地电磁和高精度重磁方法确定小岩体及其深部岩浆房的三维结构，利用反射地震方法可以解析深部断裂构造的三维结构，进而判断小岩体的就位通道及其成矿潜力。

7.2 展　　望

古太平洋带、蒙古–鄂霍次克带和班公湖–怒江带不仅在我国发育，而且还延伸至整个欧亚大陆。例如，蒙古–鄂霍次克汇聚带，其主体其实是发育在蒙古国和俄罗斯的远东地区。因此，从更大的视野对这三个陆缘汇聚带开展对比研究，才能更完整地认识其发育演化及其成矿特点，特别是需要关注深部过程与成矿的关系。今后，应该加强以下方面的研究，并有望取得新的重要进展或突破。

1）对每个汇聚带，加强岩浆和成矿作用的境内外对比研究，揭示整个汇聚带形成演化及构造动力学过程与成矿的关系。

汇聚是一个复杂的过程，特别是，大洋的闭合可以是平行的，也可能是剪刀式的；大洋板块的俯冲可能是前进式的，也可能是前进加后撤式的。不同的汇聚过程，其诱发的岩浆和成矿作用必然有其特点。因此，需要进一步从整体上分析对比不同地带、不同时期的岩浆作用及其相关矿产的时空分布特征，揭示成矿与板块动力学的关系及成矿规律。在此基础上，加强三个汇聚带的系统对比研究，进一步总结和深化不同汇聚类型和阶段的岩浆与成矿作用特点。

2）重视岩浆作用的浅部成矿与深部物质组成关系的研究，进一步揭示深部物质架构对成矿规律和成矿特征的制约作用。

岩浆成矿作用的成矿物质主要来自深部，深部的物质组成特征直接影响着成矿类型和种类，特别是与壳源和壳幔混合作用相关的岩浆及其成矿作用。同一动力学过程在深部物质组成不同的地质块体中，诱发的岩浆和成矿特征是不同的，如古太平洋板块的俯冲增生，在东南沿海和东北地区，形成的矿床种类和矿床组合特征迥然不同。因此，这方面的研究可为成矿规律的发现提供重要的信息和依据。

3）加强岩浆和成矿作用的数据库建设、开发和图件编制，是深入探讨岩浆成矿作用和规律的重要途径。

在大数据时代，数据驱动的科学研究已成为发展趋势。深时数字地球（DDE）已成为国际地球科学联合会的大科学计划和我国首个国际大科学计划。现有的丰富的资料和海量的数据，为岩浆和成矿作用的数据库建设，以及开展数据驱动的科学研究，提供了良好基础。建立数据库，编制数字化图件，开展数据加模型驱动的综合研究，是今后岩浆与成矿研究的重要方向和抓手，有望发现新的成岩成矿规律，进一步提升岩浆与成矿关系的认识。

参考文献

曹花花，许文良，裴福萍，等．2012. 华北板块北缘东段二叠纪的构造属性：来自火山岩锆石 U-Pb 年代学与地球化学的制约．岩石学报，28（9）：2733-2750.

陈培荣，孔兴功，王银喜，等．1999. 赣南燕山早期双峰式火山-侵入杂岩的 Rb-Sr 同位素定年及意义．高校地质学报，(4)：378-383.

陈培荣，周新民，张文兰，等．2004. 南岭东段燕山早期正长岩-花岗岩杂岩的成因和意义．中国科学（D辑：地球科学），(6)：493-503.

陈荣，邢光福，杨祝良，等．2007. 浙东南英安质火山岩早侏罗世锆石 SHRIMP 年龄的首获及其地质意义．地质论评，(1)：31-35.

陈衍景．1996. 碰撞造山体制的流体演化模式：理论推导和东秦岭金矿床氧同位素证据．地学前缘，3（3-4）：282-289.

陈岳龙，李大鹏，刘长征，等．2014. 大兴安岭的形成与演化历史：来自河漫滩沉积物地球化学及其碎屑锆石 U-Pb 年龄、Hf 同位素组成的证据．地质学报，88（1）：1-14.

陈志广，张连昌，卢百志，等．2010. 内蒙古太平川铜钼矿成矿斑岩时代、地球化学及地质意义．岩石学报，26（5）：1437-1449.

邓中林，杨晓聪．2017. 粤东秀才堂铝质 A 型花岗岩体 LA-ICPMS 锆石 U-Pb 年龄及其地质意义．华南地质与矿产，33（2）：101-110.

邸文，李瑞，陈俊峰，等．2017. 广东大埔岩体 LA-ICP-MS 锆石 U-Pb 年龄、地球化学及其地质意义．地质科技情报，36（6）：148-157.

丁聪，赵志丹，杨金豹，等．2015. 福建石狮白垩纪花岗岩与中基性脉岩的年代学与地球化学．岩石学报，31（5）：1433-1447.

丁林，蔡福龙，张清海，等．2009. 冈底斯—喜马拉雅碰撞造山带前陆盆地系统及构造演化．地质科学，44（4）：1289-1311.

董树文，张岳桥，李海龙，等．2019. “燕山运动”与东亚大陆晚中生代多板块汇聚构造——纪念“燕山运动”90周年．中国科学：地球科学，49（6）：913-938.

范飞鹏，肖惠良，陈乐柱，等．2017. 粤东横田花岗斑岩 SHRIMP 锆石 U-Pb 年龄、岩石地球化学和锆石 Lu-Hf 同位素组成及其地质意义．地质通报，36（7）：1218-1230.

范飞鹏，肖惠良，陈乐柱，等．2020. 粤东莲花山地区多期岩浆锆石年代学、Hf 同位素组成及其成矿作用. 吉林大学学报（地球科学版），50（5）：1462-1490.

冯国胜，陈振华，廖六根，等．2007. 西藏日土地区弗野玢岩铁矿的地质特征及找矿意义．地质通报，26（8）：1041-1047.

冯洋洋，孙景贵，祝浚泉，等．2017. 大兴安岭西坡额仁陶勒盖银多金属矿区火山岩岩石成因及其地质意义：年代学、地球化学特征．世界地质，36（1）：118-134.

福建省地矿局．1985. 福建省区域地质志．北京：地质出版社．

付长亮，孙德有，魏红艳，等．2015. 珲春小西南岔白垩纪花岗岩的地球化学及岩浆源区特征．吉林大学学报（地球科学版），45（5）：1436-1446.

高凤颖．2018. 粤东鸿沟山金矿区地质特征、矿床成因及电气石对金富集成矿的贡献．矿产与地质，32（2）：257-262.
高天钧，黄辉．1991. 中国东南沿海两条重要的地体边界．福建地质，10（1）：1-15.
葛文春，李献华，林强，等．2001. 呼伦湖早白垩世碱性流纹岩的地球化学特征及其意义．地质科学，36：176-183.
葛文春，吴福元，周长勇，等．2005. 大兴安岭北部塔河花岗岩体的时代及对额尔古纳地块构造归属的制约．科学通报，50（12）：1239-1246.
葛文春，吴福元，周长勇，等．2007. 兴蒙造山带东段斑岩型 Cu-Mo 矿床成矿时代及其地球动力学意义．科学通报，52（20）：2407-2417.
耿全如，彭智敏，张璋．2012. 青藏高原羌塘地区果干加年山—荣玛乡一带石炭纪—二叠纪古生物研究新进展．地质通报，31（4）：510-520.
巩鑫，赵元艺，水新芳，等．2020. 上黑龙江盆地虎拉林早白垩世岩体锆石 U-Pb 年代学、Hf 同位素及地球化学特征研究．地质学报，94（2）：553-572.
郭春丽，曾令森，高利娥，等．2017. 福建河田高分异花岗岩的矿物和全岩地球化学找矿标志研究．地质学报，91（8）：1796-1817.
郭令智，施央申，马瑞士．1980. 华南大地构造格架和地壳演化，国际交流地质学术论文集．北京：地质出版社．
郝百武，栾欣莉，葛良胜，等．2017. 逊克县东安碱长花岗岩锆石 LA-ICP-MS U-Pb 年龄、地球化学特征及其钼铅锌等．成矿意义．地质论评，63（6）：1664-1684.
何承真，肖朝益，温汉捷，等．2016. 四川天宝山铅锌矿床的锌-硫同位素组成及成矿物质来源．岩石学报，32（11）：3396-3406.
贺振宇，徐夕生，王孝磊，等．2008. 赣南橄榄安粗质火山岩的年代学与地球化学．岩石学报，24（11）：2524-2536.
洪大卫，黄怀曾，肖宜君，等．1994. 内蒙古中部二叠纪碱性花岗岩及其地球动力学意义．地质学报，68：219-230.
胡开明．2001. 江绍断裂带的构造演化初探．浙江地质，17（2）：1-11.
胡培远，李才，苏犁，等．2010. 青藏高原羌塘中部蜈蚣山花岗片麻岩锆石 U-Pb 定年——泛非与印支事件的年代学记录．中国地质，31（6）：843-851.
胡培远，翟庆国，赵国春，等．2019. 青藏高原纳木错西缘新元古代中期岩浆事件：对北拉萨地块起源的约束．岩石学报，35（10）：3115-3129.
华仁民，毛景文．1999. 试论中国东部中生代成矿大爆发．矿床地质，18（4）：300-308.
黄文婷，李晶，梁华英，等．2013. 福建紫金山矿田罗卜岭铜钼矿化斑岩锆石 LA-ICP-MS U-Pb 年龄及成矿岩浆高氧化特征研究．岩石学报，29（1）：283-293.
黄永卫．2010. 黑龙江省东南部完达山—太平岭一带浅成低温热液矿床区域成矿规律及找矿前景研究．北京：中国地质大学（北京）博士学位论文．
黄长煌．2015. 福建东山中生代花岗岩的 LA-ICP-MS 锆石同位素定年及其地质意义．福建地质，34（4）：261-271.
贾丽辉．2018. 东南沿海粤东地区晚中生代花岗质岩石成因研究与含矿性评价．北京：中国地质大学（北京）博士学位论文．
康志强，许继峰，董彦辉，等．2008. 拉萨地块中北部白垩纪则弄群火山岩：Slainajap 洋南向俯冲的产物？北京：中国地质大学（北京）博士学位论文．
李斌，赵葵东，张倩，等．2015. 福建紫金山复式岩体的地球化学特征和成因．岩石学报，31（3）：

811-828.
李才，程立人，张以春，等 . 2004. 西藏羌塘南部发现奥陶纪—泥盆纪地层．地质通报，23（5/6）：602-604.
李才，董永胜，翟庆国，等 . 2008. 青藏高原羌塘早古生代蛇绿岩——堆晶辉长岩的锆石 SHRIMP 定年及其意义．岩石学报，24（1）：31-36.
李红霞，郭锋，李超文，等 . 2012. 延边小西南岔金铜矿区早白垩世英云闪长岩的岩石成因．地球化学，41（6）：497-514.
李金祥，秦克章，李光明，等 . 2010. 西藏班公湖带多龙超大型富金斑岩型铜矿床的岩浆-热液演化：U-Pb 和 Ar-Ar 年代学的证据．北京：中国科学院研究生院博士学位论文．
李锦轶，肖序常 . 1999. 对新疆地壳结构与构造演化几个问题的简要评述．地质科学，34（4）：405-419.
李锦轶，莫申国，和政军 . 2004. 大兴安岭北段地壳左行走滑运动的时代及其对中国东北及邻区中生代以来地壳构造演化重建的制约．地学前缘，11（3）：157-167.
李锦轶，张进，杨天南，等 . 2009. 北亚造山区南部及其毗邻地区地壳构造分区与构造演化．吉林大学学报（地球科学版），39（4）：584-605.
李良林，周汉文，陈植华，等 . 2013. 福建沿海晚中生代花岗质岩石成因及其地质意义．地质通报，32（7）：1047-1062.
李诺，孙亚莉，李晶，等 . 2007a. 内蒙古乌努格吐山斑岩型铜钼矿床辉钼矿铼锇等．时线年龄及其成矿地球动力学背景．岩石学报，23（11）：2881-2888.
李诺，陈衍景，赖勇，等 . 2007b. 内蒙古乌努格吐山斑岩型铜钼矿床流体包裹体研究．岩石学报，23（9）：2177-2188.
李睿华，张晗，孙丰月，等 . 2018. 大兴安岭北段二十一站岩体年代学、地球化学及其找矿意义．岩石学报，34（6）：1725-1740.
李三忠，臧艺博，王鹏程，等 . 2017. 华南中生代构造转换和古太平洋俯冲启动．地学前缘，24（4）：213-225.
李三忠，李少俊，赵淑娟，等 . 2018. 西太平洋中生代板块俯冲过程与东亚洋陆过渡带构造-岩浆响应．科学通报，63（16）：1550-1593.
李世民 . 2018. 西藏班公湖—怒江特提斯洋的俯冲极性和过程：岩浆岩和碎屑锆石记录．北京：中国地质大学（北京）博士学位论文．
李铁刚 . 2016. 内蒙古甲乌拉-查干布拉根铅锌银矿田成矿作用．北京：中国地质大学（北京）博士学位论文．
李万友，马昌前，刘园园，等 . 2012. 浙江印支期铝质 A 型花岗岩的发现及其地质意义．中国科学：地球科学，42（2）：164-177.
李武显，周新民，李献华 . 2003. 长乐—南澳断裂带变形火成岩的 U-Pb 和 ~ $^{40}Ar/^{39}Ar$ 年龄．地质科学，（1）：22-30.
李亚楠，邢光福，周涛发，等 . 2015. 福建政和地区铜盆庵花岗岩年代学研究及其地质意义．矿物岩石，35（1）：73-81.
李宇，丁磊磊，许文良，等 . 2015. 孙吴地区中侏罗世白云母花岗岩的年代学与地球化学：对蒙古-鄂霍茨克洋闭合时间的限定．岩石学报，31（1）：56-66.
李志军，唐菊兴，姚晓峰，等 . 2011. 藏北阿里地区新发现的尕尔穷铜金多金属矿床地质特征及其找矿前景．矿床地质，30（6）：1149-1153.
梁清玲，江思宏，王少怀，等 . 2013. 福建紫金山地区中生代岩浆岩成因——锆石 Hf 同位素证据．岩石矿物学杂志，32（3）：318-328.

梁清玲，江思宏，王少怀，等．2012. 福建紫金山矿田罗卜岭斑岩型铜钼矿床辉钼矿 Re-Os 定年及地质意义．地质学报，86（7）：1113-1118.
林清茶，程雄卫，张玉泉，等．2011. 活动大陆边缘花岗岩类演化——以福州复式岩体为例．地质学报，85（7）：1128-1133.
刘磊．2015. 中国东南部晚中生代幕式火山岩浆作用及古太平洋板块俯冲机制．南京：南京大学博士学位论文．
刘亮．2014. 浙江晚中生代二长质侵入体成因及其对壳幔相互作用深部过程的启示．南京：南京大学博士学位论文．
刘鹏．2018. 东南沿海粤东地区钨锡成矿作用与成矿动力学背景．北京：中国地质大学（北京）博士学位论文．
刘鹏，陈彦博，毛景文，等．2015a. 粤东田东钨锡多金属矿床花岗岩锆石 U-Pb 年龄、Hf 同位素特征及其意义．地质学报，89（7）：1244-1257.
刘鹏，程彦博，王小雨，等．2015b. 粤东桃子窝锡矿区火山-次火山岩和花岗岩锆石 U-Pb 年龄、Hf 同位素特征及其意义．岩石矿物学杂志，34（5）：620-636.
刘潜，于津海，苏斌，等．2011. 福建锦城 187Ma 花岗岩的发现——对华南沿海早侏罗世构造演化的制约. 岩石学报，27（12）：3575-3589.
刘瑞萍．2015. 黑龙江伊春地区斑岩—浅成低温热液金矿床岩浆，流体与成矿作用．北京：中国地质大学（北京）博士学位论文．
刘通，翟庆国，王军，等．2013. 藏北羌塘盆地基底高级变质岩 LA-ICP-MS 锆石 U-Pb 年龄及其地质意义. 地质通报，32：1691-1703.
柳立群，赵东波，马忠林，等．2012. 得耳布干成矿区北段比利亚银铅锌矿床地质特征及成因研究．资源环境与工程，26（3）：219-223.
吕斌，王涛，童英，等．2017. 中亚造山带东部岩浆热液矿床时空分布特征及其构造背景．吉林大学学报（地球科学版），47（2）：305-342.
吕立娜．2012. 西藏班公湖-怒江成矿带西段富铁与铜（金）矿床模型．北京：中国地质科学院博士学位论文．
毛安琦．2017. 大兴安岭西北部上护林盆地早白垩世火山岩：地球化学特征与岩石成因．长春：吉林大学博士学位论文．
毛景文，华仁民，李晓波．1999. 浅议大规模成矿作用与大型矿集区．矿床地质，（4）：291-299.
毛景文，谢桂青，郭春丽，等．2007. 南岭地区大规模钨锡多金属成矿作用：成矿时限及地球动力学背景. 岩石学报，23（10）：2329-2338.
毛景文，谢桂青，郭春丽，等．2008. 华南地区中生代主要金属矿床时空分布规律和成矿环境．高校地质学报，14：510-526.
毛景文，谢桂青，程彦博，等．2009. 华南地区中生代主要金属矿床模型．地质论评，55（3）：347-354.
门兰静，张馨文，孙景贵，等．2018. 延边地区小西南岔富金铜矿床的成矿机理：矿物流体包裹体和同位素的制约．中国地质，45（3）：544-563.
孟恩，许文良，杨德彬，等．2011. 满洲里地区灵泉盆地中生代火山岩的锆石 U-Pb 年代学、地球化学及其地质意义．岩石学报，27（4）：1209-1226.
莫申国，韩美莲，李锦轶．2005 蒙古-鄂霍茨克造山带的组成及造山过程．山东科技大学学报（自然科学版），24（3）：50-52，64.
莫宣学．2011. 岩浆与岩浆岩：地球深部“探针”与演化记录．自然杂志，33（5）：255-259，313.
内蒙古地质矿产勘查院．2010. 内蒙古自治区根河市比利亚谷矿区铅锌矿勘探报告．内蒙古：内蒙古地质矿产勘查院.

聂凤军，曹毅，丁成武，等.2014. 论兴蒙造山带叠生成矿作用——以锡林浩特和额尔古纳地块为例. 岩石学报，30（7）：2063-2080.

聂童春，朱根灵.2004. 政和—大埔深（大）断裂带中段地质构造特征及其演化探讨. 福建地质，（4）：186-194.

牛斯达.2017. 大兴安岭甲乌拉铅锌银矿岩浆侵位序列与成矿：来自年代学、地球化学和成因矿物学的证据. 北京：中国地质大学（北京）博士学位论文.

潘桂棠，王立全，朱弟成.2004. 青藏高原区域地质调查中几个重大科学问题的思考. 地质通报，23（1）：12-19.

潘龙驹，孙恩守.1992. 内蒙古甲乌拉银铅锌矿床地质特征. 矿床地质，11（1）：45-53.

彭松柏，金振民，付建明，等.2006. 两广云开隆起区基性侵入岩的地球化学特征及其构造意义. 地质通报，25（4）：434-441.

彭玉鲸，陈跃军.2007. 吉黑造山带与华北地台开原–山城镇段构造边界位置. 世界地质，26（1）：1-6.

齐金忠，李莉，郭晓东.2000. 大兴安岭北部砂宝斯蚀变岩型金矿地质特征. 矿床地质，19（2）：116-125.

祁昌实，邓希光，李武显，等.2007. 桂东南大容山–十万大山 S 型花岗岩带的成因：地球化学及 Sr-Nd-Hf 同位素制约. 岩石学报，（2）：403-412.

秦克章，田中亮吏，李伟实，等.1998. 满洲里地区印支期花岗岩 Rb-Sr 等时线年代学证据. 岩石矿物学杂志，17（3）：235-240.

秦秀峰，尹志刚，汪岩，等.2007. 大兴安岭北端漠河地区早古生代埃达克质岩特征及地质意义. 岩石学报，23：1501-1511.

丘增旺，王核，闫庆贺，等.2017. 广东陶锡湖锡多金属矿床花岗斑岩锆石 U-Pb 年代学、地球化学、Hf 同位素组成及地质意义. 大地构造与成矿学，41（3）：516-532.

邱检生，肖娥，胡建，等.2008. 福建北东沿海高分异 I 型花岗岩的成因：锆石 U-Pb 年代学、地球化学和 Nd-Hf 同位素制约. 岩石学报，24（11）：2468-2484.

邱检生，李真，刘亮，等.2012. 福建漳浦复式花岗岩体的成因：锆石 U-Pb 年代学、元素地球化学及 Nd-Hf 同位素制约. 地质学报，86（4）：561-576.

曲晓明，辛洪波.2006. 藏西班公湖斑岩型铜矿带的形成时代与成矿构造环境. 地质通报，25（7）：792-799.

权恒，张炯飞，武广，等.2002. 得尔布干有色、贵金属成矿区、带划分. 地质与资源，11（1）：38-42.

任云生，王辉，屈文俊，等.2011. 延边小西南岔铜金矿床辉钼矿 Re-Os 同位素测年及其地质意义. 地球科学：中国地质大学学报，36（4）：721-728.

单强，曾乔松，李建康，等.2014. 福建魁岐晶洞花岗岩锆石 U-Pb 年代学及其地球化学研究. 岩石学报，30（4）：1155-1167.

佘宏全，李进文，马东方，等.2009. 西藏多不杂斑岩型铜矿床辉钼矿 Re-Os 和锆石 U-Pb SHRIMP 测年及地质意义. 矿床地质，（6）：737-746.

佘宏全，李进文，向安平，等.2012. 大兴安岭中北段原岩锆石 U-Pb 测年及其与区域构造演化关系. 岩石学报，28（2）：571-594.

沈莽庭，周延，张晓东，等.2013. 闽西南虎岗地区晚中生代花岗岩 LA-MC-ICP-MS 锆石 U-Pb 年龄、地球化学特征及地质意义. 地质论评，59（2）：369-381.

沈莽庭，周延，张晓东，等.2015. 闽西南上杭溪口复式岩基锆石 LA-ICP-MS 锆石 U-Pb 年龄及地质意义. 地质论评，61（4）：913-924.

石建基，张守志．2010. 长乐—南澳断裂带中生代活动特征及大地构造属性．吉林大学学报（地球科学版），40（6）：1333-1343.
石建基．2011. 福建漳浦复式岩体同位素地质年代研究．福建地质，30（4）：327-334.
舒广龙，刘继顺，马光．2003. 内蒙古满洲里地区银铅锌矿赋矿地层特征及其时代探讨．中国地质，30（3）：297-301.
舒良树，王德滋．2006. 北美西部与中国东南部盆岭构造对比研究．高校地质学报，（1）：1-13.
舒良树，周围庆，施央申，等．1993. 江南造山带东段高压变质蓝片岩及其地质时代研究．科学通报，（20）：1879-1882.
宋扬，唐菊兴，曲晓明，等．2014. 西藏班公湖—怒江成矿带研究进展及一些新认识．地球科学进展，29：795-809.
隋振民，葛文春，吴福元，等．2006. 大兴安岭东北部哈拉巴奇花岗岩体锆石 U-Pb 年龄及其成因．世界地质，25：229-236.
隋振民，葛文春，徐学纯，等．2009. 大兴安岭十二站晚古生代后造山花岗岩的特征及其地质意义．岩石学报，25：2679-2686.
孙晨阳，唐杰，许文良，等．2017. 造山带内微陆块地壳的增生与再造过程：以额尔古纳地块为例．中国科学：地球科学，47（7）：804-817.
孙德有，吴福元，李惠民，等．2000. 小兴安岭西北部造山后 A 型花岗岩的时代及与索伦山-贺根山-扎赉特碰撞拼合带东延的关系．科学通报，45（20）：2217-2222.
孙德有，吴福元，林强，等．2001. 张广才岭燕山早期白石山岩体成因与壳幔相互作用．岩石学报，17（2）：227-235.
孙嘉．2015. 西藏多龙矿集区岩浆成因与成矿作用研究．北京：中国地质大学（北京）博士学位论文．
谭运金．1986. 莲花山斑岩钨矿床蚀变作用的地质地球化学．矿产与地质，（1）：19-26.
唐杰，许文良，王枫，等．2011. 张广才岭帽儿山组双峰式火山岩成因：年代学与地球化学证据．世界地质，30（4）：508-520.
唐菊兴，王勤，杨欢欢，等．2017. 西藏斑岩-矽卡岩-浅成低温热液铜多金属矿成矿作用、勘查方向与资源潜力．地球学报，38（5）：571-613.
陶奎元．1998. 再论永梅会矿集区的找矿方向．火山地质与矿产，（4）：295-303.
陶奎元，毛建仁，杨祝良，等．1998. 中国东南部中生代岩石构造组合和复合动力学过程的记录．地学前缘，（4）：3-5.
陶奎元，邢光福，杨祝良，等．2000. 浙江中生代火山岩时代厘定和问题讨论——兼评 Lapierre 等关于浙江中生代火山活动时代的论述．地质论评，46（1）：14-21.
田永飞．2020. 中国东南沿海侏罗纪斑岩矿床与壳幔相互作用—以姑田斑岩型铜钼矿床为例．北京：中国地质科学院博士学位论文．
王保弟，刘函，王立全，等．2020. 青藏高原狮泉河-拉果错-永珠-嘉黎蛇绿混杂岩带时空结构与构造演化．地球科学，45（8）：2764-2784.
王科强，黄辉，王治华，等．2010. 内蒙古额尔古纳虎拉林金矿床钾长石 ^{40}Ar-^{39}Ar 年龄及其意义．矿床地质，29（S2）：41-46.
王可勇，卿敏，孙丰月，等．2010. 吉林小西南岔金-铜矿床成矿流体地球化学特征及矿床成因研究．岩石学报，26（12）：3727-3734.
王森，张达，赵红松，等．2016. 福建平和矾山地区花岗岩地球化学、年代学、Hf 同位素特征及地质意义．地球科学，41（1）：67-83.
王涛，黄河，宋鹏，等．2020. 地壳生长及深部物质架构研究与问题：以中亚造山带（北疆地区）为例．

地球科学，45（7）：2326-2344.
王天豪，张书义，孙德有，等 . 2014. 满洲里南部中生代花岗岩的锆石 U-Pb 年龄及 Hf 同位素特征 . 世界地质，33（1）：26-38.
王小雨，毛景文，程彦博，等 . 2016. 粤东新寮岽铜多金属矿区石英闪长岩锆石 U-Pb 年龄、地球化学及 Hf 同位素组成 . 地质通报，35（8）：1357-1375.
王永彬 . 2014. 浙江省治岭头岩浆热液-浅成热液多金属成矿系统研究 . 北京：中国科学院大学博士学位论文 .
王之田，秦克章 . 1988. 乌努格土山下壳源斑岩型铜钼矿床地质地球化学特征与成矿物质来源 . 矿床地质，7（4）：3-15.
王之田，秦克章，蟠龙驹，等 . 1993. 内蒙古满洲里-新巴尔虎成矿集中区成矿演化、成矿模式与勘查模式 . 矿床地质，12（3）：212-220.
巫建华，项媛馨，黄国荣，等 . 2012. 广东北部碎斑熔岩加里东期锆石 SHRIMP 年龄的首获及其地质意义. 高校地质学报，18（4）：601-608.
武广 . 2006. 大兴安岭北部区域成矿背景与有色、贵金属矿床成矿作用 . 长春：吉林大学博士学位论文 .
武广，孙丰月，赵财胜，等 . 2005. 额尔古纳地块北缘早古生代后碰撞花岗岩的发现及其地质意义 . 科学通报，50（20）：2278-2288.
武广，李忠权，糜梅，等 . 2008. 大兴安岭北部砂宝斯金矿床成矿流体特征及矿床成因 . 矿物岩石，28（1）：31-38.
武广，陈衍景，赵振华，等 . 2009. 大兴安岭北端洛古河东花岗岩的地球化学、SHRIMP 锆石 U-Pb 年龄和岩石成因 . 岩石学报，25（2）：233-247.
武广，糜梅，高峰军，等 . 2010. 满洲里地区银铅锌矿床成矿流体特征及矿床成因 . 地学前缘，17（2）：239-255.
武丽艳，胡瑞忠，齐有强，等 . 2013. 福建紫金山矿田浸铜湖矿床石英正长斑岩锆石 U-Pb 年代学及其岩石地球化学特征 . 岩石学报，29（12）：4151-4166.
夏炎 . 2015. 华夏地块幕式岩浆作用与大陆地壳增生和再造 . 江苏：南京大学博士学位论文 .
夏炎，刘磊，徐夕生 . 2016. 中国东南部晚中生代 A 型花岗岩类与古太平洋板块俯冲-后撤 . 矿物岩石地球化学通报，35（6）：1109-1119，1070-1071.
谢家莹 . 1996. 试论陆相火山岩区火山地层单位与划分——关于火山岩区填图单元划分的讨论 . 火山地质与矿产，（Z2）：85-94.
谢其锋，蔡元峰，董云鹏，等 . 2017. 福建上杭地区燕山期花岗岩锆石 U-Pb 年代学及 Hf 同位素组成 . 地质学报，91（10）：2212-2230.
谢其锋，蔡元峰，董云鹏，等 . 2018. 福建紫金山矿田黑云母花岗岩锆石 U-Pb 年代学和 Hf 同位素组成. 地球科学，44（4）：1311-1326.
谢昕，徐夕生，邹海波，等 . 2005. 中国东南部晚中生代大规模岩浆作用序幕：J2 早期玄武岩 . 中国科学（D 辑：地球科学），35（7）：587-605.
邢光福，卢清地，姜杨，等 . 2010. 闽东南长乐-南澳断裂带“片麻状”浆混杂岩的厘定及其地质意义. 地质通报，29（1）：31-43.
熊盛青，周伏洪，姚正煦，等 . 2001. 青藏高原中西部航磁概查取得重要成果 . 中国地质，28（2）：21-24.
徐美君，许文良，王枫，等 . 2013. 小兴安岭中部早侏罗世花岗质岩石的年代学与地球化学及其构造意义. 岩石学报，29（2）：354-368.
徐晓春，岳书仓 . 1993. 粤东地区中生代火成岩的时空分布，岩石特征及成岩物化条件 . 合肥工业大学学报（自然科学版），16（1）：1-12.
徐智涛 . 2020. 内蒙古额尔古纳地区铅锌多金属矿床成因与成矿地球动力学背景 . 长春：吉林大学博士学位论文 .
许文良，王枫，裴福萍，等 . 2013. 中国东北中生代构造体制与区域成矿背景：来自中生代火山岩组合时空变化的制约 . 岩石学报，29（2）：339-353.
许志琴，赵中宝，彭淼，等 . 2016. 论“造山的高原” . 岩石学报，32（12）：3557-3571.
许中杰，程日辉，何奕言，等 . 2019. 闽西南早侏罗世火山岩的锆石 U-Pb 年龄和 Sr-Nd 同位素特征及其地质意义 . 地球科学，44（4）：1371-1388.
杨金豹，盛丹，赵志丹，等 . 2013. 福建漳州角美花岗岩与闪长质包体的岩石成因及意义 . 岩石学报，29（11）：4004-4010.
杨奇荻 . 2014. 大兴安岭及其邻区花岗岩 Nd 同位素时空演变及地壳深部组成结构和生长意义 . 北京：中国地质科学院博士学位论文 .
姚晓峰，唐菊兴，李志军，等 . 2013. 班公湖–怒江带西段尕尔穷矽卡岩型铜金矿含矿母岩成岩时代的重新厘定及其地质意义 . 地质论评，59（1）：193-200.
殷海燕 . 2014. 黑龙江北部浅成低温热液金矿岩浆岩及其与成矿关系 . 北京：中国地质大学（北京）硕士学位论文 .
于津生，桂训唐，袁超 . 1999. 广西大容山花岗岩套同位素地球化学特征 . 广西地质，12（3）：1-6，50.
俞云文，徐步台 . 1999. 浙江中生代晚期火山—沉积岩系层序和时代 . 地层学杂志，23（2）：3-5.
翟德高，王建平，刘家军，等 . 2010. 内蒙古甲乌拉银多金属矿床成矿流体演化与成矿机制分析 . 矿物学报，30（2）：68-76.
曾庆栋，刘建明，肖文交，等 . 2012. 华北克拉通南北缘三叠纪钼矿化类型 . 特征及地球动力学背景 . 岩石学报，28（2）：357-371.
张承帅，李莉，张长青，等 . 2012a. 福建龙岩大洋花岗岩 LA-ICP-MS 锆石 U-Pb 测年、Hf 同位素组成及其地质意义 . 现代地质，26（3）：433-444.
张承帅，苏慧敏，于淼，等 . 2012b. 福建龙岩大洋–莒舟花岗岩锆石 U-Pb 年龄和 Sr-Nd-Pb 同位素特征及其地质意义 . 岩石学报，28（1）：225-242.
张海心 . 2006. 内蒙古乌奴格吐山铜钼矿床地质特征及成矿模式 . 长春：吉林大学博士学位论文 .
张炯飞，权恒 . 2002. 得尔布干成矿区（北片）矿产资源远景评估 . 地质与资源，11（1）：43-52.
张克尧，王建平，杜安道，等 . 2009. 福建福安赤路钼矿床辉钼矿 Re-Os 同位素年龄及其地质意义 . 中国地质，36（1）：147-155
张理刚 . 1985. 莲花山斑岩型钨矿床的氢、氧、硫、碳和铅同位素地球化学 . 矿床地质，（1）：54-63.
张连昌，陈志广，周新华，等 . 2007. 大兴安岭根河地区早白垩世火山岩深部源区与构造–岩浆演化：Sr-Nd-Pb-Hf 同位素地球化学制约 . 岩石学报，23（11）：2823-2835.
张庆龙，水谷伸治郎，小（鸠）智，等 . 1989. 黑龙江省那丹哈达地体构造初探 . 地质论评，35（1）：67-71.
张玉修，张开均，黎兵，等 . 2007. 西藏改则南拉果错蛇绿岩中斜长花岗岩锆石 SHRIMP U-Pb 年代学及其成因研究 . 科学通报，52（1）：100-106.
张岳桥，董树文 . 2019. 晚中生代东亚多板块汇聚与大陆构造体系的发展 . 地质力学学报，25（5）：613-641.
张志，宋俊龙，唐菊兴，等 . 2017. 西藏嘎拉勒铜金矿床的成岩成矿时代与岩石成因：锆石 U-Pb 年龄，Hf 同位素组成及辉钼矿 Re-Os 定年 . 地球科学，42（6）：862-880.
张志，唐菊兴，陈毓川，等 . 2018. 西藏尕尔穷–嘎拉勒铜金矿集区两套火山岩浆源区及其地质意义：来自Hf同位素特征的指示．矿物岩石，38（3），87-95.

赵姣龙，邱检生，李真，等．2012. 福建太武山花岗岩体成因：锆石U-Pb年代学与Hf同位素制约．岩石学报，28（12）：3938-3950.

赵硕，许文良，唐杰，等．2016a. 额尔古纳地块新元古代岩浆作用与微陆块构造属性：来自侵入岩锆石U-Pb年代学、地球化学和Hf同位素的制约．地球科学，41（11）：1803-1829.

赵硕，许文良，王枫，等．2016b. 额尔古纳地块新元古代岩浆作用：锆石U-Pb年代学证据．大地构造与成矿学，40（3）：559-573.

赵硕，张进，李锦轶，等．2020. 额尔古纳地块新元古代花岗岩榍石原位微区LA-ICP-MS U-Pb定年及其地质意义．地质学报，94（3）：757-767.

赵希林，余明刚，刘凯，等．2012. 粤东地区早白垩世花岗质岩浆作用及其成因演化．地质论评，58（5）：966-977.

赵芝．2011. 大兴安岭北部晚古生代岩浆作用及其构造意义．长春：吉林大学博士学位论文．

赵芝，迟效国，潘世语，等．2010. 小兴安岭西北部石炭纪地层火山岩的锆石LA-ICP-MS U-Pb年代学及其地质意义．岩石学报，26：2452-2464.

赵忠华，孙德有，苟军，等．2011. 满洲里南部塔木兰沟组火山岩年代学与地球化学．吉林大学学报（地球科学版），41（6）：1864-1880.

郑伟，陈懋弘，赵海杰，等．2013. 广东鹦鹉岭钨多金属矿床中黑云母花岗岩LA-ICP-MS锆石U-Pb定年和Hf同位素特征及其地质意义．岩石学报，29（12）：4121-4135.

周金城，蒋少涌，王孝磊，等．2005. 华南中侏罗世玄武岩的岩石地球化学研究——以福建藩坑玄武岩为例．中国科学（D辑：地球科学），35（10）：23-32.

周新民．2003. 对华南花岗岩研究的若干思考．高校地质学报，9（4）：556-565.

周新民，徐夕生，董传万，等．1994. 中国东南活动大陆边缘的矿物标志：钙长石质斜长石．科学通报，39（11）：1011-1014.

周长勇，吴福元，葛文春，等．2005. 大兴安岭北部塔河堆晶辉长岩体的形成时代、地球化学特征及其成因．岩石学报，21：763-775.

朱弟成，潘桂棠，莫宣学，等．2006. 冈底斯中北部晚侏罗世—早白垩世地球动力学环境：火山岩约束．岩石学报，22（3）：534-546.

祝向平，陈华安，马东方，等．2011. 西藏波龙斑岩型铜金矿床的Re-Os同位素年龄及其地质意义．岩石学报，27（7）：2159-2164.

祝向平，陈华安，刘鸿飞，等．2015. 西藏拿若斑岩型铜金矿床成矿斑岩年代学，岩石化学特征及其成矿意义．地质学报，89（1）：109-128.

Audétat A. 2019. The metal content of magmatic-hydrothermal fluids and its relationship to mineralization potential. Economic Geology，114（6）：1033-1056.

Bea F，Mazhari A，Montero P，et al. 2011. Zircon dating，Sr and Nd isotopes，and element geochemistry of the Khalifan pluton，NW Iran：Evidence for Variscan magmatism in a supposedly Cimmerian superterrane. Journal of Asian Earth Sciences，40：172-179.

Bierlein F P，Groves D I，Goldfarb R J，et al. 2006. Lithospheric controls on the formation of provinces hosting giant orogenic gold deposits. Mineralium Deposita，40：847-887.

Buret Y，von Quadt A，Heinrich C，et al. 2016. From a long-lived upper-crustal magma chamber to rapid porphyry copper emplacement：Reading the geochemistry of zircon crystals at Bajo de la Alumbrera（NW Argentina）. Earth and Planetary Science Letters，450：120-131.

Chai P，Sun J G，Xing S W，et al. 2015. Early Cretaceous arc magmatism and high-sulphidation epithermal porphyry Cu- Au mineralization in Yanbian area, Northeast China: the Duhuangling example. International Geology Review, 57 (9-10): 1267-1293.

Charvet J. 2013. The Neoproterozoic- Early Paleozoic tectonic evolution of the South China Block: An overview. Journal of Asian Earth Sciences, 74 (25): 198-209.

Chen C H, Lee C Y, Lu H Y, et al. 2008a. Generation of Late Cretaceous silicic rocks in SE China: Age, major element and numerical simulation constraints. Journal of Asian Earth Sciences, 31 (4/6): 479-498.

Chen C H, Lee C Y, Shinjo R. 2008b. Was there Jurassic paleo-Pacific subduction in South China? Constraints from $^{40}Ar/^{39}Ar$ dating, elemental and Sr- Nd- Pb isotopic geochemistry of the Mesozoic basalts. Lithos, 106 (1/2): 83-92.

Chen J Y, Yang J H, Zhang J H, et al. 2014. Geochemical transition shown by Cretaceous granitoids in southeastern China: Implications for continental crustal reworking and growth. Lithos, 196/197: 115-130.

Chen Y J, Chen H Y, Zaw K, et al. 2007. Geodynamic setting and tectonic model of skarn gold deposits in China: an overview. Ore Geology Reviews, 31: 139-169.

Chen Z G, Zhang L C, Wan B, et al. 2011. Geochronology and geochemistry of the Wunugetushan porphyry Cu-Mo deposit in NE China, and their geological significance. Ore Geology Reviews, 43: 92-105.

Chu Y, Lin W, Faure M, et al. 2019. Cretaceous episodic extension in the South China Block, East Asia: Evidence from the Yuechengling Massif of central South China. Tectonics, 38 (10): 3675-3702.

Deng J, Wang Q, Li G, et al. 2014. Tethys tectonic evolution and its bearing on the distribution of important mineral deposits in the Sanjiang region, SW China. Gondwana Research, 26 (2): 419-437.

Deng J, Wang C M, Bagas L, et al. 2017. Insights into ore genesis of the Jinding Zn-Pb deposit, Yunnan Province, China: Evidence from Zn and in-situ S isotopes. Ore Geology Reviews, 90: 943-957.

Dilles J H, Einaudi M T, Proffett J M, et al. 2000. Overview of the Yerington porphyry copper district: Magmatic to nonmagmatic sources of hydrothermal fluids: Their flow paths and alteration effects on rocks and Cu-Mo-Fe-Au ores. Society of Economic Geologists Guidebook Series, 32 (Part 1): 55-66.

Ding L, Lai Q Z. 2003. New geological evidence of crustal thickening in the Gangdese block prior to the Indo-Asian collision. Chinese Science Bulletin, 48 (15): 1604-1610.

Dong G C, Mo X X, Zhao Z D, et al. 2013. Zircon U-Pb dating and the petrological and geochemical constraints on Lincang granite in Western Yunnan, China: Implications for the closure of the Paleo-Tethys Ocean. Journal of Asian Earth Sciences, 62: 282-294.

Dong X, Zhang Z, Liu F, et al. 2011. Zircon U-Pb geochronology of the Nyainqêntanglha Group from the Lhasa terrane: New constraints on the Triassic orogeny of the south Tibet. Journal of Asian Earth Sciences, 42 (4): 732-739.

Doucet L S, Mattielli N, Ionov D A, et al. 2016. Zn isotopic heterogeneity in the mantle: A melting control. Earth and Plantary Science Letters, 451: 232-240.

Duan G, Chen H Y, Hollings P, et al. 2017. The Mesozoic magmatic sources and tectonic setting of the Zijinshan mineral field, South China: Constraints from geochronology and geochemistry of igneous rocks in the Southeastern Ore Segment. Ore Geology Reviews, 80: 800-827.

Duan J L, Tang J X, Lin B. 2016. Zinc and lead isotope signatures of the Zhaxikang Pb-Zn deposit, South Tibet: Implications for the source of the ore-forming metals. Ore Geology Reviews, 78: 58-68.

Fan J J, Li C, Xie C M, et al. 2014. Petrology, geochemistry, and geochronology of the Zhonggang ocean island, northern Tibet: Implications for the evolution of the Banggongco-Nujiang oceanic arm of the Neo-Tethys. International Geology Review, 56 (12): 1504-1520.

Fan J J, Li C, Xie C M, et al. 2015. The evolution of the Bangong-Nujiang Neo-Tethys ocean: Evidence from zircon U-Pb and Lu-Hf isotopic analyses of Early Cretaceous oceanic islands and ophiolites. Tectonophysics, 655: 27-40.

Feng G, Dilek Y, Niu X, et al. 2021. Geochemistry and geochronology of OIB-type, Early Jurassic magmatism in the Zhangguangcai range, NE China, as a result of continental back-arc extension. Geological Magazine, 158 (1): 143-157.

Gao Z F, Zhu X K, Sun J, et al. 2018. Spatial evolution of Zn-Fe-Pb isotopes of sphalerite within a single ore body: A case study from the Dongshengmiao ore deposit, Inner Mongolia, China. Minerlium Deposita, 53: 55-65.

Girardeau J, Marcoux J, Allegre, et al. 1984. Tectonic environment and geodynamic significance of the Neo-Cimmerian Donqiao ophiolite, Bangong-Nujiang suture zone, Tibet. Nature, 307 (5946): 27-31.

Goldfarb R J, Baker T, Dube B, et al. 2005. Distribution, character and genesis of gold deposits in metamorphic terrane. Economic Geology, 100: 407-450.

Gong M Y, Tian W, Gu B, et al. 2018. Zircon Hf-O isotopic constraints on the origin of Late Mesozoic felsic volcanic rocks from the Great Xing'an Range, NE China. Lithos, 308-309: 412-427.

Guo F, Fan W M, Li C W, et al. 2012. Multi-stage crust-mantle interaction in SE China: Temporal, thermal and compositional constraints from the Mesozoic felsic volcanic rocks in eastern Guangdong-Fujian provinces. Lithos, 150: 62-84.

Guo P, Xu W L, Yu J J, et al. 2016. Geochronology and geochemistry of Late Triassic bimodal igneous rocks at the eastern margin of the Songnen-Zhangguangcai Range Massif, Northeast China: Petrogenesis and tectonic implications. International Geology Review, 58 (2): 196-215.

Guynn J H, Kapp P, Pullen A, et al. 2006. Tibetan basement rocks near Amdo reveal "missing" Mesozoic tectonism along the Bangong suture, central Tibet. Geology, 34 (6): 505-508.

Han R, Qin K Z, Shu S Q, et al. 2020. An Early Cretaceous Ag-Pb-Zn mineralization at Halasheng in the South Erguna Block, NE China: Constraints from U-Pb and Rb-Sr geochronology, geochemistry and Sr-Nd-Hf isotopes. Ore Geology Reviews, 22, doi: 10.1016/j.oregeorev.2020.103526.

Henry D J, Guidotti C V, Thomson J A. 2005. The Ti-saturation surface for low-to-medium pressure metapelitic biotites: Implications for geothermometry and Ti-substitution mechanisms. American Mineralogists, 90 (2-3): 316-328.

Hou Z Q, Duan L F, Lu Y J, et al. 2015. Lithospheric architecture of the Lhasa Terrane and its control on ore deposits in the Himalayan-Tibetan Orogen. Economic Geology, 110: 1541-1575.

Hou Z Q, Xiao W J, Santosh M, et al. 2018. Tectono-magmatic evolution and metallogenesis in the eastern Tethyan orogens. Gondwana Research, 62: 1.

Jahn B M. 2004. The Central Asian orogenic belt and growth of the continental crust in the Phanerozoic. Geological Society, London, Special Publications, 226: 73-100.

Jiang S H, Liang Q L, Bagas L, et al. 2013. Geodynamic setting of the Zijinshan porphyry-epithermal Cu-Au-Mo-Ag ore system, SW Fujian Province, China: Constrains from the geochronology and geochemistry of the igneous rocks. Ore Geology Reviews, 53: 287-305.

Kapp P, Murphy MA, Yin A, et al. 2003. Mesozoic and Cenozoic tectonic evolution of the Shiquanhe area of western Tibet. Tectonics, 22 (4): 1029.

Kapp P, Yin A, Harrison T M, et al. 2005. Cretaceous-Tertiary shortening, basin development, and volcanism in central Tibet. Geological Society of America Bulletin, 117 (7-8): 865-878.

Kapp P, DeCelles P G, Gehrels G E, et al. 2007. Geological records of the Lhasa-Qiangtang and Indo-Asian collisions in the Nima area of central Tibet. Geological Society of America Bulletin, 119 (7-8): 917-933.

Kelley K D, Wilkinson J J, Chapman J B, et al. 2009. Zinc isotopes in sphalerite from base metal deposits on the Red Dog district, Northern Alaska. Economic Geology, 104: 767-773.

Khomich V G, Boriskina N G. 2010. Structural position of large gold ore districts in the central Aldan (Yakutia) and Argun (Transbaikalia) super terranes. Russian Geology and Geophysics, 51: 661-671.

Kovalenko V J, Yarmolyuk V V, Kovach V P, et al. 2004. Isotope provinces, mechanisms of generation and sources of the continental crust in the Central Asian mobile belt: Geological and isotopic evidence. Journal of Asian Earth Science, 23: 605-627.

Lapierre H, Jahn B M, Charvet J, et al. 1997. Mesozoic felsic arc magmatism and continental olivine tholeiites in Zhejiang province and their relationship with the tectonic activity in southeastern China. Tectonophysics, 274 (4): 321-338.

Large S J, Quadt A V, Wotzlaw J F, et al. 2018. Magma evolution leading to porphyry Au-Cu mineralization at the Ok Tedi deposit, Papua New Guinea: Trace element geochemistry and high-precision geochronology of igneous zircon. Economic Geology, 113 (1): 39-61.

Lee C A, Tang M. 2020. How to make porphyry copper deposits. Earth and Planetary Science Letters, doi: 10.1016/j. epsl. 2019. 115868.

Lerchbaumer L, Audétat A. 2013. The metal content of silicate melts and aqueous fluids in subeconomically Mo mineralized granites: Implications for porphyry Mo genesis. Economic Geology, 108 (5): 987-1013.

Li B, Jiang S Y, Lu A H, et al. 2016. Petrogenesis of Late Jurassic granodiorites from Gutian, Fujian Province, South China: Implications for multiple magma sources and origin of porphyry Cu-Mo mineralization. Lithos, 264: 540-554.

Li G M, Qin K Z, Li J X, et al. 2017. Cretaceous magmatism and metallogeny in the Bangong-Nujiang metallogenic belt, central Tibet: Evidence from petrogeochemistry, zircon U-Pb ages, and Hf-O isotopic compositions. Gondwana Research, 41: 110-127.

Li J X, Qin K Z, Li G M, et al. 2013. Petrogenesis of ore-bearing porphyries from the Duolong porphyry Cu-Au deposit, central Tibet: Evidence from U-Pb geochronology, petrochemistry and Sr-Nd-Hf-O isotope characteristics. Lithos, 160: 216-227.

Li J X, Qin K Z, Li G M, et al. 2014. Geochronology, geochemistry, and zircon Hf isotopic compositions of Mesozoic intermediate-felsic intrusions in central Tibet: Petrogenetic and tectonic implications. Lithos, 198: 77-91.

Li J Y, He Z J, Mo S G, et al. 1999. The late Mesozoic orogenic processes of Mongolia-Okhotsk: Evidence from field investigations into deformation of the Mohe area, NE China. Journal of Geoscientific Research in NE Asia, 2 (2): 172-178.

Li S C, Liu Z H, Xu Z Y, et al. 2015. Age and tectonic setting of volcanic rocks of the Tamulangou Formation in the Greater Hinggan Mountains, NE China. Journal of Asian Earth Sciences, 113: 471-480.

Li S M, Zhu D C, Wang Q, et al. 2016. Slab-derived adakites and subslab asthenosphere-derived OIB-type rocks at 156±2Ma from the north of Gerze, central Tibet: Records of the Bangong-Nujiang oceanic ridge subduction during the Late Jurassic. Lithos, 262: 456-469.

Li S Z, Suo Y H, Li X Y, et al. 2019. Mesozoic tectono-magmatic response in the East Asian ocean-continent connection zone to subduction of the Paleo-Pacific Plate. Earth Science Reviews, 192: 91-137.

Li T G, Wu G, Liu J, et al. 2015. Fluid inclusions and isotopic characteristics of the Jiawula Pb-Zn-Ag deposit,

Inner Mongolia, China. Journal of Asian Earth Sciences, 103: 305-320.

Li T G, Wu G, Liu J, et al. 2016. Geochronology, fluid inclusions and isotopic characteristics of the Chagenbulagen Pb-Zn-Ag deposit, Inner Mongolia, China. Lithos, 261: 340-355.

Li X H, Chen Z G, Liu D Y, et al. 2003. Jurassic gabbro-granite-syenite suites from southern Jiangxi Province, SE China: Age, origin, and tectonic significance. International Geology Review, 45: 898-921.

Li X H, Li Z X, Li W X, et al. 2007. U-Pb zircon, geochemical and Sr-Nd-Hf isotopic constraints on age and origin of Jurassic I- and A-type granites from central Guangdong, SE China: A major igneous event in response to foundering of a subducted flat-slab? Lithos, 96: 186-204.

Li X H, Li W X, Li Q L, et al. 2010. Petrogenesis and tectonic significance of the 850Ma Gangbian alkaline complex in South China: Evidence from in situ zircon U-Pb and Hf-O isotopes and whole-rock geochemistry. Lithos, 114: 1-15.

Li X K, Chen J, Wang R C, et al. 2018. Temporal and spatial variations of Late Mesozoic granitoids in the SW Qiangtang, Tibet: Implications for crustal architecture, Meso-Tethyan evolution and regional mineralization. Earth Science Reviews, 185: 374-396.

Li Y, Xu W L, Wang F, et al. 2014. Geochronology and geochemistry of late Paleozoic volcanic rocks on the western margin of the Songnen-Zhangguangcai Range Massif, NE China: Implications for the amalgamation history of the Xing'an and Songnen-Zhangguangcai Range massifs. Lithos, 205: 394-410.

Li Z X, Li X H. 2007. Formation of the 1300-km-wide intracontinental orogen and postorogenic magmatic province in Mesozoic South China: A flat-slab subduction model. Geology, 35 (2): 179-182.

Li Z, Qiu J S, Yang X M. 2014. A review of the geochronology and geochemistry of Late Yanshanian (Cretaceous) plutons along the Fujian coastal area of southeastern China: Implications for magma evolution related to slab break-off and rollback in the Cretaceous. Earth Science Reviews, 128: 232-248.

Lin B, Tang J, Chen Y, et al. 2019. Geology and geochronology of Naruo large porphyry-breccia Cu deposit in the Duolong district, Tibet. Gondwana Research, 66: 168-182.

Liu D, Huang Q, Fan S, et al. 2014. Subduction of the Bangong-Nujiang Ocean: Constraints from granites in the Bangong Co area, Tibet. Geological Journal, 49 (2): 188-206.

Liu D, Shi R, Ding L, et al. 2017. Zircon U-Pb age and Hf isotopic compositions of Mesozoic granitoids in southern Qiangtang, Tibet: Implications for the subduction of the Bangong-Nujiang Tethyan Ocean. Gondwana Research, 41: 157-172.

Liu H, Huang Q, Uysal I T, et al. 2020. Geodynamics of the divergent double subduction along the Bangong-Nujiang tethyan suture zone: Insights from late mesozoic intermediate-mafic rocks in central Tibet. Gondwana Research, 79: 233-247.

Liu H C, Li Y L, Wan Z F, et al. 2020. Early Neoproterozoic tectonic evolution of the Erguna Terrane (NE China) and its paleogeographic location in Rodinia supercontinent: Insights from magmatic and sedimentary record. Gondwana Research, 88: 185-200.

Liu J, Mao J W, Wu G, et al. 2014. Zircon U-Pb and molybdenite Re-Os dating of the Chalukou porphyry Mo deposit in the northern Great Xing'an Range, China and its geological significance. Journal of Asian Earth Sciences, 79: 696-709.

Liu J, Wu G, Qiu H N, et al. 2015. $^{40}Ar/^{39}Ar$ dating, fluid inclusions and S-Pb isotope systematics of the Shabaosi gold deposit, Heilongjiang Province, China. Geological Journal, 50: 592-606.

Liu J, He J C, Lai C K, et al. 2021. Time and Hf isotopic mapping of Mesozoic igneous rocks in the Argun massif, NE China: Implication for crustal architecture and its control on polymetallic mineralization. Ore

Geology Reviews, 141: 104648.

Liu L, Xu X S, Xia Y. 2016. Asynchronizing paleo-Pacific slab rollback beneath SE China: Insights from the episodic Late Mesozoic volcanism. Gondwana Research, 37: 397-407.

Liu P, Mao J W, Cheng Y B, et al. 2017. An Early Cretaceous W-Sn deposit and its implications in southeast coastal metallogenic belt: Constraints from U-Pb, Re-Os, Ar-Ar geochronology at the Feie'shan W-Sn deposit, SE China. Ore Geology Reviews, 81: 112-122.

Liu P, Mao J W, Santosh M, et al. 2018. Geochronology and petrogenesis of the Early A-type granite from the Feie'shan W-Sn deposit in the eastern Guangdong Province, SE China: Implications for W-Sn mineralization and geodynamic setting. Lithos, 300/301: 330-347.

Liu Q, Yu J H, Wang Q, et al. 2012. Ages and geochemistry of granites in the Pingtan-Dongshan Metamorphic Belt, Coastal South China: New constraints on Late Mesozoic magmatic evolution. Lithos, 150: 268-286.

Liu Q, Yu J H, O'Reilly S Y, et al. 2014. Origin and geological significance of Paleoproterozoic granites in the northeastern Cathaysia Block, South China. Precambrian Research, 248: 72-95.

Liu X M, Gao S, Diwu C R, et al. 2008. Precambrian crustal growth of Yangtze Craton as revealed by detrital zircon studies. American Journal of Science, 308: 421-468.

Liu Y, Li C, Xie C, et al. 2016. Cambrian granitic gneiss within the central Qiangtang terrane, Tibetan Plateau: Implications for the early Palaeozoic tectonic evolution of the Gondwanan margin. International Geology Review, 58 (9): 1043-1063.

Ma L, Wang Q, Li Z X, et al. 2017. Subduction of Indian continent beneath southern Tibet in the latest Eocene (~35Ma): Insights from the Quguosha gabbros in southern Lhasa block. Gondwana Research, 41: 77-92.

Mao J W, Pirajno F, Cook N. 2011. Mesozoic metallogeny in East China and corresponding geodynamics settings-an introduction to the special issue. Ore Geology Reviews, 43: 1-7.

Mao J W, Cheng Y B, Chen M H, et al. 2013. Major types and time-space distribution of Mesozoic ore deposits in South China and their geodynamic settings. Mineralium Deposita, 48: 267-294.

Mao J W, Zheng W, Xie G Q, et al. 2021a. Recognition of a Middle-Late Jurassic arc-related porphyry copper belt along the southeast China coast: Geological characteristics and metallogenic implications. Geology, 49 (5): 592-596.

Mao J W, Liu P, Goldfarb R. J, et al. 2021b. Cretaceous large-scale metal accumulation triggered by post-subductional large-scale extension, East Asia. Ore Geology Reviews, 136: 104270.

Mason T F, Weiss D J, Chapman J B, et al. 2005. Zn and Cu isotopic variability in the Alexandrinka volcanic-hosted massive sulfide (VHMS) ore deposit, Urals, Russia. Chemical Geology, 221: 170-187.

Mccuaig T C, Hronsky J M A. 2014. The mineral system concept: The key to exploration targeting. Society of Economic Geologists Special Publication, 18: 153-175.

Meng E, Xu W L, Pei F P, et al. 2010. Detrital-zircon geochronology of Late Paleozoic sedimentary rocks in eastern Heilongjiang Province, NE China: Implications for the tectonic evolution of the eastern segment of the Central Asian Orogenic Belt. Tectonophysics, 485 (1-4): 42-51.

Meng Q R. 2003. What drove late Mesozoic extension of the northern China-Mongolia tract? Tectonophysics, 369 (3-4): 155-174.

Metcalfe I. 2013. Gondwana dispersion and Asian accretion: Tectonic and palaeogeographic evolution of eastern Tethys. Journal of Asian Earth Sciences, 66: 1-33.

Ouyang H G, Mao J W, Santosh M, et al. 2013. Geodynamic setting of Mesozoic magmatism in NE China and surrounding regions: Perspectives from spatio-temporal distribution patterns of ore deposits. Journal of Asian

Earth Sciences, 78: 222-236.

Ouyang H G, Mao J W, Hu Ruizhong, et al. 2021. Controls on the metal endowment of porphyry Mo deposits: Insights from the Luming porphyry Mo deposit, northeastern China. Economic Geology, 116 (7): 1711-1735.

Pan G, Wang L, Li R, et al. 2012. Tectonic evolution of the Qinghai-Tibet plateau. Journal of Asian Earth Sciences, 53: 3-14.

Peng Y B, Yu S Y, Li S Z, et al. 2021. The odyssey of Tibetan plateau accretion prior to Cenozoic India-Asian collision: Probing the Mesozoic tectonic evolution of the Bangong-Nujiang suture. Earth Science Reviews, doi: 10. 1016/j. earscirev. 2020. 103376.

Pirajno F. 2008. Hydrethermal Processes and Mineral Systems. Berlin: Springer, 1250.

Qiu R Z, Zhou S R, Li T D, et al. 2007. The tectonic-setting of ophiolites in the western Qinghai-Tibet Plateau, China. Journal of Asian Earth Sciences, 29: 215-228.

Qiu Z W, Yan Q H, Li S S, et al. 2017. Highly fractionated Early Cretaceous I-type granites and related Sn polymetallic mineralization in the Jinkeng deposit, eastern Guangdong, SE China: Constraints from geochronology, geochemistry, and Hf isotopes. Ore Geology Reviews, 88: 718-738.

Richards J P. 2015. The oxidation state, and sulfur and Cu contents of arc magmas: Implications for metallogeny. Lithos, 233: 27-45.

Rohrlach B D, Loucks R R, Porter T M. 2005. Multi-million-year cyclic ramp-up of volatiles in a lower crustal magma reservoir trapped below the Tampakan copper-gold deposit by Mio-Pliocene crustal compression in the southern Philippines. Super porphyry copper and gold deposits: A global perspective, 2: 369-407.

Shi R, Yang J, Xu Z, et al. 2008. The Bangong Lake ophiolite (NW Tibet) and its bearing on the tectonic evolution of the Bangong-Nujiang suture zone. Journal of Asian Earth Sciences, 32 (5-6): 438-457.

Shi Y, Liu D, Miao L, et al. 2010. Devonian A-type granitic magmatism on the northern margin of the North China Craton: SHRIMP U-Pb zircon dating and Hf-isotopes of the Hongshan granite at Chifeng, Inner Mongolia, China. Gondwana Research, 17 (4): 632-641.

Sillitoe R H. 2010. Porphyry copper systems. Economic Geology, 105: 3-41.

Sun D Y, Gou J, Wang T H, et al. 2013. Geochronological and geochemical constraints on the Erguna massif basement, NE China-subduction history of the Mongol-Okhotsk oceanic crust. International Geology Review, 55 (14): 1801-1816.

Sun J, Mao J, Beaudoin G, et al. 2017. Geochronology and geochemistry of porphyritic intrusions in the Duolong porphyry and epithermal Cu-Au district, central Tibet: Implications for the genesis and exploration of porphyry copper deposits. Ore Geology Reviews, 80: 1004-1019.

Sun W D, Huang R F, Li He, et al. 2015. Porphyry deposits and oxidized magmas. Ore Geology Reviews, 65: 97-131.

Tang J, Xu W L, Wang F, et al. 2013. Geochronology and geochemistry of Neoproterozoic magmatism in the Erguna Massif, NE China: Petrogenesis and implications for the breakup of the Rodinia supercontinent. Precambrian Research, 224: 597-611.

Tang J, Xu W L, Wang F, et al. 2014. Geochronology and geochemistry of Early-Middle Triassic magmatism in the Erguna Massif, NE China: Constraints on the tectonic evolution of the Mongol-Okhotsk Ocean. Lithos, 184: 1-16.

Tang J, Xu W L, Wang F, et al. 2015. Geochronology, geochemistry, and deformation history of Late Jurassic-Early Cretaceous intrusive rocks in the Erguna Massif, NE China: Constraints on the late Mesozoic tectonic evolution of the Mongol-Okhotsk orogenic belt. Tectonophysics, 658: 91-110.

Tang J, Xu W L, Wang F, et al. 2016. Early Mesozoic southward subduction history of the Mongol- Okhotsk oceanic plate: Evidence from geochronology and geochemistry of Early Mesozoic intrusive rocks in the Erguna Massif, NE China. Gondwana Research, 31: 218-240.

Tang J, Xu W, Wang F, et al. 2018. Subduction history of the Paleo- Pacific slab beneath Eurasian continent: Mesozoic-Paleogene magmatic records in Northeast Asia. Science China Earth Sciences, 61 (5): 527-559.

Tang Y W, Xie Y L, Liu L, et al. 2017. U- Pb, Re- Os and Ar- Ar dating of the Linghou polymetallic deposit, Southeastern China: Implications for metallogenesis of the Qingzhou- Hangzhou metallogenic belt. Journal of Asian Earth Sciences, 137: 163-179.

Tian Y F, Wang X X, Ke C H, et al. 2021. New constraints on the source of the Late Jurassic granodiorites from Gutian porphyry Cu- Mo deposit in the southeast coastal area, South China. Ore Geology Reviews, doi: 10. 1016/j. oregeorev. 2021. 104031.

Tong J N, Yin H F. 2002. The lower Triassic of South China. Journal of Asian Earth Sciences, 20 (7): 803-815.

Valley J W, Kinny P D, Schulze D J, et al. 1998. Zircon megacrysts from kimberlite: Oxygen isotope variability among mantle melts. Contributions to Mineralogy and Petrology, 133: 1-11.

Vry V H, Wilkinson J J, Seguel J, et al. 2010. Multistage intrusion, brecciation, and veining at El Teniente, Chile: Evolution of a nested porphyry system. Economic Geology, 105 (1): 119-153.

Wang B D, Wang L Q, Chung S L, et al. 2016. Evolution of the Bangong-Nujiang Tethyan ocean: Insights from the geochronology and geochemistry of mafic rocks within ophiolites. Lithos, 245: 18-33.

Wang F, Xu W L, Meng E, et al. 2012b. Early Paleozoic amalgamation of the Songnen- Zhangguangcai Range and Jiamusi massifs in the eastern segment of the Central Asian Orogenic Belt: Geochronological and geochemical evidence from granitoids and rhyolites. Journal of Asian Earth Sciences, 49: 234-248.

Wang Q, Li J W, Jian P, et al. 2005. Alkaline syenites in eastern Cathaysia (South China): Link to Permian-Triassic transtension. Earth and Planetary Science Letters, 230 (3/4): 339-354.

Wang T, Jahn B M, Kovach V P, et al. 2009. Nd-Sr isotopic mapping of the Chinese Altai and implications for continental growth in the Central Asian orogenic belt. Lithos, 110: 359-372.

Wang T, Guo L, Zheng Y D, et al. 2012. Timing and processes of late Mesozoic mid-lower-crustal extension in continental NE Asia and implications for the tectonic setting of the destruction of the North China Craton: Mainly constrained by zircon U-Pb ages from metamorphic core complexes. Lithos, 154: 315-345.

Wang T, Guo L, Zhang L, et al. 2015. Timing and evolution of Jurassic-Cretaceous granitoid magmatisms in the Mongol- Okhotsk belt and adjacent areas, NE Asia: Implications for transition from contractional crustal thickening to extensional thinning and geodynamic settings. Journal of Asian Earth Sciences, 97: 365-392.

Wang T, Tong Y, Xiao W J, et al. 2022. Rollback, scissor- like closure of the Mongol- Okhotsk Ocean and formation of an orocline: Magmatic migration based on a large archive of age-data. Nation Science Review, doi: 10. 1093/nsr/nwab210.

Wang Y H, Zhao C B, Zhang F F, et al. 2015. SIMS zircon U- Pb and molybdenite Re- Os geochronology, Hf isotope, and whole- rock geochemistry of the Wunugetushan porphyry Cu-Mo deposit and granitoids in NE China and their geological significance. Gondwana Research, 28: 1228-1245.

Wang Y J, Fan W M, Zhang G W, et al. 2013. Phanerozoic tectonics of the South China Block: Key observations and controversies. Gondwana Research, 23: 1273-1305.

Wei S G, Tang J X, Song Y, et al. 2017. Early Cretaceous bimodal volcanism in the Duolong Cu mining district, western Tibet: Record of slab breakoff that triggered ca. 108- 113Ma magmatism in the western Qiangtang terrane. Journal of Asian Earth Sciences, 138: 588-607.

Wilkinson J J, Weiss D J, Mason T F D, et al. 2005. Zinc isotope variation in hydrothermal systems: Preliminary evidence from the Irish Midlands ore field. Economic Geology, 100: 583-590.

Windley B F, Alexeiev D, Xiao W J, et al. 2007. Tectonic models for accretion of the Central Asian Orogenic Belt. Journal of the Geological Society, 164 (1): 31-47.

Wu F Y, Sun D Y, Li H M, et al. 2002. A-type granites in northeastern China: Age and geochemical constraints on their petrogenesis. Chemical Geology, 187 (1): 143-173.

Wu F Y, Lin J Q, Wilde S A, et al. 2005a. Nature and significance of the Early Cretaceous giant igneous event in eastern China. Earth and Planetary Science Letters, 233 (1-2): 103-119.

Wu F Y, Yang Y C, Xie L W, et al. 2006. Hf isotopic compositions of the standard zircons and baddeleyites used in U-Pb geochronology. Chemical Geology, 234 (1/2): 105-126.

Wu F Y, Yang J H, Lo C H, et al. 2007. The Heilongjiang Group: A Jurassic accretionary complex in the Jiamusi massif at the western Pacific margin of northeastern China. Island Arc, 16: 156-172.

Wu F Y, Sun D Y, Ge W C, et al. 2011. Geochronology of the Phanerozoic granitoids in northeastern China. Journal of Asian Earth Sciences, 41 (1): 1-30.

Xia Y, Xu X S, Zhu K Y, et al. 2012. Paleoproterozoic S- and A- type granites in southwestern Zhejiang: Magmatism, metamorphism and implications for the crustal evolution of the Cathaysia basement. Precambrian Research, 216 (219): 177-207.

Xiao W J, Windley B F, Hao J, et al. 2003. Accretion leading to collision and the Permian Solonker suture, Inner Mongolia, China: Termination of the central Asian orogenic belt. Tectonics, 22: 1069.

Xiao W J, Zhang LC, Qin K Z, et al. 2004. Paleozoic accretionary and collisional tectonics of the eastern Tianshan (China): Implications for the continental growth of central Asia. American Journal of Science, 304: 370-395.

Xiao W J, Windley B, Sun S, et al. 2015. A tale of amalgamation of three Permo- Triassic collage systems in Central Asia: Oroclines, sutures, and terminal accretion. Annual Review of Earth and Planetary Sciences, 43: 477-507.

Xie G Q, Mao J W, Li R L, et al. 2006. SHRIMP zircon U-Pb dating for volcanic rocks of the Dasi Formation in southeast Hubei Province, middle- lower reaches of the Yangtze River and its implications. Chinese Science Bulletin, 51 (24): 3000-3009.

Xu Q, Zhao J, Yuan X, et al. 2015. Mapping crustal structure beneath southern Tibet: Seismic evidence for continental crustal underthrusting. Gondwana Research, 27 (4): 1487-1493.

Xu W L, Ji W Q, Pei F P, et al. 2009. Triassic volcanism in eastern Heilongjiang and Jilin provinces, NE China: chronology, geochemistry, and tectonic implications. Journal of Asian Earth Sciences, 34 (3): 392-402.

Xu W L, Pei F P, Wang F, et al. 2013. Spatial-temporal relationships of Mesozoic volcanic rocks in NE China: constraints on tectonic overprinting and transformations between multiple tectonic regimes. Journal of Asian Earth Sciences, 74: 167-193.

Yakubchuk A. 2004. Architecture and mineral deposit settings of the Altaid orogenic collage: A revised model. Journal of Asian Earth Science, 23: 761-779.

Yan Q H, Li S S, Qiu Z W, et al. 2017. Geochronology, geochemistry and Sr-Nd-Hf-S-Pb isotopes of the Early Cretaceous Taoxihu Sn deposit and related granitoids, SE China. Ore Geology Reviews, 89: 350-368.

Yang J B, Zhao Z D, Hou Q Y, et al. 2018. Petrogenesis of Cretaceous (133-84Ma) intermediate dykes and host granites in southeastern China: Implications for lithospheric extension, continental crustal growth, and geodynamics of Palaeo-Pacific subduction. Lithos, 296 (299): 195-211.

Yang J, Wu F. 2009. Triassic magmatism and its relation to decratonization in the eastern North China Craton. Science in China Series D: Earth Sciences, 52 (9): 1319-1330.

Yang Q D, Wang T, Guo L, et al. 2017. Nd isotopic variation of Paleozoic- Mesozoic granitoids from the Da Hinggan Mountains and adjacent areas, NE Asia: Implications for the architecture and growth of continental crust. Lithos, 272/273: 164-184.

Yarmolyuk V V, Kovach V P, Kozakov I K, et al. 2012. Mechanisms of continental crust formation in the Central Asian fold belt. Geotectonics, 4: 3-27.

Yin A, Harrison T M. 2000. Geologic evolution of the Himalayan- Tibetan orogen. Annual Review of Earth and Planetary Sciences, 28 (1): 211-280.

Yu J H, Xu X S, O'Reilly S Y, et al. 2003. Granulite xenoliths from Cenozoic Basalts in SE China provide geochemical fingerprints to distinguish lower crust terranes from the North and South China tectonic blocks. Lithos, 67: 77-102.

Yu J H, Griffin W L, Wang L J, et al. 2008. Where was South China in the Rodinia supercontinent? Evidence from U-Pb ages and Hf isotopes of detrital zircons. Precambrian Research, 164: 1-15.

Yu J H, Wang L J, O'Reilly S Y, et al. 2009. A Paleoproterozoic orogeny recorded in a long- lived cratonic remnant (Wuyishan terrane): Eastern Cathaysia Block, China. Precambrian Research, 174: 347-363.

Yu J J, Wang F, Xu W L, et al. 2012. Early Jurassic mafic magmatism in the Lesser Xing'an- Zhangguangcai Range, NE China, and its tectonic implications: Constraints from zircon U- Pb chronology and geochemistry. Lithos, 142-143: 256-266.

Zeng Q D, Guo F, Zhou L L, et al. 2016. Two periods of mineralization in Xiaoxinancha Au- Cu deposit, NE China: Evidences from the geology and geochronology. Geological Journal, 51 (1): 51-64.

Zhang D, Audétat A. 2017. What caused the formation of the giant Bingham Canyon porphyry Cu-Mo-Au deposit? Insights from melt inclusions and magmatic sulfides. Economic Geology, 112 (2): 221-244.

Zhang F F, Wang Y H, Liu J J, et al. 2016. Origin of the Wunugetushan porphyry Cu- Mo deposit, Inner Mongolia, NE China: Constraints from geology, geochronology, geochemistry, and isotopic compositions. Journal of Asian Earth Sciences, 117: 208-224.

Zhang J H, Gao S, Ge W C, et al. 2010. Geochronology of the Mesozoic volcanic rocks in the Great Xing'an Range, northeastern China: Implications for subduction- induced delamination. Chemical Geology, 276 (3-4): 144-165.

Zhang S B, Wu R X, Zheng Y F. 2012. Neoproterozoic continental accretion in South China: Geochemical evidence from the Fuchuan ophiolite in the Jiangnan orogen. Precambrian Research, 220/221: 45-64.

Zhang S H, Zhao Y, Yang Z Y, et al. 2009. The 1.35 Ga diabase sills from the northern North China Craton: Implications for breakup of the Columbia (Nuna) supercontinent. Earth and Planetary Science Letters, 288 (3-4): 588-600.

Zhang X Z, Wang Q, Dong Y S, et al. 2017. High-pressure granulite facies overprinting during the exhumation of eclogites in the Bangong- Nujiang Suture Zone, central Tibet: Link to flat- slab subduction. Tectonics, 36 (12): 2918-2935.

Zhang Y, Yang J H, Sun J F, et al. 2015. Petrogenesis of Jurassic fractionated I- type granites in Southeast China: Constraints from whole-rock geochemical and zircon U-Pb and Hf-O isotopes. Journal of Asian Earth Sciences, 111: 268-283.

Zhang Z, Dong X, Liu F, et al. 2012. The making of Gondwana: Discovery of 650Ma HP granulites from the North Lhasa, Tibet. Precambrian Research, 212: 107-116.

Zhang Z C, Mao J W, Wang Y, et al. 2010. Geochemistry and geochronology of the volcanic rocks associated with the Dong'an adularia- sericite epithermal gold deposit, Lesser Hinggan Range, Heilongjiang province, NE China: Constraints on the metallogenesis. Ore Geology Reviews, 37 (3-4): 158-174.

Zhang Z M, Dong X, Santosh M, et al. 2014. Metamorphism and tectonic evolution of the Lhasa terrane, Central Tibet. Gondwana Research, 25 (1): 170-189.

Zhao J L, Qiu J S, Liu L, et al. 2015. Geochronological, geochemical and Nd- Hf isotopic constraints on the petrogenesis of Late Cretaceous A- type granites from the southeastern coast of Fujian Province, South China. Journal of Asian Earth Sciences, 105: 338-359.

Zhao Z, Bons P D, Stübner K, et al. 2017. Early Cretaceous exhumation of the Qiangtang terrane during collision with the Lhasa terrane, central Tibet. Terra Nova, 29 (6): 382-391.

Zhong Y, Liu W L, Xia B, et al. 2017. Geochemistry and geochronology of the Mesozoic Lanong ophiolitic mélange, northern Tibet: Implications for petrogenesis and tectonic evolution. Lithos, 292: 111-131.

Zhou J B, Wilde S A. 2013. The crustal accretion history and tectonic evolution of the NE China segment of the Central Asian Orogenic Belt. Gondwana Research, 23: 1365-1377.

Zhou J B, Li L. 2017. The Mesozoic accretionary complex in Northeast China: Evidence for the accretion history of Paleo-Pacific subduction. Journal of Asian Earth Sciences, 145 (1): 91-100.

Zhou J B, Cao J L, Wilde S A, et al. 2014. Paleo-Pacific subduction-accretion: Evidence from geochemical and U-Pb zircon dating of the Nadanhada accretionary complex, NE China. Tectonics, 33 (12): 2444-2466.

Zhou L L, Zeng Q D, Liu J M, et al. 2015. Ore genesis and fluid evolution of the Daheishan giant porphyry molybdenum deposit, NE China. Journal of Asian Earth Sciences, 97: 486-505.

Zhou X M, Li W X. 2000. Origin of Late Mesozoic igneous rocks in Southeastern China: Implications for lithosphere subduction and underplating of mafic magmas. Tectonophysics, 326 (3/4): 269-287.

Zhou X M, Sun T, Shen W Z, et al. 2006. Petrogenesis of Mesozoic granitoids and volcanic rocks in South China: A response to tectonic evolution. Episodes, 29 (1): 26-33.

Zhou Z M, Ma C Q, Xie C F, et al. 2016. Genesis of highly fractionated I-type granites from Fengshun complex: Implications to tectonic evolutions of South China. Journal of Earth Science, 27 (3): 444-460.

Zhou Z M, Ma C Q, Wang L X, et al. 2018. A source-depleted Early Jurassic granitic pluton from South China: Implication to the Mesozoic juvenile accretion of the South China crust. Lithos, 300/301: 278-290.

Zhu D C, Mo X X, Niu Y, et al. 2009. Geochemical investigation of Early Cretaceous igneous rocks along an east-west traverse throughout the central Lhasa Terrane, Tibet. Chemical Geology, 268 (3-4): 298-312.

Zhu D C, Zhao Z D, Niu Y, et al. 2011. Lhasa terrane in southern Tibet came from Australia. Geology, 39 (8): 727-730.

Zhu D C, Zhao Z D, Niu Y, et al. 2013. The origin and pre- Cenozoic evolution of the Tibetan Plateau. Gondwana Research, 23 (4): 1429-1454.

Zhu D C, Li S M, Cawood P A, et al. 2016. Assembly of the Lhasa and Qiangtang terranes in central Tibet by divergent double subduction. Lithos, 245: 7-17.

Zhu G, Chen Y, Jiang D Z, et al. 2015. Rapid change from compression to extension in the North China Craton during the Early Cretaceous: Evidence from the Yunmengshan metamorphic core complex. Tectonophysics, 656: 91-110.

Zhu W G, Zhong H, Li X H, et al. 2010. The early Jurassic mafic-ultramafic intrusion and A-type granite from

northeastern Guangdong, SE China: Age, origin, and tectonic significance. Lithos, 119: 313-329.
Zorin Y A, Zorin L D, Spiridonovb A M, et al. 2001. Geodynamic setting of gold deposits in Eastern and Central Trans-Baikal (Chita Region, Russia). Ore Geology Reviews, 17 (4): 216-232.
Zorin Y A. 1999. Geodynamics of the western part of the Mongolia-Okhotsk collisional belt, Trans-Baikal region (Russia) and Mongolia. Tectonophysics, 306 (1): 33-56.

附　　表

附表 1-1　中国东南沿海燕山期岩浆岩锆石 U-Pb 年龄数据

序号	岩体/矿区	样品编号	岩石类型	构造位置	采样位置	年龄/Ma	测试方法	数据来源
第一期——早侏罗世岩浆岩（195～185Ma）								
1	温公岩体	WG0710	花岗岩	内陆华夏地块	24°25′38.5″N，115°41′24.3″E	193±1	SIMS 锆石 U-Pb	Zhu et al.，2010
2	温公岩体	WG0704	花岗岩	内陆华夏地块	24°26′30.8″N，115°42′54.3″E	191±1	SIMS 锆石 U-Pb	Zhu et al.，2010
3	五湖村火山岩	WH7	流纹岩	内陆华夏地块	24°46′59.3″N，116°54′29.1″E	184±2	LA-ICP-MS 锆石 U-Pb	许中杰，2019
4	田东矿区岩体	CYB05003	中粒花岗岩	沿海华夏地块	田东钨锡多金属矿区	192±1	LA-ICP-MS 锆石 U-Pb	刘鹏等，2015a
5	田东矿区岩体	14GD10-1	细粒斑状二长花岗岩	沿海华夏地块	23°45′18.4″N，116°25′58.5″E	188±2	LA-ICP-MS 锆石 U-Pb	Zhou et al.，2018
6	田东矿区岩体	13GD14-1	细粒斑状二长花岗岩	沿海华夏地块	23°44′17.8″N，116°26′20.5″E	188±1	LA-ICP-MS 锆石 U-Pb	Zhou et al.，2018
7	锦城岩体	DS09-39-1	弱变形的眼球状花岗岩	沿海华夏地块	25°23′20.1″N，119°31′53.0″E	187±1	LA-ICP-MS 锆石 U-Pb	刘潜等，2011
第二期——中侏罗世岩浆岩（175～155Ma）								
8	大光岩体	DM01-1B	细粒石英闪长岩	内陆华夏地块	24°36′6.1″N，116°17′24.6″E	175±1	LA-ICP-MS 锆石 U-Pb	本书
9	外屯岩体	WT03	二长花岗岩	内陆华夏地块	27°30′21.1″N，118°31′43.7″E	168±2	LA-ICP-MS 锆石 U-Pb	Wang et al.，2016
10	外屯岩体	WT13	花岗闪长岩	内陆华夏地块	27°24′27.2″N，118°37′19.6″E	161±2	LA-ICP-MS 锆石 U-Pb	Wang et al.，2016
11	石陂复式岩体	SP-07	碱长花岗岩	内陆华夏地块	27°33′25.0″N，118°20′0.5″E	156±2	LA-ICP-MS 锆石 U-Pb	Wang et al.，2016
12	龙窝岩体	08JH61	花岗闪长岩	内陆华夏地块	23°30′26″N，115°18′14″E	165±2	LA-ICP-MS 锆石 U-Pb	Zhang et al.，2015
13	龙窝岩体	08JH57	花岗闪长岩	内陆华夏地块	23°29′50″N，115°17′59″E	165±1	SIMS 锆石 U-Pb	Zhang et al.，2015

续表

序号	岩体/矿区	样品编号	岩石类型	构造位置	采样位置	年龄/Ma	测试方法	数据来源
14	佛冈岩体	08JH12	黑云母花岗岩	内陆华夏地块	23°55′45″N，114°1′35″E	164±2	LA-ICP-MS 锆石 U-Pb	Zhang et al.，2015
15	佛冈岩体	08JH14	黑云母花岗岩	内陆华夏地块	23°59′47″N，113°8′20″E	159±2	SIMS 锆石 U-Pb	Zhang et al.，2015
16	白石岗岩体	08JH49	黑云母花岗岩	内陆华夏地块	23°43′6″N，114°49′43″E	159±2	SIMS 锆石 U-Pb	Zhang et al.，2015
17	白石岗岩体	08JH47	黑云母花岗岩	内陆华夏地块	23°42′55″N，114°49′26″E	159±1	LA-ICP-MS 锆石 U-Pb	Zhang et al.，2015
18	莲花山岩体	08JH87	花岗闪长岩	内陆华夏地块	23°40′13″N，115°41′34″E	154±1	SIMS 锆石 U-Pb	Zhang et al.，2015
19	新丰江岩体	08JH43	黑云母花岗岩	内陆华夏地块	23°54′19″N，114°49′19″E	161±2	LA-ICP-MS 锆石 U-Pb	Zhang et al.，2015
20	铜盆庵岩体	TPA01	二长花岗斑岩	内陆华夏地块	27°22′35.4″N，118°59′16.8″E	154±2	LA-ICP-MS 锆石 U-Pb	李亚楠等，2015
21	铜盆庵岩体	TPA02	正长花岗斑岩	内陆华夏地块	27°22′35.4″N，118°59′16.8″E	153±1	LA-ICP-MS 锆石 U-Pb	李亚楠等，2015
22	迳美岩体	ZJ10-13	中粗粒花岗岩	内陆华夏地块	紫金山复式岩体南部	165±1	LA-ICP-MS 锆石 U-Pb	梁清玲，2013
23	迳美岩体	ZJ10-14	中粗粒花岗岩	内陆华夏地块	紫金山复式岩体南部	165±1	LA-ICP-MS 锆石 U-Pb	梁清玲，2013
24	五龙寺岩体	ZJ10-2	中细粒二长花岗岩	内陆华夏地块	25°10′56.7″N，116°23′11.7″E	164±1	LA-ICP-MS 锆石 U-Pb	梁清玲，2013
25	金龙桥岩体	ZJ10-25	细粒二长花岗岩	内陆华夏地块	紫金山复式岩体中西部	157±1	LA-ICP-MS 锆石 U-Pb	梁清玲，2013
26	溪口复式岩基	11XK9-TW1	中粒花岗岩	内陆华夏地块	25°3′8.0″N，116°44′11.2″E	167±1	LA-ICP-MS 锆石 U-Pb	沈莽庭等，2015
27	溪口复式岩基	11XK6-TW1	中粒花岗岩	内陆华夏地块	25°3′33.1″N，116°39′33.2″E	161±3	LA-ICP-MS 锆石 U-Pb	沈莽庭等，2015
28	紫金山岩体	14ZJ-2	中粗粒花岗岩	内陆华夏地块	25°6′25.5″N，116°32′44.3″E	157±3	LA-ICP-MS 锆石 U-Pb	谢其锋等，2017
29	桃子窝矿区	TZW0527001	花岗岩	内陆华夏地块	桃子窝矿区 ZK601	169±2	LA-ICP-MS 锆石 U-Pb	刘鹏等，2015b
30	桃子窝	TZW0527001	次花岗斑岩	内陆华夏地块	桃子窝锡矿区 ZK601	172±1	LA-ICP-MS 锆石 U-Pb	刘鹏等，2015b
31	桃子窝	TZW0527002	晶屑凝灰岩	内陆华夏地块	桃子窝矿区 ZK601	172±1	LA-ICP-MS 锆石 U-Pb	刘鹏等，2015b
32	姑田铜钼矿区	GT-39	花岗闪长斑岩	内陆华夏地块	姑田斑岩型铜钼矿区	161±1	LA-ICP-MS 锆石 U-Pb	Li et al.，2016
33	姑田铜钼矿区	GT-38	花岗闪长斑岩	内陆华夏地块	姑田斑岩型铜钼矿区	160±2	LA-ICP-MS 锆石 U-Pb	Li et al.，2016
34	姑田铜钼矿区	GT-37-2	花岗闪长斑岩	内陆华夏地块	姑田斑岩型铜钼矿区	158±2	LA-ICP-MS 锆石 U-Pb	Li et al.，2016
35	姑田铜钼矿区	GT-31-1	花岗闪长斑岩	内陆华夏地块	姑田斑岩型铜钼矿区	158±2	LA-ICP-MS 锆石 U-Pb	Li et al.，2016
36	石壁寨岩体	14ZJ-3	含斑细粒二长花岗岩	沿海华夏地块	25°4′47.1″N，116°18′12.1″E	166±8	LA-ICP-MS 锆石 U-Pb	谢其锋等，2017

续表

序号	岩体/矿区	样品编号	岩石类型	构造位置	采样位置	年龄/Ma	测试方法	数据来源
37	石壁寨岩体	14WW-01	斑状细粒含黑云母二长花岗岩	沿海华夏地块	25°3′4.9″N，116°21′38.7″E	154±1	LA-ICP-MS 锆石 U-Pb	谢其锋等，2017
38	古兜山岩体	GD61-1	含角闪石黑云母花岗岩	沿海华夏地块	22°14′15″N，112°55′6″E	161±2	LA-ICP-MS 锆石 U-Pb	Huang et al.，2013
39	五桂山岩体	GD62-1	黑云母花岗岩	沿海华夏地块	22°29′53″N，113°19′17″E	160±2	LA-ICP-MS 锆石 U-Pb	Huang et al.，2013
40	小良岩体	GD47-1	含角闪石钾长花岗岩	沿海华夏地块	21°31′10″N，110°59′14″E	159±1	LA-ICP-MS 锆石 U-Pb	Huang et al.，2013
41	葫芦田岩体	08JH151	黑云母花岗岩	沿海华夏地块	23°47′51″N，116°13′26″E	159±1	LA-ICP-MS 锆石 U-Pb	Zhang et al.，2015
42	馒头山岩体	08JH148	黑云母花岗岩	沿海华夏地块	23°38′52″N，116°16′4″E	164±2	LA-ICP-MS 锆石 U-Pb	Zhang et al.，2015
43	凤凰岩体	08JH158	黑云母花岗岩	沿海华夏地块	23°56′9″N，116°31′57″E	161±1	LA-ICP-MS 锆石 U-Pb	Zhang et al.，2015
44	赤寮岩体	08JH146	黑云母花岗岩	沿海华夏地块	23°24′30″N，116°13′56″E	157±2	LA-ICP-MS 锆石 U-Pb	Zhang et al.，2015
45	莲花山岩体	08JH115	花岗闪长岩	沿海华夏地块	23°28′10″N，115°33′47″E	154±2	LA-ICP-MS 锆石 U-Pb	Zhang et al.，2015
46	腊圃岩体	08JH01	黑云母花岗岩	沿海华夏地块	23°26′28″N，113°46′32″E	163±2	LA-ICP-MS 锆石 U-Pb	Zhang et al.，2015
47	乌石坑岩体	08JH133	黑云母花岗岩	沿海华夏地块	23°4′36″N，116°12′45″E	160±2	LA-ICP-MS 锆石 U-Pb	Zhang et al.，2015
48	石鼓山岩体	08JH117	黑云母花岗岩	沿海华夏地块	23°6′18″N，115°42′42″E	159±1	SIMS 锆石 U-Pb	Zhang et al.，2015
49	馒头山岩体	13GD06-1	黑云母正长花岗岩	沿海华夏地块	23°39′21.8″N，116°16′51.6″E	166±2	LA-ICP-MS 锆石 U-Pb	Zhou et al.，2016
50	馒头山岩体	13GD04-1	似斑状黑云母二长花岗岩	沿海华夏地块	23°36′57.7″N，116°12′11.6″E	162±3	LA-ICP-MS 锆石 U-Pb	Zhou et al.，2016
51	馒头山岩体	13GD05-1	似斑状黑云母二长花岗岩	沿海华夏地块	23°34′26.1″N，116°5′51.2″E	161±2	LA-ICP-MS 锆石 U-Pb	Zhou et al.，2016
52	馒头山岩体	MTS02-3-b	辉绿岩	沿海华夏地块	23°35′56.5″N，116°6′58.1″E	157±1	LA-ICP-MS 锆石 U-Pb	本书
53	馒头山岩体	MTS03-1B	含斑黑云母花岗岩	沿海华夏地块	23°37′28.4″N，116°11′39.9″E	155±1	LA-ICP-MS 锆石 U-Pb	本书
54	葫芦田岩体	HLT03-1B	中粗粒黑云母花岗岩	沿海华夏地块	23°44′8.4″N，116°19′19.1″E	170±1	LA-ICP-MS 锆石 U-Pb	本书
55	鸿沟山矿区	1503JLS03	花岗闪长斑岩	沿海华夏地块	鸿沟山矿区	156±2	SHRIMP 锆石 U-Pb	高风颖等，2018

续表

序号	岩体/矿区	样品编号	岩石类型	构造位置	采样位置	年龄/Ma	测试方法	数据来源
56	田东矿区岩体	CYB05003	粗粒花岗岩	沿海华夏地块	田东钨锡多金属矿区	158±2	LA-ICP-MS 锆石 U-Pb	刘鹏等，2015a
57	新寮岽矿区	XLDY-005	石英闪长岩	沿海华夏地块	23°37′43.2″N，116°7′57.9″E	161±1	LA-ICP-MS 锆石 U-Pb	王小雨，2016
58	莲花山岩体	L01-TW1	石英闪长玢岩	沿海华夏地块	23°37′45″N，116°50′51″E	168±2	LA-ICP-MS 锆石 U-Pb	范飞鹏等，2020
59	冈尾-轮水岩体	GD51-1	花岗闪长岩	沿海华夏地块	22°4′7″N，111°45′7″E	166±1	LA-ICP-MS 锆石 U-Pb	Huang et al.，2013
60	观音山岩体	DY0013	斑状含角闪黑云二长花岗岩	沿海华夏地块	23°39′44.0″N，116°11′24.9″E	159±2	LA-ICP-MS 锆石 U-Pb	许汉森等，2018
61	钟丘洋火山岩	ZQY18	流纹质凝灰岩	沿海华夏地块	23°3′22″N，116°10′51″E	165±1	LA-ICP-MS 锆石 U-Pb	贾丽辉，2018
62	丰顺	08JH-153	英安岩	沿海华夏地块	23°54′25″N，116°23′1″E	168±2	LA-ICP-MS 锆石 U-Pb	Guo et al.，2012
63	丰顺	08JH-212	英安岩	沿海华夏地块	24°5′21″N，117°5′18″E	165±1	LA-ICP-MS 锆石 U-Pb	Guo et al.，2012
64	丰顺	08JH-229	英安岩	沿海华夏地块	24°23′35″N，117°13′17″E	158±2	LA-ICP-MS 锆石 U-Pb	Guo et al.，2012
65	丰顺	08JH-334	英安岩	沿海华夏地块	24°47′15″N，117°50′1″E	158±1	LA-ICP-MS 锆石 U-Pb	Guo et al.，2012
66	常林	FK03	晶屑凝灰岩	沿海华夏地块	26°4′31.5″N，118°40′26.6″E	160±2	LA-ICP-MS 锆石 U-Pb	Liu et al.，2016
67	常林	FK02	凝灰岩	沿海华夏地块	26°6′20.8″N，118°41′29.1″E	157±1	LA-ICP-MS 锆石 U-Pb	Liu et al.，2016
68	常林	FK01	熔结凝灰岩	沿海华夏地块	26°6′29.3″N，118°41′33.2″E	153±2	LA-ICP-MS 锆石 U-Pb	Liu et al.，2016
第三期——晚侏罗世—早白垩世岩浆岩（155～125Ma）								
69	河田岩体	H0795-1	中细粒二云母花岗岩	内陆华夏地块	25°37′49″N，116°27′52″E	151±2	LA-ICP-MS 锆石 U-Pb	郭春丽等，2017
70	河田岩体	H0793-2	中细粒二云母花岗岩	内陆华夏地块	25°36′47″N，116°24′53″E	149±1	LA-ICP-MS 锆石 U-Pb	郭春丽等，2017
71	河田岩体	H0794-2	中细粒二云母花岗岩	内陆华夏地块	25°38′34″N，116°26′15″E	146±2	LA-ICP-MS 锆石 U-Pb	郭春丽等，2017
72	大洋岩体	DY-08	中细粒黑云母花岗岩	内陆华夏地块	24°52′45.5″N，117°3′42.7″E	145±1	LA-ICP-MS 锆石 U-Pb	张承帅等，2012a
73	大洋岩体	DY-07	中细粒黑云母花岗岩	内陆华夏地块	24°49′14.7″N，117°3′4.1″E	128±1	LA-ICP-MS 锆石 U-Pb	张承帅等，2012a

续表

序号	岩体/矿区	样品编号	岩石类型	构造位置	采样位置	年龄/Ma	测试方法	数据来源
74	大洋岩体	DY06	中细粒黑云母花岗岩	内陆华夏地块	24°49′14.7″N，117°2′5.4″E	133±1	LA-ICP-MS 锆石 U-Pb	张承帅等，2012b
75	莒舟岩体	JZ08	中细粒黑云母花岗岩	内陆华夏地块	24°51′40.3″N，117°6′11.2″E	130±1	LA-ICP-MS 锆石 U-Pb	张承帅等，2012b
76	增坑岩体	D1366-TW1	细粒二长花岗岩	内陆华夏地块	25°1′32″N，116°51′16″E	148±1	LA-ICP-MS 锆石 U-Pb	沈莽庭等，2013
77	灌洋岩体	D1365-TW1	中细粒黑云母二长花岗岩	内陆华夏地块	25°3′28″N，116°50′2″E	143±1	LA-ICP-MS 锆石 U-Pb	沈莽庭等，2013
78	太源岩体	WT-09	碱长花岗岩	内陆华夏地块	27°25′8.2″N，118°32′12.6″E	134±1	LA-ICP-MS 锆石 U-Pb	Wang et al.，2016
79	下都	NY36	凝灰岩	内陆华夏地块	25°59′39.2″N，117°21′29.7″E	135±2	LA-ICP-MS 锆石 U-Pb	Liu et al.，2016
80	寨岗上火山岩	ZGS01-1B	中酸性火山熔岩	内陆华夏地块	24°26′9.7″N，116°19′44.0″E	148±1	LA-ICP-MS 锆石 U-Pb	本书
81	葫芦田岩体	13GD12	黑云母正长花岗岩	沿海华夏地块	23°43′25.5″N，116°27′39.5″E	139±2	LA-ICP-MS 锆石 U-Pb	Zhou et al.，2016
82	东山岛岩体	DS-7-3	片麻状花岗岩	沿海华夏地块	23°39′37″N，117°27′52.3″E	147±2	LA-ICP-MS 锆石 U-Pb	Liu et al.，2012b
83	东山岛岩体	DS-16	片麻状花岗岩	沿海华夏地块	23°39′37″N，117°23′29.1″E	146±2	LA-ICP-MS 锆石 U-Pb	Liu et al.，2012b
84	漳浦复式岩体	DS-24-2	眼球状花岗岩	沿海华夏地块	24°21′17.3″N，118°5′35.7″E	147±2	LA-ICP-MS 锆石 U-Pb	Liu et al.，2012b
85	漳浦复式岩体	PD25-6	片麻状花岗岩	沿海华夏地块	24°20′34.8″N，118°5′1.8″E	147±1	Zircon LA-ICPMS U-Pb	Cui et al.，2013
86	漳浦复式岩体	PD26-3	片麻状花岗岩	沿海华夏地块	24°18′42″N，118°6′59.4″E	141±1	锆石 SHRIMP U-Pb	Cui et al.，2013
87	漳浦复式岩体	白坑	花岗闪长岩	沿海华夏地块	24°16′48.7″N，118°7′40.6″E	149±1	LA-ICP-MS 锆石 U-Pb	石建基，2011
88	漳浦复式岩体	古美山	花岗闪长岩	沿海华夏地块	24°20′47.0″N，118°3′37.8″E	145±1	LA-ICP-MS 锆石 U-Pb	石建基，2011
89	漳浦复式岩体	岛美	正长花岗岩	沿海华夏地块	24°19′39.9″N，118°6′51.3″E	137±1	LA-ICP-MS 锆石 U-Pb	石建基，2011
90	长埔矿区	CP-5-1	石英斑岩	沿海华夏地块	22°56′11″N，115°15′23″E	145±1	LA-ICP-MS 锆石 U-Pb	丘增旺等，2016
91	金坑岩体	14JKC-3	黑云母花岗岩	沿海华夏地块	23°31′15″N，115°47′12″E	145±1	LA-ICP-MS 锆石 U-Pb	Qiu et al.，2017
92	金坑岩体	14JKC-4	中细粒花岗岩	沿海华夏地块	23°31′37″N，115°47′53″E	141±1	LA-ICP-MS 锆石 U-Pb	Qiu et al.，2017
93	亲营山岩体	D3060	变晶糜棱岩化二长花岗岩	沿海华夏地块	23°40′40.8″N，117°26′38.5″E	145±1	LA-ICP-MS 锆石 U-Pb	黄长煌，2015

续表

序号	岩体/矿区	样品编号	岩石类型	构造位置	采样位置	年龄/Ma	测试方法	数据来源
94	牛稜山复式岩体	D2004	变晶糜棱岩化花岗闪长岩	沿海华夏地块	23°43′49.2″N，117°24′43.0″E	144±2	LA-ICP-MS 锆石 U-Pb	黄长煌，2015
95	牛稜山复式岩体	D2008	糜棱岩化正长花岗岩	沿海华夏地块	23°44′23.2″N，117°23′57.5″E	133±2	LA-ICP-MS 锆石 U-Pb	黄长煌，2015
96	牛头尾岩体	DS09-38	似斑状花岗闪长岩	沿海华夏地块	25°22′17.7″N，119°29′38.4″E	130±1	LA-ICP-MS 锆石 U-Pb	刘潜等，2011
97	凤凰岩体	FH07-1B	中粗粒黑云母花岗岩	沿海华夏地块	23°57′55.1″N，116°39′46.8″E	146±1	LA-ICP-MS 锆石 U-Pb	本书
98	乌山岩体	WS03-2B	粗粒黑云母花岗岩	沿海华夏地块	23°45′17.5″N，117°14′54.0″E	150±1	LA-ICP-MS 锆石 U-Pb	本书
99	武平复式岩体	WP07-1B	似斑中细粒黑云母花岗岩	内陆华夏地块	24°32′5.3″N，116°34′22.7″E	151±1	LA-ICP-MS 锆石 U-Pb	本书
100	大埔岩体	DB06-1B	似斑状黑云母花岗岩	沿海华夏地块	24°30′12.2″N，116°52′38.6″E	145±1	LA-ICP-MS 锆石 U-Pb	本书
101	大埔岩体	DB19-1B	细粒黑云母花岗岩	沿海华夏地块	24°2′1.9″N，116°40′41.6″E	131±1	LA-ICP-MS 锆石 U-Pb	本书
102	大埔岩体	DY010	中粒斑状黑云母二长花岗岩	沿海华夏地块	24°3′43.6″N，116°29′13.1″E	144±2	LA-ICP-MS 锆石 U-Pb	邸文等，2017
103	大埔岩体	DY005	中粒斑状黑云母二长花岗岩	沿海华夏地块	24°8′2.2″N，116°33′30.7″E	142±2	LA-ICP-MS 锆石 U-Pb	邸文等，2017
104	大埔岩体	DY021	中粒斑状黑云母二长花岗岩	沿海华夏地块	24°2′0.8″N，116°40′40.6″E	139±1	LA-ICP-MS 锆石 U-Pb	邸文等，2017
105	大埔岩体	DP-1	似斑状黑云母花岗岩	沿海华夏地块	24°12′44.5″N，116°26′34.9″E	136±1	LA-ICP-MS 锆石 U-Pb	赵希林等，2012
106	揭西岩体	JX-1	中粒黑云母钾长花岗岩	沿海华夏地块	23°32′17.8″N，116°1′0.7″E	135±1	LA-ICP-MS 锆石 U-Pb	赵希林等，2012
107	横田斑岩体	H01	花岗斑岩	沿海华夏地块	23°44′33.3″N，116°29′11.5″E	142±1	SHRIMP 锆石 U-Pb	范飞鹏，2017

续表

序号	岩体/矿区	样品编号	岩石类型	构造位置	采样位置	年龄/Ma	测试方法	数据来源
108	莲花山矿区	L04-TW1	中粒黑云母二长花岗岩	沿海华夏地块	23°37′39″N，116°49′38″E	138±2	LA-ICP-MS 锆石 U-Pb	范飞鹏等，2020
109	飞鹅山岩体	1503TD023	黑云母花岗斑岩	沿海华夏地块	23°44′12.3″N，116°26′31.7″E	139±2	LA-ICP-MS 锆石 U-Pb	Liu et al.，2017
110	飞蛾山矿区	1503TD023	黑云母二长花岗斑岩	沿海华夏地块	飞鹅山矿区钻孔 ZK4002	139±2	LA-ICP-MS 锆石 U-Pb	刘鹏，2018
111	飞蛾山矿区	1503TD027	黑云母花岗岩	沿海华夏地块	飞鹅山矿区钻孔 ZK4002	135±2	LA-ICP-MS 锆石 U-Pb	刘鹏，2018
112	陶锡湖岩体	TXH-7	黑云母花岗岩	沿海华夏地块	23°32′42″N，115°47′10″E	146±2	LA-ICP-MS 锆石 U-Pb	Yan et al.，2017
113	陶锡湖岩体	TXH-1	花岗斑岩	沿海华夏地块	23°32′41″N，115°47′9″E	142±1	LA-ICP-MS 锆石 U-Pb	Yan et al.，2017
114	三角窝岩体	15SJW-1	花岗斑岩	沿海华夏地块	23°11′20.1″N，115°28′9.0″E	141±1	LA-ICP-MS 锆石 U-Pb	Yan et al.，2017
115	角头	PD30-1	片麻状花岗岩	沿海华夏地块	23°43′13.8″N，117°24′29.4″E	146±1	锆石 SHRIMP U-Pb	Cui et al.，2013
116	古雷山	PD34-7	片麻状花岗岩	沿海华夏地块	23°46′22.8″N，117°36′27″E	137±1	锆石 SHRIMP U-Pb	Cui et al.，2013
117	南澳岛	PD52-3	片麻状花岗岩	沿海华夏地块	23°24′3.6″N，117°7′4.2″E	136±1	LA-ICP-MS 锆石 U-Pb	Cui et al.，2013
118	南澳岛	PD51-1	花岗岩	沿海华夏地块	23°24′49.8″N，117°8′34.8″E	124±1	锆石 SHRIMP U-Pb	Cui et al.，2013
119	Liucuo	PD14-1	淡色花岗岩	沿海华夏地块	25°10′43.2″N，118°58′28.8″E	135±1	LA-ICP-MS 锆石 U-Pb	Cui et al.，2013
120	Liucuo	PD14-2	细粒花岗岩	沿海华夏地块	25°10′43.2″N，118°58′28.8″E	132±1	锆石 SHRIMP U-Pb	Cui et al.，2013
121	四都岩体	QZ25	二长花岗岩	沿海华夏地块	25°2′20″N，118°30′30″E	133±1	LA-ICP-MS 锆石 U-Pb	Yang et al.，2018
122	长坑岩体	ZK1204-b1	花岗岩（隐伏）	沿海华夏地块	25°18′27″N，117°47′55″E	132±1	LA-ICP-MS 锆石 U-Pb	来守华等，2014
123	秀篆岩体	XZ08-1B	似斑状黑云母花岗岩	沿海华夏地块	24°2′13.1″N，116°57′50.3″E	141±1	LA-ICP-MS 锆石 U-Pb	本书
124	秀篆岩体	XZ06-1B	花岗斑岩	沿海华夏地块	24°1′31.0″N，116°58′28.8″E	135±1	LA-ICP-MS 锆石 U-Pb	本书
125	官陂岩体	GP02-1B	似斑状黑云母花岗岩	沿海华夏地块	23°49′55.7″N，117°4′53.2″E	135±1	LA-ICP-MS 锆石 U-Pb	本书
126	曾屋寨火山岩	ZWZ01-1B	英安岩	沿海华夏地块	24°39′54.3″N，116°59′56.6″E	145±1	LA-ICP-MS 锆石 U-Pb	本书

续表

序号	岩体/矿区	样品编号	岩石类型	构造位置	采样位置	年龄/Ma	测试方法	数据来源
127	虎作池火山岩	FH10-1B	英安质岩屑晶屑凝灰岩	沿海华夏地块	23°56′1.0″N，116°41′59.6″E	136±1	LA-ICP-MS 锆石 U-Pb	本书
128	田东矿区岩体	TDY001	细粒花岗岩	沿海华夏地块	田东钨锡多金属矿区 ZK128-1	141±1	LA-ICP-MS 锆石 U-Pb	刘鹏等，2015a
129	丰顺	09GF-21	流纹岩	沿海华夏地块	23°57′50″N，116°11′39″E	149±1	锆石 SIMS U-Pb	Guo et al.，2012
130	丰顺	09GF-5	流纹岩	沿海华夏地块	23°49′40″N，116°7′26″E	146±2	LA-ICP-MS 锆石 U-Pb	Guo et al.，2012
131	丰顺	08JH-187	流纹岩	沿海华夏地块	23°52′43″N，117°23′25″E	143±1	LA-ICP-MS 锆石 U-Pb	Guo et al.，2012
132	丰顺	09GF-9	英安岩	沿海华夏地块	23°51′18″N，116°6′35″E	143±1	LA-ICP-MS 锆石 U-Pb	Guo et al.，2012
133	丰顺	09GF-14A	英安岩	沿海华夏地块	23°52′25″N，116°5′38″E	139±1	锆石 SIMS U-Pb	Guo et al.，2012
134	南园	08JH-454	流纹岩	沿海华夏地块	25°41′24″N，118°8′18″E	142±1	LA-ICP-MS 锆石 U-Pb	Guo et al.，2012
135	南园	09GF-126A	英安岩	沿海华夏地块	26°5′33″N，118°49′21″E	141±1	锆石 SHRIMP U-Pb	Guo et al.，2012
136	南园	08JH-427	流纹岩	沿海华夏地块	25°32′52″N，118°25′58″E	138±2	LA-ICP-MS 锆石 U-Pb	Guo et al.，2012
137	南园	08JH-425	流纹岩	沿海华夏地块	25°8′24″N，118°39′8″E	136±2	LA-ICP-MS 锆石 U-Pb	Guo et al.，2012
138	南园	08JH-42	英安岩	沿海华夏地块	25°8′36″N，118°39′43″E	136±1	LA-ICP-MS 锆石 U-Pb	Guo et al.，2012
139	南园	08JH-400	流纹岩	沿海华夏地块	25°10′13″N，118°42′15″E	134±1	LA-ICP-MS 锆石 U-Pb	Guo et al.，2012
140	南园	08JH-410	流纹岩	沿海华夏地块	25°11′5″N，118°43′26″E	133±2	LA-ICP-MS 锆石 U-Pb	Guo et al.，2012
141	南园	08JH-460	流纹岩	沿海华夏地块	25°39′49″N，118°7′57″E	133±1	锆石 SHRIMP U-Pb	Guo et al.，2012
142	南园	08JH-415	流纹岩	沿海华夏地块	25°11′18″N，118°43′50″E	132±1	LA-ICP-MS 锆石 U-Pb	Guo et al.，2012
143	南园	08JH-408	流纹岩	沿海华夏地块	25°10′25″N，118°42′48″E	131±1	LA-ICP-MS 锆石 U-Pb	Guo et al.，2012
144	南园	08JH-396	流纹岩	沿海华夏地块	25°11′6″N，118°45′18″E	131±1	LA-ICP-MS 锆石 U-Pb	Guo et al.，2012
145	南园	08JH-440	英安岩	沿海华夏地块	25°37′50″N，118°4′59″E	130±1	LA-ICP-MS 锆石 U-Pb	Guo et al.，2012
146	南园	NY11	熔结凝灰岩	沿海华夏地块	26°7′34.2″N，118°42′35.6″E	139±1	LA-ICP-MS 锆石 U-Pb	Liu et al.，2016
147	南园	NY23	熔结凝灰岩	沿海华夏地块	25°39′17.3″N，118°7′51.2″E	145±1	LA-ICP-MS 锆石 U-Pb	Liu et al.，2016
148	南园	NY25	英安岩	沿海华夏地块	25°39′17.3″N，118°7′51.2″E	144±1	LA-ICP-MS 锆石 U-Pb	Liu et al.，2016
149	南园	NY26	熔结凝灰岩	沿海华夏地块	25°39′48.8″N，118°7′56.6″E	143±1	LA-ICP-MS 锆石 U-Pb	Liu et al.，2016

续表

序号	岩体/矿区	样品编号	岩石类型	构造位置	采样位置	年龄/Ma	测试方法	数据来源
150	南园	NY28	熔结凝灰岩	沿海华夏地块	25°41′5.5″N，118°8′17.2″E	142±1	LA-ICP-MS 锆石 U-Pb	Liu et al.，2016
151	南园	NY27	熔结凝灰岩	沿海华夏地块	25°40′27.9″N，118°8′6.8″E	142±1	LA-ICP-MS 锆石 U-Pb	Liu et al.，2016
152	南园	NY21	熔结凝灰岩	沿海华夏地块	25°11′49.2″N，118°43′1.8″E	131±2	LA-ICP-MS 锆石 U-Pb	Liu et al.，2016
153	南园	NY22	熔结凝灰岩	沿海华夏地块	25°12′0.2″N，118°43′32.4″E	131±2	LA-ICP-MS 锆石 U-Pb	Liu et al.，2016
154	南园	NY19	熔结凝灰岩	沿海华夏地块	25°12′7.4″N，118°43′46.6″E	131±2	LA-ICP-MS 锆石 U-Pb	Liu et al.，2016
155	南园	NY20	熔结凝灰岩	沿海华夏地块	25°11′47.9″N，118°43′17.8″E	130±2	LA-ICP-MS 锆石 U-Pb	Liu et al.，2016
156	常林	NY12	熔结凝灰岩	沿海华夏地块	26°7′13.0″N，118°42′22.3″E	148±1	LA-ICP-MS 锆石 U-Pb	Liu et al.，2016
157	下都	NY37	凝灰岩	沿海华夏地块	25°59′42.2″N，117°21′30.3″E	132±2	LA-ICP-MS 锆石 U-Pb	Liu et al.，2016
158	小溪	NY05	流纹岩	沿海华夏地块	27°16′18.8″N，119°55′26.7″E	130±2	LA-ICP-MS 锆石 U-Pb	Liu et al.，2016
159	小溪	NY09	熔结凝灰岩	沿海华夏地块	27°16′27.9″N，119°55′23.6″E	130±1	LA-ICP-MS 锆石 U-Pb	Liu et al.，2016
160	小溪	NY08	熔结凝灰岩	沿海华夏地块	27°16′21.1″N，119°55′27.2″E	130±1	LA-ICP-MS 锆石 U-Pb	Liu et al.，2016
161	小溪	NY03	流纹岩	沿海华夏地块	27°15′23.9″N，119°54′59.5″E	130±1	LA-ICP-MS 锆石 U-Pb	Liu et al.，2016
162	小溪	NY04	流纹岩	沿海华夏地块	27°15′40.5″N，119°54′57.3″E	129±1	LA-ICP-MS 锆石 U-Pb	Liu et al.，2016
163	小溪	NY10	流纹岩	沿海华夏地块	27°16′43.5″N，119°55′38.5″E	128±2	LA-ICP-MS 锆石 U-Pb	Liu et al.，2016
164	小溪	SMS01	流纹岩	沿海华夏地块	27°16′53.9″N，119°56′1.3″E	128±1	LA-ICP-MS 锆石 U-Pb	Liu et al.，2016
165	小溪	SMS03	流纹岩	沿海华夏地块	27°17′2.9″N，119°56′23.2″E	127±2	LA-ICP-MS 锆石 U-Pb	Liu et al.，2016
第四期——白垩纪中晚期岩浆岩（120～80Ma）								
166	浸铜湖铜钼矿	CX-9	石英正长斑岩	内陆华夏地块	25°12′23.9″N，116°26′31.9″E	97±1	LA-ICP-MS 锆石 U-Pb	武丽艳等，2013
167	浸铜湖铜钼矿	CX-6	石英正长斑岩	内陆华夏地块	25°12′23.9″N，116°26′31.9″E	95±1	LA-ICP-MS 锆石 U-Pb	武丽艳等，2013
168	紫金山矿区	14CL	细粒黑云母花岗岩	内陆华夏地块	25°11′7.9″N，116°24′54.8″E	107±1	LA-ICP-MS 锆石 U-Pb	谢其锋等，2018
169	石陂复式岩体	SP-02	花岗闪长岩	内陆华夏地块	27°39′55.6″N，118°22′4.1″E	109±1	LA-ICP-MS 锆石 U-Pb	Wang et al.，2016
170	罗卜岭岩体	LBL-203	角闪黑云母花岗闪长斑岩	内陆华夏地块	25°11′44.6″N，116°26′14.2″E	104±1	LA-ICP-MS 锆石 U-Pb	黄文婷等，2013

续表

序号	岩体/矿区	样品编号	岩石类型	构造位置	采样位置	年龄/Ma	测试方法	数据来源
171	罗卜岭岩体	LBL-132	黑云母花岗闪长斑岩	内陆华夏地块	25°11′44.6″N，116°26′14.2″E	98±2	LA-ICP-MS 锆石 U-Pb	黄文婷等，2013
172	罗卜岭岩体	LBL-81	黑云母花岗闪长斑岩	内陆华夏地块	25°11′44.6″N，116°26′14.2″E	103±1	LA-ICP-MS 锆石 U-Pb	黄文婷等，2013
173	罗卜岭岩体	LBL12-1	花岗闪长斑岩	内陆华夏地块	罗卜岭矿区	105±1	LA-ICP-MS 锆石 U-Pb	梁清玲，2013
174	罗卜岭岩体	LBL12-2	花岗闪长斑岩	内陆华夏地块	罗卜岭矿区	100±1	LA-ICP-MS 锆石 U-Pb	梁清玲，2013
175	四方岩体	ZJ10-34	花岗闪长岩	内陆华夏地块	25°12′40.6″N，116°26′47.8″E	112±1	LA-ICP-MS 锆石 U-Pb	梁清玲，2013
176	紫金山火山-次火山岩体	ZJ10-5	英安质晶屑凝灰岩	内陆华夏地块	25°11′1.8″N，116°24′51.6″E	111±1	LA-ICP-MS 锆石 U-Pb	梁清玲，2013
177	紫金山火山-次火山岩体	ZJ10-29	英安玢岩	内陆华夏地块	紫金铜金矿中心区	110±1	LA-ICP-MS 锆石 U-Pb	梁清玲，2013
178	紫金山火山-次火山岩体	ZJ10-12	凝灰岩	内陆华夏地块	紫金铜金矿中心区	110±1	LA-ICP-MS 锆石 U-Pb	梁清玲，2013
179	紫金山火山-次火山岩体	ZJ10-7	英安岩	内陆华夏地块	25°11′7.9″N，116°24′54.8″E	110±1	LA-ICP-MS 锆石 U-Pb	梁清玲，2013
180	紫金山火山-次火山岩体	ZJ10-23	熔结凝灰岩	内陆华夏地块	紫金铜金矿中心区	108±1	LA-ICP-MS 锆石 U-Pb	梁清玲，2013
181	悦洋火山-次火山岩体	ZJ10-16	流纹质凝灰熔岩	内陆华夏地块	悦洋矿区金狮寨西矿段	105±1	LA-ICP-MS 锆石 U-Pb	梁清玲，2013
182	悦洋火山-次火山岩体	ZJ10-22	流纹岩	内陆华夏地块	悦洋矿区金狮寨西矿段	102±1	LA-ICP-MS 锆石 U-Pb	梁清玲，2013
183	温屋火山-次火山岩体	ZJ10-32	流纹斑岩	内陆华夏地块	25°15′38.6″N，116°21′47.1″E	104±1	LA-ICP-MS 锆石 U-Pb	梁清玲，2013
184	温屋火山-次火山岩体	ZJ10-31	流纹斑岩	内陆华夏地块	25°15′38.6″N，116°21′47.1″E	104±1	LA-ICP-MS 锆石 U-Pb	梁清玲，2013

续表

序号	岩体/矿区	样品编号	岩石类型	构造位置	采样位置	年龄/Ma	测试方法	数据来源
185	白崖山	NY38	凝灰岩	内陆华夏地块	25°59′53.9″N，117°21′34.0″E	100±2	LA-ICP-MS 锆石 U-Pb	Liu et al.，2016
186	白崖山	NY39	凝灰岩	内陆华夏地块	26°0′0.5″N，117°21′35.5″E	98±1	LA-ICP-MS 锆石 U-Pb	Liu et al.，2016
187	莲花山矿区	L02-TW1	石英斑岩	沿海华夏地块	23°37′40″N，116°49′52″E	102±2	LA-ICP-MS 锆石 U-Pb	范飞鹏等，2020
188	莲花山矿区	L03-TW1	石英斑岩	沿海华夏地块	23°37′35″N，116°49′47″E	99±2	LA-ICP-MS 锆石 U-Pb	范飞鹏等，2020
189	赤寮岩体	CL03-1B	中粒黑云母花岗岩	沿海华夏地块	23°27′14.2″N，116°21′7.0″E	135±1	LA-ICP-MS 锆石 U-Pb	本书
190	大层山岩体	DCS	中细粒碱长花岗岩或花岗岩	沿海华夏地块	27°0′30.4″N，120°14′22.5″E	93±2	LA-ICP-MS 锆石 U-Pb	邱检生等，2008
191	大京岩体	DJ	中细粒碱长花岗岩	沿海华夏地块	26°38′7.4″N，120°6′30.9″E	94±2	LA-ICP-MS 锆石 U-Pb	邱检生等，2008
192	南镇岩体	NZ	中细粒碱长花岗岩	沿海华夏地块	27°7′3.6″N，120°22′25.6″E	96±3	LA-ICP-MS 锆石 U-Pb	邱检生等，2008
193	三沙岩体	SAN	中细粒碱长花岗岩或花岗岩	沿海华夏地块	26°55′38.8″N，120°11′3.2″E	92±2	LA-ICP-MS 锆石 U-Pb	邱检生等，2008
194	小矾山岩体	X01-b2	黑云母二长花岗岩	沿海华夏地块	24°21′22.4″N，117°14′15.3″E	110±1	LA-ICP-MS 锆石 U-Pb	王森等，2016
195	大矾山岩体	F02-b1	黑云角闪花岗闪长岩	沿海华夏地块	24°19′24″N，117°12′23.5″E	110±1	LA-ICP-MS 锆石 U-Pb	王森等，2016
196	大帽山岩体	QZ62	二长花岗岩	沿海华夏地块	24°53′21″N，118°27′50″E	111±1	LA-ICP-MS 锆石 U-Pb	Yang et al.，2018
197	惠安岩体	QZ22	二长花岗岩	沿海华夏地块	25°1′24″N，118°39′26″E	118±2	LA-ICP-MS 锆石 U-Pb	Yang et al.，2018
198	惠安岩体	QZ17	二长花岗岩	沿海华夏地块	25°0′48″N，118°44′46″E	108±1	LA-ICP-MS 锆石 U-Pb	Yang et al.，2018
199	厦门岩体	XM07	二长花岗岩	沿海华夏地块	24°26′41″N，118°6′33″E	115±2	LA-ICP-MS 锆石 U-Pb	Yang et al.，2018
200	厦门岩体	XM08	中基性脉岩	沿海华夏地块	24°26′57″N，118°6′15″E	91±2	LA-ICP-MS 锆石 U-Pb	Yang et al.，2018
201	四都岩体	QZ55	二长花岗岩	沿海华夏地块	24°58′12″N，118°30′0″E	91±1	LA-ICP-MS 锆石 U-Pb	Yang et al.，2018
202	张坂岩体	QZ01	含黑云母花岗岩	沿海华夏地块	24°53′8″N，118°42′37″E	102±1	LA-ICP-MS 锆石 U-Pb	Yang et al.，2018
203	张坂岩体	QZ07	含黑云母花岗岩	沿海华夏地块	24°54′17″N，118°50′24″E	92±1	LA-ICP-MS 锆石 U-Pb	Yang et al.，2018
204	张坂岩体	QZ11	二长花岗岩	沿海华夏地块	24°54′52″N，118°53′5″E	87±1	LA-ICP-MS 锆石 U-Pb	Yang et al.，2018
205	张坂岩体	QZ12	中基性脉岩	沿海华夏地块	24°54′52″N，118°53′5″E	87±1	LA-ICP-MS 锆石 U-Pb	Yang et al.，2018

续表

序号	岩体/矿区	样品编号	岩石类型	构造位置	采样位置	年龄/Ma	测试方法	数据来源
206	张坂岩体	QZ14	中基性脉岩	沿海华夏地块	24°55′0″N，118°52′55″E	84±1	LA-ICP-MS 锆石 U-Pb	Yang et al.，2018
207	东埔岩体	QZ40	花岗岩	沿海华夏地块	24°46′3.0″N，118°45′2.7″E	105±1	LA-ICP-MS 锆石 U-Pb	丁聪等，2015
208	东埔岩体	QZ41	闪长岩	沿海华夏地块	24°46′3.0″N，118°45′2.7″E	90±2	LA-ICP-MS 锆石 U-Pb	丁聪等，2015
209	秀篆岩体	SR04	花岗闪长岩	沿海华夏地块	23°57′52.7″N，116°49′20.8″E	102±2	LA-ICP-MS 锆石 U-Pb	Jia et al.，2018
210	官陂岩体	WC01	石英闪长岩	沿海华夏地块	23°48′59.0″N，116°55′11.5″E	104±1	LA-ICP-MS 锆石 U-Pb	Jia et al.，2018
211	官陂岩体	AM01	花岗闪长岩	沿海华夏地块	23°47′6.1″N，116°58′51.1″E	105±2	LA-ICP-MS 锆石 U-Pb	Jia et al.，2018
212	官陂岩体	SGS02	花岗闪长岩	沿海华夏地块	23°45′12.9″N，116°54′16.0″E	106±2	LA-ICP-MS 锆石 U-Pb	Jia et al.，2018
213	官陂岩体	GP04-1B	细粒花岗岩	沿海华夏地块	23°50′45.9″N，117°4′37.9″E	101±1	LA-ICP-MS 锆石 U-Pb	本书
214	角美岩体	XM15	闪长质包体	沿海华夏地块	漳州市角美镇东 7km	107±1	LA-ICP-MS 锆石 U-Pb	杨金豹等，2013
215	角美岩体	XM13	黑云母花岗闪长岩	沿海华夏地块	24°30′11.0″N，117°56′31.8″E	106±2	LA-ICP-MS 锆石 U-Pb	杨金豹等，2013
216	角美岩体	XM14	闪长质包体	沿海华夏地块	漳州市角美镇东 7km	106±1	LA-ICP-MS 锆石 U-Pb	杨金豹等，2013
217	洄田	JT-1	花岗闪长岩	沿海华夏地块	26°7′59.4″N，119°19′40.5″E	110±4	LA-ICP-MS 锆石 U-Pb	林清茶等，2011
218	丹阳	DY-1	二长花岗岩	沿海华夏地块	26°21′35.1″N，119°27′31.5″E	100±5	LA-ICP-MS 锆石 U-Pb	林清茶等，2011
219	鼓山	FZ	黑云母花岗岩	沿海华夏地块	26°4′0.3″N，119°22′15.3″E	107±5	LA-ICP-MS 锆石 U-Pb	林清茶等，2011
220	魁岐岩体	KQ	碱性花岗岩	沿海华夏地块	26°2′1.3″N，119°23′9.9″E	95±3	LA-ICP-MS 锆石 U-Pb	林清茶等，2011
221	魁岐岩体	QZ-4	晶洞黑云母钾长花岗岩	沿海华夏地块	26°8′35″N，119°32′28″E	102±2	LA-ICP-MS 锆石 U-Pb	单强等，2014
222	魁岐岩体	KQ-2	晶洞碱性花岗岩	沿海华夏地块	26°1′57″N，119°22′42″E	97±1	LA-ICP-MS 锆石 U-Pb	单强等，2014
223	魁岐岩体	KQ-18	晶洞碱性花岗岩	沿海华夏地块	26°1′57″N，119°22′42″E	94±2	LA-ICP-MS 锆石 U-Pb	单强等，2014
224	魁岐岩体	KQ-19	晶洞碱性花岗岩	沿海华夏地块	26°1′57″N，119°22′42″E	92±1	LA-ICP-MS 锆石 U-Pb	单强等，2014
225	魁岐岩体	GS01	碱性花岗岩	沿海华夏地块	26°1′57″N，119°22′42″E	99±2	LA-ICP-MS 锆石 U-Pb	李良林等，2013
226	石牛山岩体	SN03	花岗斑岩	沿海华夏地块	25°32′50″N，118°26′36″E	95±1	LA-ICP-MS 锆石 U-Pb	李良林等，2013
227	白云山岩体	BY01	钾长花岗岩	沿海华夏地块	27°9′54″N，119°18′24″E	99±2	LA-ICP-MS 锆石 U-Pb	李良林等，2013
228	牛犊山复式岩体	D3061	片麻状二长花岗岩	沿海华夏地块	23°41′42.0″N，117°23′1.6″E	104±2	LA-ICP-MS 锆石 U-Pb	黄长煌，2015

续表

序号	岩体/矿区	样品编号	岩石类型	构造位置	采样位置	年龄/Ma	测试方法	数据来源
229	莲塘岩体	LT02-2B	石英闪长岩	沿海华夏地块	23°27′16.2″N，116°35′58.9″E	96±1	LA-ICP-MS 锆石 U-Pb	本书
230	莲塘岩体	LT06-1B	中粗粒黑云母花岗岩	沿海华夏地块	23°28′17.4″N，116°31′53.6″E	95±1	LA-ICP-MS 锆石 U-Pb	本书
231	七南州岩体	QNZ01-1B	含斑二长花岗岩	沿海华夏地块	24°8′17.8″N，116°52′12.0″E	113±2	LA-ICP-MS 锆石 U-Pb	本书
232	上营岩体	SY04-4B	辉绿岩	沿海华夏地块	23°41′13.8″N，117°2′48.7″E	101±1	LA-ICP-MS 锆石 U-Pb	本书
233	上营岩体	SY04-2B	斑状花岗闪长岩	沿海华夏地块	23°41′13.8″N，117°2′48.7″E	96±1	LA-ICP-MS 锆石 U-Pb	本书
234	上营岩体	SY01-1B	细粒黑云母花岗岩	沿海华夏地块	23°43′28.8″N，116°59′30.8″E	95±1	LA-ICP-MS 锆石 U-Pb	本书
235	上营岩体	SY09-1B	中粗粒黑云母花岗岩	沿海华夏地块	23°40′28.3″N，117°10′34.8″E	95±1	LA-ICP-MS 锆石 U-Pb	本书
236	上营岩体	SY04-3-b	斑状花岗岩	沿海华夏地块	23°41′13.8″N，117°2′48.7″E	94±1	LA-ICP-MS 锆石 U-Pb	本书
237	上营岩体	08JH175	黑云母花岗岩	沿海华夏地块	23°41′23.8″N，117°5′18.9″E	99±1	LA-ICP-MS 锆石 U-Pb	Chen et al.，2014
238	上营岩体	08JH171	黑云母花岗岩	沿海华夏地块	23°41′13.6″N，117°2′55.1″E	95±2	LA-ICP-MS 锆石 U-Pb	Chen et al.，2014
239	石狮岩体	QZ52	花岗岩	沿海华夏地块	24°43′30.4″N，118°36′53.6″E	105±1	LA-ICP-MS 锆石 U-Pb	丁聪等，2015
240	石狮岩体	QZ53	闪长岩	沿海华夏地块	24°43′30.4″N，118°36′53.7″E	96±1	LA-ICP-MS 锆石 U-Pb	丁聪等，2015
241	同安岩体	DS-27-1	中粗粒眼球状花岗岩	沿海华夏地块	24°30′54.8″N，118°34′10.5″E	108±1	LA-ICP-MS 锆石 U-Pb	Liu et al.，2012b
242	同安岩体	DS-27-2	中细粒花岗岩	沿海华夏地块	24°30′54.8″N，118°34′10.5″E	100±3	LA-ICP-MS 锆石 U-Pb	Liu et al.，2012b
243	秀才堂岩体	D0037	细粒斑状晶洞花岗岩	沿海华夏地块	23°43′20″N，116°46′7″E	95±4	LA-ICP-MS 锆石 U-Pb	邓中林等，2017
244	秀才堂岩体	D0036	中粒晶洞花岗岩	沿海华夏地块	23°43′6″N，116°46′54″E	95±3	LA-ICP-MS 锆石 U-Pb	邓中林等，2017
245	鹦鹉岭岩体	ZK2805-Y-1	斑状黑云母花岗岩	沿海华夏地块	22°8′46.9″N，111°36′18.4″E	81±1	LA-ICP-MS 锆石 U-Pb	郑伟等，2013
246	Qiulu	PD05-1	花岗岩	沿海华夏地块	25°31′0″N，119°5′42.6″E	117±2	LA-ICP-MS 锆石 U-Pb	Cui et al.，2013
247	漳浦复式岩体	PD32-3	花岗岩	沿海华夏地块	23°56′49.8″N，117°38′24″E	120±1	锆石 SHRIMP U-Pb	Cui et al.，2013

续表

序号	岩体/矿区	样品编号	岩石类型	构造位置	采样位置	年龄/Ma	测试方法	数据来源
248	漳浦复式岩体-长桥	ZP-6	黑云母花岗岩	沿海华夏地块	24°17′11.8″N，117°43′10.1″E	119±3	LA-ICP-MS 锆石 U-Pb	邱检生等，2012
249	漳浦复式岩体-程溪	ZP-8	钾长花岗岩	沿海华夏地块	24°25′27.1″N，117°37′57.9″E	101±3	LA-ICP-MS 锆石 U-Pb	邱检生等，2012
250	漳浦复式岩体-湖西	ZP-4	花岗闪长岩	沿海华夏地块	24°9′48.9″N，117°48′23.2″E	96±1	LA-ICP-MS 锆石 U-Pb	邱检生等，2012
251	漳浦复式岩体-湖西	ZP-5	花岗闪长岩	沿海华夏地块	24°7′42.3″N，117°40′33.1″E	96±1	LA-ICP-MS 锆石 U-Pb	邱检生等，2012
252	漳浦复式岩体	浦后	花岗闪长岩	沿海华夏地块	24°7′27.6″N，117°40′31.8″E	107±1	LA-ICP-MS 锆石 U-Pb	石建基，2011
253	武平复式岩体	WP03-1B	含斑花岗岩	沿海华夏地块	24°41′1.1″N，116°30′57.0″E	100±1	LA-ICP-MS 锆石 U-Pb	本书
254	乌山岩体	WS09-1B	花岗斑岩	沿海华夏地块	23°54′56.2″N，117°10′55.0″E	100±1	LA-ICP-MS 锆石 U-Pb	本书
255	乌山岩体	WS14-1B	粗粒花岗岩	沿海华夏地块	23°52′48.0″N，117°8′23.6″E	94±1	LA-ICP-MS 锆石 U-Pb	本书
256	乌山岩体	12WS-1	正长花岗岩	沿海华夏地块	23°55′55.8″N，117°11′7.8″E	92±1	LA-ICP-MS 锆石 U-Pb	Zhao et al.，2015
257	乌山岩体	12WS-4	正长花岗岩	沿海华夏地块	23°53′45.8″N，117°9′39.3″E	92±1	LA-ICP-MS 锆石 U-Pb	Zhao et al.，2015
258	漳浦复式岩体-白石山	BSS-4	正长花岗岩	沿海华夏地块	24°7′42.9″N，117°25′52.7″E	91±1	LA-ICP-MS 锆石 U-Pb	Zhao et al.，2015
259	漳浦复式岩体-白石山	BSS-8	花岗岩	沿海华夏地块	24°11′37.8″N，117°27′23.8″E	92±1	LA-ICP-MS 锆石 U-Pb	Zhao et al.，2015
260	漳浦复式岩体-金刚山	12JGS-5	正长花岗岩	沿海华夏地块	24°2′37.5″N，117°29′51.9″E	86±1	LA-ICP-MS 锆石 U-Pb	Zhao et al.，2015
261	漳浦复式岩体-太武山	ZP-3	中细粒花岗岩	沿海华夏地块	24°16′10.6″N，118°4′36.8″E	97±1	LA-ICP-MS 锆石 U-Pb	赵姣龙等，2012
262	漳浦复式岩体-灶山	08JH272	二长花岗岩	沿海华夏地块	24°10′5″N，117°52′55″E	90±2	LA-ICP-MS 锆石 U-Pb	Chen et al.，2014

续表

序号	岩体/矿区	样品编号	岩石类型	构造位置	采样位置	年龄/Ma	测试方法	数据来源
263	漳浦复式岩体-灶山	08JH256	二长花岗岩	沿海华夏地块	24°4′52.4″N，117°40′48″E	88±1	LA-ICP-MS 锆石 U-Pb	Chen et al.，2014
264	漳浦复式岩体-灶山	08JH269	长英质包体	沿海华夏地块	24°6′12″N，117°47′53″E	87±3	LA-ICP-MS 锆石 U-Pb	Chen et al.，2014
265	漳浦复式岩体-灶山	08JH263	二长花岗岩	沿海华夏地块	24°6′12″N，117°47′53″E	87±1	LA-ICP-MS 锆石 U-Pb	Chen et al.，2014
266	白崖山	SMS20	凝灰岩	沿海华夏地块	26°42′9.7″N，116°57′16.9″E	100±1	LA-ICP-MS 锆石 U-Pb	Liu et al.，2016
267	石猫山	SMS12	流纹岩	沿海华夏地块	25°33′29.2″N，118°38′54.4″E	112±1	LA-ICP-MS 锆石 U-Pb	Liu et al.，2016
268	石猫山	SMS06	晶屑凝灰岩	沿海华夏地块	25°43′2.5″N，119°12′55.0″E	111±2	LA-ICP-MS 锆石 U-Pb	Liu et al.，2016
269	石猫山	SMS04	凝灰岩	沿海华夏地块	25°42′22.8″N，119°12′51.9″E	111±1	LA-ICP-MS 锆石 U-Pb	Liu et al.，2016
270	石猫山	NY18	凝灰岩	沿海华夏地块	25°41′55.2″N，119°12′20.6″E	111±1	LA-ICP-MS 锆石 U-Pb	Liu et al.，2016
271	石猫山	SMS07	晶屑凝灰岩	沿海华夏地块	25°43′6.5″N，119°12′59.7″E	107±2	LA-ICP-MS 锆石 U-Pb	Liu et al.，2016
272	石猫山	SMS08	晶屑凝灰岩	沿海华夏地块	25°43′23.5″N，119°12′47.0″E	107±1	LA-ICP-MS 锆石 U-Pb	Liu et al.，2016
273	石猫山	SMS10	流纹岩	沿海华夏地块	25°43′51.3″N，119°12′34.5″E	105±1	LA-ICP-MS 锆石 U-Pb	Liu et al.，2016
274	石猫山	NY15	凝灰岩	沿海华夏地块	26°6′54.9″N，118°55′56.8″E	100±1	LA-ICP-MS 锆石 U-Pb	Liu et al.，2016
275	石猫山	NY16	凝灰岩	沿海华夏地块	26°6′54.9″N，118°55′56.8″E	99±1	LA-ICP-MS 锆石 U-Pb	Liu et al.，2016
276	石猫山	NY14	熔结凝灰岩	沿海华夏地块	26°6′57.5″N，118°56′0.1″E	99±1	LA-ICP-MS 锆石 U-Pb	Liu et al.，2016
277	石猫山	NY17	凝灰岩	沿海华夏地块	26°6′37.4″N，118°55′52.2″E	98±1	LA-ICP-MS 锆石 U-Pb	Liu et al.，2016
278	石猫山	SMS14	流纹岩	沿海华夏地块	25°33′18.1″N，118°40′39.3″E	93±1	LA-ICP-MS 锆石 U-Pb	Liu et al.，2016
279	石猫山	SMS11	流纹岩	沿海华夏地块	25°44′14.2″N，119°12′20.8″E	91±1	LA-ICP-MS 锆石 U-Pb	Liu et al.，2016
280	石猫山	08JH-239	流纹岩	沿海华夏地块	24°17′51″N，117°41′17″E	104±3	LA-ICP-MS 锆石 U-Pb	Guo et al.，2012
281	石猫山	09GF-96	流纹岩	沿海华夏地块	26°6′46″N，118°55′13″E	100±1	LA-ICP-MS 锆石 U-Pb	Guo et al.，2012
282	石猫山	09GF-103	流纹岩	沿海华夏地块	26°6′25″N，118°55′35″E	100±1	LA-ICP-MS 锆石 U-Pb	Guo et al.，2012
283	石猫山	09GF-84A	流纹岩	沿海华夏地块	26°6′22″N，118°54′25″E	99±1	锆石 SHRIMP U-Pb	Guo et al.，2012

续表

序号	岩体/矿区	样品编号	岩石类型	构造位置	采样位置	年龄/Ma	测试方法	数据来源
284	石猫山	09GF-108A	流纹岩	沿海华夏地块	26°4′25.5″N，118°51′55.0″E	99±1	锆石 SHRIMP U-Pb	Guo et al.，2012
285	石猫山	09GF-113A	流纹岩	沿海华夏地块	26°4′59″N，118°51′24″E	99±1	LA-ICP-MS 锆石 U-Pb	Guo et al.，2012
286	石猫山	09GF-118A	流纹岩	沿海华夏地块	26°5′19″N，118°51′11″E	98±2	LA-ICP-MS 锆石 U-Pb	Guo et al.，2012
287	石猫山	09GF-42	英安岩	沿海华夏地块	25°37′18″N，118°28′24″E	98±1	LA-ICP-MS 锆石 U-Pb	Guo et al.，2012
288	石猫山	09GF-104A	流纹岩	沿海华夏地块	26°6′7″N，118°55′32″E	98±1	锆石 SHRIMP U-Pb	Guo et al.，2012
289	石猫山	09GF-70	流纹岩	沿海华夏地块	25°49′34″N，118°52′43″E	97±1	LA-ICP-MS 锆石 U-Pb	Guo et al.，2012
290	石猫山	09GF-38	英安岩	沿海华夏地块	25°38′22″N，118°28′36″E	97±1	LA-ICP-MS 锆石 U-Pb	Guo et al.，2012
291	石猫山	08JH-439	流纹岩	沿海华夏地块	25°39′47″N，118°25′39″E	95±2	LA-ICP-MS 锆石 U-Pb	Guo et al.，2012
292	石猫山	08JH-430	英安岩	沿海华夏地块	25°39′8″N，118°27′28″E	95±1	LA-ICP-MS 锆石 U-Pb	Guo et al.，2012
293	石猫山	09GF-31A	流纹岩	沿海华夏地块	25°37′18″N，118°28′24″E	95±1	锆石 SHRIMP U-Pb	Guo et al.，2012
294	石猫山	08JH-351	英安岩	沿海华夏地块	24°45′42″N，118°6′21″E	94±2	LA-ICP-MS 锆石 U-Pb	Guo et al.，2012
295	石猫山	09GF-55	英安岩	沿海华夏地块	25°45′39″N，118°48′32″E	94±2	LA-ICP-MS 锆石 U-Pb	Guo et al.，2012

附表 1-2　中国东南沿海岩浆岩 Hf-O 同位素数据统计

序号	岩体	样品编号	岩石类型	构造位置	采样位置		年龄/Ma	$\varepsilon_{Hf}(t)$ 范围	$\varepsilon_{Hf}(t)$ 均值	T_{DM} 范围/Ga	T_{DM} 均值/Ga	$\delta^{18}O$ 范围/‰	$\delta^{18}O$ 均值/‰	数据来源
第一期——早侏罗世岩浆岩（195～185Ma）														
1	田东矿区岩体	14GD10-1	细粒斑状二长花岗岩	沿海华夏地块	116°25′59″E	23°45′18″N	188±2	6.1～10.9	9.3	0.49～0.75	0.58			Zhou et al., 2018
2	田东矿区岩体	13GD14-1	细粒斑状二长花岗岩	沿海华夏地块	116°26′21″E	23°44′18″N	188±1	9.1～13.3	11.2	0.35～0.59	0.47			Zhou et al., 2018
3	锦城岩体	DS09-39-1	弱变形的眼球状花岗岩	沿海华夏地块	119°31′53″E	25°23′20″N	187±1	2.2～6.5	3.6	0.82～1.09	1			刘潜等，2011
第二期——中侏罗世岩浆岩（175～155Ma）														
4	大光岩体	DM01-1B	细粒石英闪长岩	内陆华夏地块	116°17′25″E	24°36′6″N	175±1	-2.1～0.2	-0.8	1.21～1.35	1.27	6.38～7.17	6.7	本书
5	佛冈岩体	08JH12	黑云母花岗岩	内陆华夏地块	114°1′35″E	23°55′45″N	164±2	-11.9～-7.9	-10.9	1.72～1.96	1.86			Zhang et al., 2015
6	新丰江岩体	08JH43	黑云母花岗岩	内陆华夏地块	114°49′19″E	23°54′19″N	161±2	-10.2～-6.9	-8.3	1.64～1.85	1.75			Zhang et al., 2015
7	白石岗岩体	08JH49	黑云母花岗岩	内陆华夏地块	114°49′43″E	23°43′6″N	159±2	-10.0～-6.7	-8.4	1.63～1.84	1.72	7.70～9.25	8.3	Zhang et al., 2015
8	白石岗岩体	08JH47	黑云母花岗岩	内陆华夏地块	114°49′26″E	23°42′55″N	159±1	-10.0～-7.3	-8.5	1.67～1.84	1.75			Zhang et al., 2015
9	莲花山岩体	08JH87	花岗闪长岩	内陆华夏地块	115°41′34″E	23°40′13″N	154±1	-6.5～-3.6	-5.4	1.43～1.62	1.55	6.76～8.38	7.71	Zhang et al., 2015
10	龙窝岩体	08JH61	花岗闪长岩	内陆华夏地块	115°18′14″E	23°30′26″N	165±2	-4.6～-0.9	-2.8	1.27～1.51	1.35			Zhang et al., 2015

续表

序号	岩体	样品编号	岩石类型	构造位置	采样位置		年龄/Ma	$\varepsilon_{Hf}(t)$ 范围	$\varepsilon_{Hf}(t)$ 均值	T_{DM} 范围/Ga	T_{DM} 均值/Ga	$\delta^{18}O$ 范围/‰	$\delta^{18}O$ 均值/‰	数据来源
11	龙窝岩体	08JH57	花岗闪长岩	内陆华夏地块	115°17′59″E	23°29′50″N	165±1	−6.6 ~ −2.7	−3.3	1.38 ~ 1.63	1.49	7.18 ~ 8.01	7.6	Zhang et al., 2015
12	紫金山岩体	14ZJ-2	中粗粒花岗岩	内陆华夏地块	116°32′44″E	25°6′25″N	157±3	−16.1 ~ −6.6	−10.3	1.63 ~ 2.23	1.81			谢其锋等, 2017
13	五龙寺岩体	ZJ10-2	中细粒二长花岗岩	内陆华夏地块	116°23′12″E	25°10′57″N	164±1	−11.1 ~ −2.9	−7.1	1.48 ~ 2.01	1.75			梁清玲等, 2013
14	葫芦田岩体	HLT03-1B	中粗粒黑云母花岗岩	沿海华夏地块	116°19′19″E	23°44′8″N	170±1	−6.8 ~ −1.6	−5.2	1.32 ~ 1.65	1.54	6.83 ~ 9.13	7.4	本书
15	葫芦田岩体	08JH151	黑云母花岗岩	沿海华夏地块	116°13′26″E	23°47′51″N	159±1	−5.1 ~ −2.5	−4.2	1.37 ~ 1.54	1.46			Zhang et al., 2015
16	佛冈岩体	08JH14	黑云母花岗岩	沿海华夏地块	113°8′20″E	23°59′47″N	159±2	−13.2 ~ −8.1	−9.6	1.72 ~ 2.05	1.84	7.69 ~ 8.29	8.2	Zhang et al., 2015
17	石鼓山岩体	08JH117	黑云母花岗岩	沿海华夏地块	115°42′42″E	23°6′18″N	159±1	−5.1 ~ −2.5	−4.9	1.37 ~ 1.54	1.45	6.69 ~ 7.67	7.17	Zhang et al., 2015
18	乌石坑岩体	08JH133	黑云母花岗岩	沿海华夏地块	116°12′45″E	23°4′36″N	160±2	−4.0 ~ 3.9	−3.4	0.96 ~ 1.47	1.33			Zhang et al., 2015
19	赤寮岩体	08JH146	黑云母花岗岩	沿海华夏地块	116°13′56″E	23°24′30″N	157±2	−5.6 ~ −3.2	−2.8	1.41 ~ 1.57	1.49			Zhang et al., 2015
20	凤凰岩体	08JH158	黑云母花岗岩	沿海华夏地块	116°31′57″E	23°56′9″N	161±1	−3.9 ~ −0.3	−2.1	1.23 ~ 1.46	1.36			Zhang et al., 2015
21	腊圃岩体	08JH01	黑云母花岗岩	沿海华夏地块	113°46′32″E	23°26′28″N	163±2	−13.5 ~ −9.4	−11.5	1.81 ~ 2.07	1.96			Zhang et al., 2015

续表

序号	岩体	样品编号	岩石类型	构造位置	采样位置		年龄/Ma	$\varepsilon_{Hf}(t)$ 范围	$\varepsilon_{Hf}(t)$ 均值	T_{DM} 范围/Ga	T_{DM} 均值/Ga	$\delta^{18}O$ 范围/‰	$\delta^{18}O$ 均值/‰	数据来源
22	莲花山岩体	08JH115	花岗闪长岩	沿海华夏地块	115°33′47″E	23°28′10″N	154±2	-7.2 ~ -3.6	-5.4	1.43 ~ 1.67	1.57			Zhang et al., 2015
23	馒头山岩体	08JH148	黑云母花岗岩	沿海华夏地块	116°16′4″E	23°38′52″N	164±2	-6.5 ~ -4.8	-5.4	1.50 ~ 1.62	1.56			Zhang et al., 2015
24	馒头山岩体	MTS02-3-b	辉绿岩	沿海华夏地块	116°6′58″E	23°35′57″N	157±1	-8.7 ~ -3.8	-6.1	1.45 ~ 1.76	1.59			本书
25	馒头山岩体	MTS03-1B	含斑黑云母花岗岩	沿海华夏地块	116°11′40″E	23°37′28″N	155±1	-3.9 ~ -1.8	-2.7	1.32 ~ 1.45	1.38	5.40 ~ 6.80	6	本书
26	莲花山岩体	L01-TW1	石英闪长玢岩	沿海华夏地块	116°50′51″E	23°37′45″N	168±2	-6.3 ~ 2.5	0.1	1.05 ~ 1.62	1.21			范飞鹏等, 2020
27	石壁寨岩体	14ZJ-3	含斑细粒二长花岗岩	沿海华夏地块	116°18′12″E	25°4′47″N	166±8	-11.9 ~ -7.8	-9.1	1.71 ~ 1.97	1.83			谢其锋等, 2017
28	石壁寨岩体	14WW-01	斑状细粒含黑云母二长花岗岩	沿海华夏地块	116°21′39″E	25°3′5″N	154±1	-10.9 ~ -7.4	-8.8	1.68 ~ 1.90	1.77			谢其锋等, 2017
29	新寮岽矿区	XLDY-005	石英闪长岩	沿海华夏地块	116°7′58″E	23°37′43″N	161±1	-5.8 ~ 2.7	-0.13	1.03 ~ 1.58	1.22			王小雨等, 2016
第三期——晚侏罗世-早白垩世岩浆岩（155 ~ 125Ma）														
30	大洋岩体	DY-08	中细粒黑云母花岗岩	内陆华夏地块	117°3′43″E	24°52′46″N	145±1	-5.6 ~ -2.0	-4.2	1.31 ~ 1.54	1.45			张承帅等, 2012
31	大洋岩体	DY-07	中细粒黑云母花岗岩	内陆华夏地块	117°3′4″E	24°49′15″N	128±1	-7.6 ~ -0.9	-4.7	1.25 ~ 1.67	1.49			张承帅等, 2012

续表

序号	岩体	样品编号	岩石类型	构造位置	采样位置		年龄/Ma	$\varepsilon_{Hf}(t)$范围	$\varepsilon_{Hf}(t)$均值	T_{DM}范围/Ga	T_{DM}均值/Ga	$\delta^{18}O$范围/‰	$\delta^{18}O$均值/‰	数据来源
32	武平复式岩体	WP07-1B	似斑中细粒黑云母花岗岩	内陆华夏地块	116°34′23″E	24°32′5″N	151±1	−11.9 ~ −5.5	−7.6	1.55 ~ 1.96	1.69	7.14 ~ 11.93	8.92	本书
33	寨岗上火山岩	ZGS01-1B	中酸性火山熔岩	内陆华夏地块	116°19′44″E	24°26′10″N	148±1	−9.2 ~ −5.6	−7.3	1.56 ~ 1.78	1.66			本书
34	曾屋寨火山岩	ZWZ01-1B	英安岩	沿海华夏地块	116°59′57″E	24°39′54″N	145±1	−11.2 ~ −3.5	−6.8	1.42 ~ 1.91	1.63	5.95 ~ 8.35	7.03	本书
35	赤寮岩体	CL03-1B	中粒黑云母花岗岩	沿海华夏地块	116°21′7″E	23°27′14″N	135±1	−3.3 ~ 0.1	−1.5	1.18 ~ 1.40	1.29			本书
36	大埔岩体	DB06-1B	似斑状黑云母花岗岩	沿海华夏地块	116°52′39″E	24°30′12″N	145±1	−7.4 ~ −3.2	−5.4	1.41 ~ 1.67	1.54			本书
37	大埔岩体	DB19-1B	细粒黑云母花岗岩	沿海华夏地块	116°40′42″E	24°2′2″N	131±1	−6.9 ~ −2.0	−4.4	1.32 ~ 1.63	1.47			本书
38	东山岛岩体	DS-16	片麻状花岗岩	沿海华夏地块	116°23′29″E	23°39′37″N	146±2	−5.0 ~ −2.1	−3.5	1.33 ~ 1.51	1.42			Liu et al., 2012b
39	漳浦复式岩体	DS-24-2	眼球状花岗岩	沿海华夏地块	118°5′36″E	24°21′17″N	147±2	−3.3 ~ 0.1	−1.8	1.19 ~ 1.41	1.31			Liu et al., 2012b
40	凤凰岩体	FH07-1B	中粗粒黑云母花岗岩	沿海华夏地块	116°39′47″E	23°57′55″N	146±1	−4.2 ~ −0.6	−2.6	1.23 ~ 1.47	1.36	5.08 ~ 6.29	5.83	本书
41	官陂岩体	GP02-1B	似斑状黑云母花岗岩	沿海华夏地块	117°4′53″E	23°49′56″N	135±1	−2.2 ~ 0.6	−0.8	1.15 ~ 1.33	1.24	4.89 ~ 5.73	5.27	本书
42	横田斑岩体	H01	花岗斑岩	沿海华夏地块	116°29′11″E	23°44′33″N	142±1	−4.6 ~ −1.8	−3.3	1.28 ~ 1.47	1.38			范飞鹏等，2017

续表

序号	岩体	样品编号	岩石类型	构造位置	采样位置		年龄/Ma	$\varepsilon_{Hf}(t)$范围	$\varepsilon_{Hf}(t)$均值	T_{DM}范围/Ga	T_{DM}均值/Ga	$\delta^{18}O$范围/‰	$\delta^{18}O$均值/‰	数据来源
43	虎作池火山岩	FH10-1B	英安质岩屑晶屑凝灰岩	沿海华夏地块	116°41′60″E	23°56′1″N	136±1	-9.7 ~ -3.3	-5.6	1.40 ~ 1.69	1.53			本书
44	金坑岩体	14JKC-3	黑云母花岗岩	沿海华夏地块	115°47′12″E	23°31′15″N	145±1	-7.6 ~ -3.3	-5.3	1.41 ~ 1.68	1.54			Qiu et al., 2017
45	金坑岩体	14JKC-4	中细粒花岗岩	沿海华夏地块	115°47′53″E	23°31′37″N	141±1	-9.2 ~ -3.5	-5.9	1.42 ~ 1.78	1.57			Qiu et al., 2017
46	牛头尾岩体	DS09-38	似斑状花岗闪长岩	沿海华夏地块	119°29′38″E	25°22′18″N	130±1	1.3 ~ 4.2	2.5	0.92 ~ 1.11	1.03			刘潜等，2011
47	长埔矿区	CP-5-1	石英斑岩	沿海华夏地块	115°15′23″E	22°56′11″N	145±1	-8.0 ~ -2.7	-5.9	1.37 ~ 1.70	1.57			丘增旺等，2016
48	陶锡湖岩体	TXH-1	花岗斑岩	沿海华夏地块	115°47′9″E	23°32′41″N	142±1	-11.9 ~ -5.5	-4.4	1.34 ~ 1.62	1.47			丘增旺等，2016
49	陶锡湖岩体	TXH-1	花岗斑岩	沿海华夏地块	115°47′9″E	23°32′41″N	142±1	-6.7 ~ -2.3	-4.4	1.34 ~ 1.62	1.47			Yan et al., 2017
50	莲花山矿区	L04-TW1	中粒黑云母二长花岗岩	沿海华夏地块	116°49′38″E	23°37′39″N	138±2	-3.9 ~ -0.3	-1.7	1.17 ~ 1.44	1.3			范飞鹏等，2020
51	乌山岩体	WS03-2B	粗粒黑云母花岗岩	沿海华夏地块	117°14′54″E	23°45′18″N	150±1	-3.2 ~ 0.0	-1.5	1.20 ~ 1.41	1.3			本书
52	秀篆岩体	XZ08-1B	似斑状黑云母花岗岩	沿海华夏地块	116°57′50″E	24°2′13″N	141±1	-4.3 ~ -1.7	-2.7	1.30 ~ 1.47	1.37	5.92 ~ 6.52	6.19	本书
53	秀篆岩体	XZ06-1B	花岗斑岩	沿海华夏地块	116°58′29″E	24°1′31″N	135±1	-4.4 ~ 1.6	-1.8	1.09 ~ 1.47	1.3			本书

续表

序号	岩体	样品编号	岩石类型	构造位置	采样位置		年龄/Ma	$\varepsilon_{Hf}(t)$ 范围	$\varepsilon_{Hf}(t)$ 均值	T_{DM} 范围/Ga	T_{DM} 均值/Ga	$\delta^{18}O$ 范围/‰	$\delta^{18}O$ 均值/‰	数据来源
第四期——白垩纪中晚期岩浆岩（120～80Ma）														
54	四方岩体	ZJ10-34	花岗闪长岩	内陆华夏地块	116°26′48″E	25°12′41″N	112±1	-2.3～0.4	-1.5	1.20～1.37	1.33			梁清玲等，2013
55	紫金山火山-次火山岩	ZJ10-5	英安质晶屑凝灰岩	内陆华夏地块	116°24′52″E	25°11′2″N	111±1	-1.3～3.7	0.3	1.00～1.32	1.22			梁清玲等，2013
56	紫金山火山-次火山岩	ZJ10-7	英安岩	内陆华夏地块	116°24′55″E	25°11′8″N	110±1	-8.9～-1.2	-4.3	1.31～1.80	1.51			梁清玲等，2013
57	紫金山矿区	14CL	细粒黑云母花岗岩	内陆华夏地块	116°24′55″E	25°11′8″N	107±1	-5.0～-1.1	-3	1.24～1.49	1.36			黄文婷等，2013
58	大层山岩体	DCS	中细粒碱长花岗岩或花岗岩	沿海华夏地块	120°14′23″E	27°0′30″N	93 ±2	-9.9～0.2	-4.72	1.17～1.78	1.45			黄长煌，2015
59	大矾山岩体	F02-b1	黑云角闪花岗闪长岩	沿海华夏地块	117°12′24″E	24°19′24″N	110±1	-3.1～0.5	-1.5	1.13～1.37	1.26			王森等，2016
60	大京岩体	DJ	中细粒碱长花岗岩	沿海华夏地块	120°6′31″E	26°38′7″N	94 ± 2	-8.1～4.5	-2	0.87～1.66	1.29			黄长煌，2015
61	东埔岩体	QZ40	花岗岩	沿海华夏地块	118°45′3″E	24°46′3″N	105±1	-0.9～2.0	0.2	1.03～1.23	1.15			丁聪等，2015
62	东埔岩体	QZ41	闪长岩	沿海华夏地块	118°45′3″E	24°46′3″N	90±2	1.3～5.0	2.5	0.83～1.07	1			丁聪等，2015

续表

序号	岩体	样品编号	岩石类型	构造位置	采样位置		年龄/Ma	$\varepsilon_{Hf}(t)$ 范围	$\varepsilon_{Hf}(t)$ 均值	T_{DM} 范围/Ga	T_{DM} 均值/Ga	$\delta^{18}O$ 范围/‰	$\delta^{18}O$ 均值/‰	数据来源
63	官陂岩体	SGS02	花岗闪长岩	沿海华夏地块	116°54′16″E	23°45′13″N	106±2	-1.2 ~ 3.2	0.4	0.96 ~ 1.24	1.14	4.92 ~ 6.02	5.25	Jia et al., 2018
64	官陂岩体	AM01	花岗闪长岩	沿海华夏地块	116°58′51″E	23°47′6″N	105±2	-2.4 ~ 1.5	-0.1	1.07 ~ 1.31	1.17	5.31 ~ 6.35	5.77	Jia et al., 2018
65	官陂岩体	WC01	石英闪长岩	沿海华夏地块	116°55′12″E	23°48′59″N	104±1	-1.42 ~ 2.07	0.4	1.03 ~ 1.25	1.14	5.01 ~ 6.24	5.46	Jia et al., 2018
66	官陂岩体	GP04-1B	细粒花岗岩	沿海华夏地块	117°4′38″E	23°50′46″N	101±1	-2.9 ~ 1.4	-0.1	1.07 ~ 1.35	1.17			本书
67	角美岩体	XM15	闪长质包体	沿海华夏地块	117°56′32″E	24°30′11″N	107±1	1.5 ~ 5.5	3.3	0.82 ~ 1.07	0.96			杨金豹等, 2013
68	角美岩体	XM13	黑云母花岗闪长岩	沿海华夏地块	117°56′32″E	24°30′11″N	106±2	2.2 ~ 3.7	2.8	0.93 ~ 1.03	0.99			杨金豹等, 2013
69	角美岩体	XM14	闪长质包体	沿海华夏地块	117°56′32″E	24°30′11″N	106±1	0.9 ~ 4.8	3.4	0.86 ~ 1.11	0.95			杨金豹等, 2013
70	魁岐岩体	KQ-18	晶洞碱性花岗岩	沿海华夏地块	119°22′42″E	26°1′57″N	94±2	-0.3 ~ 4.9	1.5	0.85 ~ 1.17	1.06			单强等, 2014
71	魁岐岩体	KQ-19	晶洞碱性花岗岩	沿海华夏地块	119°22′42″E	26°1′57″N	92±1	-2.2 ~ 3.9	1.2	0.91 ~ 1.30	1.08			单强等, 2014
72	莲塘岩体	LT02-2B	石英闪长岩	沿海华夏地块	116°35′59″E	23°27′16″N	96±1	-4.3 ~ 2.8	0.2	0.99 ~ 1.43	1.15	4.59 ~ 6.73	5.91	本书
73	莲塘岩体	LT06-1B	中粗粒黑云母花岗岩	沿海华夏地块	116°31′54″E	23°28′17″N	95±1	-2.8 ~ 0.5	-1.4	1.13 ~ 1.34	1.25	5.22 ~ 5.93	5.47	本书

续表

序号	岩体	样品编号	岩石类型	构造位置	采样位置		年龄/Ma	$\varepsilon_{Hf}(t)$ 范围	$\varepsilon_{Hf}(t)$ 均值	T_{DM} 范围/Ga	T_{DM} 均值/Ga	$\delta^{18}O$ 范围/‰	$\delta^{18}O$ 均值/‰	数据来源
74	南镇岩体	NZ	中细粒碱长花岗岩	沿海华夏地块	120°22′26″E	27°7′4″N	96 ± 3	-7.2 ~ 0.8	-2	1.11 ~ 1.61	1.28			黄长煌，2015
75	七南州岩体	QNZ01-1B	含斑二长花岗岩	沿海华夏地块	116°52′12″E	24°8′18″N	113±2	-4.1 ~ -0.3	-2.5	1.19 ~ 1.43	1.34			本书
76	三沙岩体	SAN	中细粒碱长花岗岩或花岗岩	沿海华夏地块	120°11′3″E	26°55′39″N	92 ±2	-6.1 ~ 3.2	-2.7	0.95 ~ 1.88	1.36			黄长煌，2015
77	上营岩体	SY04-4B	辉绿岩	沿海华夏地块	117°2′49″E	23°41′14″N	101±1	-3.5 ~ 1.5	-0.8	1.07 ~ 1.38	1.21			本书
78	上营岩体	08JH175	黑云母花岗岩	沿海华夏地块	117°5′19″E	23°41′24″N	99±1	-2.2 ~ 2.3	-0.1	1.40 ~ 1.83	1.62	7.25 ~ 8.39	7.78	Chen et al., 2014
79	上营岩体	SY04-2B	斑状花岗闪长岩	沿海华夏地块	117°2′49″E	23°41′14″N	96±1	-3.5 ~ 0.9	-0.8	1.10 ~ 1.39	1.21			本书
80	上营岩体	08JH171	黑云母花岗岩	沿海华夏地块	117°2′55″E	23°41′14″N	95±2	-3.7 ~ 1.9	-0.1	1.43 ~ 1.98	1.62			Chen et al., 2014
81	上营岩体	SY01-1B	细粒黑云母花岗岩	沿海华夏地块	116°59′31″E	23°43′29″N	95±1	-3.2 ~ 1	-1.1	1.09 ~ 1.36	1.23			本书
82	上营岩体	SY09-1B	中粗粒黑云母花岗岩	沿海华夏地块	117°10′35″E	23°40′28″N	95±1	-2.1 ~ 4.5	0.9	0.87 ~ 1.29	1.1	4.71 ~ 6.38	5.25	本书
83	上营岩体	SY04-3-b	斑状花岗岩	沿海华夏地块	117°2′49″E	23°41′14″N	94±1	-3.1 ~ 1.3	-0.4	1.07 ~ 1.36	1.18			本书
84	石狮岩体	QZ52	花岗岩	沿海华夏地块	118°36′54″E	24°43′30″N	105±1	0.2 ~ 1.8	0.9	1.05 ~ 1.15	1.11			丁聪等，2015

续表

序号	岩体	样品编号	岩石类型	构造位置	采样位置		年龄/Ma	$\varepsilon_{Hf}(t)$范围	$\varepsilon_{Hf}(t)$均值	T_{DM}范围/Ga	T_{DM}均值/Ga	$\delta^{18}O$范围/‰	$\delta^{18}O$均值/‰	数据来源
85	同安岩体	DS-27-2	中细粒花岗岩	沿海华夏地块	118°34′11″E	24°30′55″N	100±3	0 ~ 1.9	0.7	1.04 ~ 1.16	1.12			Liu et al., 2012b
86	乌山岩体	WS09-1B	花岗斑岩	沿海华夏地块	117°10′55″E	23°54′56″N	100±1	-2.5 ~ 1.1	-0.7	1.09 ~ 1.32	1.21			本书
87	乌山岩体	WS14-1B	粗粒花岗岩	沿海华夏地块	117°8′24″E	23°52′48″N	94±1	-2.9 ~ 0.2	-1.1	1.17 ~ 1.34	1.23			本书
88	武平复式岩体	WP03-1B	含斑花岗岩	沿海华夏地块	116°30′57″E	24°41′1″N	100±1	-6.5 ~ -3.2	-4.7	1.37 ~ 1.58	1.46			本书
89	莲花山矿区	L02-TW1	石英斑岩	沿海华夏地块	116°49′52″E	23°37′40″N	102±2	-1.8 ~ 1.1	-0.3	1.09 ~ 1.28	1.18			范飞鹏等, 2020
90	莲花山矿区	L03-TW1	石英斑岩	沿海华夏地块	116°49′47″E	23°37′35″N	99±2	-2.1 ~ -0.3	-1.2	1.14 ~ 1.29	1.24			范飞鹏等, 2020
91	小矾山岩体	X01-b2	黑云母二长花岗岩	沿海华夏地块	117°14′15″E	24°21′22″N	110±1	-6.6 ~ -0.2	-2.6	1.18 ~ 1.59	1.33			王森等, 2016
92	秀篆岩体	SR04	花岗闪长岩	沿海华夏地块	116°49′20.8″E	23°57′53″N	102±2	-3.2 ~ 3.3	-0.4	0.95 ~ 1.36	1.19	5.07 ~ 6.63	5.52	Jia et al., 2018
93	鹦鹉岭岩体	ZK2805-Y-1	斑状黑云母花岗岩	沿海华夏地块	111°36′18″E	22°8′47″N	81±1	-5.7 ~ 1.4	-2	1.06 ~ 1.51	1.27			Zhang et al., 2015
94	漳浦复式岩体	ZP-6	黑云母花岗岩	沿海华夏地块	117°43′10″E	24°17′12″N	119±3	-8.3 ~ 3.0	-2.6	0.98 ~ 1.70	1.33			邱检生等, 2012
95	漳浦复式岩体	ZP-8	钾长花岗岩	沿海华夏地块	117°37′58″E	24°25′27″N	101±3	1.7 ~ 10.2	5.5	0.51 ~ 1.05	0.81			邱检生等, 2012

续表

序号	岩体	样品编号	岩石类型	构造位置	采样位置		年龄/Ma	$\varepsilon_{Hf}(t)$ 范围	$\varepsilon_{Hf}(t)$ 均值	T_{DM} 范围/Ga	T_{DM} 均值/Ga	$\delta^{18}O$ 范围/‰	$\delta^{18}O$ 均值/‰	数据来源
96	漳浦复式岩体	ZP-4	花岗闪长岩	沿海华夏地块	117°48′23″E	24°9′49″N	96±1	−2.5 ~ 3.5	0.7	0.93 ~ 1.31	1.11			邱检生等, 2012
97	漳浦复式岩体－太武山	ZP-3	中细粒花岗岩	沿海华夏地块	118°4′37″E	24°16′11″N	97±1	−1.4 ~ 2.8	1.6	0.98 ~ 1.25	1.06			赵姣龙等, 2012
98	漳浦复式岩体－灶山	08JH272	二长花岗岩	沿海华夏地块	117°52′55″E	24°10′5″N	90±2	2.1 ~ 6.5	3.8	1.01 ~ 1.41	1.25			Chen et al., 2014
99	漳浦复式岩体－灶山	08JH256	二长花岗岩	沿海华夏地块	117°40′48″E	24°4′52″N	88±1	2.3 ~ 8.0	4.7	0.87 ~ 1.39	1.17			Chen et al., 2014
100	漳浦复式岩体－灶山	08JH269	长英质包体	沿海华夏地块	117°47′53″E	24°6′12″N	87±3	1.1 ~ 10.3	4.4	0.93 ~ 1.50	1.22	5.36 ~ 8.16	6.82	Chen et al., 2014
101	漳浦复式岩体－灶山	08JH263	二长花岗岩	沿海华夏地块	117°47′53″E	24°6′12″N	87±1	2.8 ~ 5.6	4.2	1.09 ~ 1.34	1.22	6.60 ~ 7.73	7.2	Chen et al., 2014